普通高等教育"十三五"规划教材

SQL Server 数据库原理及实验教程

主　编　毋建宏　李鹏飞

副主编　卫　昆　朱烨行

電子工業出版社
Publishing House of Electronics Industry
北京 · BEIJING

内 容 简 介

本书系统地讲解了数据库技术及应用的基础知识，并将引导读者利用 SQL Server 2014 进行数据库的管理与开发实践。全书共 19 章，在介绍数据库系统相关概念与关系数据库有关知识的基础上，详细讲解安装和管理 SQL Server 2014、管理数据库和数据表、数据更新和查询、数据完整性、创建和操作索引与视图、T-SQL 编程、存储过程、触发器的开发、事务管理、数据库安全管理、数据库备份与恢复、数据库的导入和导出，最后结合某物流仓储管理系统开发案例，给出完整的数据库应用系统分析、设计与实施的方法步骤。本书提供了示例数据库，并附有章后习题，可方便读者学习使用。

本书既可作为高等院校信息管理与信息系统、电子商务、物流管理等经管类专业的数据库技术课程教材，也可作为想学习 SQL Server 2014 数据库的初学者及有一定数据库基础的技术人员的参考用书。

图书在版编目（CIP）数据

SQL Server 数据库原理及实验教程 / 毋建宏，李鹏飞主编. —北京：电子工业出版社，2020.1
ISBN 978-7-121-38217-8

Ⅰ. ①S… Ⅱ. ①毋… ②李… Ⅲ. ①关系数据库系统－高等学校－教材 Ⅳ. ①TP311.132.3

中国版本图书馆 CIP 数据核字（2020）第 008651 号

责任编辑：王志宇　　文字编辑：靳　平
印　　刷：北京虎彩文化传播有限公司
装　　订：北京虎彩文化传播有限公司
出版发行：电子工业出版社
　　　　　北京市海淀区万寿路 173 信箱　邮编：100036
开　　本：787×1092　1/16　印张：23　字数：602.8 千字
版　　次：2020 年 1 月第 1 版
印　　次：2020 年12 月第 2 次印刷
定　　价：55.00 元

凡所购买电子工业出版社图书有缺损问题，请向购买书店调换。若书店售缺，请与本社发行部联系，联系及邮购电话：（010）88254888，88258888。

质量投诉请发邮件至 zlts@phei.com.cn，盗版侵权举报请发邮件至 dbqq@phei.com.cn。

本书咨询联系方式：（010）88254523，wangzy@phei.com.cn。

前　言

目前，数据库系统广泛应用于经济管理等领域，数据库技术已成为各种计算机应用系统开发的支撑技术。作为功能强大的关系数据库管理系统，Microsoft SQL Server得到了广泛应用，是从事数据库应用开发与管理人员需要掌握的技术。“数据库技术及应用”是一门具有较强理论性和实践性相结合的专业基础课程，学习该课程应把理论知识与实际应用结合起来。经济管理等非理工科专业读者迫切需要一本能满足他们对数据处理与数据库应用理论学习及实验指导的教材。

本书着眼于数据库应用所需的基本原理知识和操作技能，注重对操作过程中易出现问题的讲解，配以经济管理中的应用案例，以1个实例为主线，贯穿各个实验的操作内容，并配合代码，对操作进行全面细致讲解。本书内容由浅入深、由简到繁，从基础操作到复杂管理、从单个技术应用到综合案例实践，特别适合经济管理专业等不具备深入计算机技术知识的读者学习。

通过对本书的学习，可使读者了解数据库基本理论、SQL Server 2014数据库基本技术和经济管理应用中数据库系统操作与设计的方法，培养读者应用、管理及设计数据库的能力。本书既可作为高等院校信息管理与信息系统、电子商务、物流管理等经管类专业的数据库技术课程教材，也可作为企业信息化管理人员及其他SQL Server 2014应用人员参考用书。

本书对应课程的教学共需要48～64学时。当教学采用64学时时，各章参考学时见下表；当教学采用48学时时，第11～14章、第19章内容可作为课下的选读内容。

章　号	教学内容	讲授学时	上机实验学时
第1章	数据库系统概述	4	0
第2章	关系数据库基本原理	4	0
第3章	SQL Server 2014数据库的安装及管理	1	1
第4章	管理SQL Server数据库	2	1
第5章	管理SQL Server数据表	2	1
第6章	数据更新	2	1
第7章	数据查询	3	2
第8章	高级查询	4	2
第9章	数据完整性	2	1
第10章	索引与视图	2	2
第11章	T-SQL程序设计与游标	2	2
第12章	存储过程	2	2
第13章	触发器	2	1
第14章	函数	1	1
第15章	事务管理	2	1

续表

章　号	教 学 内 容	讲 授 学 时	上机实验学时
第 16 章	数据库安全管理	2	2
第 17 章	数据库备份与恢复	1	1
第 18 章	数据库的导入和导出	1	1
第 19 章	数据库应用系统的设计与开发	1	2
学时总计		40	24

本书由毋建宏、李鹏飞担任主编，卫昆、朱烨行担任副主编，其中毋建宏编写第 1、2、5、13、14、19 章，李鹏飞编写第 3、4、6 章，卫昆编写第 7～12 章，朱烨行编写第 15～18 章，全书由毋建宏统稿。本书的编写得到西安邮电大学教务处、电子工业出版社的大力支持，在此表示由衷的感谢。

本书受到“陕西高校青年创新团队”项目和西安邮电大学教务处教材建设项目资助。在本书的编写过程中，融入了编者长期以来数据库方面教学与研究的成果，广泛参考、吸收了众多学者的研究成果，借鉴了国内外大量的出版物和资料，由于编写体例的限制未在文中一一注明，只在最后参考文献中列出，同时在编写过程中得到许多同行专家的支持，在此谨向各位学者表示由衷的敬意和感谢；本科生罗洋、潘佳妮、潘景恒、廉佳颖、樊敏、任倩、黄美成、张璇等同学对本书的文字整理和插图做了大量工作，在此深表谢意。由于编者的水平有限，书中难免存在疏漏和错误，敬请广大读者予以批评、指正。

编　者

目　　录

第 1 章　数据库系统概述 …… 1
1.1　数据库的基本概念 …… 1
1.1.1　数据 …… 1
1.1.2　数据库 …… 2
1.1.3　数据库管理系统 …… 2
1.1.4　数据库系统 …… 2
1.2　数据管理技术的产生和发展 …… 2
1.2.1　人工管理阶段 …… 3
1.2.2　文件系统阶段 …… 3
1.2.3　数据库技术阶段 …… 4
1.3　数据库系统的特点 …… 5
1.4　数据库系统的三级模式结构 …… 6
1.5　数据模型 …… 8
1.5.1　数据模型的分层 …… 8
1.5.2　数据模型的三要素 …… 8
1.5.3　概念模型与 E-R 图 …… 9
1.5.4　常用的数据模型 …… 11
1.6　小结 …… 14
习题 1 …… 14
第 2 章　关系数据库基本原理 …… 15
2.1　关系模型概述 …… 15
2.1.1　关系数据结构 …… 15
2.1.2　关系模型的数据操作 …… 18
2.1.3　关系模型的完整性约束 …… 19
2.2　关系代数 …… 22
2.2.1　集合运算 …… 22
2.2.2　关系运算 …… 22
2.3　关系规范化理论 …… 24
2.3.1　函数依赖的基本概念 …… 24
2.3.2　数据依赖对关系模式的影响 …… 25
2.3.3　关系模式的规范化 …… 26
2.3.4　关系模式的分解 …… 31

2.4 数据库设计方法……32
2.4.1 数据库设计的过程……32
2.4.2 E-R 图转换为关系数据库模式……34
2.5 小结……34
习题 2……35
第 3 章 SQL Server 2014 数据库的安装及管理……36
3.1 SQL Server 2014 简介……36
3.1.1 SQL Server 的发展历史……36
3.1.2 SQL Server 2014 的新特性……37
3.2 SQL Server 2014 的安装……37
3.2.1 安装要求……37
3.2.2 版本选择……37
3.2.3 安装过程……38
3.3 SQL Server 2014 的常用管理工具……47
3.3.1 SQL Server 配置管理器……47
3.3.2 SQL Server Management Studio……48
3.3.3 其他管理工具……49
3.4 SQL 和 T-SQL 的概述……49
3.4.1 SQL 的发展与特点……49
3.4.2 T-SQL 概述……49
3.5 小结……50
习题 3……50
第 4 章 管理 SQL Server 数据库……51
4.1 SQL Server 数据库概述……51
4.1.1 SQL Server 数据库的结构……51
4.1.2 SQL Server 系统数据库……51
4.2 创建数据库……52
4.2.1 使用 SSMS 创建数据库……52
4.2.2 使用 T-SQL 语句创建数据库……53
4.3 修改数据库……54
4.3.1 使用 SSMS 查看及修改数据库属性……54
4.3.2 使用 T-SQL 语句修改数据库……55
4.4 删除数据库……56
4.4.1 使用 SSMS 删除数据库……56
4.4.2 使用 T-SQL 语句删除数据库……57
4.5 分离数据库和附加数据库……58
4.5.1 分离数据库……58
4.5.2 附加数据库……59

4.6 生成 SQL 脚本……60
4.7 小结……61
习题 4……61
第 5 章 管理 SQL Server 数据表……62
5.1 SQL Server 数据表概述……62
5.1.1 表的概念……62
5.1.2 表的结构……62
5.1.3 列的数据类型……62
5.2 创建数据表……64
5.2.1 使用 SSMS 创建数据表……64
5.2.2 使用 T-SQL 语句创建数据表……65
5.3 修改数据表……66
5.3.1 使用 SSMS 查看数据表属性信息及修改数据表……67
5.3.2 使用 T-SQL 语句修改数据表……69
5.4 删除数据表……70
5.4.1 使用 SSMS 删除数据表……70
5.4.2 使用 T-SQL 语句删除数据表……70
5.5 小结……71
习题 5……71
第 6 章 数据更新……72
6.1 插入数据……72
6.1.1 通过 SSMS 插入数据……72
6.1.2 用 INSERT 语句插入数据……73
6.2 修改数据……76
6.2.1 通过 SSMS 修改数据……76
6.2.2 用 UPDATE 语句修改数据……77
6.3 删除数据……78
6.3.1 通过 SSMS 删除数据……79
6.3.2 用 DELETE 语句删除数据……79
6.4 小结……81
习题 6……81
第 7 章 数据查询……82
7.1 SELECT 语句的结构与执行……82
7.1.1 SELECT 语句的语法结构……82
7.1.2 SELECT 语句各子句的顺序及功能……83
7.1.3 SELECT 语句各子句的执行……83
7.2 基本查询……84
7.2.1 简单查询……84

7.2.2 条件查询 ………………………………………………………………90
7.2.3 查询结果排序 ………………………………………………………99
7.2.4 数据统计查询 ………………………………………………………101
7.3 小结 ……………………………………………………………………108
习题 7 ……………………………………………………………………108
第 8 章 高级查询 ………………………………………………………109
8.1 连接查询 ……………………………………………………………109
8.1.1 基本连接 ……………………………………………………………109
8.1.2 JOIN 关键字 ………………………………………………………111
8.1.3 内部连接 ……………………………………………………………111
8.1.4 外部连接 ……………………………………………………………112
8.1.5 交叉连接 ……………………………………………………………114
8.1.6 自连接 ………………………………………………………………114
8.2 集合查询 ……………………………………………………………115
8.2.1 联合查询 ……………………………………………………………115
8.2.2 集合交集 ……………………………………………………………117
8.2.3 集合差 ………………………………………………………………118
8.3 子查询 ………………………………………………………………118
8.3.1 单值子查询 …………………………………………………………119
8.3.2 带有 ALL、ANY、SOME 运算符的子查询 ……………………120
8.3.3 带有 IN 运算符的子查询 …………………………………………121
8.3.4 带有 EXISTS 运算符的子查询 ……………………………………123
8.3.5 在 FROM 子句中使用子查询 ……………………………………124
8.4 小结 ……………………………………………………………………125
习题 8 ……………………………………………………………………125
第 9 章 数据完整性 ……………………………………………………126
9.1 数据完整性概述 ……………………………………………………126
9.2 使用约束实施数据完整性 …………………………………………127
9.2.1 主键约束 ……………………………………………………………127
9.2.2 外键约束 ……………………………………………………………129
9.2.3 非空约束 ……………………………………………………………132
9.2.4 唯一性约束 …………………………………………………………133
9.2.5 默认值约束 …………………………………………………………135
9.2.6 检查约束 ……………………………………………………………136
9.3 使用规则实施数据完整性 …………………………………………138
9.3.1 创建规则 ……………………………………………………………139
9.3.2 查看规则 ……………………………………………………………139
9.3.3 绑定与松绑规则 ……………………………………………………141

9.3.4 删除规则 …… 142
9.4 使用默认值实施数据完整性 …… 143
9.4.1 创建默认值 …… 143
9.4.2 查看默认值 …… 143
9.4.3 绑定与松绑默认值 …… 145
9.4.4 删除默认值 …… 146
9.5 小结 …… 147
习题 9 …… 147
第 10 章 索引与视图 …… 148
10.1 索引概述 …… 148
10.1.1 索引的概念 …… 148
10.1.2 索引的分类 …… 149
10.2 索引操作 …… 150
10.2.1 创建索引 …… 150
10.2.2 查看及修改索引 …… 154
10.2.3 删除索引 …… 155
10.3 视图概述 …… 157
10.3.1 视图的概念 …… 157
10.3.2 视图的作用 …… 157
10.3.3 视图的限制 …… 157
10.4 视图操作 …… 157
10.4.1 创建视图 …… 157
10.4.2 修改视图 …… 161
10.4.3 删除视图 …… 162
10.5 视图应用 …… 163
10.5.1 在 SSMS 界面中操作视图记录 …… 163
10.5.2 视图中的数据更新 …… 164
10.6 小结 …… 166
习题 10 …… 166
第 11 章 T-SQL 程序设计与游标 …… 167
11.1 数据与表达式 …… 167
11.1.1 常量与变量 …… 167
11.1.2 运算符与表达式 …… 169
11.2 流程控制语句 …… 173
11.2.1 语句块和注释 …… 173
11.2.2 分支语句 …… 175
11.2.3 循环语句 …… 178
11.2.4 批处理 …… 179

11.3 游标……180
11.3.1 游标概述……180
11.3.2 声明游标……180
11.3.3 打开游标……181
11.3.4 读取游标……182
11.3.5 关闭与释放游标……183
11.3.6 使用游标修改和删除数据……183
11.4 小结……185
习题 11……185
第 12 章 存储过程……186
12.1 存储过程概述……186
12.1.1 存储过程的概念……186
12.1.2 存储过程的种类……186
12.2 创建和管理存储过程……187
12.2.1 创建存储过程……187
12.2.2 执行存储过程……189
12.2.3 查看存储过程……191
12.2.4 修改存储过程……192
12.2.5 删除存储过程……194
12.3 带参数的存储过程……195
12.3.1 存储过程的参数类型……195
12.3.2 创建和执行带输入参数的存储过程……195
12.3.3 创建和执行带输出参数的存储过程……196
12.3.4 存储过程的返回值……197
12.4 小结……199
习题 12……199
第 13 章 触发器……200
13.1 触发器的概述……200
13.1.1 触发器的概念……200
13.1.2 触发器的作用……201
13.1.3 触发器的类型……201
13.1.4 触发器应用的两个逻辑表……202
13.2 创建和管理 DML 触发器……202
13.2.1 创建 DML 触发器……202
13.2.2 其他类型的 DML 触发器……213
13.2.3 修改触发器……213
13.2.4 查看触发器……213
13.2.5 删除触发器……214

13.2.6 禁用和启用触发器 ······ 215
13.3 创建 DDL 触发器 ······ 217
13.3.1 DDL 触发器类型 ······ 218
13.3.2 创建 DDL 触发器 ······ 218
13.4 小结 ······ 218
习题 13 ······ 219
第 14 章 函数 ······ 220
14.1 系统内置函数 ······ 220
14.1.1 聚合函数 ······ 220
14.1.2 配置函数 ······ 226
14.1.3 游标函数 ······ 227
14.1.4 日期和时间函数 ······ 229
14.1.5 数学函数 ······ 232
14.1.6 元数据函数 ······ 238
14.1.7 字符串函数 ······ 240
14.1.8 文本和图像处理函数 ······ 245
14.2 用户自定义函数 ······ 246
14.2.1 标量值函数 ······ 246
14.2.2 内嵌表值函数 ······ 247
14.2.3 多语句表值函数 ······ 248
14.2.4 用户自定义函数的注意事项 ······ 248
14.2.5 查看用户定义函数 ······ 249
14.2.6 删除用户定义函数 ······ 250
14.3 小结 ······ 251
习题 14 ······ 251
第 15 章 事务管理 ······ 252
15.1 事务概述 ······ 252
15.1.1 事务的概念 ······ 252
15.1.2 事务的特性 ······ 252
15.1.3 事务的运行模式 ······ 253
15.1.4 多事务的并发问题 ······ 253
15.2 事务管理与应用 ······ 256
15.3 锁机制 ······ 258
15.3.1 锁的简介 ······ 258
15.3.2 隔离级别 ······ 260
15.3.3 查看锁和死锁 ······ 262
15.3.4 封锁协议 ······ 265
15.4 小结 ······ 268

习题 15 …… 268
第 16 章 数据库安全管理 …… 270
16.1 SQL Server 的安全机制 …… 270
16.1.1 身份验证模式 …… 270
16.1.2 更改身份验证模式 …… 270
16.2 创建、管理登录名和数据库用户 …… 272
16.2.1 创建登录名 …… 272
16.2.2 管理登录名 …… 276
16.2.3 创建和管理数据库用户 …… 278
16.3 管理角色 …… 279
16.3.1 角色的种类 …… 279
16.3.2 管理服务器角色 …… 280
16.3.3 管理数据库角色 …… 282
16.4 管理权限 …… 285
16.4.1 权限的种类 …… 285
16.4.2 授予权限 …… 286
16.4.3 禁止与撤销权限 …… 287
16.4.4 查看权限 …… 288
16.5 小结 …… 289
习题 16 …… 290
第 17 章 数据库备份与恢复 …… 291
17.1 数据库备份 …… 291
17.1.1 数据库备份概述 …… 291
17.1.2 创建和管理备份设备 …… 292
17.1.3 备份数据库操作 …… 296
17.2 数据库恢复 …… 300
17.2.1 数据库的恢复模式 …… 300
17.2.2 配置恢复模式 …… 302
17.2.3 恢复数据库操作 …… 303
17.3 小结 …… 309
习题 17 …… 310
第 18 章 数据库的导入和导出 …… 311
18.1 导入和导出概述 …… 311
18.2 导入数据 …… 311
18.3 导出数据 …… 315
18.4 小结 …… 320
习题 18 …… 320

第 19 章　数据库应用系统的设计与开发 ······ 321
19.1　数据库设计的基本步骤 ······ 321
19.2　采用 ADO.NET 组件访问 SQL Server ······ 322
19.2.1　ADO.NET 组件简介 ······ 322
19.2.2　连接式访问数据库 ······ 323
19.3　采用 JDBC 访问 SQL Server ······ 324
19.3.1　JDBC 简介 ······ 324
19.3.2　JDBC 连接 SQL Server 数据库的步骤 ······ 325
19.4　某物流仓储管理系统开发案例 ······ 328
19.4.1　需求分析 ······ 328
19.4.2　系统分析 ······ 330
19.4.3　系统设计 ······ 337
19.4.4　主要功能模块实现 ······ 345
19.5　小结 ······ 350
习题 19 ······ 351
参考文献 ······ 352

第1章 数据库系统概述

本章将从数据库的基本概念入手，在论述数据、数据库、数据库管理系统和数据库系统的基础上，介绍数据管理技术的产生与发展、数据库技术的特点、数据库系统的三级模式结构和常用的数据模型，使人们对数据库有一个初步认识，掌握其核心概念，并理解这些概念在数据库技术中的地位和作用。

1.1 数据库的基本概念

1.1.1 数据

数据（Data）是描述事物的符号记录。日常生活中，人们对世界的认识就是通过各种感官获取事物的特征值来辨别事物的。这些不同种类的特征值就是人们描述不同事物的符号记录。

在计算机科学中，数据是所有能输入计算机并被计算机程序处理的符号介质的总称。在计算机系统中，各种字母、数字符号的组合、语音，图形，图像等统称为数据。数据经过加工后就成为信息。数据是数据库存储的对象，也是数据库管理系统处理的对象。

例如，对一个员工的基本情况描述包括张磊、员工号 02021501、男、1998 年 5 月出生、陕西西安人、工作于黄河机器制造厂、在家用电器部门、喜欢打篮球。为了有效管理员工，我们经常通过表格对描述的事物进行归类，如表 1-1 所示。

表 1-1　员工基本信息表

员 工 号	姓　名	性　别	出生年月	籍　贯	单　位	部　门	爱　好
02021501	张磊	男	1998 年 5 月	陕西西安	黄河机器制造厂	家用电器	篮球
……	……	……	……	……	……	……	……

从表 1-1 可以看出，数据的表达包含两个方面的内容，即语义和数据，语义如表头所示，解释了数据的含义；数据则是实际的数据值，两者结合有效地描述了一个具体事物。将某类事物的基本特征抽象出来后就形成关于这个事物的基本数据语义描述，称为事物的特征。按照特征具体描述一个员工就是关于其数据的值，称为一条记录。记录是计算机中表示和存储数据的一种格式，这样存储的数据是有结构的，可称为结构化数据。在对数据进行结构化处理后能非常方便地进行数据处理和数据管理，这是数据库的主要功能之一。

1.1.2 数据库

数据库（Database，DB）是指长期存储在计算机内的、有组织的、可共享的结构化数据集合。数据库往往是一个单位或一个应用领域的通用数据处理系统，它存储的是属于企业和事业部门、团体和个人有关数据的集合。数据库中的数据是从全局观点出发建立的，按一定的数据模型进行组织、描述和存储。其结构基于数据间的自然联系，可提供一切必要的存取路径。数据库中的数据不再针对某个应用，而是面向组织的所有应用，其具有整体的结构化特征。

数据库中的数据供众多用户所共享，因此摆脱了具体程序的限制和制约。不同的用户可以按各自的用法使用数据库中的数据；多个用户可以同时共享数据库中的数据资源，即不同的用户可以同时存取数据库中的同一个数据，这就是数据库的共享性，共享性不仅满足了各用户对信息内容的要求，同时满足了各用户之间信息通信的要求。

1.1.3 数据库管理系统

数据库管理系统（Data Base Management System，DBMS）是数据库系统的核心构成。它是一个系统软件，负责数据库中的数据组织、数据操纵、数据维护、数据控制及保护、数据服务等。

数据库管理系统作为操纵和管理数据库的大型软件，用于建立、使用和维护数据库。它对数据库进行统一的管理和控制，以保证数据库的安全性和完整性。用户通过该系统访问数据库中的数据，数据库管理员也通过它进行数据库的维护工作。它可使多个应用程序和用户用不同的方法在同一时刻或不同时刻去建立、修改和询问数据库。数据库管理系统提供数据定义语言（Data Definition Language，DDL）与数据操作语言（Data Manipulation Language，DML），供用户定义数据库的模式结构与权限约束，从而实现对数据的追加、删除等操作。

数据库管理系统的主要类型有 3 种：层次型数据库管理系统、网状数据库管理系统和关系数据库管理系统，其中，关系数据库管理系统应用最为广泛。

1.1.4 数据库系统

数据库系统（Database System，DBS）是指引进数据库技术后的整个计算机系统，能够有组织地、动态地存储大量相关数据，提供数据处理和信息资源共享的便利手段。数据库系统由数据库（数据）、数据库管理系统（软件）、计算机硬件、操作系统及数据库管理员组成。

在数据库、数据库管理系统和数据库系统三者之中，数据库管理系统是数据库系统的组成部分，数据库又是数据库管理系统的管理对象，也就是说数据库系统包括数据库管理系统，数据库管理系统包括数据库。

1.2 数据管理技术的产生和发展

数据管理技术是指对各种数据进行有效分类、组织、编码、存储、检索、维护和应用，是数据处理的中心问题。随着人类社会的发展和技术应用的深入，尤其是计算机技术的快速发展，数据管理技术在广度和深度上都得到了极大的发展。在应用需求的推动下，计算机硬件、软件的发展使数据管理技术水平得到了极大提高。一般来讲，数据管理技术经历了三个发展阶段：人工管理阶段、文件系统阶段和数据库技术阶段。

1.2.1　人工管理阶段

20 世纪 50 年代中期以前，计算机主要用于科学计算。当时存储设备比较落后，还没有磁盘等直接存取设备、外部存储器，只有磁带、卡片和纸带等。在软件方面，既没有操作系统，也没有管理数据的专门软件。数据处理方式主要采用批处理。

在人工管理阶段，数据是面向应用程序的，每个应用程序都需要设计独立的数据集合。程序与数据之间的关系如图 1-1 所示。由于数据结构需要不同的应用程序定义和管理，缺乏专门的系统负责数据的管理，多个应用程序涉及相同的数据时需要重新定义。因此，该阶段的数据管理具有以下特点。

（1）数据不被保存。

（2）没有专用的数据管理软件。

（3）数据共享性低。

（4）数据独立性差。

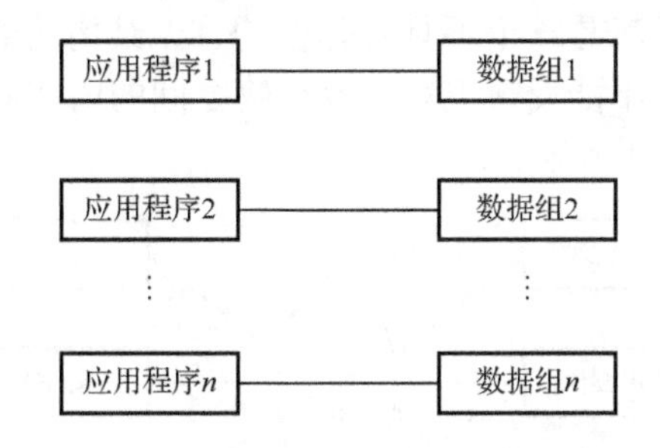

图 1-1　人工管理阶段程序与数据之间的关系

1.2.2　文件系统阶段

从 20 世纪 50 年代后期到 60 年代中期，计算机开始广泛应用于信息管理领域。大量的数据存储、检索和维护成为迫切需求，数据结构和数据管理技术迅速发展起来。在硬件方面，有了磁盘、磁鼓等直接存储设备；在软件方面，出现了高级语言和操作系统，并且操作系统中有了专门管理数据的文件系统，同时出现了新的联机实时处理方式。在此基础上，人们开始大规模使用文件系统来进行数据管理。

用文件系统管理数据的特点如下。

（1）数据长期保留。可以将数据长期保留在外存上被反复处理，即可以经常对数据进行查询、修改和删除等操作。

（2）数据的独立性。由于有了操作系统，所以可以利用文件系统进行专门的数据管理，使程序员能够集中精力在算法设计上，而不必过多地考虑细节。如要保存数据时，只需给出保存指令，而不必让所有的程序员都精心设计一套程序，控制计算机物理地实现保存数据。在读取数据时，只需给出文件名，而不必知道文件具体的存放地址。文件的逻辑结构和物理存储结构由系统进行转换，程序与数据有了一定的独立性。数据的改变不一定要引起程序的改变。例如，保存的文件中有 100 条记录，使用某一个查询程序，当文件中有 1000 条记录时，仍然使用保留的这个查询程序。

（3）可以实时处理。由于有了直接存取设备，也就有了索引文件、链接存取文件、直接存取文件等，所以既可以采用顺序批处理，也可以采用实时处理方式。数据的存取以记录为基本单位。

文件系统阶段与人工管理阶段相比，在数据管理方法和管理模式上有了很大进步，但一些根本性问题仍没有得到彻底解决，主要表现在以下两个方面。

（1）数据的共享性差，冗余度大。

一个数据文件只能对应于同一程序员的一个或几个程序，当不同的应用程序具有部分相同的数据时，也必须建立各自的文件，而不能共享相同的数据，因此数据的冗余度大，浪费存储空间。

（2）缺乏数据独立性。

要对现有的数据增加一些新的应用会很困难，系统不容易扩充。数据和程序相互依赖，一旦改变数据的逻辑结构，就必须修改相应的应用程序。应用程序发生变化时，如改用另一种程序设计语言来编写程序，也需修改数据结构。因此，数据和程序之间缺乏独立性。

由此可见，文件系统仍然是一个不具有弹性的、无结构的数据集合，即文件与文件、文件与程序之间是孤立的，不能反映现实世界事物之间的内在联系。在文件系统阶段，程序与数据之间的关系如图 1-2 所示。

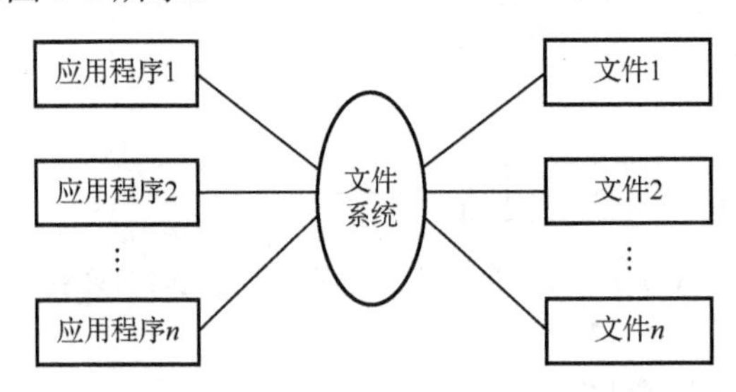

图 1-2　文件系统阶段程序与数据之间的关系

1.2.3　数据库技术阶段

20 世纪 60 年代后期，数据管理进入数据库技术阶段。该阶段计算机应用于管理的规模更加庞大，数据量急剧增加，数据共享的要求也越来越强烈。与此同时，计算机硬件、软件有了进一步的发展。在处理方式上，联机实时处理的需求增加，出现了分布式处理。文件系统的数据管理方法已无法适应应用系统的需要。为解决多用户、多个应用程序共享数据的需求，产生了数据库管理系统。

尤其是 1970 年美国 IBM 公司的 E.F.Codd 连续发表论文，提出了关系模型，使数据库技术在概念、原理和方法等方面均得到了迅速发展。数据库系统克服了文件系统的缺陷，提供了对数据更高级、更有效的管理。数据库技术的目标是解决数据冗余问题，实现数据的独立性和共享性，同时解决由于数据共享而带来的数据完整性、安全性及并发控制等一系列问题。为实现这个目标，数据库的运行必须由一个软件系统来控制，这个软件系统称为数据库管理系统，其将程序员进一步解脱出来。程序员不再需要考虑程序中的数据

是不是因为改动而造成不一致，也不用担心由于应用功能的扩充、程序重写而导致数据结构重新变动。这个阶段的数据管理技术具有以下优点。

（1）实现了数据的整体结构化。

（2）数据的存取方式更加灵活。

（3）数据的共享性高、冗余少、易扩充。

（4）数据的独立性高。

（5）统一的数据控制功能。

在数据库技术阶段，应用程序与数据之间的关系如图 1-3 所示。

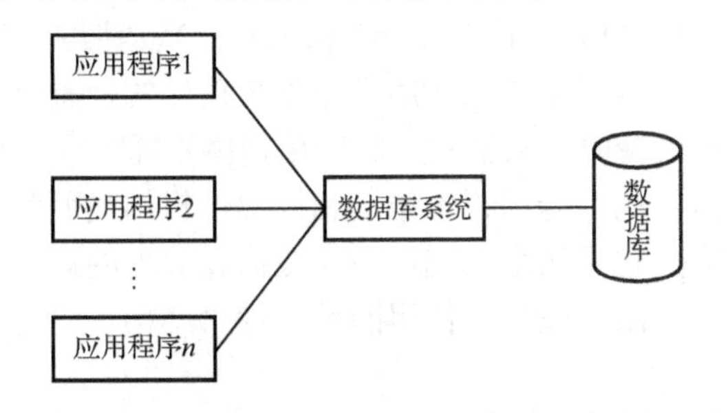

图 1-3 数据库技术阶段应用程序与数据之间的关系

1.3 数据库系统的特点

数据库系统的特点包括以下 4 点。

1. 数据结构化

数据库系统实现了整体数据的结构化，这是数据库最主要的特征之一。这里所说的"整体"结构化是指在数据库中，从全局、整体观点来组织数据，数据不再是仅针对某个应用、某个程序，而是面向全组织，为多种应用所共享，从而避免不必要的冗余；从内部结构上来讲，在数据库中，所有的数据将采用统一的数据结构，数据之间存在联系，从而有利于数据库管理系统的统一操作。因此数据结构化不只是数据内部的结构化，而是整体式结构化。

2. 数据的共享性高，冗余少，易扩充

由于数据是面向整体的，故数据可以被多个用户、多个应用程序共享使用，能够极大地减少数据冗余，节约存储空间，避免数据之间的不相容性与不一致性。

数据冗余的减少可以节约存储空间，使数据的存储、管理和查询都容易实现；使数据统一，避免产生数据不一致的问题；便于数据维护，避免数据统计错误。同时数据库系统可以通过数据模型和数据控制机制来提高数据的共享性，从而使得系统现有用户或程序可以共同享用数据库中的数据；当系统需要扩充时，再开发的新用户或新程序还可以共享原有的数据资源，多用户或多程序可以在同一时刻共同使用同一数据，最终保证了应用系统能够便捷地实现系统扩充。

3. 数据的独立性高

数据和程序之间相互的依赖性低、独立性高的特性称为数据独立性。数据与程序独立，把数据的定义从程序中分离出去，加上存取数据由 DBMS 负责，从而简化了应用程序的编制，大大减少了对应用程序的维护和修改。

数据的独立性包括数据的物理独立性和逻辑独立性。

（1）数据的物理独立性（Physical Data Independence）是指应用程序对数据存储结构的依赖程度。数据物理独立性高是指当数据的物理结构发生变化时，应用程序不需要修改也可以正常工作。数据库系统之所以具有数据物理独立性高的特点，是因为数据在磁盘上如何存储由 DBMS 管理，用户程序不用了解，应用程序要处理的只是数据的逻辑结构，数据库管理系统能够提供数据的物理结构与逻辑结构之间的映像（Mapping）或转换功能。这样一来当数据的物理存储结构改变时，用户程序不用改变。

（2）数据的逻辑独立性（Logical Data Independence）是指应用程序对数据全局逻辑结构的依赖程度，逻辑独立性高即用户的应用程序与数据库的逻辑结构是相互独立的，当数据库系统的数据逻辑结构改变时，它们对应的应用程序不需要做任何修改。

数据库中的数据逻辑结构分全局逻辑结构和局部逻辑结构两种：全局逻辑结构是指全系统总体的数据逻辑结构，它是按全系统使用的数据、数据的属性及数据联系来组织的；局部逻辑结构是指具体一个用户或程序使用的数据逻辑结构，它是根据用户自己对数据的需求进行组织的。

4. 数据由 DBMS 统一管理和控制

数据库的共享是并发（Concurrency）共享的，即多个用户可以同时存取数据库中的数据，甚至可以同时存取数据库中的同一个数据，这个机制必须通过 DBMS 的统一管理和控制才能实现。DBMS 的功能如下。

（1）数据的安全性控制（Security），即保护数据库的安全，以防止不合法使用造成的数据泄露、破坏和更改。数据安全性受到威胁是指出现用户看到了不该看到的数据、修改了无权修改的数据、删除了不能删除的数据等现象。数据安全性被破坏有两种情况：用户有超越自身拥有的数据操作权的行为；出现了违背用户操作意愿的结果。

（2）数据的完整性控制（Integrity），即保证数据的正确性、有效性和相容性，防止不符合语义的数据输入或输出所采用的控制机制。数据的完整性控制包括两项内容：提供进行数据完整性定义的方法，用户利用该方法定义数据应满足的完整性条件；提供进行检验数据完整性的功能，特别是在数据输入和输出时，系统应能够自动检查其是否符合已定义的完整性条件，以避免错误的数据进入数据库或从数据库中流出，造成不良后果。数据完整性的高低是决定数据库中数据可靠程度和可信程度的重要因素。

（3）数据库的并发访问控制（Concurrency），即排除由于数据共享，用户并行使用数据库造成的数据不完整和系统运行错误的问题。

（4）数据库的故障恢复（Recovery），即通过记录数据库运行的日志文件和定期做数据备份工作，保证数据在受到破坏时，能够及时使数据库恢复到正确状态。

1.4 数据库系统的三级模式结构

数据库领域公认的数据库系统的标准结构是三级模式，包括外模式、模式、内模式。数据库系统通过三级模式结构有效组织和管理数据，提高了数据库的逻辑独立性和物理独立性。用户级对应外模式，概念级对应模式，物理级对应内模式，使不同级别的用户对数据库形成不同的视图。所谓视图，就是指观察、认识和理解数据的范围、角度和方法，是数据库在用户应用中的反映，不同层次（级别）用户所接触的数据是不同的，如图 1-4 所示。

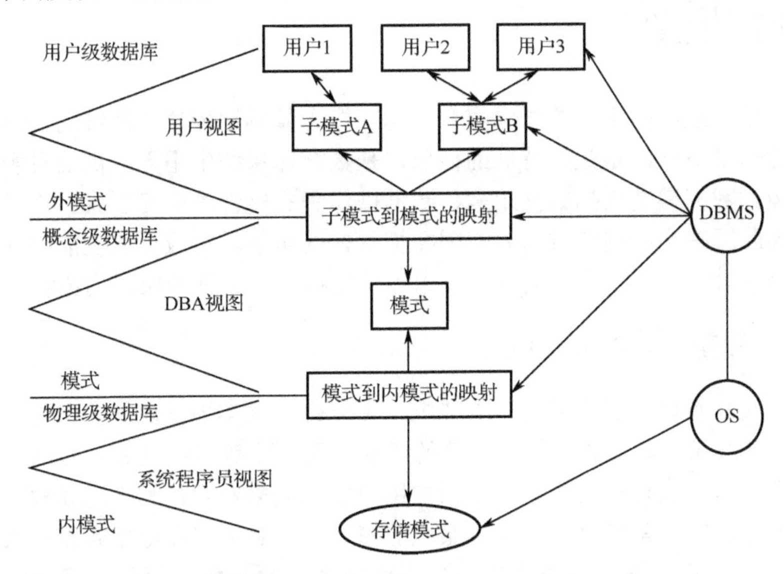

图 1-4　数据库的三级模式和两级映射

1. 三级模式

（1）外模式：是指应用程序用到的部分数据的逻辑结构。一个数据库可以有多个外模式。

（2）模式：是指数据库管理员用到的视图，又称概念模式，就是在 DBMS 的可视化界面中看到的数据库对象。一个数据库只有一个概念模式。

（3）内模式：是数据库的最低层模式，是数据物理结构和存储方式的描述。一个数据库只有一个内模式。

2. 两级映射

（1）外模式/模式的映射。

模式描述的是数据的全局逻辑结构，外模式描述的是数据的局部逻辑结构。对应于同一模式可以有任意多个外模式。对应于任意一个外模式，数据库都有一个外模式/模式映射，它定义了外模式和模式之间的对应关系。当模式发生变化时，由数据库管理员对外模式/模式映射做相应的改变，可以使外模式保持不变。应用程序是依照外模式编写的，所以不必修改，保证了数据与程序的逻辑独立性。

（2）模式/内模式的映射。

数据库中有一个模式，也只有一个内模式，所以模式/内模式的映射是唯一的，它定义了数据全局逻辑结构与存储结构之间的对应关系。当数据库的存储结构发生变化时，由数据管理员对模式/内模式映射进行相应改变，可以使模式保持不变，应用程序也不发生变化，从而保证了数据与程序的物理独立性。

3. 三级模式的关系

（1）模式是数据库的核心与关键。

（2）内模式依赖于模式，独立于外模式和存储设备。

（3）外模式面向具体的应用，独立于内模式和存储设备。

（4）应用程序依赖于外模式，独立于模式和内模式。

1.5 数据模型

数据模型是一组严格定义的概念集合，这些概念精确地描述了系统的静态特征、动态特征和完整性约束条件，是数据特征的抽象，是数据库系统中用于提供信息表示和操作手段的形式架构。数据模型包括数据结构、数据操作和完整性约束三要素。计算机处理的只能是数据，因此解决实际问题时，人们需要把具体的事物转换成计算机能够处理的数据，即把现实世界中具体的人、物、活动、概念等用数据模型进行抽象、描述和表示。

1.5.1 数据模型的分层

数据模型应具有以下三方面的基本要求：①能比较真实地抽象现实世界；②能被人们理解；③便于计算机实现。根据数据抽象的级别不同，将数据模型划分为以下三层：

（1）概念模型：又称信息模型，是指按用户的观点来对数据和信息建模，是对现实世界的第一层抽象。它既是独立于计算机系统的模型，又是用户和数据库设计人员之间进行交流的有力工具。概念模型有较强的语义表达能力，并且概念简单、清晰，易于用户理解。概念模型的表示方法最为著名的是实体-联系（E-R）方法。

（2）逻辑模型：是数据抽象的第二层，用于描述数据库数据的全局逻辑结构，按计算机的观点对数据建模，主要用于 DBMS 的实现，不同的 DBMS 提供的逻辑模型各不相同。它涉及计算机系统和数据库管理系统，有严格的形式化定义，以便于在计算机系统中实现。目前最常用的数据模型一般有层次模型、网状模型、关系模型和面向对象模型 4 种。

（3）物理模型：是数据抽象的底层，用于描述数据在计算机中的物理存储结构和存取方法。它的结构由 DBMS 的设计决定，并且与操作系统、计算机硬件相关，具体实现是 DBMS 的任务。对于一般用户而言，有基本的概念了解就行，不必考虑物理细节。

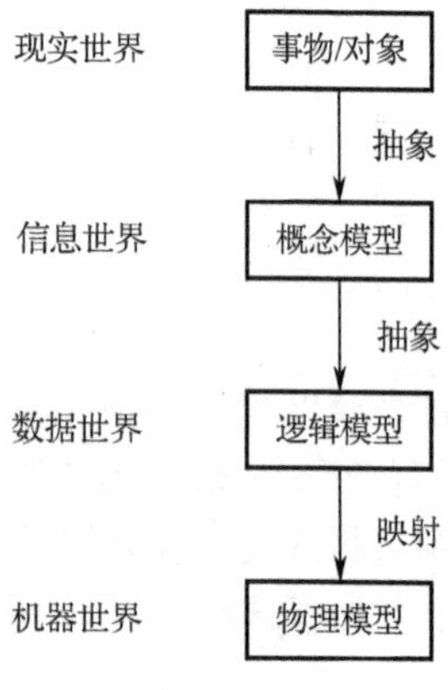

为了把现实世界中的具体事物进行抽象，最后用数据进行描述，并存储到计算机中，必须借助数据模型的一步步抽象来完成。首先将现实世界抽象为信息世界，然后将信息世界抽象为数据世界，最后再将数据世界映射为机器世界，如图 1-5 所示。因此数据模型的建模过程实际上就是将要描述的事物从现实世界到信息世界，再到数据世界，最后到机器世界逐步转换的过程。

现实世界　事物/对象
↓ 抽象
信息世界　概念模型
↓ 抽象
数据世界　逻辑模型
↓ 映射
机器世界　物理模型

图 1-5　现实世界事物的抽象过程

1.5.2 数据模型的三要素

1. 数据结构

数据结构是定义如何构造一组数据库的规则，也是一种物理数据模型。数据结构由数据元素和数据项组成。数据元素表示一个事物的一组数据；数据项是构成数据元素的数据。例如，要描述货物信息，可包括货物的编号、名称、规格、数量等数据。货物的编号、名称、规格、数量等数据就构成了货物信息描述的数据项，其中数据项的一组数据就构成了货物信息的一个数据元素。数据结构是对系统静态特性的描述。

2. 数据操作

数据操作是对数据库中各种对象（型）的实例（值）允许执行的操作及有关的操作规则，主要含有检索、更新（包括插入、删除、修改）两类操作，是对系统动态特性的描述。简而言之，对数据集中的数据元素进行的某种处理就是数据操作。

3. 数据的完整性约束

数据的完整性约束是指一组约束规则的集合，是数据及其联系所具有的制约和储存规则，用于限定符合数据模型的数据库状态及状态的变化，以保证数据的正确、有效、相容。这些数据的约束条件与具体的应用有关，可能很简单，也可能很复杂。

1.5.3 概念模型与 E-R 图

1. 概念模型的基本特点

概念模型独立于计算机系统，不涉及信息在系统中的表示，重点描述某特定组织所关心的信息结构，强调语义表达，实现对现实世界的第一层抽象。因此，概念模型应具有以下特点。

（1）语义表达能力强。

（2）易于理解和交流。

（3）与 DBMS 无关。

（4）易于向逻辑数据模型转换。

概念模型是对信息世界的建模，因此，概念模型应该能够方便、准确地表示信息世界中的常用概念。

2. E-R 图

概念模型的表示方法很多，其中最常用的是 P.P.S.Chen 于 1976 年提出的实体-联系模型（Entity-Relationship Model，E-R 模型）。该模型用 E-R 图来描述现实世界，如表 1-2 所示。

表 1-2 E-R 图中各图形的含义

对象类型	E-R 图的表示方法	E-R 图的表示图示	员工示例
实体	用矩形表示，矩形内写明实体名称	实体	员工
属性	用椭圆形表示，椭圆内写明属性名称，并用无向边将其与实体连接起来	属性	工号
联系	用菱形表示，菱形内写明联系名称，用无向边分别与有关实体连接起来，并在无向边旁标明联系的类型	联系	工作

在信息世界中，常用的概念如下。

1）实体（Entity）

实体是现实世界中可区别于其他对象的一件“事物”或“物体”，实体可以是可触及的对象，如一个员工、一本书、一辆汽车；也可以是抽象的事件，如一堂课、一次比赛等。在实体联系图中，用矩形框表示实体。具有相同类型及性质的实体集合构成实体集，如所有订单的集合就定义为订单实体集。

2）属性（Attributes）

实体是通过一组属性来描述的。属性是实体集的每一个实体都具有的特征描述，同一实体集中所有实体都具有相同的属性。如员工实体集中所有的员工都有员工号、姓名、年龄、性别、部门等方面的属性。在实体联系图中，用椭圆表示实体属性。

属性有“型”“值”之分，“型”即为属性名，如姓名、年龄、性别是属性的型；“值”即为属性的具体内容，如（990001、张立、20、男、家用电器）这些属性值的集合表示了一个员工实体。

3）实体型（Entity Type）

若干个属性组成的集合可以表示一个实体的类型，简称实体型，如员工（员工号、姓名、年龄、性别、部门）就是一个实体型。

4）实体集（Entity Set）

同型实体的集合称为实体集，如所有的员工、所有的部门等。

5）键（Key）

能唯一标识一个实体的属性或属性集称为实体的键，如员工的员工号。由于员工的姓名可能有重名，故不能作为员工实体的键。

6）域（Domain）

属性值的取值范围称为该属性的域，如员工号的域为 6 位整数、姓名的域为字符串集合、年龄的域为小于 40 的整数、性别的域为（男，女）。

7）联系（Relationship）

在现实世界中，事物内部及事物之间是有联系的，这些联系同样也要抽象和反映到信息世界中来。可以将信息世界抽象为实体型内部的联系和实体型之间的联系。实体型内部的联系通常是指组成实体的各属性之间的联系；实体型之间的联系通常是指不同实体集之间的联系。在实体联系图中，用菱形框表示实体间的联系。

反映实体型及其联系的结构形式称为实体模型，它是现实世界及其联系的抽象表示。两个实体型之间的联系有以下 3 种类型。

（1）一对一联系（1∶1）。

实体集 A 中的一个实体至多与实体集 B 中的一个实体相对应，反之亦然，则称实体集 A 与实体集 B 为一对一的联系，记作 1∶1，如工厂与厂长、观众与座位、病人与床位，如图 1-6（a）所示。

（2）一对多联系（1∶n）。

实体集 A 中的一个实体与实体集 B 中的多个实体相对应，反之，实体集 B 中的一个实体至多与实体集 A 中的一个实体相对应。记作 1∶n，如工厂与员工、公司与职员、省与市，如图 1-6（b）所示。

（3）多对多联系（m∶n）。

实体集 A 中的一个实体与实体集 B 中的多个实体相对应，反之，实体集 B 中的一个实体与实体集 A 中的多个实体相对应。记作（m∶n），如仓库与产品、工厂与产品，如图 1-6（c）所示。

多对多联系是一类比较复杂的联系，一般数据库管理系统不直接支持多对多联系，因此总是将一个多对多联系转换为两个一对多联系。例如，仓库和产品之间的联系就是一个多对多联系，此时要在它们之间增加一个储存联系，仓库和储存之间、产品与储存之间就构成了两个一对多的联系。

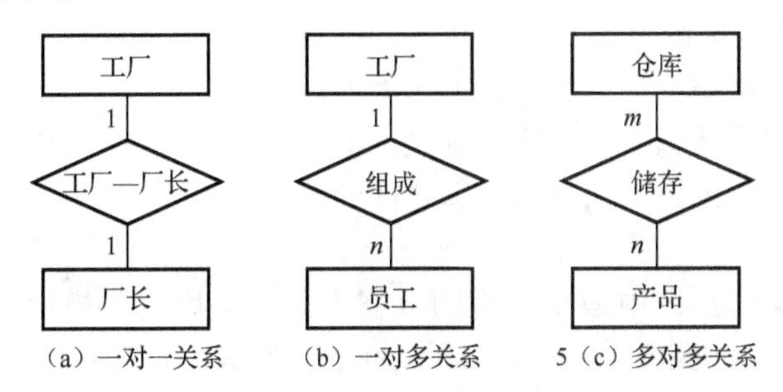

图 1-6　两实体之间的联系

3. 概念结构的设计

对于每一个实体集，可指定一个码为主码。如果用矩形框表示实体集、用椭圆形表示属性、用线段连接实体集与属性，则当一个属性或属性组合被指定为主码时，在实体集与属性的连接线上标记一斜线，可以用图 1-7 描述产品储存管理系统中的实体集及每个实体集涉及的属性。

若实体集 A 和实体集 B 之间存在各种关系，通常把这些关系称为“联系”。实体集及实体集联系的图就表示为 E-R 模型；从分析用户项目涉及的数据对象及数据对象之间的联系出发，到获取 E-R 图的过程称为概念结构设计。联系用菱形表示，通过直线与实体相连，这样构成的图就是 E-R 图，它是 E-R 模型的描述方法。

例如，在储存系统中，一类产品同时有若干个仓库储存（产品的属性主要包括产品号、产品名、价格、质量等），而一个仓库可以同时保管多类产品（仓库的属性主要包括仓库号、仓库名、地址等），则产品与仓库之间具有多对多联系，如图 1-8 所示。

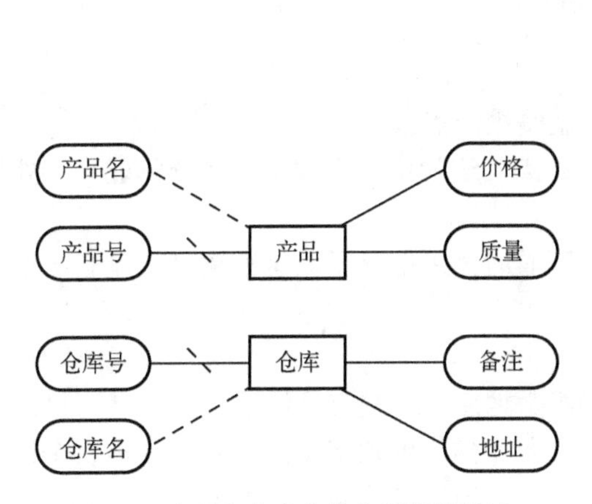

图 1-7　产品和仓库实体集属性的描述

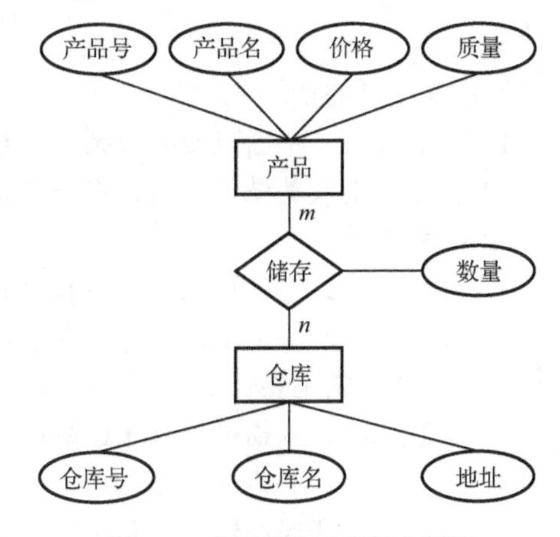

图 1-8　产品储存系统概念模型

1.5.4　常用的数据模型

概念模型完成了现实世界到信息世界的抽象，接下来要做的就是将概念模型进一步抽象为逻辑模型（数据模型）。数据库设计中，数据模型的选择至关重要，数据模型的好坏直接影响数据库的性能，因此数据模型的选择是设计数据库的一项首要任务。在数据库技术发展过程中产生了 3 种主要的数据模型：层次模型（Hierarchical Model）、网状模型

（Network Model）和关系模型（Relational Model）。这 3 种数据模型的根本区别在于数据结构不同，即数据之间联系的表示方式不同。

- 层次模型用“树结构”来表示数据之间的联系。
- 网状模型用“图结构”来表示数据之间的联系。
- 关系模型用“二维表”来表示数据之间的联系。

1. 层次模型

层次模型是数据库系统中最早出现的数据模型，采用层次模型的数据库典型代表是 IBM 公司的 IMS（Information Management System，数据库管理系统）。

现实世界中，许多实体之间的联系都表现出一种很自然的层次关系，如家族关系、行政机构等。层次模型用一棵“有向树”的数据结构来表示各类实体，以及实体间的联系。在树中，每个结点表示一个记录类型，结点间的连线（或边）表示记录类型间的关系。每个记录类型可包含若干个字段，记录类型描述的是实体，字段描述实体的属性，各个记录类型及其字段都必须命名。如果要存取某个记录型的记录，可以从根结点起，按照有向树层次向下查找。

如图 1-9 所示，结点 A 为根结点，D、E、F 为叶结点，B、C 为兄弟结点。

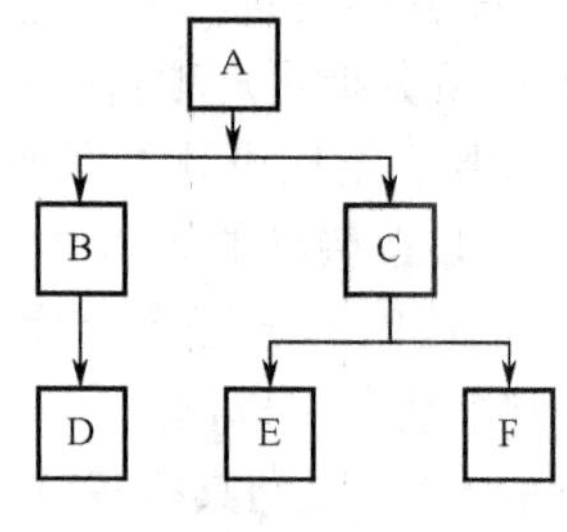

图 1-9　有向树

1）层次模型的特征

（1）有且仅有一个结点没有双亲，该结点就是根结点。

（2）根以外的其他结点有且仅有一个双亲结点，这就使层次数据库系统只能直接处理一对多的实体关系。

（3）任何一个给定的记录值只有按其路径查看时，才能显示其全部意义，没有一个子女记录值能够脱离双亲记录值而独立存在。

2）层次模型的主要优点

（1）比较简单，只需很少几条命令就能操纵数据库，比较容易使用。

（2）结构清晰，结点间联系简单，只要知道每个结点的双亲结点，就可知道整个模型结构。现实世界中许多实体间的联系本来就呈现出一种很自然的层次关系。

（3）它提供了良好的数据完整性支持。

3）层次模型的主要缺点

（1）不能直接表示两个以上的实体型间的复杂联系和实体型间的多对多联系，只能通过引入冗余数据或创建虚拟结点的方法来解决，易产生不一致性。

（2）对数据插入和删除的操作限制太多。

（3）查询子女结点必须通过双亲结点。

2. 网状模型

现实中事物之间的联系更多是非层次关系，用层次模型表示这种关系很不直观，网状模型则克服了这个弊病，可以清晰表示这种非层次关系。20 世纪 70 年代，数据系统语言研究会 CODASYL（Conference On Data System Language）下属的数据库任务组 DBTG（Data Base Task Group）提出了一个系统方案，即 DBTG 系统，也称 CODASYL 系统，成为网状模型的代表。

在数据库中，把满足以下两个条件的基本层次联系的集合称为网状模型。

- 有一个以上的结点没有双亲。
- 至少有一个结点可以有多个双亲。

即允许两个或两个以上的结点没有双亲结点，允许某个结点有多个双亲结点，此时有向树变成了有向图，该有向图描述了网状模型。网状模型中每个结点表示一个记录型（实体），每个记录型可包含若干个字段（实体的属性），结点间的连线表示记录类型（实体）间的父子关系。

1）网状模型的优点

（1）能更为直接地描述客观世界，可表示实体间的多种复杂联系。

（2）具有良好的性能和存储效率。

2）网状模型的缺点

（1）结构复杂，其数据定义语言极其复杂。

（2）数据独立性差，由于实体间的联系本质上是通过存取路径表示的，因此应用程序在访问数据时要指定存取路径。

3. 关系模型

关系模型是发展较晚的一种模型，1970 年美国 IBM 公司研究员 E.F.Codd 发表了题为《大型共享数据库的数据关系模型》（*A Relation Model of Data for Large Shared Data Banks*）的论文，首次提出了数据库系统的关系模型理论。他在文中解释了关系模型，定义了关系代数运算，研究了数据的函数相关性，定义了关系的第三范式，开创了数据库的关系方法和数据规范化理论的研究。关系模型源于数学，他把数据看成一张二维表中的元素，这个二维表就是关系。在关系模型中，用关系（数据表格）表示实体及实体之间的联系。

通俗地讲，关系就是二维表，表格中的每一行称为一个元组，也就是一条记录，记录中的每一列是一个属性值集，列名就是属性名，这与前文所提的实体属性或记录的字段意义相当。关系数据库中，记录的集合构成关系，记录值之间不再通过指针联系，关系或记录之间的联系靠连接字段值来处理，理解关系和连接字段的思想对于理解关系数据库至关重要。

20 世纪 80 年代以来，计算机厂商新推出的数据库管理系统几乎都支持关系模型，非关系系统的产品也都加上了关系接口。数据库领域当前的研究工作都是以关系方法为基础的。关系数据库已成为目前应用最广泛的数据库系统，如 Oracle、Informix、Sybase、SQL Server 等都是关系数据库系统。

1.6 小结

本章介绍了数据库的基本概念，概述了数据管理技术的产生与发展，简述了数据库系统的特点，数据库系统的三级模式和两级映射的系统结构，确保了数据库系统有较高的逻辑独立性和物理独立性。

数据模型分为三层：概念模型、逻辑模型和物理模型，它的三要素是数据结构、数据操作和数据的完整性约束。

最常用的概念模型的表示方法是实体-联系模型，用 E-R 图来描述。3 种常用的数据模型：层次模型、网状模型和关系模型。

习题 1

1-1 简述数据、数据库、数据库管理系统、数据库系统的概念。

1-2 论述文件系统与数据库系统的区别与联系。

1-3 简述数据库系统的特点。

1-4 解释概念模型中的术语：实体、实体型、实体集。

1-5 试述数据与程序的物理独立性。

第2章 关系数据库基本原理

本章将从关系数据库的基本概念和基本理论出发，重点讨论关系数据库及其设计的基本原理和方法。本章将讨论关系模型的三要素（数据结构、关系操作和完整性约束），简要介绍关系数据库的理论基础关系代数、数据库设计的基本关系规范化理论，最后介绍数据库设计的基本方法和步骤，使学生对关系数据库设计的基础理论和方法有一个全面概括的了解，有助于他们在理论层面上理解 SQL Server 数据库的设计。

2.1 关系模型概述

关系数据库系统是支持关系数据模型的数据库系统，它是当今主流的数据库系统。相较于此前的层次数据库系统和网状数据库系统，关系数据库系统以其简单的数据结构、简洁的操作，极大地简化了用户的工作。关系数据库系统是建立在关系模型基础之上的，所谓的关系模型，就是用关系来表示现实中实体及实体之间联系的数据模型，关系模型由关系数据结构、关系模型的数据操作和关系模型的完整性约束三部分组成。

2.1.1 关系数据结构

1. 关系

关系，俗称二维表，也就是人们日常生活中常用的数据表格。关系数据库就是表（关系）的集合，表又是实体的集合，表的一行由若干关联的值组成，代表一个实体，一个表就是这种有关联值（行）的集合。关系模型的数据结构简单，但是能够表达丰富的语义，既可以描述现实世界中的实体，也可以描述实体之间的各种联系，因此在关系模型中实体及实体之间的联系都是用关系来表示的。

关系模型建立在集合代数之上，要从关系的数学定义出发来认识其相关的概念和术语。

定义 2.1：笛卡儿积，设 $D_1,D_2,\cdots,D_n$ 为任意集合，定义 $D_1,D_2,\cdots,D_n$ 的笛卡儿积为

$$D_1\times D_2\times\cdots\times D_n=\{(d_1,d_2,\cdots,d_n)\mid d_i\in D_i,i=1,\cdots,n\}$$

其中，集合的每个元素 $(d_1,d_2,\cdots,d_n)$ 称为一个 n 元组，简称元组，元组中的每个 d_i 称为元组的一个分量。例如：

假设 D_1 是员工集合，D_2 是职务集合，即

$$D_1=\{张三,李四,王五\}$$

$$D_2=\{经理,仓库管理员\}$$

则

$$D_1\times D_2=\{\,(张三,经理),(张三,仓库管理员),$$

(李四,经理),(李四,仓库管理员),
(王五,经理),(王五,仓库管理员)}

笛卡儿积的实质就是二维表，如图 2-1 所示，因此表的任意一行就是一个元组，它的第 1 个分量来自集合 D_1，第 2 个分量来自集合 D_2。笛卡儿积就是这样的元组集合。

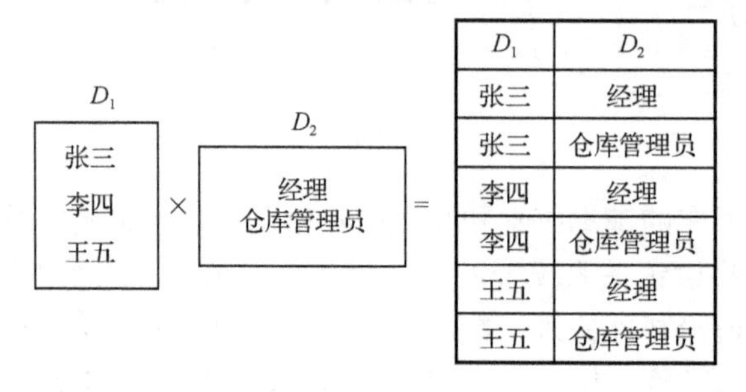

D_1	D_2
张三	经理
张三	仓库管理员
李四	经理
李四	仓库管理员
王五	经理
王五	仓库管理员

图 2-1　笛卡儿积

定义 2.2：关系，笛卡儿积 $D_1 \times D_2 \times \cdots \times D_n$ 的任意一个子集称为 $D_1, D_2, \cdots, D_n$ 上的一个 n 元关系。

形式化的关系定义同样可以把关系看成一个二维表，给表的每一列取一个名字，称为属性。n 元关系就有 n 个属性，属性的名字是唯一的。属性的取值范围 $D_i(i=1,\cdots,n)$ 称为值域（domain）。

例如，对前面的例子可以取子集：

$$R=\{(\text{张三},\text{经理}),(\text{李四},\text{仓库管理员})\}$$

姓名	职务
张三	经理
李四	仓库管理员

图 2-2　关系

这样一个子集就是一个关系，把它排列成二维表的形式，如图 2-2 所示，其中第一个属性命名为姓名，第 2 个属性命名为职务，该关系表示员工的职务信息。

特别说明的是，①关系是元组的集合，但是集合中的元素是无序的，而元组中的分量 d_i 是有序的；②若一个关系中的元组个数是无限的，则称为无限关系，否则称为有限关系。关系数据库只考虑有限关系。

2. 关系的性质

关系可以是二维表，但不是所有的二维表都是关系，关系数据库定义了关系的以下性质。

（1）每一个分量必须是不可分的最小数据项，即每个属性都是不可再分解的，这是关系数据库对关系的最基本限定。

（2）列的个数和每列的数据类型是固定的，即每列中的分量是同类型的数据，来自同一个值域。

（3）不同的列可以出自同一个值域，每列称为属性，每个属性要给予不同的属性名。

（4）列的顺序是无关紧要的，即列的次序可以任意交换，但一定是整体交换，属性名和属性值必须作为整列同时交换。

（5）行的顺序是无关紧要的，即行的次序可以任意交换。

（6）元组不可以重复，即在一个关系中任意两个元组不能完全一样。

3. 关系的相关术语

（1）关系（relation）。通俗地讲，关系就是二维表，二维表就是关系名，如图 2-3 所示中的关系名是货物。

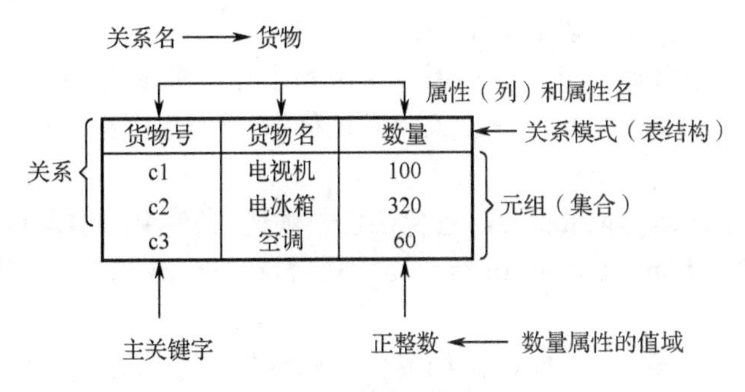

图 2-3　关系及其术语

（2）属性（attribute）。二维表中的列称为属性（字段）；每个属性都有一个名称，称为属性名；二维表中对应某个列的值称为属性值；二维表中列的个数称为关系的元数；一个二维表如果有 *n* 列，则称为 *n* 元关系。图 2-3 中货物关系有货物号、货物名和数量 3 个属性，即是一个三元关系。

（3）值域（domain）。二维表中属性的取值范围称为值域。图 2-3 中数量属性的取值规定为正整数。

（4）元组（tuple）。二维表中的行称为元组（记录值）。图 2-3 所示货物关系中的元组有：

（c1,电视机,100）

（c2,电冰箱,320）

（c3,空调,60）

（5）分量（component）。元组中的每一个属性值称为元组的一个分量，*n* 元关系的每个元组有 *n* 个分量。例如，在元组（c2,电冰箱,320）中对应于数量属性的分量是 320，对应于货物号属性的分量是 c2。

（6）关系模式（relation schema）。二维表的结构称为关系模式，或者说关系模式就是二维表的表框架或结构，它相当于文件结构或记录结构。设关系名为 REL，其属性为 $A_1, A_2, \cdots, A_n$，则关系模式可以表示为：

$$\text{REL}(A_1, A_2, \cdots, A_n)$$

每个 $A_i (i = 1, \cdots, n)$ 还包括该属性到值域的映射，即属性的取值范围。图 2-3 中的关系模式可以表示的形式如下：

货物(货物号,货物名,数量)

如果将关系模式理解为数据类型，则关系就是一个具体的值。

（7）关系模型（relation model）。关系模型是所有关系模式、属性名和关键字的汇集，它是模式描述的对象。

（8）关系数据库（relation database）。对应于一个关系模型的所有关系集合称为关系数据库。

同样，关系模型是“型”，而关系数据库是“值”。数据模型是相对稳定的，而数据库随时间不断变化（因为数据库中的记录不断地被更新）。

（9）候选关键字（candidate key）。如果一个属性集的值能够唯一标识一个关系的元组而又不含有多余的属性，则称该属性集为候选关键字。候选关键字又称为候选码或候选键。在一个关系上可以有多个候选关键字。

（10）主关键字（primary key）。有时一个关系中有多个候选关键字，这时可以选择其中一个作为主关键字，简称关键字。主关键字也称为主码或主键。每一个关系都有一个并且只有一个主关键字。

（11）主属性（primary attribute）。包含在任一候选关键字中的属性称为主属性。

（12）非主属性（nonprimary attribute）。不包含在任一候选关键字中的属性称为非主属性。

（13）外部关键字（foreign key）。如果一个属性集不是所在关系的关键字，而是其他关系的关键字，则该属性集称为外部关键字。外部关键字也称为外码或外键。

（14）参照关系（referencing relation）和被参照关系（referenced relation）。在关系数据库中可以通过外部关键字使两个关系关联，这种联系通常是一对多（1∶*n*）的，其中主（父）关系（1 方）称为被参照关系，从（子）关系（*n* 方）称为参照关系。图 2-4 所示说明了通过外部关键字关联的两个关系，其中员工表通过外部关键字“部门”参照部门表的主关键字“编号”。

部门表 ← 被参照关系

主关键字 → 编号

编号	名称	负责人	办公地点
1	机械设备	李嘉	一楼 3 层
2	电气设备	吴红忠	三楼 4 层
3	医疗设备	张秋霞	二楼 3 层
4	仪器仪表	王跃红	四楼 1 层

外部关键字 → 部门

员工表 ← 参照关系

员工号	部门	姓名	性别	职称	专业
010194	1	刘长勇	男	高工	信息管理
010126	1	顾波	女	工程师	计算机
011122	1	张建平	男	助工	系统工程
020112	2	杜子义	男	高工	经济学
020555	2	黄梅	女	工程师	金融
030609	3	李丽	女	助工	软件工程

图 2-4　参照关系与被参照关系

2.1.2　关系模型的数据操作

现实世界随着时间在不断变化，因而在不同时刻，数据库中关系模式的关系实例也会有所变化，以反映现实世界的变化。关系实例的这种变化是通过关系操作来实现的。

关系模型的查询表达能力很强，因此查询操作是关系操作中最主要的部分。查询操作又可以分为选择（select）、投影（project）、连接（join）、除（divide）、并（union）、交（intersection）、差（except）、笛卡儿积等。其中，选择、投影、并、差和笛卡儿积是 5 种基本的关系操作，其他操作可以通过基本操作来定义和导出。

关系操作的特点是集合操作方式，即操作的对象和结果都是集合。这种操作方式也称为一次一集合（set-at-a-time）的方式。相应地，非关系数据模型的数据操作方式则为一次一记录（record-at-a-time）的方式。

关系数据模型包括关系数据结构和关系操作集合两个重要因素。

1. 关系数据结构

关系数据结构非常简单，在关系数据模型中，现实世界中的实体及实体与实体之间的联系均用关系来表示。从逻辑或用户的观点来看，关系就是二维表。

2. 关系操作集合

关系数据模型中的操作可以分为三类，它们是传统的集合运算、专门的关系运算和关系数据操作。实际上，传统的集合运算和专门的关系运算是传统数学意义上的关系运算，而关系数据操作是在关系模型的应用中扩展的一类运算或操作。

（1）传统的集合运算包括并、交、差和广义笛卡儿积的运算。

（2）专门的关系运算包括选择、投影、连接和除的运算。

（3）关系数据操作包括查询、插入、删除和修改等操作。

在数据库应用中，查询表达能力是最重要的，它意味着数据库能否以便捷的方式为用户提供丰富的信息，而关系操作集合恰恰提供了丰富的查询表达能力。

关系的操作能力可以用代数方式和逻辑方式来表示。代数方式是通过关系代数对关系的运算来表达查询要求的方式；逻辑方式是通过关系演算、用谓词表达对关系查询要求的方式。关系演算又可以按谓词变元的基本对象是元组变量还是域变量，分为元组关系演算和域关系演算。

关系代数、元组关系演算和域关系演算虽然表达方法不一样，但是它们的表达能力是一样的。

关系代数、元组关系演算和域关系演算均属于抽象的关系语言，它们与具体的数据库管理系统实现的语言不完全一样，但是它们可以作为评估实际系统中查询语言能力的标准和基础。实际的关系语言除了提供关系代数和关系演算的功能外，还能提供很多附加的功能，如函数和算术运算等。

现在关系数据库已经有了标准语言——SQL（Structured Query Language），它是一种介于关系代数和关系演算的语言。尽管 SQL 字面上是结构化查询语言，但具有丰富的查询及数据操作、数据定义和数据控制等功能，是集查询语言、数据定义语言（DDL）、数据操作语言（DML）和数据控制语言（DCL）于一体的关系数据语言，它充分体现了关系数据语言的特点和优点。

2.1.3 关系模型的完整性约束

数据库中数据完整性是指保证数据正确的特性。它是一种语义概念，包括以下两方面的内容。

- 与现实世界中应用需求数据的相容性和正确性。
- 数据库中数据之间的相容性和正确性。

例如，员工的员工号必须唯一、员工的性别只能是男或女、员工所在的部门必须是已经开设的部门等。数据库是否具有数据完整性的特征，关系到数据库系统能否真实反映现实世界的情况，数据完整性是数据库的一个非常重要的内容。

数据完整性由完整性规则来定义，而关系模型的完整性规则就是对关系的某种约束条件。在关系数据模型中一般将数据完整性分为三类，即实体完整性、参照完整性和用户定义完整性。其中，实体完整性和参照完整性是关系模型必须满足的完整性约束条件，是系统一级的约束；用户定义完整性的目的是为了满足用户对数据的约束条件或语义需求，其中最常见的是对属性取值范围的约束，即域完整性约束，这属于应用一级的约束。数据库管理系统将提供对这些数据完整性约束的支持。

1. 实体完整性规则

实体完整性的目的是要保证关系中的每个元组都是可识别和唯一的。

实体完整性规则的具体内容：若属性 A 是关系 R 的主属性，则属性 A 不可以为空值。

所谓空值就是“不知道”或“没有确定”，它既不是数值 0，也不是空字符串，而是一个未知的量。

实体完整性规则规定了关系的所有主属性都不可以取空值，如员工关系：

员工(员工号,姓名,性别,……)

其中，员工号是关键字，不可以取空值。再如：

产品储存(产品号,仓库号,数量)

其中，产品号和仓库号共同构成关键字，并且产品号和仓库号均不可以取空值。

对实体完整性规则的解释和说明如下。

（1）实体完整性规则是针对关系而言的，而关系则对应一个现实世界中的实体集，如员工关系对应现实世界中的员工实体集。

（2）现实世界中的实体是可区分的，它们具有某种标识特征；相应地，关系中的元组也是可区分的，在关系中用主关键字进行唯一性标识。

（3）主关键字中的属性，即主属性不能取空值。如果主属性取空值，则意味着关系中的某个元组是不可标识的，即存在不可区分的实体，这与实体的定义也是矛盾的。

实体完整性是关系模型必须满足的完整性约束条件，也称关系的不变性。关系数据库管理系统可以用主关键字实现实体完整性（非主关键字的属性也可以说明为唯一和非空值的），这是由关系系统自动支持的。

2. 参照完整性规则

现实世界中的实体之间存在着某种联系，而在关系模型中实体是用关系描述的，实体之间的联系也是用关系描述的，这样就自然存在着关系和关系之间的参照或引用。

参照完整性也是关系模型必须满足的完整性约束条件，是关系的另一个不变性，下面通过例子说明什么是参照完整性，以及为什么需要参照完整性。

设有如图 2-5 所示的数据库，其中含有 4 个实体（关系）和 3 个联系。

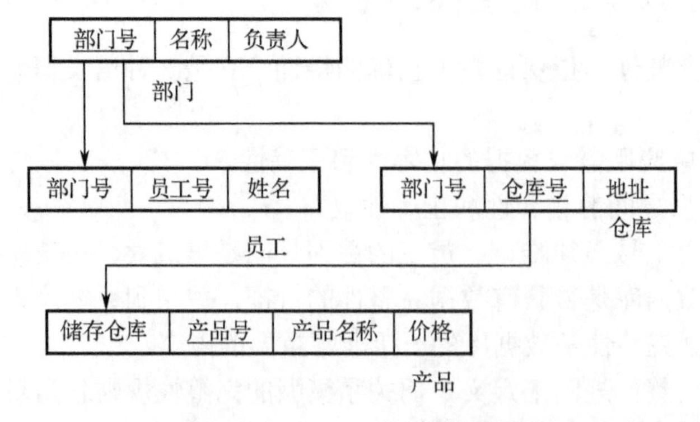

图 2-5 说明关联和参照关系

在部门关系和员工关系之间存在参照或引用关系，员工关系的部门号属性的取值需要参照部门关系的主关键字“部门号”；这时员工关系的部门号属性是员工关系的外部关键字。从语义上讲，一个员工肯定隶属于一个已经存在的部门，而不会属于一个不存在的部门。这里，部门关系是被参照关系，员工关系是参照关系，员工关系部门号属性的取值需要参照部门关系部门号属性的值。

再来看部门关系和仓库关系，以及仓库关系和产品关系之间的参照关系。

在部门关系和仓库关系之间，部门关系仍然是被参照关系，仓库关系是参照关系，部门号属性是部门关系的主关键字，是仓库关系的外部关键字，仓库关系的部门号的取值需要参照部门关系的部门号属性值。从语义上讲，每个仓库都属于某个部门。

在仓库关系和产品关系之间，仓库关系是被参照关系，产品关系是参照关系。假设每个仓库可以储存多个产品。一种产品只储存在一个仓库，产品关系的储存仓库属性参照仓库关系的仓库号属性，仓库号属性是仓库关系的主关键字、储存仓库属性是产品关系的外部关键字，仓库号属性和储存仓库属性的取值出自同一个值域，由此可以看出，参照和被参照的属性不一定有相同名称。

参照关系和被参照关系的定义：设 F 是关系 R 的一个属性或属性组，但不是关系 R 的关键字，另外，有主关键字为 K 的关系 S。如果关系 R 的属性或属性组 F 与关系 S 的主关键字 K 相对应，则称 F 是关系 R 的外部关键字，并称关系 R 是参照关系、S 是被参照关系（或目标关系）。关系 R 和 S 可以是同一个关系。

从定义和前面的讨论中可以看出来，参照关系的外部关键字和被参照关系的主关键字出自同一个值域，并且在实际应用中往往也给予相同的名称（注意：不是必需的）。

参照完整性规则定义了外部关键字与主关键字之间的引用规则。

参照完整性规则的内容是，如果属性（或属性组）F 是关系 R 的外部关键字，它与关系 S 的主关键字 K 相对应，则对于关系 R 中每个元组在属性（或属性组）F 上的值必须取空值（F 的每个属性均为空值），或者等于 S 中某个元组主关键字的值。

再来看前面讨论的仓库关系和产品关系之间的参照问题。如果产品关系中某个元组的储存仓库属性为空值，则意味着该产品尚未确定负责存储该产品的仓库；如果是非空值，则一定是仓库关系中某个已经存在元组的主关键字，说明该种产品由这个仓库负责存储。

在关系系统中通过说明外部关键字来实现参照完整性，而说明外部关键字是通过引用主关键字来实现的，即通过说明外部关键字，关系系统可以自动支持关系的参照完整性。

3. 用户定义完整性

实体完整性和参照完整性是关系数据模型必须要满足的，或者说是关系数据模型固有的特性。除此之外，还有其他与应用密切相关的数据完整性约束，如某个属性的值必须唯一、某个属性的取值必须在某个范围内、某些属性值之间应该满足一定的函数关系等。类似这些方面的约束不是关系数据模型本身所要求的，而是为了满足应用方面的语义要求提出来的，这些完整性需求需要用户来定义，所以又称为用户定义完整性。数据库管理系统需提供定义这些数据完整性的功能和手段，以便统一进行处理和检查，而不是由应用程序去实现这些功能。

在用户定义完整性中最常见的是限定属性的取值范围，即对值域的约束，包括说明属性的数据类型、精度、取值范围、是否允许空值等。对取值范围又可以分为静态定义和动态定义两种，静态取值范围是指属性值域范围是固定的，而动态取值范围是指属性值域范围动态依赖于其他属性值。对属性值域范围的约束又称为域完整性约束。

2.2 关系代数

关系代数是指通过关系代数运算来构造查询表达式。基本的关系代数运算有选择、投影、并、差、笛卡儿积。在这些基本运算之外，还有一些其他运算，即交、自然连接、除和赋值等。

任何一种运算都是将运算符作用于一定的运算对象上，然后得到预期的运算结果。因此运算对象、运算符和运算结果是运算的三大要素。关系代数运算以一个或两个关系作为输入（运算对象），将产生一个新的关系作为结果。

2.2.1 集合运算

假设关系 r 和关系 s 具有相同的 n 个属性且相应的属性取自同一个域，t 是元组变量，$t \in r$ 表示 t 是 r 的一个元组（元组变量 t 的值域是关系 r 的元组集合）。首先基于上述假设讨论关系并、差和交的运算。

1. 并

关系 r 与关系 s 的并记作：

$$r \cup s = \{t \mid t \in r \vee t \in s\}$$

其结果关系仍为 n 目关系，由属于 r 或属于 s 的所有元组组成。

2. 差

关系 r 与关系 s 的差记作：

$$r - s = \{t \mid t \in r \wedge t \notin s\}$$

其结果关系仍为 n 目关系，由属于 r 而不属于 s 的所有元组组成。

3. 交

关系 r 与关系 s 的交记作：

$$r \cap s = \{t \mid t \in r \wedge t \in s\}$$

其结果关系仍为 n 目关系，由既属于 r 又属于 s 的所有元组组成。关系的交可以通过差来表达，即 $r \cap s = r - (r - s)$。

4. 笛卡儿积

两个分别为 n 目和 m 目的关系 r 和 s 的笛卡儿积是一个 $n+m$ 目元组的集合。元组的前 n 列是关系 r 的一个元组，后 m 列是关系 s 的一个元组。若关系 r 有 k_r 个元组，关系 s 有 k_s 个元组，则关系 r 和 s 的笛卡儿积有 $k_r \times k_s$ 个元组。记作：

$$r \times s = \{\widehat{t_r t_s} \mid t_r \in r \wedge t_s \in s\}$$

2.2.2 关系运算

为了叙述方便，先给出以下几个记号。

- 设关系模式为 $r(A_1, A_2, \cdots, A_n)$，它的一个关系实例为 r。t 是元组变量，$t \in r$ 表示 t 是 r 的一个元组。
- 设关系模式 $r(R)$ 和 $s(S)$，R 和 S 分别是属性名的集合，对应的关系实例分别为 r

和 s，则 $R\cap S$ 表示同时出现在两个关系模式中的公共属性集，$R\cup S$ 表示出现在 R 或 S 或二者中都出现的属性集，$R-S$ 表示出现在 R 中但不出现在 S 中的那些属性名的集合，$S-R$ 表示出现在 S 中但不出现在 R 中的那些属性名的集合。请注意这里的并、交、差运算都是针对属性集合进行的，而不是在关系上进行的。

- 若 $A=\{A_{i_1},A_{i_2},\cdots,A_{i_k}\}$，其中，$A_{i_1},A_{i_2},\cdots,A_{i_k}$ 是 $A_1,A_2,\cdots,A_n$ 中的一部分，则 A 称为属性或属性集。$t[A]=(t[A_{i_1}],t[A_{i_2}],\cdots,t[A_{i_k}])$ 表示元组 t 在属性集 A 上诸分量的集合。$\overline{A}$ 则表示 $\{A_1,A_2,\cdots,A_n\}$ 中去掉 $\{A_{i_1},A_{i_2},\cdots,A_{i_k}\}$ 后剩余的属性集。
- 关系 r 为 n 目关系，关系 s 为 m 目关系。$t_r\in r$，$t_s\in s$，$t_r\cdot t_s$ 称为元组的连接，它是一个 $n+m$ 目的元组。元组的前 n 个分量是关系 r 的一个元组，后 m 个分量是关系 s 的一个元组。
- 给定一个关系 $r(A,B)$，A 和 B 为属性集。$\forall t\in r$，记 $t[A]=x$，则在关系 r 中属性集 A 的某个取值 x 的象集定义为：

$$B_x=\{t[B]\,|\,t\in r,t[A]=x\}$$

它表示关系 r 中属性集 A 上取值为 x 的所有元组在属性集 B 上的投影。

1. 选择

选择操作是在关系 r 中查找满足给定谓词（选择条件）的所有元组，记作：

$$\sigma_P(r)=\{t\,|\,t\in r\wedge P(t)\}$$

其中，P 表示谓词（选择条件），它是一个逻辑表达式，取值为“真”或“假”。

简单谓词的形式为 $X\ \text{op}\ Y$，其中 op 为比较运算符，包括<、<=、>、>=、=和!=（或<>）；运算对象 X、Y 可以是属性名、常量或简单函数等，通过非（¬）、与（∧），或（∨）等逻辑运算符可以将多个简单谓词连接起来构成更复杂的谓词。

2. 投影

关系是一个二维表，对其操作可以从水平（行）的角度进行，即选择操作；也可以从纵向（列）的角度进行，即投影操作。

关系 r 上的投影是从 r 中选择出若干属性列组成新的关系，记作：

$$\prod_A(r)=\{t[A]\,|\,t\in r\}$$

其中，A 为关系 r 的属性集合。

投影运算不仅取消了原关系中的某些列，而且可能会减少元组。这是因为取消了某些列之后的元组可能有重复的，所以应该去除重复元组，即完全相同的元组仅保留一条。

3. 连接

连接也称为 θ 连接。假设连接条件为谓词 θ，记为 $A\ \text{op}\ B$，其中 A、B 分别为关系 r 和 s 中度数相等且可比的连接属性集，op 为比较运算符，则 θ 连接是从两个关系的笛卡儿积中选取连接属性间满足谓词 θ 的所有元组，记作：

$$r\bowtie_\theta s=\{t_r\cdot t_s\,|\,t_r\in r\wedge t_s\in s\wedge(r.A\ \text{op}\ s.B)\}$$

θ 连接运算就是从关系 r 和 s 的笛卡儿积 $r\times s$ 中，选取 r 关系在 A 属性集上的值与 s 关系在 B 属性集上的值，满足连接谓词 θ 的所有元组，即

$$r\bowtie_\theta s=\sigma_\theta(r\times s)$$

连接运算中有两种最常用、最重要的连接，一种是等值连接，另一种是自然连接（natural join）。θ 为等值比较谓词的连接运算称为等值连接。

自然连接是一种特殊的等值连接，它要求两个参与连接的关系具有公共的属性集，即$R \cap S \neq \varnothing$，并在这个公共属性集上进行等值连接；同时，还要求将连接结果中的重复属性列去除，即在公共属性集中的列只保留一次。

记$R \cap S = \{A_1, A_2, \cdots, A_k\}$，则自然连接可记作：

$$\begin{aligned} r \bowtie s &= \{t_r \cdot t_s \mid t_r \in r \wedge t_s \in s \wedge (r.A_1 = s.A_1 \wedge r.A_2 = s.A_2 \wedge \cdots \wedge r.A_k = s.A_k)\} \\ &= \prod\nolimits_{R \cup S} (\sigma_{r.A_1=s.A_1 \wedge r.A_2=s.A_2 \wedge \cdots \wedge r.A_k=s.A_k}(r \times s)) \\ &\approx \sigma_{r.A_1=s.A_1 \wedge r.A_2=s.A_2 \wedge \cdots \wedge r.A_k=s.A_k}(r \times s) \end{aligned}$$

（注：为了简化，后面将省去投影运算）

自然连接满足结合律：$r_1 \bowtie r_2 \bowtie r_3 = (r_1 \bowtie r_2) \bowtie r_3 = r_1 \bowtie (r_2 \bowtie r_3)$，如果公共属性集为空，则自然连接$r \bowtie s$的结果就是关系$r$和$s$的笛卡儿积，即$r \bowtie s = r \times s$。

对于关系r和s的自然连接$r \bowtie s$，如果关系r中的某些元组在关系s中找不到公共属性上值相等的元组，那么关系r中的这些元组将被丢弃，不能进入连接结果中；类似地，关系s中也可能有些元组将被丢弃，不能进入连接结果中。

如果需要把不能连接的元组（丢弃的元组）也保留到结果关系中，那么关系r中不能连接的元组在结果元组中关系s的属性上可以全部置为空值（null），反之类似处理。这种连接就叫作外连接（outer join）。如果只把左关系中不能连接的元组保留到结果关系中，则称为左外连接（1eft outer join 或 1eft join）；反之，如果只把右关系中不能连接的元组保留到结果关系中，则称为右外连接（right outer join 或 right join）。

4. 除运算

设关系$r(R)$和$s(S)$，属性集S是R的子集，即$S \subseteq R$，则关系$r \div s$是关系r中满足下列条件的元组在属性集$R-S$上的投影：$\forall t_r \in r$，记$x = t_r[R-S]$，则关系r中属性集$R-S$的取值x的象集S_x包含关系s，记作：

$$r \div s = \{t_r[R-S] \mid t_r \in r \wedge s \subseteq S_x\}$$

2.3 关系规范化理论

2.3.1 函数依赖的基本概念

1. 基本概念

相信读者已对函数的概念非常熟悉了，对如下公式自然也不会陌生：

$$Y = f(X)$$

但是，大家熟悉的是X和Y之间数量上的对应关系，即给定一个X值，都会有一个Y值和它对应。也可以说，X函数决定Y或Y函数依赖于X或Y是X的函数。在关系数据库中讨论函数或函数依赖注重的是语义上的关系，例如：

$$省 = f(城市)$$

这里，“城市”是函数的自变量，只要给出一个“城市”值，就会有一个“省”值和它对应，如“西安市”在“陕西省”，因此可以说，“城市”函数决定“省”或“省”函数依赖于“城市”。

在关系数据理论中，通常把X函数决定Y或Y函数依赖于X表示如下：

$$X \to Y$$

根据以上叙述可以有直观的函数依赖定义：如果有一个关系模式 $R(A_1, A_2, \cdots, A_n)$，X 和 Y 为 $\{A_1, A_2, \cdots, A_n\}$ 的子集，那么对于关系 R 中的任意一个 X 值，都只有一个 Y 值与之对应，则称 X 函数决定 Y 或 Y 函数依赖于 X。

函数依赖的严格形式化定义如下：

设有关系模式 $R(A_1, A_2, \cdots, A_n)$，X 和 Y 均为 $\{A_1, A_2, \cdots, A_n\}$ 的子集，r 是 R 的任意一个具体关系，t_1、t_2 是 r 中的任意两个元组；如果由 $t_1[X] = t_2[X]$ 可以推导出 $t_1[Y] = t_2[Y]$，则称 X 函数决定 Y 或 Y 函数依赖于 X，记为 $X \to Y$。

在以上定义中要特别注意，只要如下推论成立：

$$t_1[X] = t_2[X] \Rightarrow t_1[Y] = t_2[Y]$$

就有 $X \to Y$。也就是说，只有当 $t_1[X] = t_2[X]$ 为真，而 $t_1[Y] = t_2[Y]$ 为假时，函数依赖 $X \to Y$ 不成立；而当 $t_1[X] = t_2[X]$ 为假时，无论 $t_1[Y] = t_2[Y]$ 为真还是为假，都有 $X \to Y$ 成立。比如，当 X 是关键字时，就一定有 $X \to Y$ 成立，而对 r 中的任意两个元组 t_1、$t_2(t_1 \neq t_2)$，$t_1[X] = t_2[X]$ 肯定为假。

2. 术语和符号

在规范化理论介绍中，经常用到一些术语和符号，这里概括进行说明如下。

（1）如果 $X \to Y$，但 Y 不包含于 X，则称 $X \to Y$ 是非平凡的函数依赖。若不做特别说明，这里总是讨论非平凡函数依赖。

（2）如果 Y 函数不依赖于 X，则记作 $X \nrightarrow Y$。

（3）如果 $X \to Y$，则 X 称为决定因素，即每个函数依赖的左部都是一个决定因素。

（4）用 U 表示关系模式 R 的属性全集，即 $U = \{A_1, A_2, \cdots, A_n\}$，用 F 表示关系模式 R 上的函数依赖集，则关系模式 R 可表示为 $R(U, F)$。

（5）如果 K 是关系模式 $R(U, F)$ 的任意一个候选关键字，X 是任意一个属性或属性集，并且 $X \in K$，则 X 称为主属性；否则称为非主属性。

（6）如果 $X \to Y$，并且 $Y \to X$，则可记作 $X \leftrightarrow Y$，这时可以称 X 和 Y 函数等价。

（7）如果 $X \to Y$，并且对于 X 的一个任意真子集 X' 都有 $X' \nrightarrow Y$，则称 Y 完全函数依赖于 X，并记作 $X \xrightarrow{f} Y$；如果 $X' \to Y$ 成立，则称 Y 部分函数依赖于 X，并记作 $X \xrightarrow{p} Y$。

（8）如果 $X \to Y$（非平凡函数依赖，并且 $Y \nrightarrow X$），$Y \to Z$，则称 Z 传递函数依赖于 X。

2.3.2 数据依赖对关系模式的影响

由于关系是二维表，函数依赖表述的是表中属性之间的一种关系。为什么要讨论属性之间的关系呢？为什么要讨论函数依赖呢？下面来看一个具体的关系模式。

假设有如下关系模式“产品储存”：

产品储存(产品号，仓库号，仓库名，保管员，职称，数量)

它的关系实例如表 2-1 所示。在这个关系中有产品储存的信息，同时也包含部分仓库信息和部分保管员信息，下面分析在这样一个简单的关系上存在哪些问题。

表 2-1　产品储存关系

产 品 号	仓 库 号	仓 库 名	保 管 员	职 称	数 量
0521101	B1101	一号库	崔凯	高工	90
0521101	B1010	二号库	吴伟	工程师	85
0521107	B1001	三号库	崔凯	高工	80
0521108	B1101	一号库	崔凯	高工	74
0521108	X1010	四号库	李小红	助工	65

1. 数据冗余问题

在这个关系中可以明显地看到仓库信息有重复存储，一个仓库有多少种产品储存，这个仓库的信息就要重复存储多少遍。一个保管员负责几个仓库，这个保管员的信息就要重复存储多少遍，重复存储或数据冗余不仅会浪费存储空间，更重要的是可能会带来一些问题。

2. 数据更新问题

例如，把第 1 条记录的“保管员”字段值改为“王凯”，而第 4 条记录的相应字段值没有修改，这样就使得同一个仓库（B1101）的“保管员”是两个不同的人，从而使数据库中的数据不一致。

3. 数据插入问题

在这个关系中的关键字显然是（产品号,仓库号），当新增一个仓库，但尚未有产品储存时，这样构成关键字的产品号字段值不存在，因此无法插入新的记录，即无法存入新增加的仓库信息。

4. 数据删除问题

例如，“四号库”由于储存产品种类太少决定不开，如果删除储存在“四号库”的记录，可能会意外地删除“四号库”的信息，而这并不是期望的。

这么一个简单的关系存在如此多的问题，读者一定会质疑：这样的关系能用吗？为什么会产生这些问题？这正是本章要解决的问题。

简单地说，在一个关系内的各个属性之间可能会存在这样或那样的依赖，其中最常见的就是函数依赖。通过了解一个关系模式上属性间的各种依赖就可以判断这个关系模式的“好”与“坏”。“坏”的关系模式一定是在属性间存在着不恰当的依赖关系，通过解决这些不恰当的依赖关系，就可以使“坏”的关系模式变成“好”的关系模式。

需要说明的是，在关系模式的属性之间函数依赖是最简单、最常见的依赖，解决好这类依赖的关系基本就是一个“好”的关系。关系模式的属性之间除函数依赖外，还可能存在多值依赖、连接依赖等各种复杂的依赖关系。

2.3.3 关系模式的规范化

关系范式或关系规范化的理论首先由 E.F. Codd 于 1971 年提出，目的是要设计“好的”关系数据库模式。根据关系模式满足的不同性质和规范化的程度，把关系模式分为第一范式、第二范式、第三范式、BC 范式、第四范式和第五范式等，范式越高，规范化的程度就越高，关系模式也就越好。在函数依赖范畴内最高讨论到 BC 范式，第四范式用多值依赖讨论，第五范式用连接依赖讨论。

1. 第一范式

前面曾经提到过关系是二维表格，但并不是每个表格都是关系，关系数据库对关系模式有最低要求，即关系的所有分量都必须是不可分的最小数据项，并称其为第一范式（1NF）关系。

如表 2-2 所示的表格就不是规范化关系，因为在这个表中，“员工人数”不是基本数据项，它由另外两个基本数据项组成。非规范化表格转换成规范化关系非常简单，只需要将所有数据项都表示为不可分的最小数据项即可。如表 2-3 所示就是规范化的 1NF 关系了。

表 2-2　非规范化表格

部　　门	员 工 人 数	
	男	女
06241	16	20
06242	23	18
06243	24	18

表 2-3　规范化表格

部　　门	男员工人数	女员工人数
06241	16	20
06242	23	18
06243	24	18

2. 第二范式

第二范式定义如下：

如果 $R(U,F) \in 1\mathrm{NF}$，并且 R 中的每个非主属性都是完全函数依赖于关键字，则 $R(U,F) \in 2\mathrm{NF}$。

完全函数依赖的定义见第 2.3.1 节。从第二范式定义中可以看出所有单属性关键字关系自然是 2NF 关系。如果关键字是由多个属性构成的复合关键字，并且存在非主属性对关键字的部分函数依赖（定义见第 2.3.1 节），则这个关系不是 2NF 关系。

在第 2.3.2 节中表 2-1 所示“产品储存”关系的关键字是（产品号，仓库号），这是一个复合属性关键字，简称复合关键字，其中“仓库名”函数依赖于“仓库号”，“保管员”函数依赖于“仓库号”，即“仓库名”和“保管员”都是部分依赖于关键字（产品号，仓库号），因此，这个“产品储存”关系不满足第二范式的要求。

这样一个不满足第二范式要求的关系存在哪些问题呢？读者可以从第 2.3.2 节讨论的各种操作异常中分析，看哪些问题与不是第二范式有关，同时还可能存在哪些问题。

表 2-1 所示的“产品储存”关系之所以不是第二范式是因为有以下部分函数依赖：

$(\text{产品号},\text{仓库号}) \xrightarrow{p} \text{仓库名}$

$(\text{产品号},\text{仓库号}) \xrightarrow{p} \text{保管员}$

也就是说，那些操作异常现象是由这些部分函数依赖造成的，为了解决这些操作异常问题，只要设法消除这些部分函数依赖就可以了，为此可以把“产品储存”关系分解为“储存量”“仓库”两个关系。

这个分解是保持函数依赖和无损连接的分解。分解后的两个关系实例如表 2-4 和表 2-5 所示。此时“储存量”关系的关键字是（产品号,仓库号），非主属性“数量”完全依赖于关键字，所以此时的“储存量”是 2NF 关系；“仓库”关系的关键字是“仓库号”，是单属性关键字关系，这样的关系自然是 2NF 关系。

表 2-4 储存量关系

产 品 号	仓 库 号	数 量
0521101	B1101	90
0521101	B1010	85
0521107	B1001	80
0521108	B1101	74
0521108	X1010	65

表 2-5 仓库关系

仓 库 号	仓 库 名	保 管 员	职 称
B1101	一号库	崔凯	高工
B1010	二号库	吴伟	工程师
B1001	三号库	李凯	高工
X1010	四号库	李小红	助工

之后再来分析原来的存储冗余、插入异常、更新异常、删除异常等现象是否还存在。例如：

（1）新增一个仓库只需在“仓库”关系中插入一条记录，与是否有产品储存无关，所以不存在原来的插入异常现象。

（2）“四号库”由于储存产品种类太少决定不开，从“储存量”关系中删除“四号库”仓库号（X1010）所对应的记录，这样就不可能意外地删除“四号库”仓库的信息，所以不存在原来的删除异常现象。

（3）原来的更新异常和存储冗余也不存在了。

表 2-4 的“储存量”关系和表 2-5 的“仓库”关系是根据表 2-1 的“产品储存”关系分解得到的，这两个关系通过自然连接可以恢复成原来的关系。

3. 第三范式

第三范式定义如下：

如果 $R(U,F)\in 2NF$，并且所有非主属性传递都不传递依赖于关键字，则 $R(U,F)\in 3NF$。

从定义中可以看出，如果存在非主属性对关键字的传递函数依赖，或者存在非主属性对另一个非主属性的函数依赖，则相应的关系模式就不是 3NF 关系。

例如，表 2-5 的“仓库”关系是第二范式却不是第三范式，它的关键字是“仓库号”，其他 3 个属性均是非主属性。但是这里“保管员”可以函数决定“职称”，即“职称”函数依赖于“保管员”，或者“职称”传递依赖于关键字“仓库号”，这个关系不是 3NF 关系。那么不是 3NF 的关系会存在什么问题吗？

假设给表 2-5 所示的仓库关系使用如下命令插入元组或记录：

INSERT INTO仓库VALUES('B1011','五号库','崔凯','工程师')

如果上述命令能够成功执行，则仓库关系中会有明显的信息错误，即同一个保管员“崔凯”在不同的记录中显示的职称分别是“高工”和“工程师”。这种异常现象是由传递函数依赖（“职称”传递依赖于关键字“仓库号”）造成的。其他操作异常现象请读者自行分析。

解决非第三范式关系的操作异常现象的方法就是消除非主属性对关键字的传递函数依赖。为此，可以把表 2-5 所示的仓库关系分解成如下两个关系：

仓库保管（仓库号，仓库名，保管员）

保管（保管员，职称）

这里，“仓库保管”的“保管员”字段和“保管”的“保管员”字段出自同一个值域。“仓库保管”关系的关键字是“仓库号”，“保管”关系的关键字是“保管员”字段，这两个关系目前都是第三范式关系。

4. BC 范式

第三范式实际上已经解决了大部分操作异常现象，但是有些关系模式可能还会出现这样或那样的问题。

假设有如下关系模式：

R(经理,仓库,部门)

它所包含的语义如下。

（1）一名经理可以负责多个部门；一个部门仅由一名经理负责。

（2）每个经理在一个仓库只能有一个部门（但是一个部门在不同时间上会有不同仓库）。

根据以上的语义关系模式 *R* 上的函数依赖有：

部门→经理

(经理，仓库)→部门

由此可以判断关系模式 *R* 的关键字是（经理，仓库），在这个关系模式上不存在非主属性对关键字的部分函数依赖和传递函数依赖，因此这个关系模式是第三范式关系。

根据以上语义给出几组数据，然后把这些数据排列成关系，来看看这个 3NF 关系是不是仍然存在操作异常现象。

第 1 组数据假设经理 T1 负责部门 C1、C2、C3，并且 C1 部门使用仓库 M1 和 M4 等：

T1

C1—M1,M4；

C2—M3,M6；

C3—M2,M5,M7。

第 2 组数据假设经理 T2 负责部门 C4、C5，并且 C4 部门使用仓库 M1、M3 和 M4 等：

T2

C4—M1,M3,M4；

C5—M2,M6。

第 3 组数据假设经理 T3 负责部门 C6、C7，并且 C6 部门使用仓库 M2 和 M3 等：

T3

C6—M2,M3；

C7—M4。

以上 3 组数据遵循了前面所给出的语义，把它们排列成关系后如表 2-6 所示。

表 2-6　一个关系实例

经　理	部　门	仓　库
T1	C1	M1
T1	C1	M4
T1	C2	M3
T1	C2	M6
T1	C3	M2
T1	C3	M5
T1	C3	M7
T2	C4	M1
T2	C4	M3
T2	C4	M4
T2	C5	M2
T2	C5	M6
T3	C6	M2
T3	C6	M3
T3	C7	M4

现在来看一下在这个关系上是否也存在操作异常现象呢？答案是肯定的。如一个经理新负责一个部门，但尚未分配仓库（构成关键字的仓库字段值不能为空），这样的信息就无法插入该关系；另外也无法防止如下记录的插入：

("T3","C5","M5")

这样的记录不违背实体完整性，从操作的角度来看应该可以插入，但是它违背了“一个部门仅由一名经理负责”的语义（C5 部门已经由 T2 经理负责）。

之所以存在以上操作异常现象是因为存在一个主属性对非主属性的函数依赖（部门→经理），这里，部门是非主属性，经理是主属性。这样的关系不满足 BC 范式的定义。BC 范式定义如下：

关系模式 $R(U,F)\in 1NF$，$X\rightarrow Y$ 是 F 上的任意函数依赖，并且 $Y\subsetneq X$，$X\xrightarrow{f}U$，则 $R(U,F)\in BCNF$。

换句话说，如果 $R(U,F)$ 中的每个函数依赖的左部都是关键字（或所有的决定因素都是关键字），则 $R(U,F)\in BCNF$。也可以说，如果 $R(U,F)\in 3NF$，并且不存在主属性对非主属性的函数依赖，则 $R(U,F)\in BCNF$。

一个 3NF 但不是 BCNF 的关系存在的操作异常现象前面已经看到了，要解决这些操作异常问题可以进行模式分解，但是对一个 3NF 但不是 BCNF 的关系进行分解将会破坏“保持函数依赖”的准则，以前面讨论的关系模式 R（经理,仓库,部门）为例，任何分解都会破坏函数依赖“（经理,仓库）→部门”。所以，BC 范式是判断一个关系规范化程度的准则，如果一个关系是 3NF 但不是 BCNF，此时也不再进行分解，并且要注意可能会产生的操作异常现象。

对于关系的规范化过程及要求总结如下：

在函数依赖范畴内可以讨论到关系的 BC 范式，可以将关系模式至少分解到第三范式。

面对最初的表格数据，将每个数据项都分解为最小数据项即达到第一范式的要求。

如果关系模式是单属性关键字或不存在非主属性对关键字的部分函数依赖，则该关系模式是第二范式关系；否则，该关系模式不满足第二范式的要求。通过模式分解消除非主属性对关键字的部分函数依赖可以达到第二范式。

在第二范式的基础上，如果存在非主属性对关键字的传递函数依赖，则这样的关系模式不满足第三范式的要求。通过模式分解消除非主属性对关键字的传递函数依赖可以将关系转换为第三范式关系。

对于第三范式关系，如果不存在主属性对非主属性的函数依赖，则这样的关系模式满足 BC 范式；如果存在主属性对非主属性的函数依赖，则这样的关系模式不满足 BC 范式，通常也不将其分解转换为 BC 范式。

对关系模式的分解要求是保持函数依赖和保证无损连接。但是为了得到更高范式的关系进行的模式分解，并不总能既保证无损连接，又保持函数依赖。下面给出关于模式分解的重要结论如下。

（1）如果要求分解保持函数依赖，那么模式分解总可以达到 3NF，但是不一定能够达到 BCNF。

（2）如果要求分解具有无损连接的特性，那么一定可以达到 BCNF。

（3）如果要求分解既保持函数依赖，又具有无损连接的特性，那么分解可以达到 3NF，但是不一定能够达到 BCNF。

2.3.4 关系模式的分解

将“坏”的关系模式变成“好”的关系模式，即按照某种规则将一个存在各种问题的关系模式分解为不再存在问题的两个或多个关系模式。

1. 模式分解的准则

模式分解不是随意的拆分，它需要遵循一定的原则，正确的模式分解不能破坏原来的语义，不能丢失信息。也就是说，模式分解要具有：

（1）无损连接特性；

（2）保持函数依赖特性。

例如，有关系模式 $R(U,F)$，假设将其分解为 $R_1(U_1,F_1)$ 和 $R_2(U_2,F_2)$，其中，$U=U_1\cup U_2$，$F^+=(F_1\cup F_2)^+$，分解以后属性没有丢失（分解以后的两个关系模式上属性的并集和原来一样），函数依赖也没有丢失（分解以后的两个关系模式上函数依赖的并集和原来的函数依赖集等价），并且 R_1 和 R_2 通过自然连接还可以恢复成原来的关系，那么这个分解就是保持函数依赖和保证无损连接的分解。

无损连接的形式定义如下：

设有关系模式 $R(U,F)$，$\rho=\{R_1(U_1,F_1),\cdots,R_k(U_k,F_k)\}$ 是 R 的一个分解，其中 $U=U_1\cup U_2\cup\cdots\cup U_k$ 且 $U_i\not\subset U_j,i\neq j$。如果对于关系 R 的任一关系 r 都有：

$$r=\pi_{U_1}(r)\bowtie\pi_{U_2}(r)\bowtie\cdots\bowtie\pi_{U_k}(r)$$

则称分解 ρ 具有无损连接性。其中，$\pi_{U_i}(r)$ 是关系 r 在 U_i 上的投影；$\bowtie$ 是自然连接运算符。

从定义可以清楚地看出，无损连接是指分解后的关系通过自然连接可以恢复成原来的关系，即分解后的关系通过自然连接得到的关系与原来的关系相比，既不多出信息，又不丢失信息。判断一个分解是否具有无损连接特性可以用如下法则：将关系模式 R 分解为 R_1 和 R_2 是无损连接分解的充分必要条件：

$$R_1 \cap R_2 \to R_1 - R_2$$

或

$$R_1 \cap R_2 \to R_2 - R_1$$

保持函数依赖分解是指在模式的分解过程中，函数依赖不能丢失的特性，即模式分解不能破坏原来的语义。

保持函数依赖的形式定义为：

若 $F^+ = \left(\bigcup_{i=1}^{k} F_i\right)^+$，则 $R(U,F)$ 的分解 $\rho = \{R_1(U_1,F_1),\cdots,R_k(U_k,F_k)\}$ 保持函数依赖。

从定义可以看出，如果分解后的所有关系模式的函数依赖的集合与原关系模式的函数依赖集等价，则说明分解保持了函数依赖，或者说分解没有丢失语义。

2. 模式分解举例

设有关系模式 $R(U,F)$，$U=\{仓库,经理,部门\}$，$F=\{仓库\to经理，经理\to部门\}$，从 F 中可以看出，一个仓库只能由一名经理负责，一名经理只能属于一个部门。设有如表 2-7 所示的关系实例 r，看如下 3 个分解是否满足无损连接和保持函数依赖的特性：

表 2-7　关系 r

仓　库	经　理	部　门
C1	T1	计算机
C2	T1	计算机
C3	T2	自动化
C4	T3	管理

$$\rho_1 = \{R_1(仓库，\varnothing),\ R_2(经理，\varnothing),\ R_3(部门，\varnothing)\}$$

$$\rho_2 = \{R_1(\{仓库，经理\},\{仓库\to经理\}),\ R_2(\{仓库，部门\},\{仓库\to部门\})\}$$

$$\rho_3 = \{R_1(\{仓库，经理\},\{仓库\to经理\}),\ R_2(\{经理，部门\},\{经理\to部门\})\}$$

ρ_1 不满足无损连接，也不满足保持函数依赖；

ρ_2 满足无损连接，但不满足保持函数依赖（函数依赖“经理→部门”丢失了）；

ρ_3 既满足无损连接，又满足保持函数依赖。

2.4 数据库设计方法

2.4.1 数据库设计的过程

1. 数据库设计的概念

数据库设计是指基于数据库的应用系统或管理信息系统的设计。数据库设计有广义和狭义两个定义：广义的定义是指基于数据库的应用系统或管理信息系统的设计，包括应用设计和数据库结构设计两部分内容。狭义的定义则专指数据库模式或结构的设计。

2. 数据库设计的基本任务

数据库设计的基本任务就是根据用户的信息需求、处理需求和数据库的支撑环境（包括 DBMS、操作系统、硬件），设计一个结构合理、使用方便、效率较高的数据库。信息需求是指在数据库中应该存储和管理的数据对象；处理需求是指需要进行的业务处理和操作，如对数据对象的查询、增加、删除、修改、统计等操作。

3. 数据库设计的方法与步骤

早期数据库设计主要采用手工和经验相结合的方法。由于该方法缺乏科学方法和设计工具的支持，所以设计质量难以保证。为此，人们经过不懈的努力和探索，提出各种数据库设计方法，开发了数据库设计工具软件。由于遵循了软件工程的思想与方法，以及数据库设计的特点，数据库设计的质量大大提高。目前常用的数据库设计工具软件主要有 Sybase 公司的 PowerDesigner、Oracle 公司的 Oracle Designer 等。

一般认为数据库设计可以分为需求分析、概念结构设计、逻辑结构设计、物理结构设计、数据库实施、数据库运行和维护 6 个阶段，如图 2-6 所示。

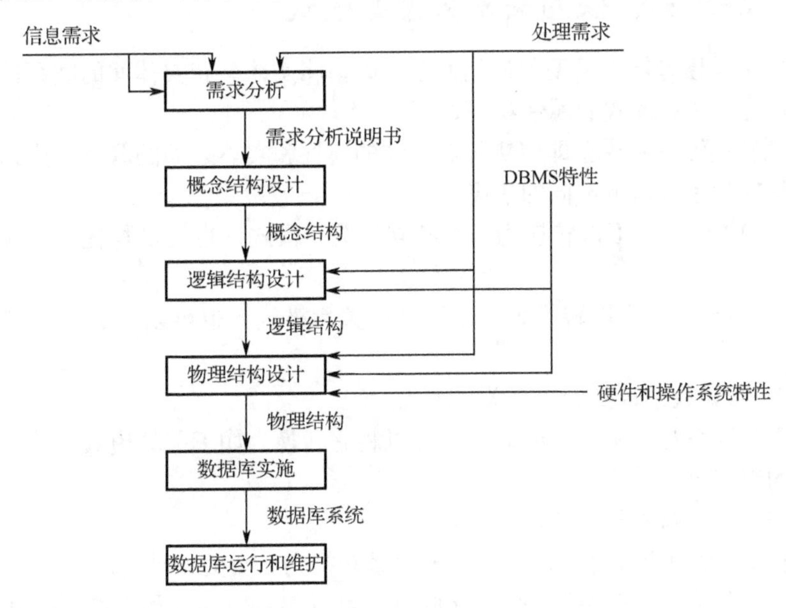

图 2-6 数据库设计的 6 个阶段

（1）需求分析阶段要在用户调查分析的基础上，通过分析，逐步明确用户对系统的需求，包括数据需求和围绕这些数据的业务处理需求。通过对组织、部门、企业等进行详细调查，在了解现有系统的概况、确定新系统功能的过程中，收集支持系统目标的基础数据及其处理方法。需求分析阶段是整个设计过程的基础，如果需求分析的工作做得不好，会导致整个数据库设计的重新返工。这个阶段的主要成果是需求分析说明书。

（2）概念结构设计阶段是整个数据库设计的关键，此过程对需求分析的结果进行综合和归纳，产生反映企业各组织信息需求的数据库概念结构，即概念模型。

（3）逻辑结构设计阶段是将概念结构设计的成果转换成选定的 DBMS 所支持的数据模型，并对其进行优化。

（4）物理结构设计阶段为逻辑结构设计的结果选取一个最适合应用环境的数据库物理结构。这个物理结构依赖于给定的计算机系统，并且与具体选用的 DBMS 密切相关。物理结构设计常常包括某些操作约束，如响应时间与存储要求等。

（5）数据库实施阶段是设计人员运用 DBMS 所提供的数据语言（如 SQL），以及数据库开发工具，根据逻辑结构设计和物理结构设计的结果建立数据库，编制应用程序，装入实际数据并试运行。

（6）数据库运行和维护阶段是指将试运行的数据库应用系统投入正式使用，并在使用过程中不断地进行调整和完善。

另外，在数据库的设计过程中还包括一些其他设计，如数据库的安全性、完整性、一致性和灾难恢复等方面的设计。虽然这些设计总是以牺牲效率为代价，但是这些内容是必须具备的。

在数据库设计过程中，需求分析和概念结构设计独立于计算机的软件、硬件和 DBMS 之上。逻辑结构设计和物理结构设计与选定的 DBMS 有关，物理结构设计与计算机的软/硬件环境也密切相关。

2.4.2 E-R 图转换为关系数据库模式

E-R 图向关系模型转换所要解决的问题：如何将实体型和实体间的联系转换为关系模式？如何确定这些关系模式的属性和码？

将 E-R 图转换为关系模型即将实体、实体的属性和实体之间的联系转换为关系模式。

实体型间的联系有以下不同的情况。

（1）一个 1∶1 联系可以转换为一个独立的关系模式，也可以与任意一端对应的关系模式合并。

（2）一个 1∶n 联系可以转换为一个独立的关系模式，也可以与 n 端对应的关系模式合并。

（3）一个 m∶n 联系转换为一个关系模式。

如“储存”联系是一个 m∶n 联系，可以将它转换为如下关系模式，其中产品号与仓库号为关系的组合码：

储存（产品号，仓库号，数量）

（4）3 个或 3 个以上实体间的一个多元联系转换为一个关系模式。

例如，“产品保管”联系是一个三元联系，可以将它转换为如下关系模式，其中仓库号、保管员号和产品号为关系的组合码：

产品保管（仓库号，保管员号，产品号）

（5）具有相同码的关系模式可合并。

为了减少系统中的关系个数，将其中一个关系模式的全部属性加入另一个关系模式中，然后去掉其中的同义属性（可能同名也可能不同名），并适当调整属性的次序。

从理论上讲，1∶1 联系可以与任意一端对应的关系模式合并。但在一些情况下，与不同的关系模式合并的效率会大不一样。因此究竟应该与哪端的关系模式合并需要依应用的具体情况而定。由于连接操作是最费时的操作，所以一般应以尽量减少连接操作为目标。

2.5 小结

本章系统地介绍了关系数据库的基本原理，包括关系模型的数据结构、关系操作，以及关系的三类完整性，即实体完整性、参照完整性和用户定义完整性。

讲解了用代数方式和逻辑方式来表达的关系语言即关系代数，它用对关系的运算来表达查询，讲了集合运算（如并、交、差和笛卡儿积）和关系运算（如选择、投影、连接和除）。

在函数依赖的范畴内讨论了关系模式的规范化，介绍了 1NF、2NF、3NF、BCNF 等范式；关系模式的分解是按某种规则将一个存在各种问题的关系模式分解为不再存在问题的两个或多个关系模式，模式分解的准则是无损连接性和保持函数依赖特性。

讨论了数据库设计的方法和步骤，数据库设计可分为 6 个阶段：需求分析、概念结构设计、逻辑结构设计、物理结构设计、数据库实施、数据库运行和维护。其中重点是概念结构设计，理解实体型之间一对一、一对多和多对多的联系，掌握把 E-R 模型转换为关系模型的方法。

习题 2

2-1 简述关系模型的 3 个组成部分。

2-2 说明下列术语的联系与区别：笛卡儿积、关系、元组、属性。

2-3 举例说明关系模式和关系的区别。

2-4 给出下列术语的定义：函数依赖、1NF、2NF、3NF、BCNF、部分函数依赖、传递依赖。

2-5 简述数据库设计的过程。

第3章 SQL Server 2014 数据库的安装及管理

本章将介绍 SQL Server 2014 的发展历史、新特性、安装要求、版本选择和安装过程，简述两种 SQL Server 2014 的常用管理工具：SQL Server 配置管理器和 SQL Server Management Studio，概述 SQL 和 Transact-SQL。

3.1 SQL Server 2014 简介

SQL Server 2014 是微软公司数据库产品系列的一个重要版本，推出许多新特性和关键改进功能，是目前最强大且最全面的 SQL Server 版本。SQL Server 2014 的用户界面与 SQL Server 2005 的用户界面相似，但商业智能工具和数据库引擎有显著改善。

3.1.1 SQL Server 的发展历史

SQL Server 最早是在 1987 年被发布的，称为 Sybase SQL Server。1987 年，微软、Sybase 和 Ashton. Tate 三家公司共同开发了著名的 OS/2 版本。

进入 20 世纪 90 年代后，SQL Server 的版本更新速度越来越快，几乎每年都会有版本的更新。1992 年，发布 SQL Server 4.2 beta，只基于 OS/2 操作系统。1993 年，发布重写内核的 SQL Server for Windows NT（4.2 版），是第一个 Windows NT 上的 SQL Server，同时也是第一个出现在微软认证考试中的 SQL Server 产品。1995 年，发布 SQL Server 6.0（SQL 95 版），是第一个完全由微软公司自行开发的产品。1996 年，发布了更新完善后的 SQL Server 6.5。

1998 年，推出标志着革命性突破的 SQL Server 7.0。该版本在底层存储及数据库引擎方面都有巨大的改进。

2000 年 9 月，微软公司发布 SQL Server 2000，包括 4 个版本：企业版、标准版、开发版和个人版。从 SQL Server 7.0 到 SQL Server 2000 的变化是渐进的，继承 SQL Server 7.0 的优点，同时增加如支持多个实例与排序规则等若干更科学先进的功能，具有使用方便、伸缩性良好和相关软件集成度高等特性。

2005 年，发布 SQL Server 2005。该版本支持非关系型数据进行 XML 储存与查询、使用 SSMS 替换旧版的企业管理器、支持 CLR 创建对象、增强 T-SQL 语言和实现结构化异常捕获。

2012 年，正式发布 SQL Server 2012。该版本能够使用存储和管理 XML、E-mail、时间、日历、文件、文档、地理等多种数据类型，同时提供强大且丰富的服务集合用于搜索、查询、数据分析、报表、数据整合等数据交互作用和健壮的同步功能。

2014 年，SQL Server 2014 提供了企业驾驭海量资料的关键技术 In-Memory。内建的 In-Memory 技术能够整合云端各种资料结构，其快速运算效能及高度资料压缩技术，可以帮助客户加速业务和向全新的应用环境进行切换。同时，SQL Server 2014 提供与 Microsoft Office 连接的分析工具，通过与 Excel、Power BI for Office 365 的集成，让业务人员可以自主将资料进行即时决策分析，轻松帮助企业员工运用熟悉的工具，让资源发挥更大的营运价值，进而提升企业产能和灵活度。此外，SQL Server 2014 启用了全新的混合云解决方案，可以充分获得来自云计算的种种益处，如云备份和灾难恢复。

3.1.2 SQL Server 2014 的新特性

SQL Server 2014 主要具有以下新特性。

（1）增强备份和还原。备份到 URL 功能是在 SQL Server 2012 SP1 CU2 中引入的，只有 T-SQL、PowerShell 和 SMO 支持这个功能。在 SQL Server 2014 中，可以使用 SQL Server Management Studio 在 Windows Azure Blob 中实现备份或还原，同时还可对备份提供数据加密，目前已支持 AES256 等系列成熟的加密算法。

（2）延迟被缩短。SQL Server 2014 将部分或所有事务指定为延迟持久事务，从而能够缩短延迟。延迟持久事务在事务日志记录被写入磁盘之前将控制权归还给客户端，可在数据库级别、提交级别或原子块级别对持续性进行控制。

（3）缓冲池扩展。缓冲池扩展提供的非易失性随机存取内存扩展为固态硬盘的无缝集成数据库引擎缓冲池，从而显著提高 I/O 的吞吐量。

（4）存储索引。使用聚集列存储索引可提高执行大容量加载和只读查询数据仓库的数据压缩和查询性能。由于聚集列存储索引是可被更新的，因此工作负荷可执行插入、更新和删除等操作。

（5）SHOWPLAN 显示有关列存储索引的信息。EstimatedExecutionMode 和 ActualExecutionMode 属性具有两个可能值：Batch 或 Row。Storage 属性具有两个可能值：RowStore 和 ColumnStore。

3.2 SQL Server 2014 的安装

3.2.1 安装要求

SQL Server 2014 的安装要满足以下要求。

（1）一台拥有 Windows 8 系统、处理器速度为 1GHz 和内存为 1GB 的 PC。

（2）成功安装 NET Framework 3.5 SP1 和 SQL Server Native Client 软件组件。

（3）安装更新的 Microsoft Windows Installer 4.5 软件，启动相关服务。

（4）含有 SQL Server 2014 安装包光盘或镜像文件。

3.2.2 版本选择

SQL Server 2014 推出了企业版、标准版、工作组版、Web 版、开发者版和专业版 6 大版本。通常根据不同的应用需求安装不同的版本。

企业版拥有全面的数据管理和业务智能平台，提供稳定的服务器和执行大规模在线事务处理，适用于商业性大型企业的数据库服务器。标准版拥有完整的数据管理和业务智能平台，提供最佳的易用性和可管理特性，适用于公司里部门级别的数据管理。工作组版拥有常见的数据管理和报表功能平台，适用于实现安全的发布、远程同步和管理运行分支应用。Web 版的设计主要适用于 Windows 服务器中要求高和面向 Internet Web 服务的环境。开发者版允许开发人员构建和测试基于 SQL Server 的任意类型应用，适用于数据库开发者。专业版是免费版本和微型版本，拥有核心的数据库功能，适用于 SQL Server 数据库的学习者。

3.2.3 安装过程

用 WinRAR 等解压软件对 SQLFULL_CHS 2014.iso 镜像文件进行解压，在文件夹中查看 setup.exe 安装文件并右击“以管理员的身份运行”项运行该文件，打开“SQL Server 安装中心”对话框，如图 3-1 所示。

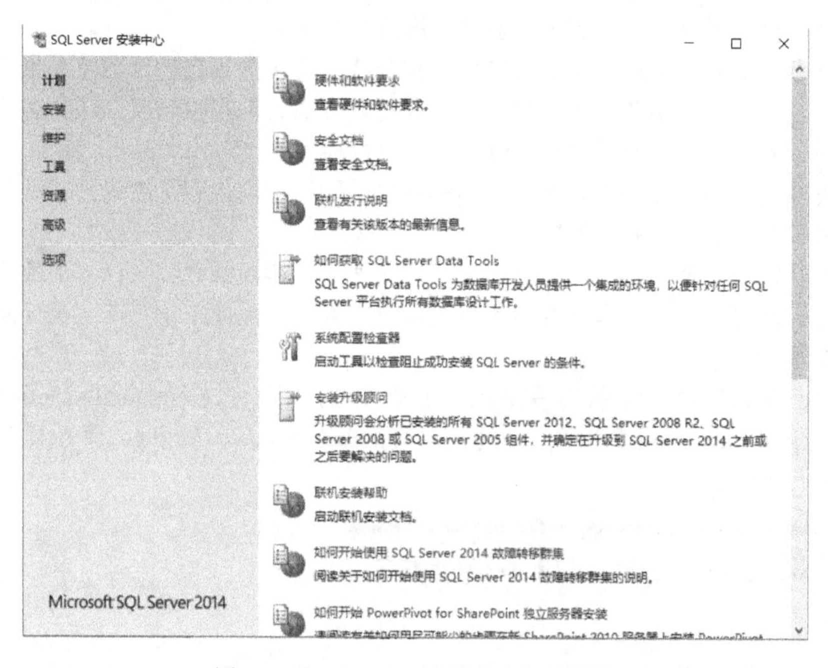

图 3-1 “SQL Server 安装中心”对话框

在“SQL Server 安装中心”对话框中，选择“安装”选项，右侧会显示“全新 SQL Server 独立安装或向现有安装添加功能”、“新的 SQL Server 故障转移群集安装”、“向 SQL Server 故障转移群集添加节点”和“从 SQL Server 2005、SQL Server 2008、SQL Server 2008 R2 或 SQL Server 2012 升级”4 种安装选项。一般地，在右侧选择“全新 SQL Server 独立安装或向现有安装添加功能”选项，如图 3-2 所示。

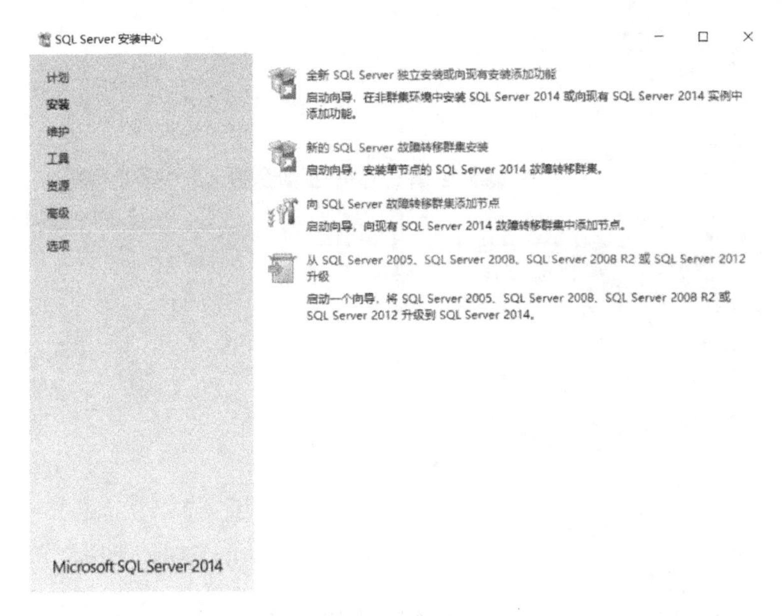

图 3-2　安装启动

进入“许可条款”界面勾选“我接受许可条款”选项，单击“下一步”按钮继续安装，如图 3-3 所示。

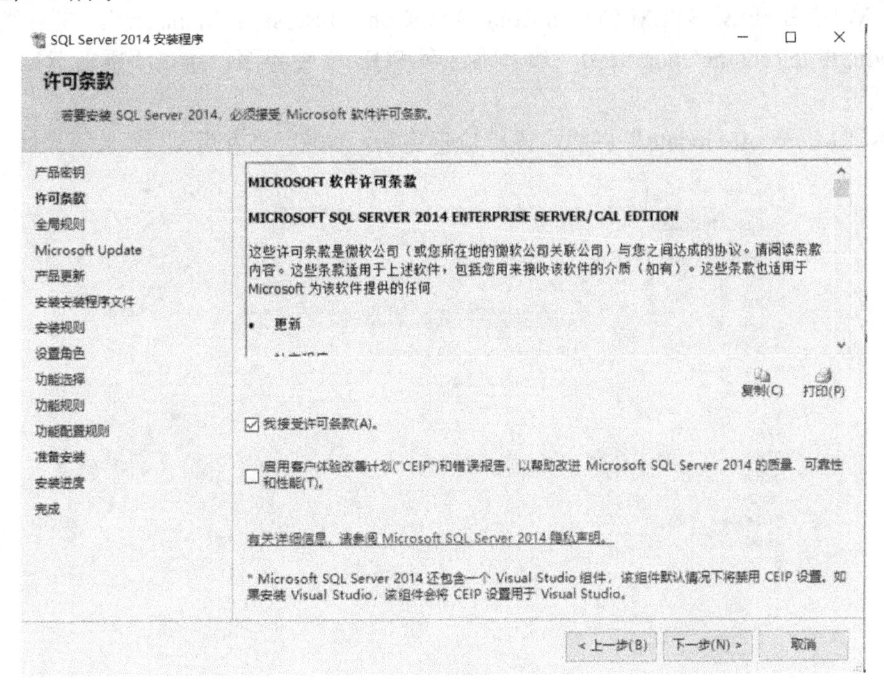

图 3-3　“许可条款”界面

进入“全局规则”界面，安装程序将自动检测安装环境基本支持情况，必须运行通过所有条件后才能进行下一步安装，如图 3-4 所示。当环境检测完成后单击“确定”按钮进行下一步安装。

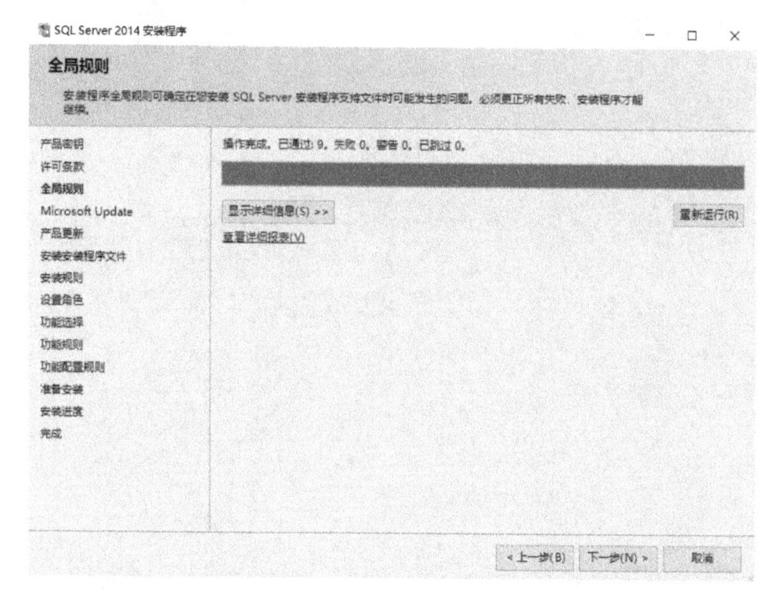

图 3-4 “全局规则”界面

说明：若安装程序支持规则中“重新启动计算机”检测失败，则在运行窗口输入“regedit”打开注册表管理界面。在注册表左侧目录栏中找到如下位置：“HKEY_LOCAL_MACHINE\SYSTEM\CurrentControlSet\Control\Session Manager”，在右侧选择删除“PendingFileRenameOperations”项。跳转至 SQL 安装界面，单击“重新运行”按钮即可检测通过。

进入“Microsoft Update”界面，进行检查更新，如图 3-5 所示。

图 3-5 “Microsoft Update”界面

跳转至“安装规则”界面，当所有检测通过后单击“下一步”按钮，若有失败操作必须更正，如图 3-6 所示。

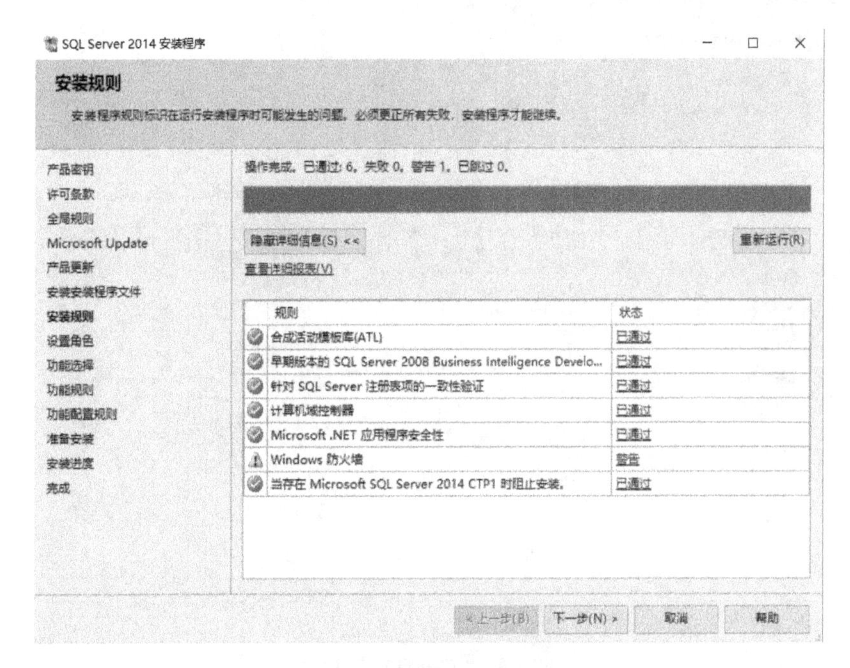

图 3-6 “安装规则”界面

进入“设置角色”界面，默认选择即可，如图 3-7 所示。

图 3-7 “设置角色”界面

进入“功能选择”界面，选择要安装的 SQL Server 功能及安装路径，单击“全选”按钮，如图 3-8 所示。

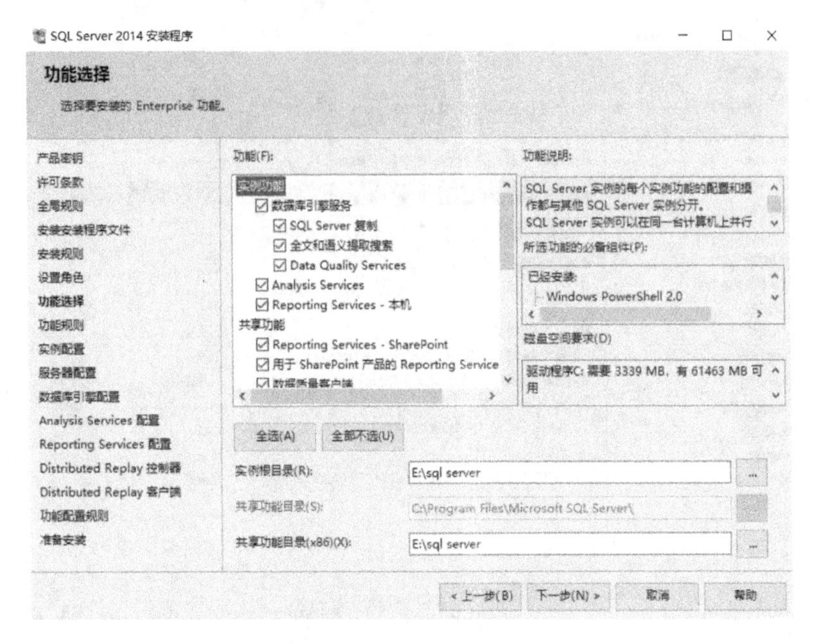

图 3-8 “功能选择”界面

进入“实例配置”界面，配置 SQL Server 的实例和实例 ID 并选择实例根目录。SQL Server 2014 可安装多个实例，每个实例包含该实例的数据文件等存放在实例根目录下。通常选择默认实例和实例根目录，实例的配置操作完成后单击“下一步”按钮继续安装，如图 3-9 所示。

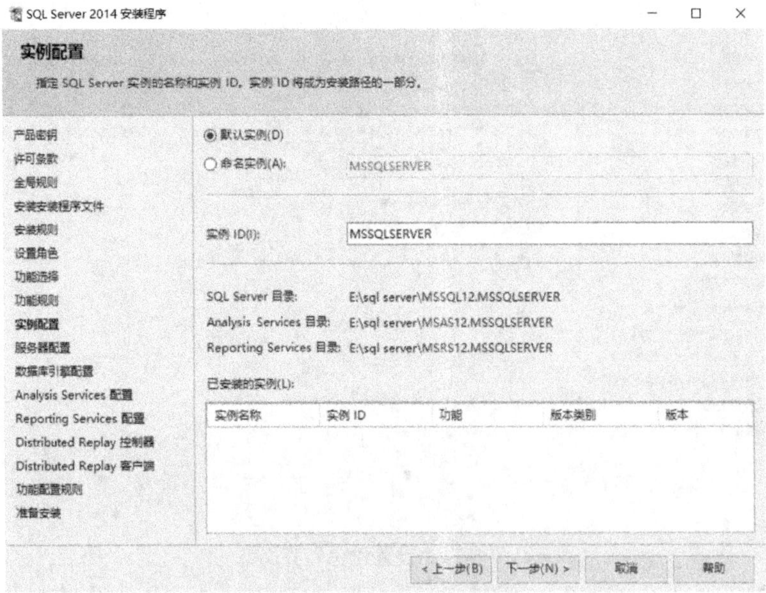

图 3-9 “实例配置”界面

进入“服务器配置”界面，为各种服务指定合法的账户，可根据用户实际需求进行调整，同时对数据库引擎做排序规则选择。完成 5 种 SQL Server 服务的账户设置后，单击“下一步”继续安装，如图 3-10 所示。

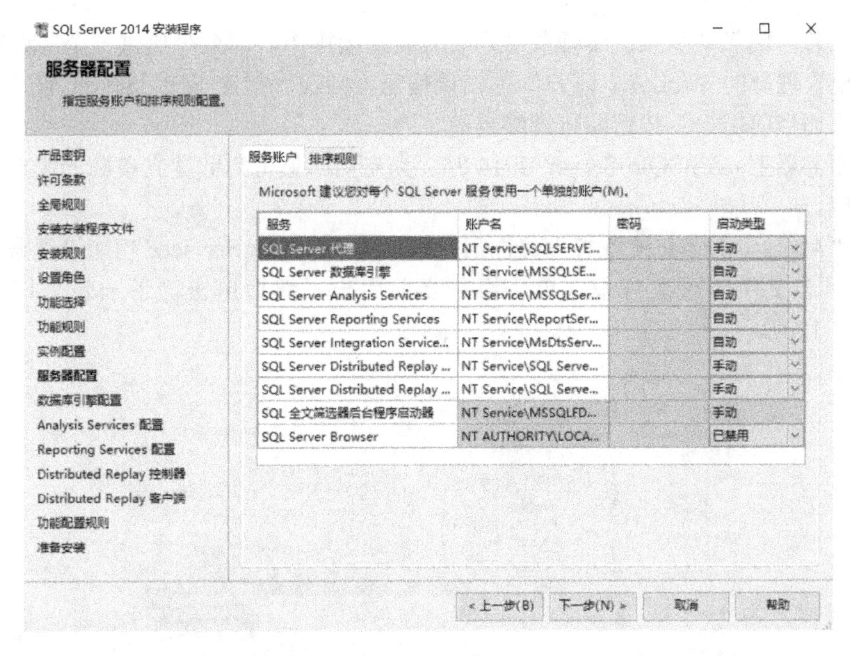

图 3-10 “服务器配置”界面

说明：若出现“为 SQL Server 服务提供的指定凭据无效。若要继续操作，请为 SQL Server 服务提供有效的账户和密码”的错误信息，则对“账户服务”下的 SQL Server 服务账户名进行配置即可。

进入“数据库引擎配置”界面，包含服务器配置、数据目录和 FILESTREAM 3 个选项卡。服务器配置选项卡为数据库引擎选择身份验证模式和管理员，身份验证模式分为 Windows 身份验证模式和混合模式，通常选择混合模式后内置一个“sa”系统管理员账户。数据目录选项卡主要设置系统数据库、用户数据库和临时数据库的默认目录。FILESTREAM 选项卡针对 Transact-SQL 访问进行信息设置。数据库引擎信息配置完成后单击“下一步”按钮继续安装，如图 3-11 所示。

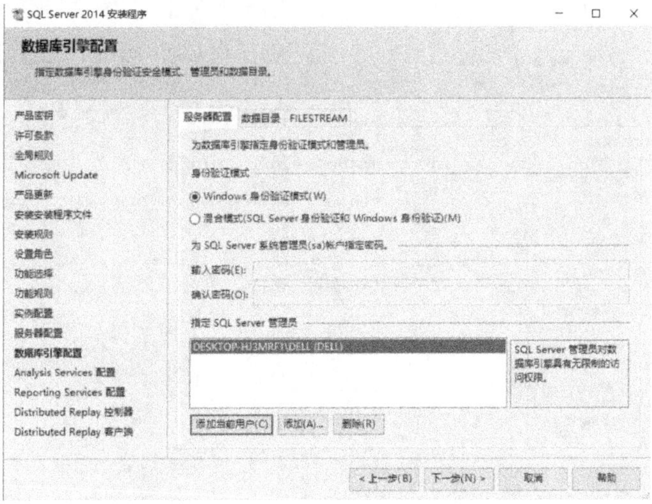

图 3-11 “数据库引擎配置”界面

说明：若出现“缺少系统管理员账户。若要继续操作，请至少提供一个要设置为 SQL Server 系统管理员的 Windows 账户”的错误信息，则在“指定 SQL Server 管理员”选项下单击“添加当前用户”按钮即可继续安装。

若在服务器上安装 SQL Server 2014 时，为安全起见可为此建立单独的用户进行数据库引擎管理。

进入“Analysis Services 配置”界面后，可以为 Analysis Services 功能设置账户及其数据文件、日志文件的默认目录，单击添加当前用户，然后单击“下一步”按钮继续安装，如图 3-12 所示。

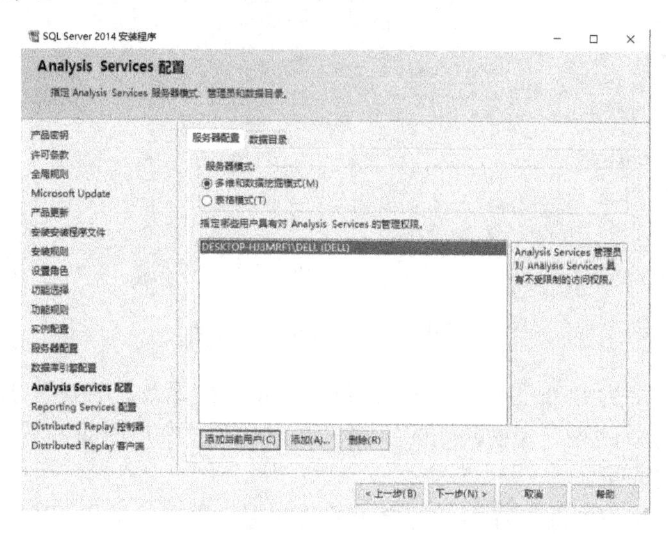

图 3-12 “Analysis Services 配置”界面

说明：若出现“必须将该系统设置为至少有一个系统管理员”的错误信息，在“账户设置”选项下单击“添加当前用户”按钮，即可继续安装。

进入“Reporting Services 配置”界面，进行报表服务配置，用户可根据需求自行选择报表服务模式，通常选择默认模式，单击“下一步”按钮继续安装，如图 3-13 所示。

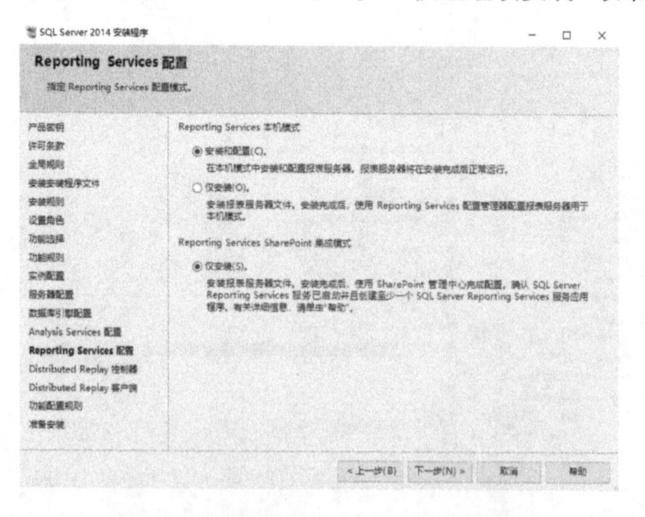

图 3-13 “Reporting Services 配置”界面

进入“Distributed Replay 控制器”界面，单击“添加当前用户”，如图 3-14 所示。

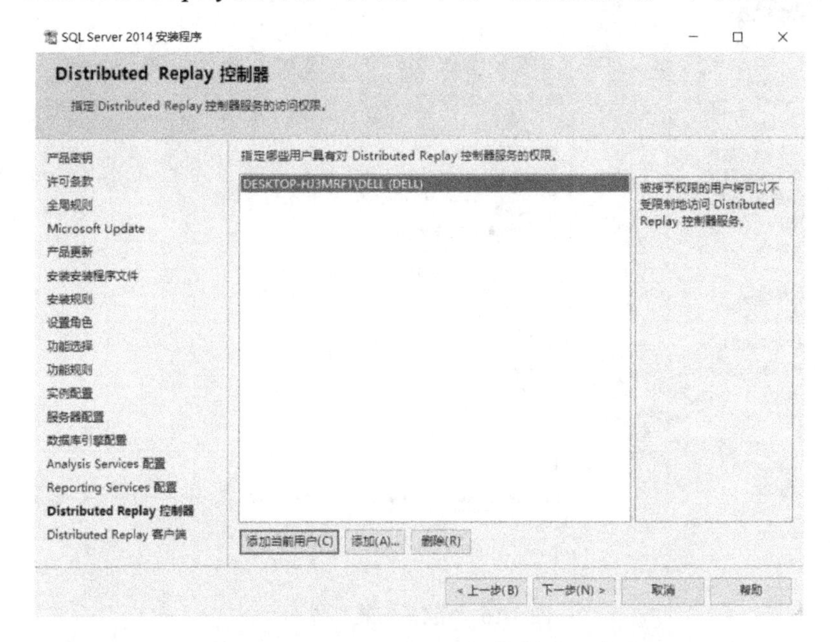

图 3-14 “Distributed Replay 控制器”界面

进入“Distributed Replay 客户端”界面，默认选择，单击“下一步”按钮，如图 3-15 所示。

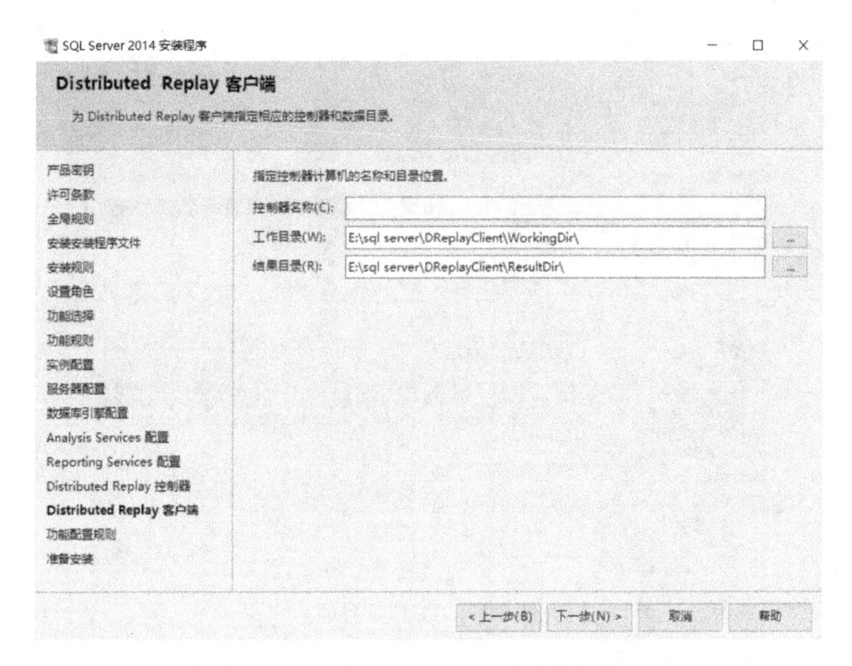

图 3-15 “Distributed Replay 客户端”界面

进入“准备安装”界面，预览将要安装的功能选项，若不符合则单击“上一步”按钮进行回滚设置，否则单击“安装”按钮，开始 SQL Server 2014 的安装，如图 3-16 所示。

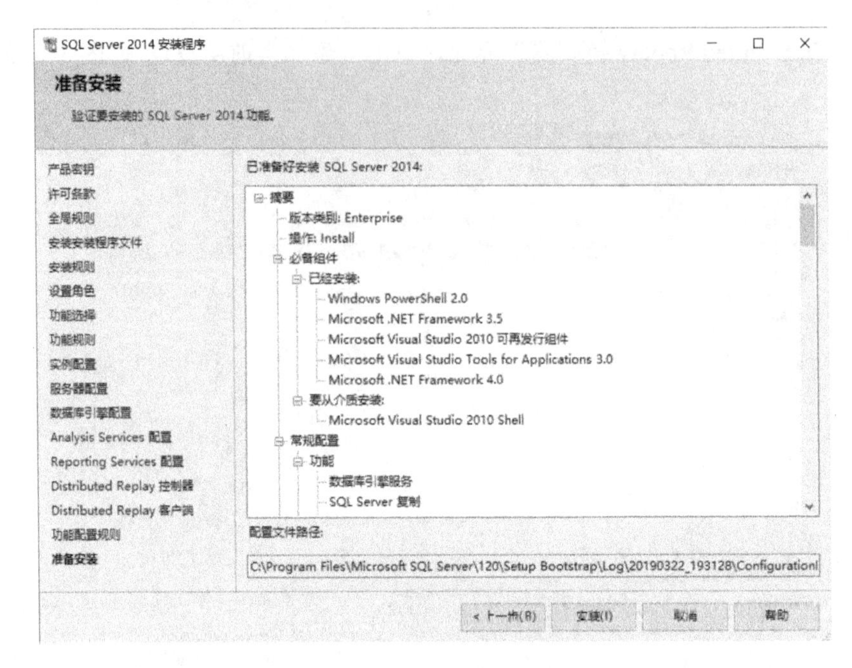

图 3-16 “准备安装”界面

进入“完成”界面，SQL Server 2014 已成功安装并把安装日志保存在指定路径下，单击“关闭”按钮结束安装，如图 3-17 所示。在“开始”菜单中单击 Microsoft SQL Server 2014 启动 SQL Server 服务。

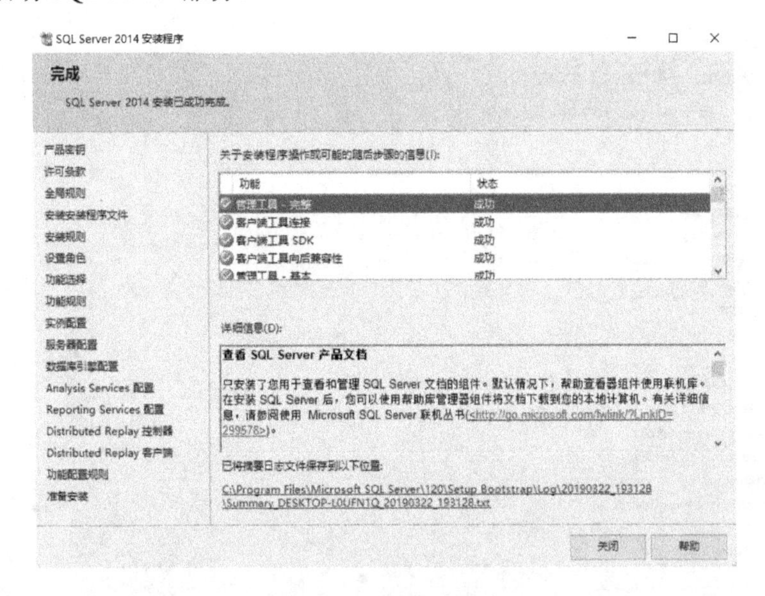

图 3-17 “完成”界面

以上详细介绍了 SQL Server 2014 的完整安装过程。如果想在 Windows 10 系统上运行 SQL Server 2014，则必须安装 SP1 补丁，需要自行安装。

3.3 SQL Server 2014 的常用管理工具

3.3.1 SQL Server 配置管理器

SQL Server 配置管理器是 SQL Server 2014 提供的一种用于配置 SQL Server 服务选项与网络协议及服务启动方式的配置工具。SQL Server 配置管理器允许配置服务账户、网络协议和 SQL Server 监听的端口等服务设置。选择“开始”→“所有程序”→“Microsoft SQL Server 2014”→“配置工具”→“SQL Server 配置管理器”，打开 SQL Server 配置管理器，如图 3-18 所示。

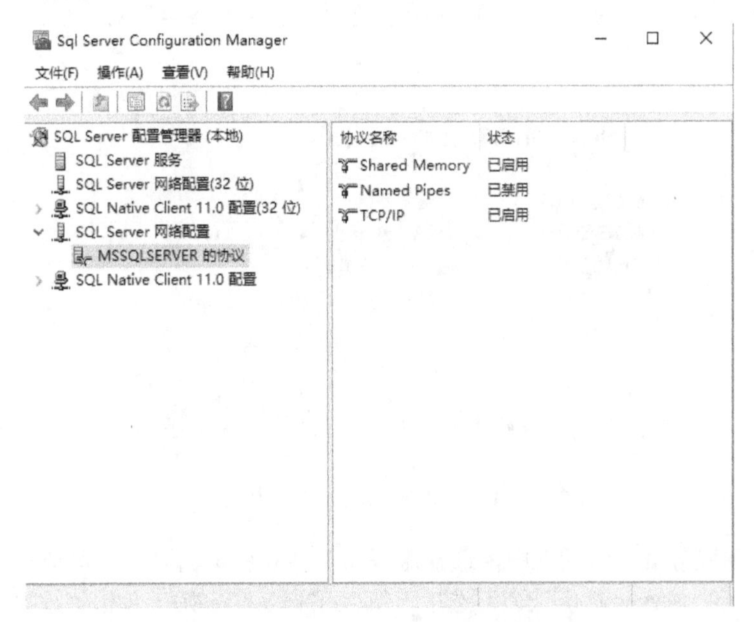

图 3-18　打开 SQL Server 配置管理器

SQL Server 配置管理器中常见的配置操作如下。

（1）启动、停止或暂停 SQL Server 服务。展开“SQL Server 服务”节点，选中相应的服务进行右击。在弹出的快捷菜单中选择相应命令完成 SQL Server 服务的启动、停止、暂停和重新启动等操作。

（2）配置启动模式。服务器启动后可以配置 SQL Server 2014 服务进程的启动模式为自动启动、手动启动或禁止启动。展开“SQL Server 服务”节点，选中相应的服务进行右击。在弹出的快捷菜单中选择“属性”命令，打开属性对话框选择“服务”选项卡。在启动模式选项中设置为“自动”、“已禁用”或“手动”，单击“确定”按钮完成服务进程启动模式的配置。

（3）启用或禁用服务器端网络协议。用户使用 SQL Server 2014 时可按不同的要求选择不同的网络协议。展开“SQL Server 网络配置”节点，选择“（实例名）的协议”命令，在右边的窗格中右击相应的协议。在弹出的快捷菜单中选择“启用”或“禁用”命令完成对该协议的配置操作。

（4）配置 TCP/IP 端口号。展开“SQL Server 网络配置”节点，选择“（实例名）的协议”命令，在右边的窗格中右击相应协议。在弹出的快捷菜单中选择“属性”命令，打开“TCP/IP 属性”对话框选择“IP 地址”选项卡。在相应 IP 地址的“TCP 端口”选项框中输入该 IP 地址监听端口号，完成为数据库引擎分配 TCP/IP 端口号。SQL Server 数据库引擎默认端口号为 1433。

3.3.2 SQL Server Management Studio

SQL Server Management Studio 工具是 SQL Server 2014 数据库产品中一个功能强大且灵活重要的组件。用户可通过它完成数据库的主要管理、开发和测试任务。选择“开始→所有程序→Microsoft SQL Server 2014→SQL Server Management Studio”，启动 SQL Server Management Studio 工具，打开如图 3-19 所示的“连接到服务器”对话框。

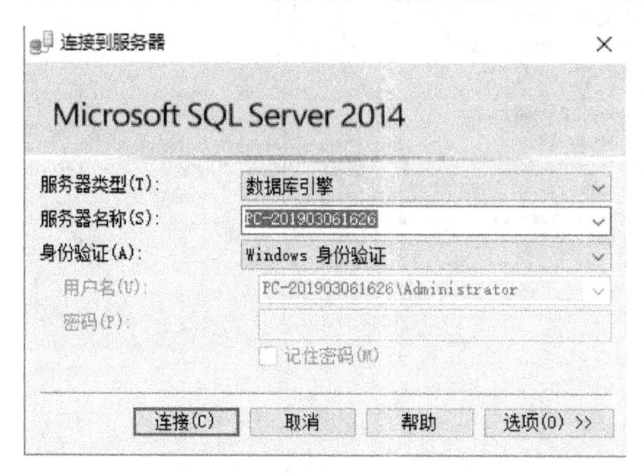

图 3-19 “连接到服务器”对话框

在“连接到服务器”对话框中，选择服务器类型和服务器名称，可选择“Windows 身份认证”和“SQL Server 身份认证”选项，输入用户名和密码，单击“连接”按钮进行与服务器的连接建立，如图 3-20 所示。

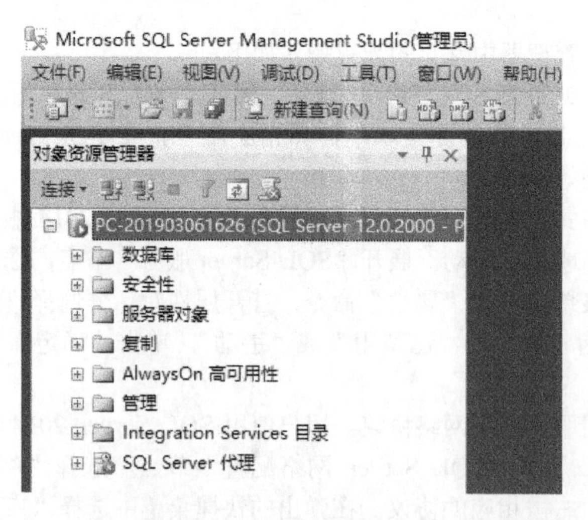

图 3-20 建立与服务器的连接

在 SQL Server Management Studio 中，可以实现以下功能。

（1）数据库操作。数据库操作包含创建数据库、附加数据库和还原数据库等。

（2）表操作。数据库操作包含新建数据表、修改数据表和查看数据表属性等。

（3）安全性操作。安全性操作包含登录名管理、服务器角色管理、凭据提供等。

（4）资源管理操作。资源管理操作包含策略管理、数据收集、资源调控器和维护计划制作等。

3.3.3 其他管理工具

SQL Server 2014 数据库还提供了许多集群的管理工具，如 SQL Server Profiler、数据库引擎优化顾问、Reporting Services 配置管理器和 Deployment Wizard 等。SQL Server Profiler 管理工具可以实现图形化监视 SQL Server 查询，后台收集查询信息及分析性能和诊断死锁问题。数据库引擎优化顾问是分析在一个或多个数据库中运行工作负荷性能效果的管理工具。

3.4 SQL 和 T-SQL 的概述

3.4.1 SQL 的发展与特点

结构化查询语言（Structured Query Language，SQL）是一种与英语相类似用于存取数据，以及查询、更新和管理关系数据库系统的结构化查询语言。SQL 最早在 1974 年被提出，后来经过专家学者和商业厂家的不断完善和丰富，SQL 变得越来越适用。进入 21 世纪，所有商用的数据库系统都采用 SQL 作为数据语言或提供对 SQL 的支持。

SQL 主要的特点如下。

（1）高度非过程化。SQL 进行数据操作时只需提出“做什么”，具体怎么做则由系统找出一种合适的方法自动完成。

（2）面向集合的操作方式。SQL 语句采用集合操作方式，可以使用一条语句从一个或多个表中查询出一组结果数据。

（3）语法简单。SQL 功能强大，语法极其简单，总共有九条核心语句。

（4）关系数据库的标准语言。无论用户使用哪个公司的产品，SQL 的基本语法都是一致的。

3.4.2 T-SQL 概述

T-SQL 是微软公司在关系型数据库管理系统 Microsoft SQL Server 中标准系列化 SQL 的实现。SQL 是国际标准化组织 ISO 采纳的标准数据库语言。通过使用 T-SQL，用户几乎可以完成 Microsoft SQL Server 数据库中的所有操作。

T-SQL 是一种交互式查询语言，具有功能强大、简单易学的特点。该语言既允许用户直接查询存储在数据库中的数据，也可以把语句嵌入到某种高级程序设计语言中使用，如嵌入到 Microsoft Visual C# .NET、Java 语言中。T-SQL 有数据类型、表达式、关键字等。然而，T-SQL 与其他程序语言相比要简单得多。

根据 T-SQL 的功能特点，可分为 4 大类，即数据定义语言（DDL）、数据操纵语言（DML）、数据控制语言（DCL）和事务管理语言（TML）。数据定义语言是最基础的 T-SQL 类型，用来创建数据库和数据库中的各种对象，如 CREATE 语句是用来创建数据库表对象的典型 DDL。数据操纵语言主要用于操纵表、视图中数据的语句。数据控制语言主要用来执行有关安全管理的操作，该语言主要包括 GRANT 语句、REVOKE 语句和 DENY 语句。事务管理语言可以管理显式事务，如 BEGIN TRANSACTION、COMMIT TRANSACTION 等语句。

3.5 小结

SQL Server 2014 是微软公司数据库产品系列中一个重要版本，是目前最优秀且完善的 SQL Server 数据库，其具有许多新特性。介绍了安装 SQL Server 2014 的软件和硬件条件，推出了企业版、标准版、工作组版、Web 版、开发者版和专业版 6 大版本。详细说明了 SQL Server 2014 的安装过程，其中包括 20 多个步骤。

介绍了 SQL Scrver 2014 的两种管理工具：SQL Server 配置管理器和 SQL Server Management Studio 工具，概述了 SQL 和 T-SQL。T-SQL 可分为 4 大类，即数据定义语言（DDL）、数据操纵语言（DML）、数据控制语言（DCL）和事务管理语言（TML）。

习题 3

3-1 查阅资料了解 SQL Server 的发展历程和特性。

3-2 尝试安装 SQL Server 2014 数据库。

3-3 使用 SQL Server 2014 数据库的 SQL Server Profiler、数据库引擎优化顾问和 Reporting Services 配置管理器的相关功能。

3-4 使用 T-SQL 语句进行数据库建立和数据表创建。

第4章 管理 SQL Server 数据库

SQL Server 作为目前市场上一款主流的数据库管理系统，其主要功能是对数据库对象进行稳定、安全的管理。SQL Server 数据库可以分为系统数据库和用户自定义数据库两种类型。它们都能创建数据库对象、存储并管理数据，但是只有系统数据库可以管理数据库系统。SQL Server 数据库的管理操作主要包括创建数据库、修改数据库、删除数据库、附加或分离数据库和生成 SQL 脚本。

4.1 SQL Server 数据库概述

4.1.1 SQL Server 数据库的结构

在 SQL Server 数据库结构方面，该数据库至少包含一个.mdf 格式的数据库文件和一个.ldf 格式的日志文件。数据库文件在表中存储数据，记载数据库对象及其他文件的位置信息，同时包含数据库的启动信息和相关的系统表。日志文件用来记录数据库中已发生的所有修改和执行每次修改的事务。SQL Server 是遵守先写日志再执行数据库修改的数据库系统。如果出现数据库系统崩溃，数据库管理员（DBA）可以通过日志文件完成数据库的修复和重建。

SQL Server 数据库可按表结构、视图结构和索引结构来存储数据。表结构中的表是由行和列构成的二维表。为了标识表，SQL Server 数据库中的每个表都有一个名字，称为表名。视图结构是一个虚表，对视图的数据不进行实际存储，数据库中只存储视图的定义。在对视图的数据进行操作时，系统根据视图的定义操作与视图相关联的基本表。索引结构是对数据库表中一个或多个列的值进行排序的结构。

4.1.2 SQL Server 系统数据库

SQL Server 有 4 个系统数据库，分别为 Master 数据库、Model 数据库、Msdb 数据库和 Tempdb 数据库。

Master 数据库用于记录 SQL Server 实例的所有系统级信息，是 SQL Server 的核心，不能对其进行直接修改，应当对其定期进行备份。如果 Master 数据库不可用，则 SQL Server 数据库引擎将无法被启动。

Model 数据库用于 SQL Server 实例创建的所有数据库模板。若对 Model 数据库进行修改，都将应用于以后创建的用户数据库中。

Msdb 数据库用于 SQL Server 代理计划警报和作业，是 SQL Server 中的一个 Windows 服务。

Tempdb 数据库用来存储临时对象，是 SQL Server 的速写板。应用程序与数据库都可以使用 Tempdb 数据库作为临时的数据存储区，一个实例的所有用户都共享一个 Tempdb 数据库。

4.2 创建数据库

要创建数据库，必须确定数据库的名称、所有者、大小及存储该数据库的文件和事务日志文件的目录。

在创建数据库之前，应注意下列事项。

（1）若要创建数据库，必须至少拥有 CREATE DATABASE、CREATE ANY DATABASE 或 ALTER ANY DATABASE 的权限。

（2）创建数据库的用户将成为该数据库的所有者。

（3）合理安排数据文件和事务日志文件的存放目录。

（4）准确估计数据文件的大小和增长限度。

（5）数据库命名必须遵循标识符指定的规则。

数据库命名规则如下。

（1）第一个字符必须在 Unicode 标准 3.2 所定义的字母或下画线（_）、at 符号（@）或数字符号（#）中选择。Unicode 定义的字母包括拉丁字符 a～z 和 A～Z，以及来自其他语言的字母字符。

（2）后续字符可以包括 Unicode 标准 3.2 中所定义的字母；基本拉丁字符或其他国家/地区字符中的十进制数字；@符号、美元符号（$）、数字符号或下画线。

（3）一定不能是 T-SQL 保留字。SQL Server 可以保留大写形式和小写形式的保留字。

（4）不允许嵌入空格或其他特殊字符。

（5）不允许使用增补字符。

用户可以通过两种方法创建数据库：使用 SSMS 创建数据库；使用 T-SQL 语句创建数据库。

4.2.1 使用 SSMS 创建数据库

使用 SSMS 创建数据库的步骤如下。

启动 SSMS，成功连接服务器，找到所要操作的服务器节点下的“数据库”选项卡，右击，在弹出的快捷菜单中选择“新建数据库”选项，如图 4-1 所示，弹出“新建数据库”对话框。

打开“新建数据库”对话框中，在“数据库名称”栏目中填入数据库的名称，在“数据库文件”表格中修改文件大小和存储位置等选项信息后，单击“确定”按钮，即可完成数据库的创建，如图 4-2 所示。

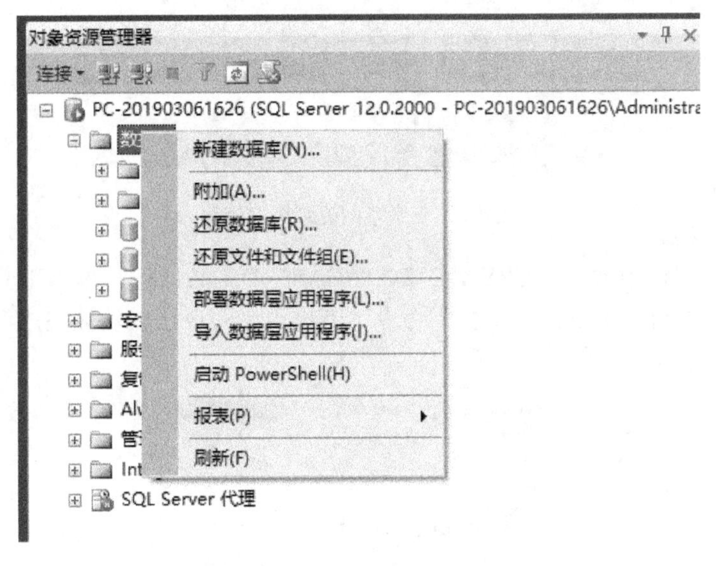

图 4-1 选择“新建数据库”选项

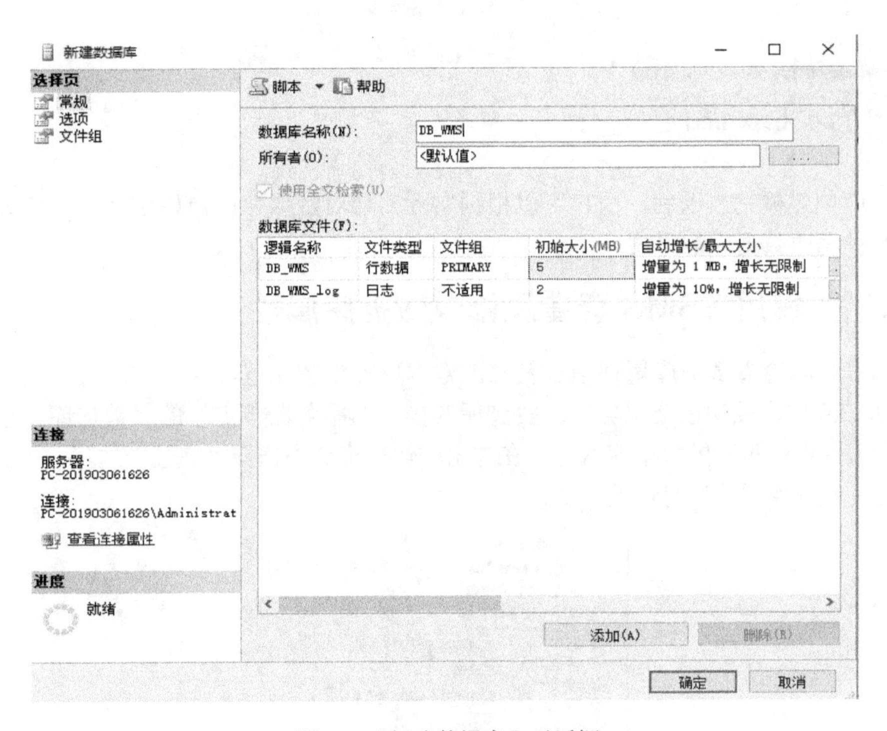

图 4-2 “新建数据库”对话框

4.2.2 使用 T-SQL 语句创建数据库

创建数据库的 T-SQL 语句为 CREATE DATABASE 数据库名，如 CREATE DATABASE DB_WMS，其创建过程如下。

启动 SSMS，成功连接服务器。单击工具栏中的“新建查询”按钮，如图 4-3 所示，弹出“查询”窗口。

图 4-3　单击“新建查询”按钮

在“查询”窗口中输入“CREATE DATABASE DB_WMS”，单击工具栏的“执行”按钮或在“查询”窗口中右击“执行”命令，若出现“命令已成功被完成”的提示，则表示完成数据库的创建，如图 4-4 所示。

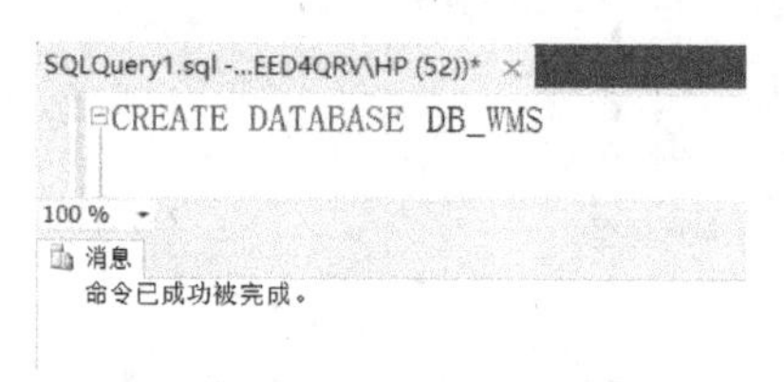

图 4-4　完成数据库的创建

4.3 修改数据库

数据库创建被完成以后，用户可以根据实际需要对数据库的原始定义进行修改，本节提供了两种修改数据库的方式。

4.3.1 使用 SSMS 查看及修改数据库属性

使用 SSMS 查看数据库属性信息及修改数据库的步骤如下。

启动 SSMS，成功连接服务器。找到所要操作的服务器节点下的“数据库”选项卡的数据库列表，选中对应的数据库右击，在弹出的快捷菜单中选择“属性”选项，如图 4-5 所示，弹出“数据库属性”对话框。

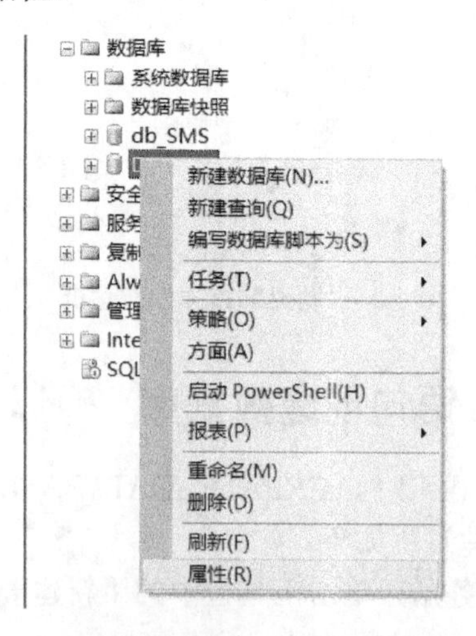

图 4-5　选择“属性”选项

在“数据库属性”对话框中，可以查看数据库的常规、文件和文件组等信息。在左边的“选择页”框中选择所要修改的数据库信息，然后在对应的选项下修改后，单击“确定”按钮，完成数据库属性的修改，如图4-6所示。

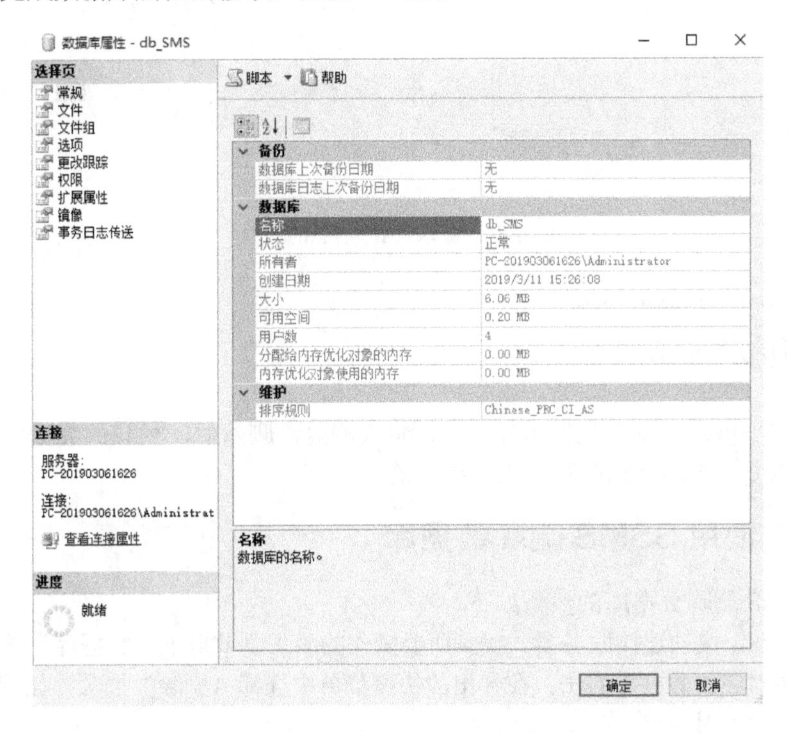

图4-6　“数据库属性”对话框

4.3.2　使用T-SQL语句修改数据库

修改数据库的T-SQL语句为ALTER DATABASE 数据库名称 MODIFY FILE （属性=属性值），如 ALTER DATABASE DB_WMS MODIFY FILE(NAME='DB_WMS',SIZE = 4MB)，其修改过程如下。

启动SSMS，成功连接服务器。单击工具栏中的“新建查询”按钮，如图4-7所示，弹出“查询”窗口。

图4-7　单击“新建查询”按钮

在查询窗口中输入“ALTER DATABASE DB_WMS MODIFY FILE(NAME='DB_WMS', SIZE = 6MB)”，单击工具栏的“执行”按钮或在查询窗口中右击“执行”选项，若出现“命令已成功被完成”的提示，则表示完成数据库信息的修改，如图4-8所示。

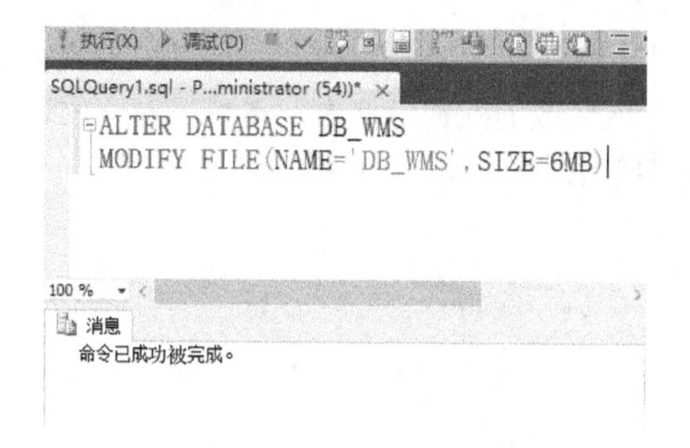

图 4-8　完成数据库信息的修改

4.4 删除数据库

如果用户不再需要某个数据库时，可以将其删除，删除后，相应的数据库数据都会被删除且不可恢复，下面介绍两种删除数据库的方法。

4.4.1 使用 SSMS 删除数据库

使用 SSMS 删除数据库的步骤如下。

启动 SSMS，成功连接服务器。找到所要操作的服务器节点下“数据库”选项卡的数据库列表，选中对应的数据库右击，在弹出的快捷菜单中选择“删除”选项，如图 4-9 所示，弹出“删除对象”对话框。

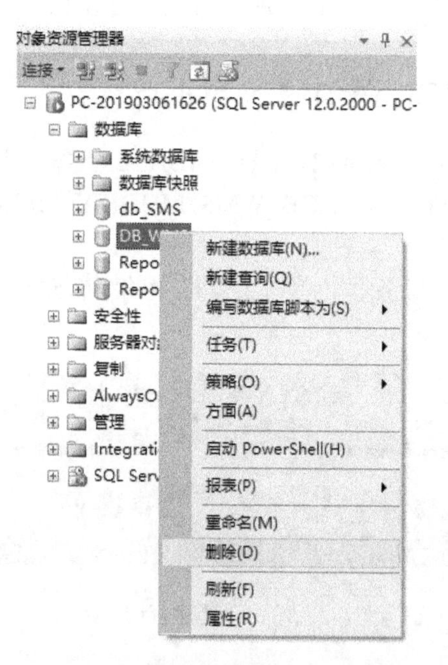

图 4-9　选择“删除”选项

在“删除对象”对话框中，单击“确定”按钮，即可完成对数据库的删除，如图 4-10 所示。

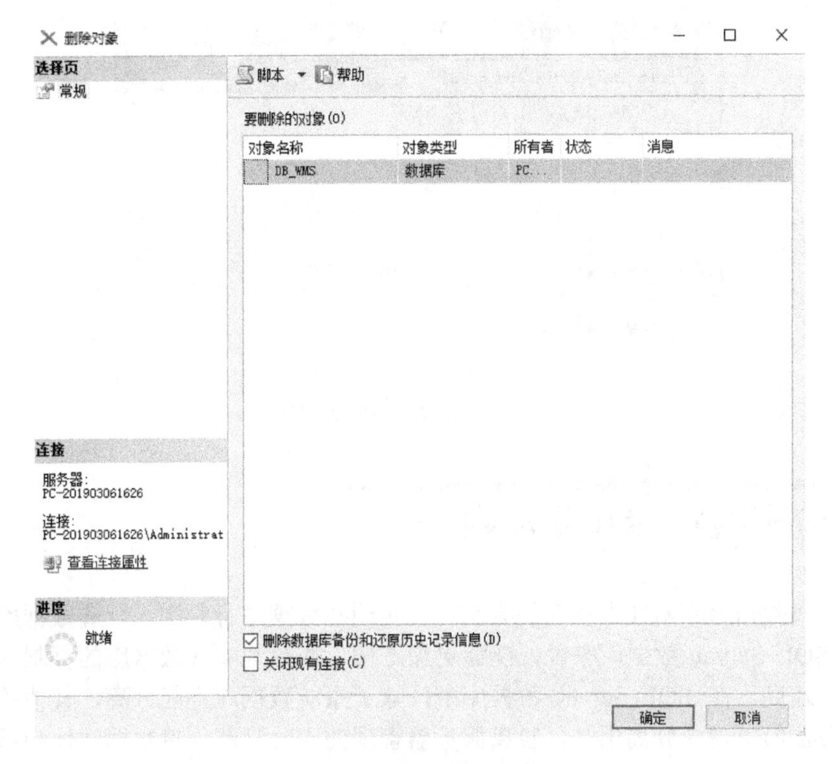

图 4-10 “删除对象”对话框

4.4.2 使用 T-SQL 语句删除数据库

删除数据库的 T-SQL 语句为 DROP DATABASE 数据库名，如 DROP DATABASE DB_WMS，其删除过程如下。

启动 SSMS，成功连接服务器。单击工具栏中的“新建查询”按钮，如图 4-11 所示，弹出“查询”窗口。

图 4-11 单击“新建查询”按钮

在“查询”窗口输入“DROP DATABASE DB_WMS”，单击工具栏的“执行”按钮或在“查询”窗口中右击“执行”选项，若出现“命令已成功被完成”的提示，即表示完成数据库的删除，如图 4-12 所示。

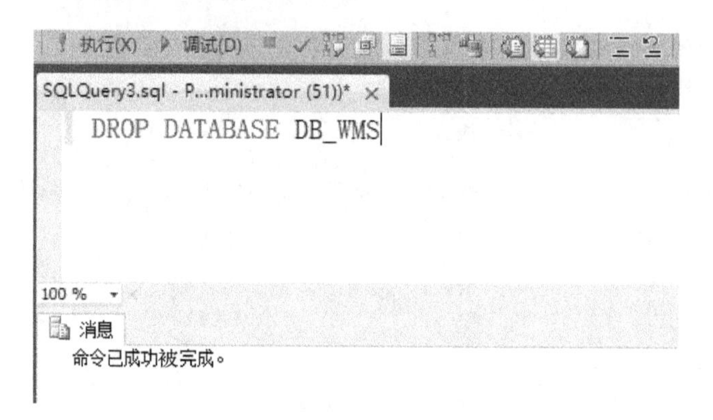

图 4-12　完成数据库的删除

4.5 分离数据库和附加数据库

使用分离数据库和附加数据库的方法可以实现对数据进行复制。分离数据库和附加数据库对于 SQL Server 数据库来说，能够更加方便、快捷地实现数据库的复制功能，有效提高了执行速度。在 SQL Server 数据库中，除了系统数据库不能分离，其他的数据库都可以从服务器的管理中分离出来，脱离服务器管理的同时又能保持数据文件和日志文件的完整性与一致性。本节将主要介绍如何分离数据库和附加数据库。

4.5.1 分离数据库

使用 SSMS 分离数据库的步骤如下。

启动 SSMS，成功连接服务器。找到所要操作的服务器节点下“数据库”选项卡的数据库列表，选中对应的数据库右击，在弹出的快捷菜单中选择“任务”→“分离”选项，如图 4-13 所示，弹出“分离数据库”对话框。

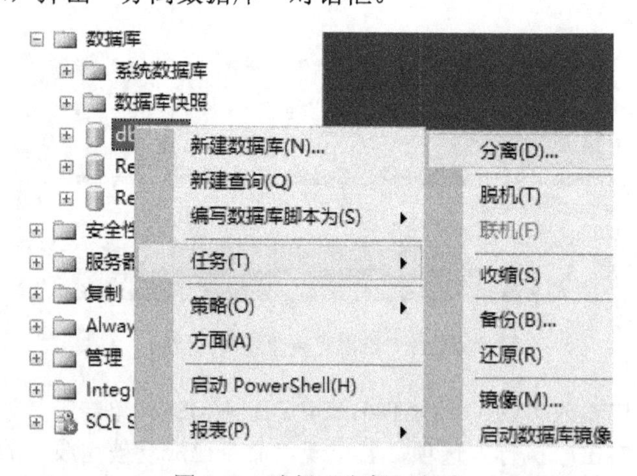

图 4-13　选择“分离”选项

在“分离数据库”对话框中，单击“确定”按钮，即可完成数据库的分离，如图 4-14 所示。

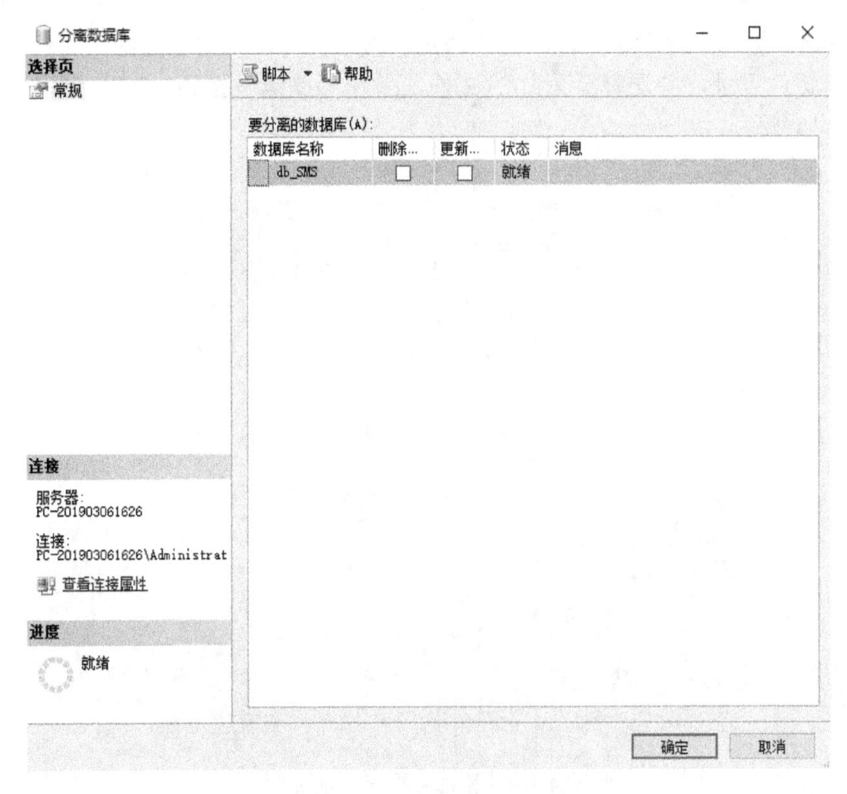

图 4-14 “分离数据库”对话框

4.5.2 附加数据库

使用 SSMS 附加数据库的步骤如下。

启动 SSMS，成功连接服务器。找到所要操作的服务器节点中的“数据库”选项卡，右击，在弹出的快捷菜单中选择“附加”选项，如图 4-15 所示，弹出“附加数据库”对话框。

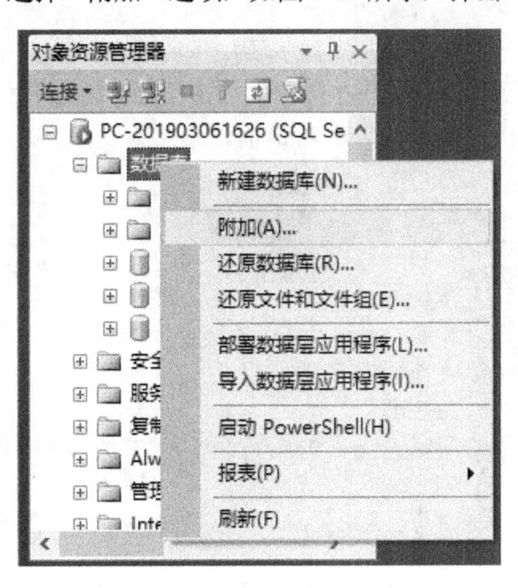

图 4-15 选择“附加”选项

在“附加数据库”对话框中，单击“添加”按钮，弹出“定位数据库文件”对话框，选择数据库文件目录，并选择要附加的文件，单击“确定”按钮，即可完成数据库的附加，如图 4-16 所示。

图 4-16 “附加数据库”对话框

4.6 生成 SQL 脚本

脚本是储存在文件中的一系列 SQL 语句，是可再利用的模块化代码，数据库在生成脚本文件后可以在不同的计算机之间传送，下面介绍如何使用 SSMS 生成 SQL 脚本，具体操作步骤如下：

启动 SSMS，成功连接服务器。找到所要操作的服务器节点中“数据库”选项卡的数据库列表，选中对应的数据库右击，在弹出的快捷菜单中选择“任务”→“生成脚本”选项，如图 4-17 所示，弹出“脚本向导”对话框。

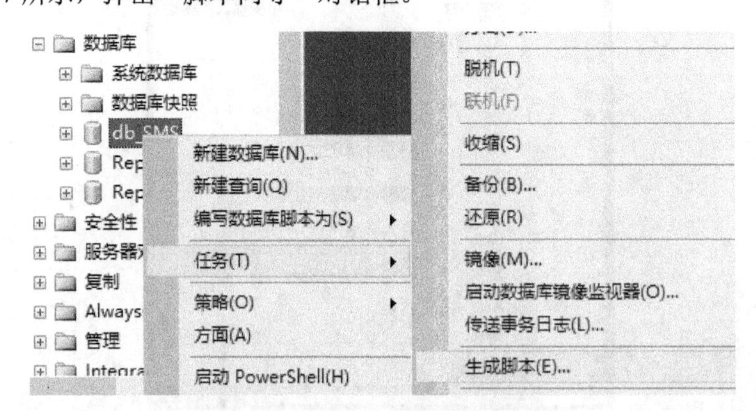

图 4-17 选择“生成脚本”选项

在"脚本向导"对话框中，按照向导根据需要自行选择相对应的选项，即可完成脚本的生成，如图4-18所示。

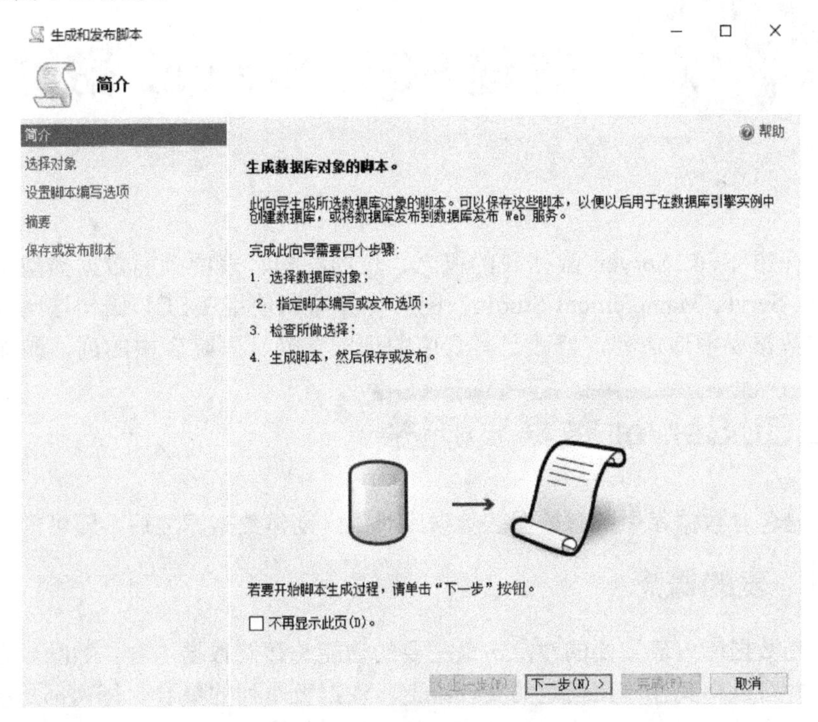

图4-18 "脚本向导"对话框

4.7 小结

本章概述了SQL Server数据库的结构，至少包含一个mdf格式的数据库文件和一个ldf格式的日志文件，可按表结构、视图结构和索引结构来存储数据。系统数据库有4个，分别为Master数据库、Model数据库、Msdb数据库和Tempdb数据库。

使用SSMS（SQL Server Management Studio）图形化界面和通过Transact-SQL语句两种方式创建数据库、修改数据库、删除数据库，还可使用SSMS分离数据库和附加数据库，以及生成SQL脚本。

习题4

4-1 数据库的日志文件有什么作用？

4-2 数据库的数据存储有几种方式，分别是哪几种？

4-3 完成一个数据库的创建、属性修改、脚本生成和删除。

4-4 尝试进行附加数据和分离数据库的操作。

第5章 管理 SQL Server 数据表

本章将介绍 SQL Server 数据表的概念、表的结构、表中列的数据类型，通过使用 SSMS（SQL Server Management Studio）图形化界面和使用 T-SQL 语句这两种方式创建数据表，向数据表中追加列，修改已有表中的列，定义、删除表中的列，删除数据表。

5.1 SQL Server 数据表概述

数据表是包含数据库中所有数据的数据库对象，创建数据库之后，即可创建数据表。

5.1.1 表的概念

数据表是数据库内最重要的对象，最主要的功能是存储数据内容。数据表存储在数据库文件中，并可以将其存放在指定的文件组上。数据表是列的集合，每列都是不可被再分的。数据在表中是按行和列的格式组织排列的，每行代表唯一的一条记录，而每列代表记录中的一个数据项。每列具有相同的域，即有相同的数据类型。SQL Server 的每个数据库最多可存储 20 亿个表，每个表可以有 1024 列。表的行数及总量大小仅受可用存储空间的限制。每行最多可以存储 8060 字节。

5.1.2 表的结构

每个数据表至少包含的内容如下。

（1）数据表名称。

（2）数据表中所包含列的名称，同一表中的列名称不能相同。

（3）每列的数据类型。

（4）字符数据类型列的长度（字符个数）。

（5）每个列的取值是否可以为空（NULL）。

5.1.3 列的数据类型

列的数据类型分为整型、位、数值型、货币型等，如表 5-1 所示。

表5-1 列的数据类型

类型名称		说明
整型	bigint	其存储空间大小为8字节 从-2^63(-9223372036854775808)到2^63-1(9223372036854775807)的整型数据
	int	其存储空间大小为4字节 从-2^31(-2,147,483,648)到2^31-1(2,147,483,647)的整型数据
	smallint	其存储空间大小为2字节 从-2^15(-32,768)到2^15-1(32,767)的整型数据
	tinyint	其存储空间大小为1字节 从0～255的整型数据
位	bit	整型数据1、0或NULL。Microsoft® SQL Server™优化用于位列的存储。如果一个表中有不多于8个的位列，则这些列将作为1字节存储。如果表中有9～16个位列，则这些列将作为两字节存储。更多列的情况以此类推
数值型	decimal[(p[,s])]	带定点精度和小数位数的numeric数据类型。在T-SQL中，numeric与decimal数据类型在功能上等效。当数据值一定要按照指定精确存储时，可以用带有小数的decimal数据类型来存储数字 p（精度）：指定小数点左边和右边可以存储的十进制数字的最大个数。精度必须是从1到最大精度之间的值，其最大精度为38 s（小数位数）：指定小数点右边可以存储的十进制数字的最大个数。小数位数必须是从0到p之间的值。默认小数位数是0，其最大存储空间大小基于精度而变化
	numeric[(p[,s])]	
货币型	money	其存储空间大小为8字节 货币数据值介于-2^63(-922,337,203,685,477.5808)与2^63-1(+922,337,203,685,477.5807)之间，精确到货币单位的千分之十
	smallmoney	货币数据值存储空间大小为4字节 介于-214,748.3648与214.748,3647之间，精确到货币单位的千分之十
近似数字型	float	float和real数据类型被称为近似数据型，用于表示浮点数据的近似数字型。浮点数据为近似值，并非数据类型范围内的所有数据都能被精确地表示
	real	
字符串型	char	为*n*字节的固定长度且非Unicode的字符数据。*n*必须是一个介于1和8000之间的数值。其存储空间大小为*n*个字节
	varchar	为*n*字节的可变长度且非Unicode的字符数据。*n*必须是一个介于1和8000之间的数值。其存储空间大小为输入数据字节的实际长度，而不是*n*个字节。所输入的数据字符长度可以为零
	text	存储大量可变长度的非Unicode文本数据，其最大长度为231～1(2 147 483 647)个字符
Unicode字符串	nchar(n)	存储包含*n*个字符的固定长度Unicode字符数据。*n*必须介于1和4000之间。其存储空间大小为*n*字节的两倍
	nvarchar(n)	存储*n*个字符的可变长度Unicode字符数据。*n*的值必须介于1和4000之间，其存储空间大小是所输入字符个数的两倍，所输入的数据字符长度可以为零
	ntext	存储大量可变长度的Unicode文本数据。可变长度Unicode数据的最大长度为230～1(1 073 741 823)字符。其存储空间大小是所输入字符个数的两倍（以字节为单位）
二进制字符串	binary(n)	存储固定长度的*n*字节二进制数据。*n*必须为1～8000，其存储空间大小为*n*+4字节
	varbinary(n)	存储*n*个字节可变长度的二进制数据。*n*必须为1～8000，其存储空间大小为实际输入数据长度+4字节，而不是*n*字节，其输入的数据长度可能为0字节
	image	用来存储大量的二进制数据，通常存储图形。可变长度二进制数据为0或231～1(2 147 483 647)字节

续表

类型名称		说　明
其他类型	timestamp	这种数据类型表现为自动生成的二进制数，确保这些数在数据库中是唯一的。timestamp 一般用作给表行加版本戳的机制，其存储空间大小为 8 字节
	uniqueidentifier	全局唯一标识符（GUID）

5.2 创建数据表

创建用户表：tb_User，其表结构如表 5-2 所示。

表 5-2　用户表 tb_User

字段名	数据类型	长度/字节	是否可为 NULL	中文描述
UserID	bigint	8	NOT NULL	用户号
UserName	varchar	20	NOT NULL	用户姓名
UserPwd	varchar	20	NOT NULL	用户密码
UserRight	char	10	NULL	用户权限

5.2.1 使用 SSMS 创建数据表

（1）在对象资源管理器中右击“表”，在弹出的快捷菜单中选择“新建”→“表(T)...”选项，如图 5-1 所示。

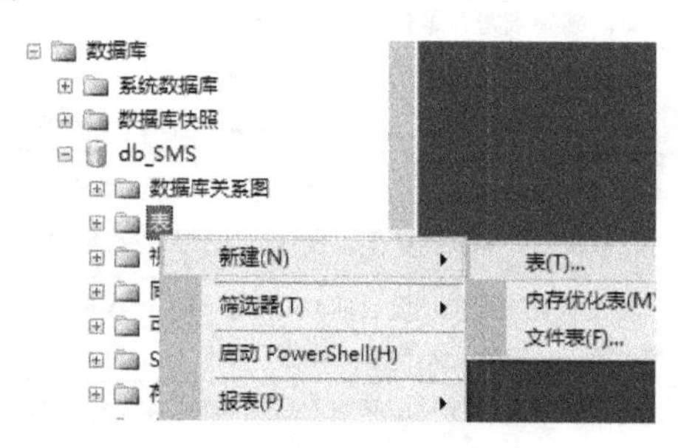

图 5-1　新建表

（2）在右侧编辑区编写表结构，添上对应的字段名、数据类型及是否允许值为空，如图 5-2 所示。

列名	数据类型	允许 Null 值
UserID	bigint	☐
UserName	varchar(20)	☐
UserPwd	varchar(20)	☐
UserRight	char(10)	☑
		☐

图 5-2　编辑表结构

（3）右击“UserID”，在弹出的快捷菜单中选择“设置主键”选项，或者单击快捷工具栏中的“钥匙”按钮，如图 5-3 所示。

图 5-3　设置 UserID 为主键

（4）在快捷工具栏单击“保存”按钮，弹出“选择名称”对话框，输入表名“tb_User”，单击“确定”按钮，如图 5-4 所示。

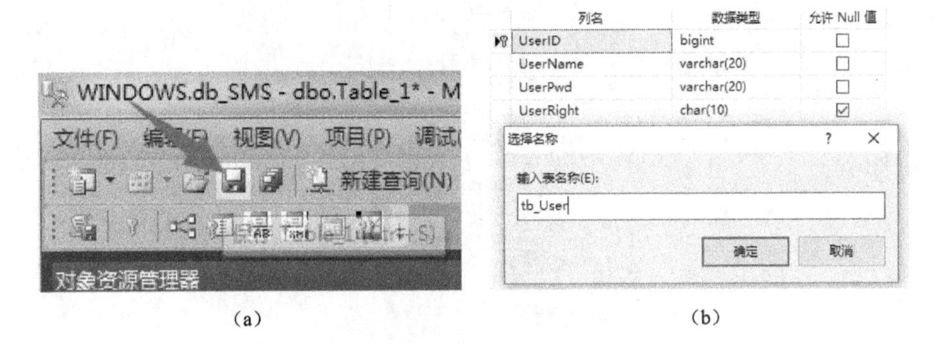

（a）　　　　　　（b）

图 5-4　保存操作

5.2.2　使用 T-SQL 语句创建数据表

（1）选择工具栏的“新建查询”，在右侧编辑区输入 SQL 语句，如图 5-5 所示。

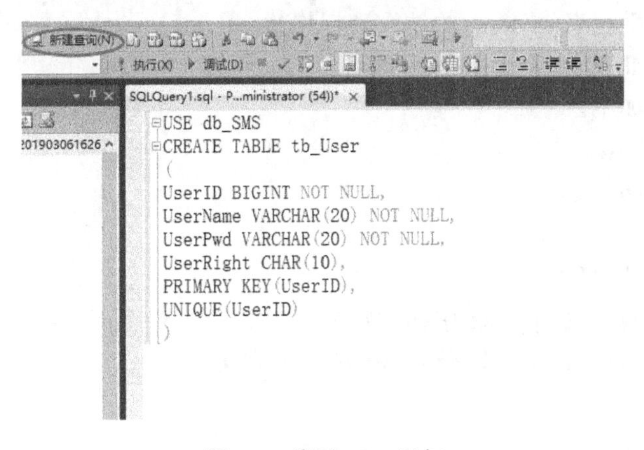

图 5-5　编写 SQL 语句

（2）选择“执行”选项或按 F5 键，执行结果如图 5-6 所示。

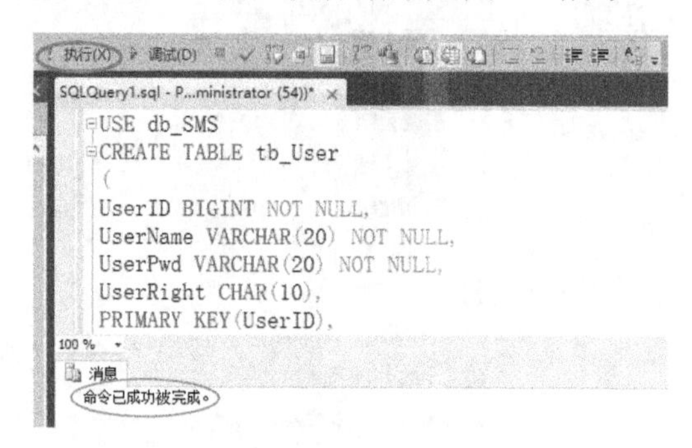

图 5-6　执行 SQL 语句

（3）刷新后可看到新建表 tb_User，如图 5-7 所示。

图 5-7　查看新建表

5.3 修改数据表

示例：对用户数据表 tb_User 的结构进行修改。

（1）向数据表 tb_User 中追加地址列。

追加的列定义如下。

① 列名：Address。

② 数据类型：char。

③ 长度：50。

④ 允许空否：NOT NULL。

（2）修改已有数据表 tb_User 中的列定义。

把表 tb_User 中的 Address 列定义修改成下列定义。

① 列名：Address。

② 数据类型：text。

③ 长度：默认。

④ 允许空否：NULL。

（3）删除表 tb_User 中的 Address 列。

5.3.1 使用 SSMS 查看数据表属性信息及修改数据表

（1）右击“dbo.tb_User”，在弹出的快捷菜单中选择“属性”，如图 5-8 所示。

图 5-8　查看数据表属性

（2）右击“dbo.tb_User”，在弹出的快捷菜单中选择“设计”，如图 5-9 所示。

图 5-9　查看数据表结构

（3）向数据表 tb_User 中追加地址列，如图 5-10 所示。

	列名	数据类型	允许 Null 值
🔑	UserID	bigint	☐
	UserName	varchar(20)	☐
	UserPwd	varchar(20)	☐
	UserRight	char(10)	☑
▶	Address	nchar(50)	☐
			☐

图 5-10　向数据表 tb_User 中追加地址列

（4）修改已有数据表 tb_User 中的列定义，如图 5-11 所示。

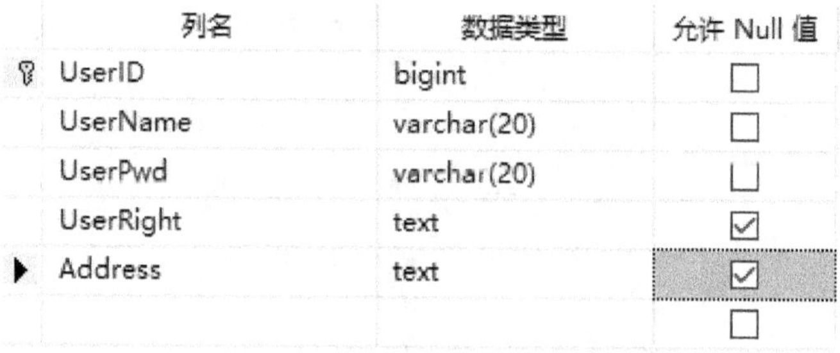

	列名	数据类型	允许 Null 值
🔑	UserID	bigint	☐
	UserName	varchar(20)	☐
	UserPwd	varchar(20)	☐
	UserRight	text	☑
▶	Address	text	☑
			☐

图 5-11　修改数据表 tb_User 中的列定义

（5）删除数据表 tb_User 中的“Address”列，如图 5-12 所示。

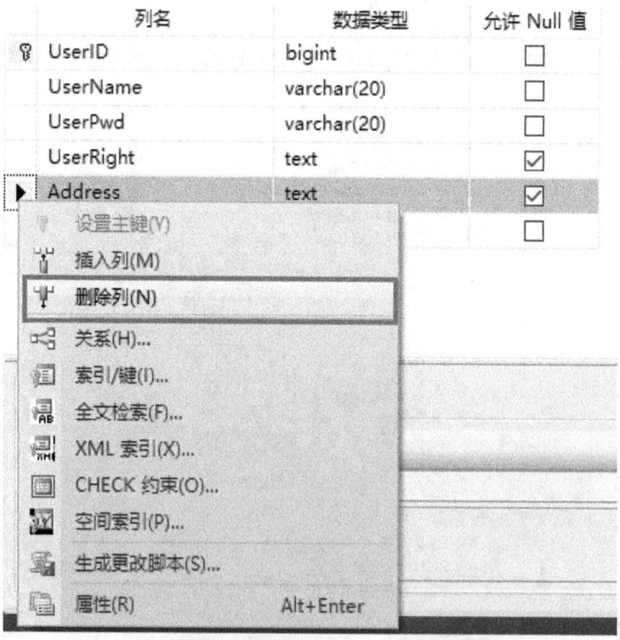

	列名	数据类型	允许 Null 值
🔑	UserID	bigint	☐
	UserName	varchar(20)	☐
	UserPwd	varchar(20)	☐
	UserRight	text	☑
▶	Address	text	☑
			☐

设置主键(Y)
插入列(M)
删除列(N)
关系(H)...
索引/键(I)...
全文检索(F)...
XML 索引(X)...
CHECK 约束(O)...
空间索引(P)...
生成更改脚本(S)...
属性(R)　Alt+Enter

图 5-12　删除数据表 tb_User 中的地址列

5.3.2 使用T-SQL语句修改数据表

（1）向数据表tb_User中追加地址列，如图5-13所示。

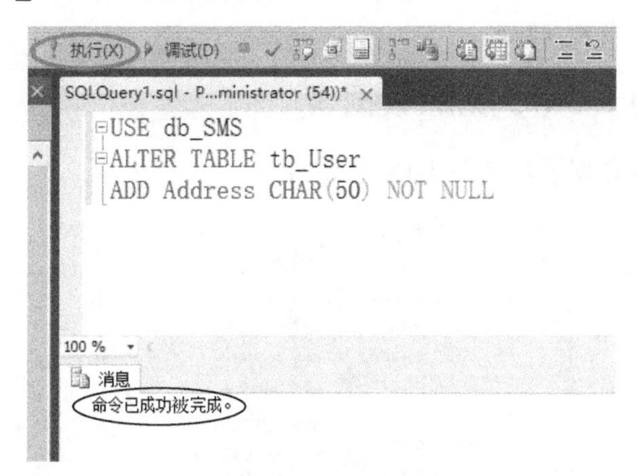

图5-13　向数据表tb_User中添加列

（2）修改已有数据表tb_User中的列定义，如图5-14所示。

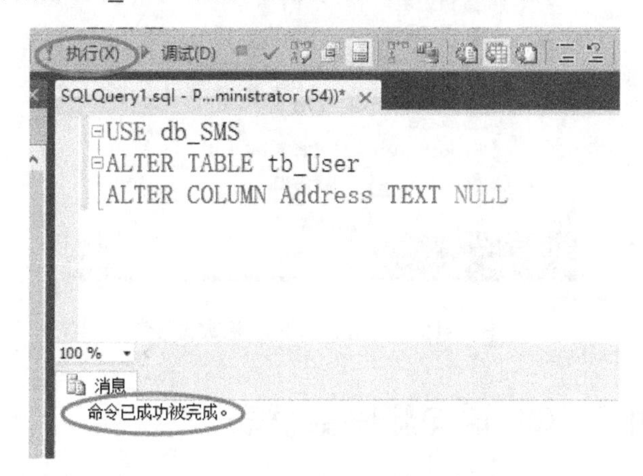

图5-14　修改数据表tb_User中的列定义

（3）删除数据表tb_User中的Address列，如图5-15所示。

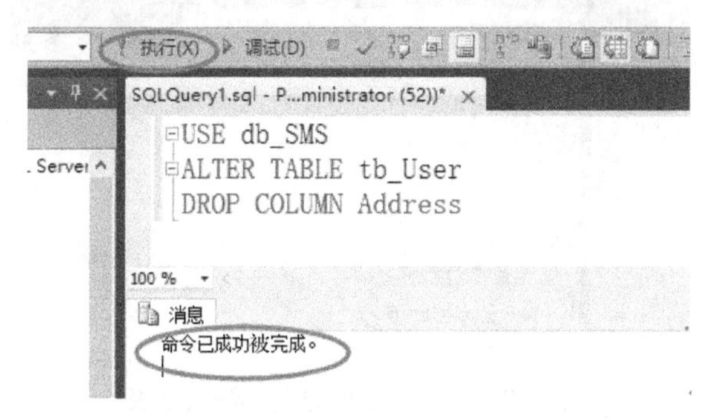

图5-15　删除数据表tb_User中的地址列

5.4 删除数据表

示例：删除用户表 tb_User。

5.4.1 使用 SSMS 删除数据表

使用 SSMS 删除数据表，如图 5-16 所示。

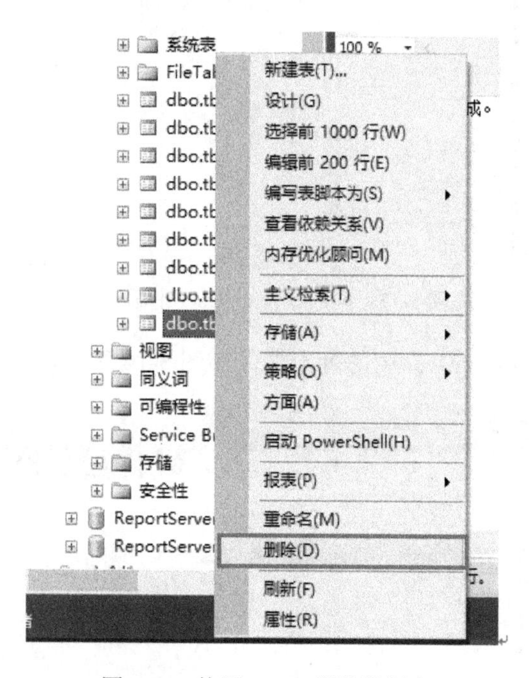

图 5-16　使用 SSMS 删除数据表

5.4.2 使用 T-SQL 语句删除数据表

使用 T-SQL 语句删除数据表后，其执行结果如图 5-17 所示。

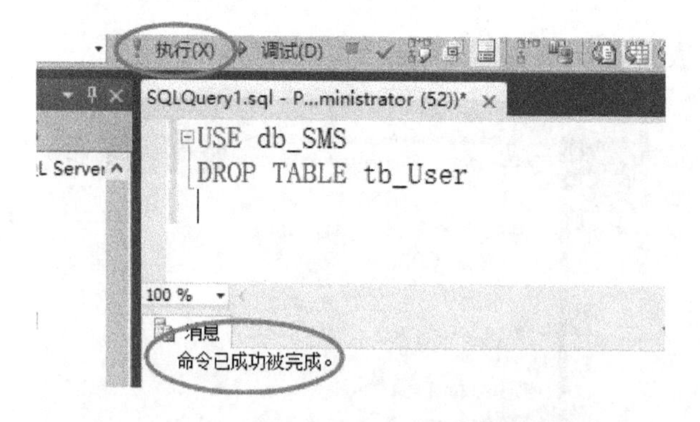

图 5-17　使用 T-SQL 语句删除数据表

5.5 小结

数据库表是数据库内最重要的对象，它最主要的功能是存储数据内容。每个数据表至少包含表名称、列的有关信息。列的数据类型有整型、位、数值型、货币型、字符串型等。既可使用SSMS创建数据表、修改数据表、向数据表中追加列、修改已有表中的列定义、删除表中的列、删除数据表，也可使用T-SQL语句创建数据表、修改数据表、向数据表中追加列、修改已有表中的列定义、删除表中的列、删除数据表。

习题5

5-1 新建学生表tb_Student，包括学号StuID、学生姓名字段StuName，其中学号为主键。

5-2 给学生表增加两个字段，即int类型的年龄字段Age和长度为20字符的籍贯Native。

5-3 把学生表中的籍贯列改为40字符。

5-4 删除学生表中的籍贯字段。

5-5 删除学生表。

第6章 数据更新

数据更新操作主要有3种：插入数据、修改数据和删除数据。通常数据更新主要有两种途径：一种是通过 SSMS 直接对数据进行更新；另一种是通过 T-SQL 语句进行数据更新。

6.1 插入数据

创建完数据表之后，要向数据表中插入一些数据。插入数据有两种途径：通过 SSMS 插入数据和通过 T-SQL 语句插入数据。

6.1.1 通过 SSMS 插入数据

下面介绍向数据表 dbo.tb_Provider 中插入新用户的信息，其具体操作流程如下。

连接服务器之后，打开数据库 db_SMS，右击“dbo.tb_Provider”，在弹出的快捷菜单中选择“编辑前200行”选项，如图6-1所示。

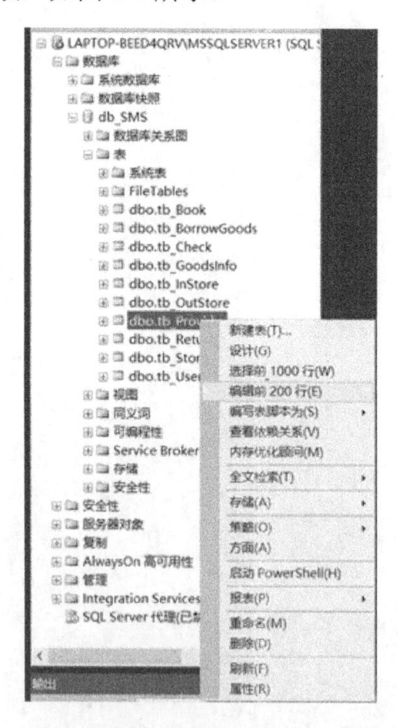

图6-1 选择“编辑前200行”选项

之后，进入操作所选择的表数据窗口。在此窗口中，表中的记录按行显示，每个记录占一行。向 dbo.tb_Provider 表中添加需要的数据，如图 6-2 所示。

	PrID	PrName	PrPeople	PrPhone	PrFax	PrRemark	Editer	EditDate
	4	友泰公司	小王	029-5436121	86-14-1238734	请常联系	小马	2018-05-12 15:...
	5	中诚公司	小刘	0275-66158614	86-111-4564932	合作愉快	小马	2018-05-12 15:...
	6	卓越公司	小秦	0256-2678354	86-449-3286456	惠存联系方式	小马	2018-05-12 15:...
	7	丽泰公司	小朱	034-4579365	86-567-9873213	请联系小朱	小马	2018-05-12 15:...
	8	海洋公司	小吴	236-45623777	86-358-6943696	电子邮箱随时联系	小马	2018-05-12 15:...
	9	梦龙公司	小苏	367-52669359	86-789-6952656	欢迎来梦龙公司	小马	2018-05-12 15:...
	10	文达公司	小陈	458-9528626	86-572-5924966	文达，有你就好	小马	2018-05-12 15:...
	11	广深公司	小鲁	365-9695421	86-548-2986412	广深，欢迎你	小马	2018-05-12 15:...
	12	锐步公司	小薛	936-45292586	86-786-9296322	锐步，不止步	小马	2018-05-12 15:...
	13	威神公司	小谢	364-5693936	86-598-6925396	奢华花蝴蝶，...	小马	2018-05-12 15:...
	14	陕西公司	小白	123-456789	45-789-566562	谢谢你	小马	2018-02-03 00:...
▸*	NULL	NULL	NULL	NULL	NULL	NULL	NULL	NULL

图 6-2　向 dbo.tb_Provider 表中添加需要的数据

说明：

（1）将插入点移动到数据窗口底部的空行中，插入各个字段的值，即可为数据表添加一个记录。在编辑新记录字段值时，SQL Server 会自动增加一个空行，在插入点没有离开本行的情况下，可按“ESC”键取消添加的记录。

（2）在输入数据时，除了数据类型要符合字段类型外，数据还要符合表的各种约束。

6.1.2　用 INSERT 语句插入数据

SQL 的数据插入语句 INSERT 通常有两种形式：插入单个元组、插入多组数据。其中，后者可以一次性插入多个元组。

1. 插入单个元组

插入单个元组的 INSERT 语句的语法格式：

```
INSERT [INTO]
{table_name                                      /*表名*/
WITH(<table_hint_limited>[...n])                 /*指明表提示，可以省略*/
|view_name                                       /*视图名*/
|rowset_function_limited                         /*可以为 OPENQUERY 函数*/
}
{[(column_list)]                                 /*列表*/
{VALUES                                          /*指定列值的子句*/
({DEFAULT|NULL|expression}[,…n])                 /*列值的构成形式*/
|derived_table                                   /*结果集*/
|execute_statement                               /*有效的 EXECUTE 语句*/
}
}
|DEFAULET VALUES                                 /*所有列均取默认值*/
```

（1）table_name：被操作的表名。

（2）view_name：视图名，该视图必须是可以被更新的。

（3）column_list：列表，包含了新插入数据行的各列名称。如果只给表的部分列插入数据时，则要用 column_list 指出这些列。当加入表中记录的某些列为空值或为默认值时，则可以在 INSERT 语句中省略这些列。对于没有在 column_list 中指出的列，其值根据默认值或列属性来确定，其原则如下。

- 对于具有 IDENTITY 属性的列，其值由系统根据 seed 和 increment 值自动计算得到。
- 对于具有默认值的列，其值为默认值。
- 对于没有默认值的列，若允许为空值，则其值为空值；若不允许为空值，则出错。
- 对于类型为 timestamp 的列，系统自动赋值。

（4）VALUES 子句：为 column_list 中的各列指定值。若省略 column_list，则 VALUES 子句给出每一列的值。VALUES 子句中的值有以下 3 种。

- DEFAULT：指定为该列的默认值。这要求定义表时必须指定该列的默认值。
- NULL：指定该列为空值；
- expression：可以是一个常量、变量或一个表达式，其值的数据类型要与列的数据类型一致。注意表达式中不能有 SELECT 及 EXECUTE 语句。

（5）derived_table：由一个 SELECT 语句查询所得到的结果集。利用该参数，可把一个表中的部分数据插入另外一个表中。使用该参数时，INSERT 语句将 derived_table 结果集加入指定表中，但是结果集中每行数据的字段数、字段的数据类型要与被操作的表完全一致。

（6）DEFAULT VALUES：该关键字说明向当前表中所有列插入其默认值。

【例 6.1】 将一个新用户元组（供应商 ID：1；名称：红星公司；负责人:小刘；联系电话：029-85381234；传真：029-85381234；备注：和气生财；编辑：小王；编辑日期：当前日期）插入 dbo.tb_Provider 表中，其具体操作如下。

首先，连接到服务器之后，选择“新建查询”选项，如图 6-3 所示。

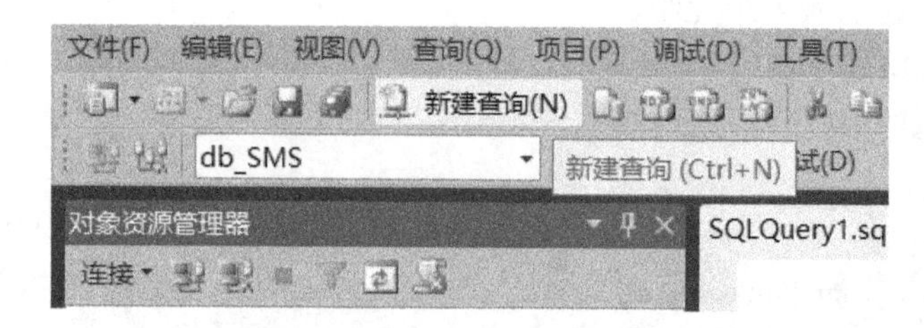

图 6-3　选择“新建查询”选项

输入以下代码：

```
Use db_SMS
Go
set identity_insert dbo.tb_provider ON
INSERT INTO dbo.tb_Provider
(PrID,PrName,PrPeople,PrPhone,PrFax,PrRemark,Editer,EditDate)
VALUES
 (1,'红星公司','小刘','029-85381234','029-85381234','和气生财','小王',getdate())
```

然后，单击“执行”按钮，如图 6-4 所示。

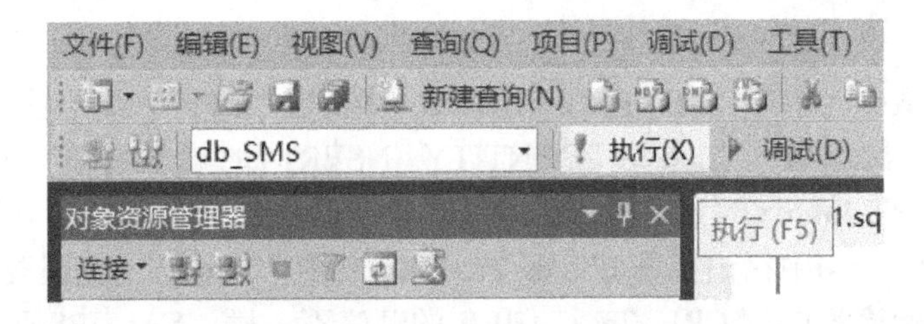

图 6-4　单击“执行”按钮

最后，执行结果如图 6-5 所示。

```
USE db_SMS
GO
SET identity_insert dbo.tb_Provider ON
INSERT INTO dbo.tb_Provider (PrID,PrName,PrPeople,PrPhone,PrFax,PrRemark,Editer,EditDate)
VALUES
(1,'红星公司','小刘','029-85381234','029-85381234','和气生财','小王',GETDATE())
100 %
结果
(1 行受影响)
```

图 6-5　执行结果

2. 插入多组数据

插入多组数据是指将多条记录插入数据表中。

【例 6.2】 将一个新用户元组（供应商 ID：2；名称：创新公司；负责人：小马；联系电话：029-87956235；传真：029-87956235；编辑：小王；编辑日期：当前日期）（供应商 ID：3；名称：联想公司；负责人：小军；联系电话：029-87951234；传真：029-87951234；编辑：小强；编辑日期：当前日期）插入 dbo.tb_Provider 表中。

具体代码：

```
INSERT INTO dbo.tb_Provider (PrID,PrName,PrPeople,PrPhone,PrFax,PrRemark,Editer,EditDate)
VALUES ('创新公司','小马','029-87956235','029-87956235','创新、崭新','小马',getdate())
INSERT INTO dbo.tb_Provider (PrID,PrName,PrPeople,PrPhone,PrFax,PrRemark,Editer,EditDate)
VALUES ('联想公司','小军','029-87951234','029-87951234','联想我的梦想','小强',getdate())
或者
INSERT INTO dbo.tb_Provider (PrID,PrName,PrPeople,PrPhone,PrFax,PrRemark,Editer,EditDate)
VALUES
(2,'创新公司','小马','029-87956235','029-87956235','创新、崭新','小马',getdate()),(3,'联想公司','小军','029-87951234','029-87951234','联想，创造我的梦想','小强',getdate());
```

单击“执行”按钮，执行结果如图 6-6 所示。

```
INSERT INTO dbo.tb_Provider (PrID,PrName,PrPeople,PrPhone,PrFax,PrRemark,Editer,EditDate)
VALUES
(2,'创新公司','小马','029-87956235','029-87956235','创新、崭新','小马',getdate()),
(3,'联想公司','小军','029-87951234','029-87951234','联想，创造我的梦想','小强',getdate());
100 %
结果
(2 行受影响)
```

图 6-6　执行结果

说明：

（1）在插入数据时，若 IDENTITY_INSERT 设置为“OFF”，则不能为 tb_Provider 表中的标识列插入显示值；如果将 IDENTITY_INSERT 的属性打开，输入代码“SET IDENTITY_INSERT Table ON”后执行，即可在 tb_Provider 表中的标识列插入显示值。

（2）在 INTO 子句中指出了在 dbo.tb_Provider 表中，新增加的元组要在哪些属性上赋值，而且属性的顺序可以与 CREATE TABLE 的顺序不一样。VALUES 子句可以对新元组的各属性赋值，其中字符串常数要用单引号（英文符号）括起来。

6.2 修改数据

如果录入的数据有错误，应该进行修改，本节将介绍修改数据的方法。

6.2.1 通过 SSMS 修改数据

如果要修改某个记录的数据，单击要修改的字段，将插入点定位到该字段，即可编辑字段值。

【例 6.3】 修改 db_SMS 数据库中的供应商信息表 tb_Provider，把创新公司的传真号码改为“029-85383333”，备注改为“货到付款”，其具体操作如下。

（1）打开 SQL Server Management Studio，连接上服务器，单击“数据库”→“db_SMS”，右击“dbo.tb_Provider”，在弹出的快捷菜单中选择“编辑前 200 行”选项，如图 6-7 所示。

图 6-7　打开要修改数据表的编辑窗口

（2）选择要修改的数据，并对其进行修改，如图 6-8 所示。

LAPTOP-BEED4QR...dbo.tb_Provider ×

	PrID	PrName	PrPeople	PrPhone	PrFax	PrRemark	Editer	EditDate
	1	红星公司	小刘	029-85381234	029-85381234	和气生财	小王	2019-10-23 22:57:26.420
	2	创新公司	小马	029-87956235	029-85383333	货到付款	小马	2019-10-23 22:58:13.663
	3	联想公司	小军	029-87951234	029-87951234	联想，创造...	小强	2019-10-23 22:58:13.663

图 6-8 修改记录

说明：

（1）字段长度（如 char 和 varchar 类型）在录入数据时，自动在数据末尾添加空格补足长度。在修改这类字段值时，如果字符长度在限制的范围内，却提示超长，这时删除数据末尾的空格即可。

（2）在修改数据时，除了数据类型要符合字段类型，数据还要符合表的各种约束。

6.2.2 用 UPDATE 语句修改数据

修改操作又称更新操作，UPDATE 语句可以用来修改表中的数据行，其语法格式：

```
UPDATE
{table_name      WITH(<table_hint_limited>[...n])          /*修改表数据*/
|view_name                                                 /*修改视图数据*/
|rowset_function_limited                                   /*可以为 OPENQUERY 函数*/
}                                                          /*赋予新值*/
SET                                                        /*为列重新指定值*
{column_name={DEFAULT|NULL|expression}                     /*指定变量的新值*/
|@variable=expression                                      /*指定列和变量的新值*/
|@variable=column=expression                               /*修改 table_source 数据*/
}[,…n]                                                     /*有关游标的说明*/
{{[FROM{<table_source>}[,…n]]                              /*使用优化程序*/
[WHERE<search_condition>]
      }
|[WHERE CURRENT OF
{{[GLOBAL]cursor_name}|cursor_variable_name}]
}
[OPTION(<query_hint>[,…n])]
```

（1）table_name：指定要从其中更新数据的表名，关键字 WITH 指定目标表所允许的一个或多个表提示。

（2）view_name：指定要从其中更新数据的视图名，要注意该视图必须可以被更新，并且可以正确引用一个基本表。

（3）rowset_function_limited：指定 OPENQUERY 函数。

（4）rowset_function_limited：指定 OPENROWSET 函数。

（5）column_name={|DEFAULT|NULL|expression}：将指定的列值改变为所指定的值，其中 expression 为表达式，DEFAULT 为默认值，NULL 为空值，要注意指定新列值的合法性。

（6）@variable=expression：将变量的值改为表达式的值，其中@variable 为已经声明的变量，expression 为表达式。

（7）@variable=column=expression：将变量的值改为表达式的值，其中@variable 为已经声明的变量，column 为列名，expression 为表达式。

（8）FROM 子句和 WHERE 子句：指定用表来为更新操作提供数据。WHERE 子句中的<search_condition>指明只对满足该条件的行进行修改，若省略该子句，则可以对表中的所有行进行修改。

1. 修改某个元组的值

【例 6.4】 将供应商 tb_Provider 表中的创新公司负责人改为“王二”。

具体代码：

```
UPDATE tb_Provider
SET PrPeople='王二'
WHERE PrName='创新公司';
```

执行结果如图 6-9 所示。

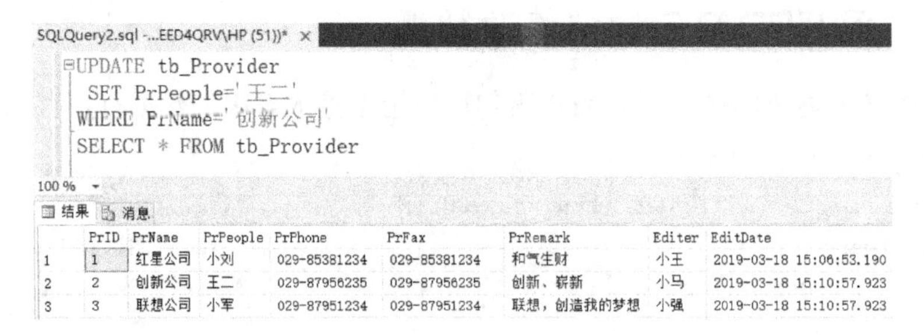

	PrID	PrName	PrPeople	PrPhone	PrFax	PrRemark	Editer	EditDate
1	1	红星公司	小刘	029-85381234	029-85381234	和气生财	小王	2019-03-18 15:06:53.190
2	2	创新公司	王二	029-87956235	029-87956235	创新、崭新	小马	2019-03-18 15:10:57.923
3	3	联想公司	小军	029-87951234	029-87951234	联想，创造我的梦想	小强	2019-03-18 15:10:57.923

图 6-9　执行结果

2. 修改多个元组的值

【例 6.5】 将供应商 tb_Provider 表中的 EditDate 改为当前日期。

具体代码：

```
UPDATE tb_Provider
SET EditDate=GetDate();
```

修改后的供应商 tb_Provider 表中的数据如图 6-10 所示。

```
UPDATE tb_Provider
SET EditDate=GETDATE();
SELECT * FROM tb_Provider
```

	PrID	PrName	PrPeople	PrPhone	PrFax	PrRemark	Editer	EditDate
1	1	红星公司	小刘	029-85381234	029-85381234	和气生财	小王	2019-03-18 15:26:06.580
2	2	创新公司	王二	029-87956235	029-87956235	创新、崭新	小马	2019-03-18 15:26:06.580
3	3	联想公司	小军	029-87951234	029-87951234	联想，创造我的梦想	小强	2019-03-18 15:26:06.580
4	4	友泰公司	小王	029-5436121	86-14-1238734	请常联系	小马	2019-03-18 15:26:06.580
5	5	中诚公司	小刘	0275-66158614	86-111-4564932	合作愉快	小马	2019-03-18 15:26:06.580

图 6-10　修改后的供应商 tb_Provider 表中的数据

6.3 删除数据

在数据库中，经常会出现要删除的冗余数据，本节就介绍删除数据的方法。

6.3.1 通过 SSMS 删除数据

【例 6.6】 删除供应商 tb_Provider 表中的红星公司信息，其具体操作如下。

（1）打开 SQL Server Management Studio，连接上服务器，单击“数据库”→“db_SMS”，右击“tb_Provider”，在弹出的快捷菜单中选择“编辑前 200 行”选项，在想要删除的数据行上右击，在弹出的快捷菜单中选择“删除”选项，如图 6-11 所示。

图 6-11 删除选取的数据行

（2）之后，弹出如图 6-12 所示的提示框，单击“是”按钮。

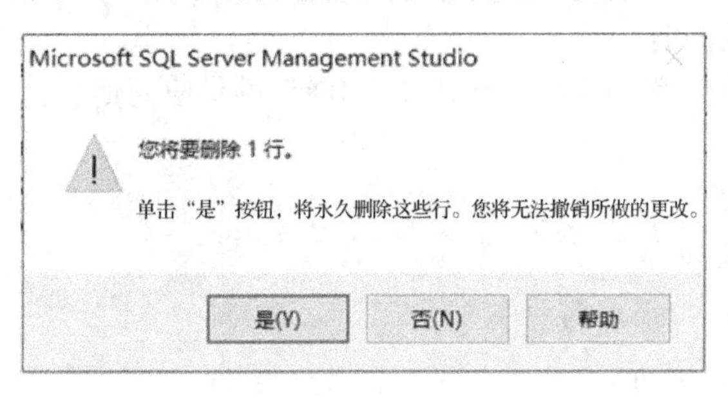

图 6-12 提示框

说明：

如果数据表与其他表有关联，可能不允许删除该数据表的数据，或者进行级联删除，即将该数据表和其他数据表中的相关数据同时删除。

6.3.2 用 DELETE 语句删除数据

在 T-SQL 中，删除数据可以使用 DELETE 语句，其语法格式：

```
DELETE
[FROM]
{ table_name WITH(<table_hint_limited>[...n])          /*从表中删除数据*/
|view_name                                               /*从视图中删除数据*/
```

```
|rowset_function_limited                        /*可以是 OPENQUERY 函数*/
}
[FROM{<table_source>}[,…n]]                     /*从 table_source 删除数据*/
[WHERE<search_condition>]                       /*指定条件*/
|{[ CURRENT OF {{[GLOBAL]cursor_name}           /*有关游标的说明*/
|cursor_variable_name}]}                        /*使用优化程序*/
]
[OPTION(<query_hint>[,…n])]
```

（1）table_name：指定要从其中删除数据的表名，关键字 WITH 指定目标表所允许的一个或多个表提示。

（2）view_name：指定要从其中删除数据的视图名，要注意该视图必须可以被更新，并且可以正确引用一个基本表。

（3）rowset_function_limited：指定 OPENQUERY 和 OPENROWSET 函数。

（4）table_source：在后面介绍 SELECT 语句时，再详细介绍。

（5）WHERE 子句：WHERE 语句为删除指定条件，<search_condition>给出了条件，其格式在后面介绍 SELECT 语句时，再详细讨论。若省略 WHERE 子句，则 DELETE 将删除所有数据。关键字 CURRENT OF 用于说明在指定游标的当前位置完成删除操作。关键字 GLOBAL 用于说明<cursor_name>指定的游标是全局游标。<cursor_variable_name>是游标变量的名称，游标变量必须引用允许更新的游标。

DELETE 语句的功能是从指定表中删除满足 WHERE 子句条件的所有元组。如果省略 WHERE 子句，则表示删除表中全部元组，但表的定义仍在字典中。也就是说，DELETE 语句删除的是表中的数据，而不是关于表的定义。

1. 删除某个元组的值

【例 6.7】 删除供应商 tb_Provider 表中 PrID=2 的供应商信息。

具体代码：

```
DELETE
FROM tb_Provider
WHERE PrID=2;
```

执行结果如图 6-13 所示。

```
DELETE
FROM tb_Provider
WHERE PrID=2;
100 %
消息
(1 行受影响)
```

图 6-13　执行结果

2. 删除多个元组的值

【例 6.8】 删除供应商 tb_Provider 表中所有的供应商信息。

具体代码：

```
DELETE
FROM tb_Provider
```

说明：

这条 DELETE 语句使 tb_Provider 表成了空表，它删除了 tb_Provider 表中的所有数据。由于 DELETE 语句删除数据之后，该数据不能被恢复，所以一定要谨慎使用该语句。

使用 TRUNCATE TABLE 语句将删除指定表中的所有数据，因此将其称为清除表数据语句。

TRUNCATE TABLE 语句的语法格式：

```
TRUNCATE TABLE name
```

（1）name：为所要删除数据的表名。由于 TRUNCATE TABLE 语句将删除表中的所有数据，且无法恢复这些数据，因此使用该语句时必须十分谨慎。

（2）TRUNCATE TABLE：虽然删除了指定表中的所有行，但表的结构及其列、约束、索引等保持不变，而新行标识所用的计数值重置为该列的初始值。如果想保持标识计数值，则要使用 DELETE 语句。

TRUNCATE TABLE 语句是一种快速、无日志记录的删除数据的方法。TRUNCATE TABLE 语句与不含有 WHERE 子句的 DELETE 语句在功能上是相同的，两者均能删除表中的全部行。但是，TRUNCATE TABLE 语句速度更快，并且使用系统资源和事务日志资源会更少。

6.4 小结

创建完数据表之后，须要向数据表中添加一些数据，插入数据分为通过 SSMS 插入和通过 T-SQL 语句插入两种方式；插入语句 INSERT 通常有两种形式，即插入单个元组；插入多组数据，后者可以一次性插入多个元组。

如果录入的数据有错误，则应该进行修改。可通过 SSMS 修改数据，也可用 UPDATE 语句修改数据。用 UPDATE 语句可以修改某个元组的值，也可以修改多个元组的值。

在数据库中，经常会出现要删除的冗余数据，可通过 SSMS 删除数据，也可用 DELETE 语句删除数据。用 DELETE 语句可以删除某个元组的值，也可删除多个元组的值。另外，使用 TRUNCATE TABLE 语句将删除指定表中的所有数据，因此将其称为清除表数据语句。

习题 6

6-1 比较使用 SSMS 企业管理器与使用 T-SQL 语句进行数据修改，哪种方法功能更强大？试举例说明。

6-2 通过命令方式，对供应商 tb_Provider 表进行操作。

（1）向供应商 tb_Provider 表中插入新的数据（自己设计插入数据）。

（2）修改供应商 tb_Provider 表中的数据信息（自己设计修改数据）。

6-3 试讲述数据操作时 DELETE 语句、TRUNCATE TABLE 语句、DROP 语句的异同点。

第7章 数据查询

所谓查询就是让数据库服务器根据客户端的要求搜索出用户所需要的信息资料，并按照用户所规定的格式进行整理后返回给客户端。查询语句 SELECT 在任何一种 SQL 中，都是使用频率最高的语句。可以说 SELECT 语句就是 SQL 的灵魂。SELECT 语句具有强大的查询功能，有的用户甚至只要熟练掌握 SELECT 语句的一部分，就可以轻松地利用数据库来完成自己的工作。

7.1 SELECT 语句的结构与执行

SELECT 语句由一系列灵活的子句组成，这些子句共同确定要检索的数据。用户使用 SELECT 语句除了可以查看普通数据库中的表格和视图信息，还可以查看 SQL SERVER 的系统信息。在介绍 SELECT 语句的用法之前，有必要对 SELECT 语句的基本语法结构及执行过程加以简单介绍。

7.1.1 SELECT 语句的语法结构

虽然 SELECT 语句的完整语法较为复杂，但是可以将其主要子句归纳如下：

```
SELECT select_list
[INTO new_table]
FROM    table_source
[WHERE search_condition]
[GROUP BY group_by_expression]
[HAVING search_condition]
[ORDER BY order_expression[ASC|DESC]]
```

只有 SELECT 子句和 FROM 子句是必需的，其他子句都是可选的。各子句具体含义如下。

（1）SELECT 子句：指定由查询返回的列。

（2）INTO 子句：将检索结果存储到新表或视图中。

（3）FROM 子句：用于指定引用列所在的表或视图。如果对象不止一个，则必须用逗号将其隔开。

（4）WHERE 子句：指定用于限制返回行的搜索条件。若 SELECT 语句中没有 WHERE 子句，则 DBMS 假设目标表中所有行都能满足目标条件。

（5）GROUP BY 子句：指定用来放置输出行的组，并且如果 SELECT 子句<select list>中包含聚合函数，则计算每组的汇总值。

（6）HAVING子句：指定组或聚合的搜索条件。HAVING子句通常与GROUP BY子句一起使用。如果不使用GROUP BY子句，则HAVING子句与WHERE子句的行为是一样的。

（7）ORDER BY 子句：指定结果集的排序。ASC 关键字表示按照升序排列结果，DESC 关键字表示按降序排列结果。如果没有指定任何一个关键字，那么 ASC 就是默认的关键字。如果没有ORDER BY子句，则DBMS将根据输入表中的数据来显示。

7.1.2 SELECT语句各子句的顺序及功能

SELECT 语句各子句的顺序非常重要。可以省略可选子句，但是这些子句在使用时必须按照适当的顺序出现。SELECT语句各子句的顺序及作用如表7-1所示。

表7-1 SELECT语句各子句的顺序及作用

顺序序号	子句关键词	子句功能
1	SELECT	从表中取出指定列的数据
2	FROM	指定要查询操作的表
3	WHERE	用来指定一种选择查询的标准
4	GROUP BY	对结果集进行分组，常与聚合函数一起使用
5	HAVING	对由sum或其他集合函数运算结果的输出进行限制
6	ORDER BY	对查询结果进行排序

如果在同一个SELECT语句查询中，用到了表7-1中的一些查询子句，则各查询子句的顺序就按照其序号由低到高排列。

7.1.3 SELECT语句各子句的执行

为了让 DBMS 显示表中的值，最简单的方式就是执行带有 FROM 子句的 SELECT 语句。实际上，几乎所有的 SELECT 语句都包括强制输出数据满足某种标准的 WHERE 子句。另外，许多SELECT语句涉及从多个表中选择列的问题。

SELECT的执行步骤如下。

（1）首先执行 FROM 子句，组装来自不同数据源的数据，即根据 FROM 子句中的一个或多个表创建工作表。如果在FROM子句中有两个或多个表，则DBMS将执行CROSS JOIN运算对表进行交叉连接，并将其作为工作表。

（2）如果有 WHERE 子句，则实现基于指定的条件对记录行进行筛选。即 DBMS 将 WHERE 子句列出的搜索条件作用于（1）步骤中生成的工作表。DBMS 将保留那些满足搜索条件的行，删除那些不满足搜索条件的行。

（3）如果有GROUP BY子句，则将数据划分为多个组。DBMS将（2）步骤中生成的结果表中的行分成多个组，每个组中所有行的group_by_expression字段具有相同的值。接着，DBMS 将每组减少到单行，而后将其添加到新的结果表中，用以代替（1）步骤中生成的工作表。

（4）如果有HAVING子句，它将筛选分组。DBMS将HAVING子句列出的搜索条件作用于（3）步骤中生成的“组合”表中的每一行。DBMS 将保留那些满足搜索条件的行，删除那些不满足条件的行。

（5）将 SELECT 子句作用于结果表。删除结果表中不包含在 select_list 中的列。如果 SELECT 子句包含 DISTINCT 关键字，则 DBMS 将从结果中删除重复的行。

（6）如果有 ORDER BY 子句，则按照指定的排序规则对结果进行排序。

（7）对于交互式的 SELECT 语句，会在屏幕上显示结果；对于嵌入式 SQL 语句，则使用游标将结果传递给宿主程序中。

以上就是 SELECT 语句的基本执行过程。

7.2 基本查询

本节将基本查询分为简单查询、条件查询、查询结果排序和数据统计查询 4 个部分。

7.2.1 简单查询

SELECT 语句中只使用 FROM 子句即可实现最简单的列查询。

为了便于讲解 SELECT 语句查询的使用，将应用 db_SMS 数据库中的 tb_GoodsInfo 表。tb_GoodsInfo 表的数据结构如图 7-1 所示。tb_GoodsInfo 表中的相关信息如图 7-2 所示。

列名	数据类型	允许 Null 值
GoodsID	bigint	☐
GoodsName	varchar(50)	☑
StoreName	varchar(100)	☑
GoodsSpec	varchar(50)	☑
GoodsUnit	char(8)	☑
GoodsNum	bigint	☑
GoodsInPrice	money	☑
GoodsOutPrice	money	☑
GoodsLeast	bigint	☑
GoodsMost	bigint	☑
Editer	varchar(20)	☑
EditDate	datetime	☑
		☐

图 7-1　tb_GoodsInfo 表的数据结构

GoodsID	GoodsName	StoreName	GoodsSpec	GoodsUnit	GoodsNum	GoodsInPrice	GoodsOutPrice	GoodsLeast	GoodsMost	Editer	EditDate
1832926	茶叶	主仓库	箱	千克	53	168.0000	184.0000	20	110	小胡	2018-05-12 00:00:00.000
8765863	图书	A仓	捆	本	642	56.0000	61.0000	150	800	小胡	2018-05-12 00:00:00.000
498372	笔记本电脑	主仓库	箱	台	34	4945.0000	5139.0000	5	60	小胡	2018-05-12 00:00:00.000
769263	啤酒	B仓	扎	瓶	49	56.0000	61.0000	20	200	小胡	2018-05-12 00:00:00.000
163639	电风扇	G仓	箱	台	84	45.0000	49.0000	10	200	小胡	2018-05-12 00:00:00.000
389926	冰箱	A仓	台	台	13	7825.0000	8607.0000	1	50	小胡	2018-05-12 00:00:00.000
928732	自行车	F仓	批	辆	17	265.0000	291.0000	5	60	小胡	2018-05-12 00:00:00.000
329649	电话	E仓	箱	部	572	145.0000	159.0000	30	1000	小胡	2018-05-12 00:00:00.000
145936	保温杯	D仓	箱	个	42	87.0000	95.0000	20	500	小胡	2018-05-12 00:00:00.000
365982	纸巾	H仓	箱	包	916	25.0000	27.0000	100	3000	小胡	2018-05-12 00:00:00.000
NULL	NULL	NULL	NULL	NULL	NULL	NULL	NULL	NULL	NULL	NULL	NULL

图 7-2　tb_GoodsInfo 表中的相关信息

1. 单列查询

一般情况下，在数据库中，每个表都包含若干列信息。用户在查询表中的记录时，大多数只关心一列或多列信息，这时可以使用 SELECT 语句的常规方式对其进行查询。

具体代码：

```
SELECT select_list(字段列表)
FROM table_name(表名)
```

【例 7.1】 查询 tb_GoodsInfo 表中所有商品的名称。

具体代码：

```
USE db_SMS
GO
SELECT GoodsName
FROM tb_GoodsInfo
```

运行该代码，得到如图 7-3 所示的查询结果。

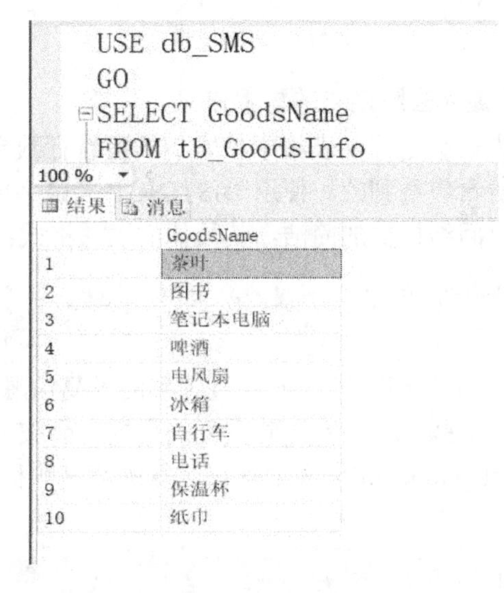

图 7-3　查询结果

对比图 7-2 可知，图 7-3 中的查询结果包含了 GoodsName 列的所有数据，且查询结果集合中的数据顺序与其在表中的存储位置一致。

2. 多列查询

多列查询和单列查询的方法基本一致，但在多列查询时，必须在 SELECT 关键词后指定要查询的列，各列之间必须用逗号隔开。注意：在列出的最后一列名称后面不能加逗号，否则会造成语法错误。

【例 7.2】 查询 tb_GoodsInfo 表中所有商品的名称、数量和进货价格。

具体代码：

```
USE db_SMS
GO
SELECT GoodsName, GoodsNum, GoodsInPrice
FROM tb_GoodsInfo
```

运行该代码，得到如图 7-4 所示的查询结果。

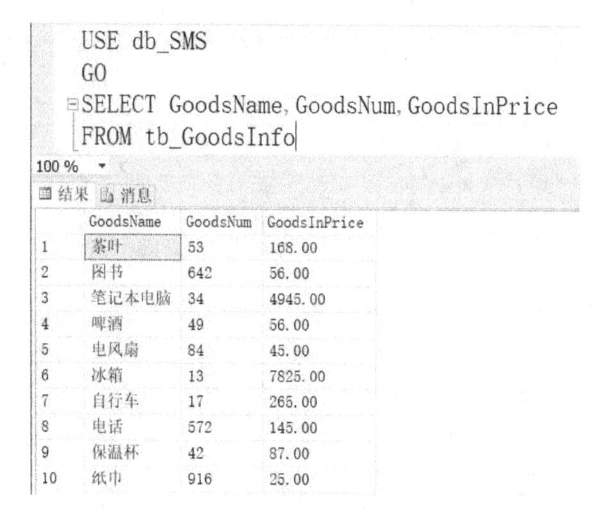

图 7-4　查询结果

3. 使用 DISTINCT 关键字去除结果的重复信息

之前介绍的简单查询方式会返回从表格中搜索到的所有行数据，不管这些数据是否重复，但是这通常不是用户所希望看到的。使用 DISTINCT 关键字能够从返回的结果数据集合中删除重复的数据，使返回结果更加简洁，其具体的语法格式：

```
SELECT DISTINCT select_list
FROM table_name
```

DISTINCT 关键字去除的是 SELECT 子句查询到的重复信息。如果 SELECT 子句查询到的列为多列，那么只有这些列的信息同时重复的数据才会被去除。

为了配合此案例，使 tb_GoodsInfo 表中存在重复的商品名称“自行车”，可增加以下代码：

```
INSERT INTO tb_GoodsInfo
VALUES
(928733, '自行车', '主仓库', '批', '辆', 30, 265.00, 291.00, 10, 100, '小王', GETDATE())
```

【例 7.3】 查询去除重复行之后的 tb_GoodsInfo 表中的商品名称“GoodsName”。

具体代码：

```
SELECT DISTINCT GoodsName
FROM tb_GoodsInfo
```

运行该代码，得到如图 7-5（a）所示的查询结果。如果该代码中不加 DISTINCT 关键字，则得到如图 7-5（b）所示的查询结果。可见，图 7-5（b）的查询结果有重复的商品名称“自行车”。

4. 查询所有的列

在对数据表进行查询时，有时会对表中所有的列进行查询。如果表中的列过多，在 SELECT 语句中指定所有的列会十分麻烦，这时可以使用“*”符号代替所有的列。查询所有列的语法格式：

```
SELECT * FROM table_name(表名)
```

(a) 不重复的商品名称

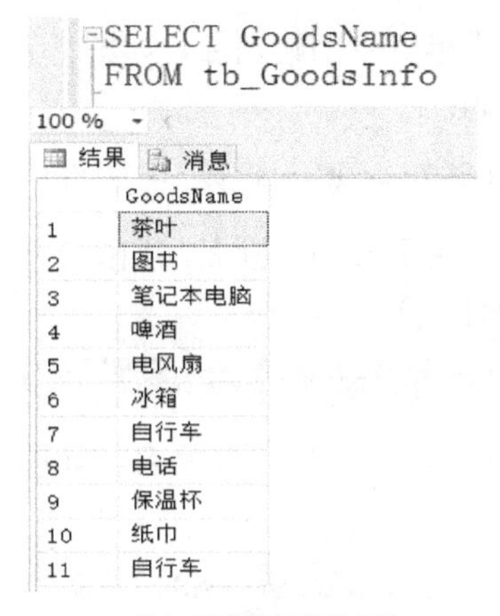

(b) 有重复的商品名称

图 7-5 查询结果

【例 7.4】 查询 tb_GoodsInfo 表中所有列的信息。

具体代码：

```
SELECT * FROM tb_GoodsInfo
```

运行该代码，得到如图 7-6 所示的查询结果。

SELECT * FROM tb_GoodsInfo

100 %

结果 消息

	GoodsID	GoodsName	StoreName	GoodsSpec	GoodsUnit	GoodsNum	GoodsInPrice	GoodsOutPrice	GoodsLeast	GoodsMost	Editer	EditDate
1	1832926	茶叶	主仓库	箱	千克	53	168.00	184.00	20	110	小胡	2018-05-12 00:00:00.000
2	8765863	图书	A仓	捆	本	642	56.00	61.00	150	800	小胡	2018-05-12 00:00:00.000
3	498372	笔记本电脑	主仓库	箱	台	34	4945.00	5139.00	5	60	小胡	2018-05-12 00:00:00.000
4	769263	啤酒	B仓	扎	瓶	49	56.00	61.00	20	200	小胡	2018-05-12 00:00:00.000
5	163639	电风扇	G仓	箱	台	84	45.00	49.00	10	200	小胡	2018-05-12 00:00:00.000
6	389926	冰箱	A仓	台	台	13	7825.00	8607.00	1	50	小胡	2018-05-12 00:00:00.000
7	928732	自行车	F仓	批	辆	17	265.00	291.00	5	60	小胡	2018-05-12 00:00:00.000
8	329649	电话	E仓	箱	部	572	145.00	159.00	30	1000	小胡	2018-05-12 00:00:00.000
9	145936	保温杯	D仓	箱	个	42	87.00	95.00	20	500	小胡	2018-05-12 00:00:00.000
10	365982	纸巾	H仓	箱	包	916	25.00	27.00	100	3000	小胡	2018-05-12 00:00:00.000
11	928733	自行车	主仓库	批	辆	30	265.00	291.00	10	100	小王	2019-03-18 16:38:10.277

图 7-6 查询结果

5. 别名的应用

在创建数据表时，一般都会使用英文单词或其缩写来设置字段名。在查询时，列名都会以英文的形式显示，这样会给用户查看数据带来不便。在这种情况下，可以使用别名来代替英文列名，以增强阅读性。使用别名主要有 4 种情形：字段为英文名、对多个表查询时出现相同的列、统计结果中出现的列、使用聚合函数添加的列。注意，列名与对应别名之间不能有分隔符号，只能有空格或 AS。

【例 7.5】 将 tb_GoodsInfo 表中 GoodsName 列名改为“货品名称”。

可以通过以下 4 种方法来实现。

（1）使用双引号创建别名，如图 7-7（a）所示。

具体代码：

```
SELECT GoodsName "货品名称" FROM tb_GoodsInfo
```

（2）使用单引号创建别名，如图 7-7（b）所示。

具体代码：

```
SELECT GoodsName '货品名称' FROM tb_GoodsInfo
```

（3）不使用引号创建别名，如图 7-7（c）所示。

具体代码：

```
SELECT GoodsName 货品名称 FROM tb_GoodsInfo
```

（4）使用 AS 关键字创建别名，如图 7-7（d）所示。

具体代码：

```
SELECT GoodsName    AS    "货品名称"    FROM tb_GoodsInfo
```

上述 4 种方法的运行结果如图 7-7（a）～（d）所示。

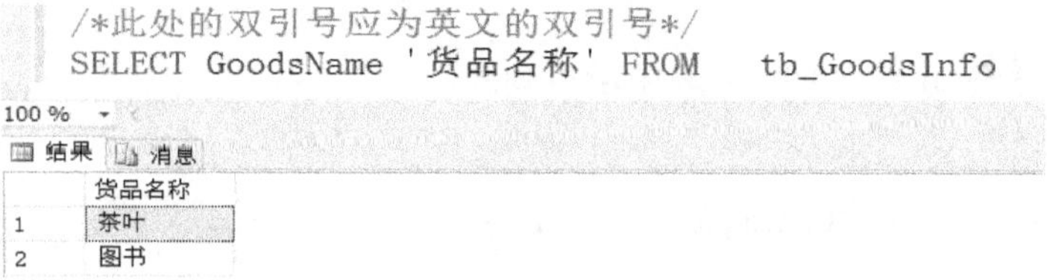

```
/*此处的双引号应为英文的双引号*/
SELECT GoodsName '货品名称' FROM   tb_GoodsInfo
```

100 %　结果　消息

	货品名称
1	茶叶
2	图书

（a）使用双引号创建别名

```
SELECT GoodsName '货品名称' FROM  tb_GoodsInfo
```

100 %　结果　消息

	货品名称
1	茶叶
2	图书

（b）使用单引号创建别名

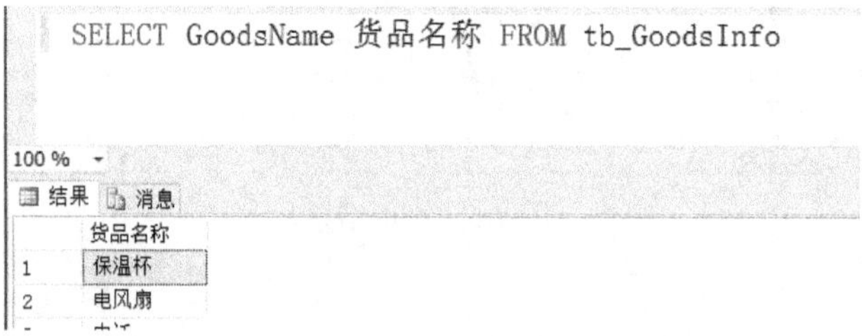

```
SELECT GoodsName 货品名称 FROM tb_GoodsInfo
```

100 %　结果　消息

	货品名称
1	保温杯
2	电风扇

（c）不使用引号创建别名

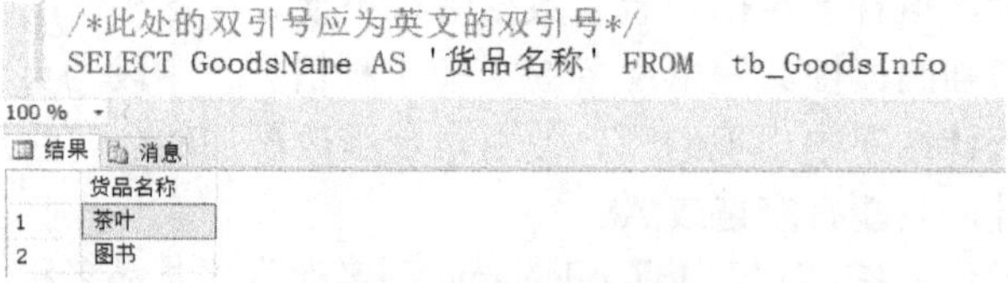

```
/*此处的双引号应为英文的双引号*/
SELECT GoodsName AS '货品名称' FROM  tb_GoodsInfo
```

100 %　结果　消息

	货品名称
1	茶叶
2	图书

（d）使用 AS 关键字创建别名

图 7-7　使用列别名

6. 使用 TOP 查询前若干行

在 SELECT 子句中，使用“*”符号可以查询到数据表中所有列和所有行的数据。如果用户只想查询数据库中前几行的数据，使用“*”符号会造成查询浪费。这个问题可以通过使用 TOP 关键字来解决。用 TOP 关键字限定返回表中的前 *n* 行数据或按照百分比返回前 *n* 行数据。

TOP 关键字语法格式：

```
SELECT TOP n [PERCENT]
FROM table_name
WHERE [search_condition]
ORDER BY table_list
```

（1）TOP n：指定从结果集中输出前 *n* 行。*n* 是介于 0～4294967295 之间的整数。

（2）[PERCENT]：如果指定了 PERCENT，则只从结果集中输出前百分之 *n* 行数据，*n* 必须介于 0～100 之间的整数。

【例 7.6】 查询 tb_GoodsInfo 表中前 3 行的商品信息。

具体代码：

```
SELECT TOP 3 * FROM tb_GoodsInfo
```

运行该代码，得到如图 7-8 所示的查询结果。

```
SELECT TOP 3 * FROM tb_GoodsInfo
```

100 %

结果　消息

	GoodsID	GoodsName	StoreName	GoodsSpec	GoodsUnit	GoodsNum	GoodsInPrice	GoodsOutPrice	GoodsLeast	GoodsMost	Editer	EditDate
1	1832926	茶叶	主仓库	箱	千克	53	168.00	184.00	20	110	小胡	2018-05-12 00:00:00.000
2	8765863	图书	A仓	捆	本	642	56.00	61.00	150	800	小胡	2018-05-12 00:00:00.000
3	498372	笔记本电脑	主仓库	箱	台	34	4945.00	5139.00	5	60	小胡	2018-05-12 00:00:00.000

图 7-8　查询结果

【例 7.7】 查询 GoodsInfo 表中前 60%的数据。

具体代码：

```
SELECT TOP 60 PERCENT * FROM tb_GoodsInfo
```

运行该代码，得到如图 7-9 所示的查询结果。

```
SELECT TOP 60 PERCENT * FROM tb_GoodsInfo
```

100 %

结果　消息

	GoodsID	GoodsName	StoreName	GoodsSpec	GoodsUnit	GoodsNum	GoodsInPrice	GoodsOutPrice	GoodsLeast	GoodsMost	Editer	EditDate
1	1832926	茶叶	主仓库	箱	千克	53	168.00	184.00	20	110	小胡	2018-05-12 00:00:00.000
2	8765863	图书	A仓	捆	本	642	56.00	61.00	150	800	小胡	2018-05-12 00:00:00.000
3	498372	笔记本电脑	主仓库	箱	台	34	4945.00	5139.00	5	60	小胡	2018-05-12 00:00:00.000
4	769263	啤酒	B仓	扎	瓶	49	56.00	61.00	20	200	小胡	2018-05-12 00:00:00.000
5	163639	电风扇	G仓	箱	台	84	45.00	49.00	10	200	小胡	2018-05-12 00:00:00.000
6	389926	冰箱	A仓	台	台	13	7825.00	8607.00	1	50	小胡	2018-05-12 00:00:00.000
7	928732	自行车	F仓	批	辆	17	265.00	291.00	5	60	小胡	2018-05-12 00:00:00.000

图 7-9　查询结果

【例 7.8】 从 tb_GoodsInfo 表中查找商品编号（GoodsID）前 3 位的商品信息。

具体代码：

```
SELECT TOP 3 * FROM tb_GoodsInfo ORDER BY GoodsID DESC
```

运行该代码，得到如图 7-10 所示的查询结果。

```
SELECT TOP  3 * FROM tb_GoodsInfo ORDER BY GoodsID DESC
```

100 %

结果 消息

	GoodsID	GoodsName	StoreName	GoodsSpec	GoodsUnit	GoodsNum	GoodsInPrice	GoodsOutPrice	GoodsLeast	GoodsMost	Editer	EditDate
1	8765863	图书	A仓	捆	本	642	56.00	61.00	150	800	小胡	2018-05-12 00:00:00.000
2	1832926	茶叶	主仓库	箱	千克	53	168.00	184.00	20	110	小胡	2018-05-12 00:00:00.000
3	928732	自行车	F仓	批	辆	17	265.00	291.00	5	60	小胡	2018-05-12 00:00:00.000

图 7-10　查询结果

【例 7.9】 查询进货价格前 3 位的商品信息。

具体代码：

```
SELECT TOP 3 * FROM tb_GoodsInfo
ORDER BY GoodsInPrice
DESC
```

运行该代码，得到如图 7-11 所示的查询结果。

```
SELECT TOP 3 *FROM tb_GoodsInfo
ORDER BY GoodsInPricc
DESC
```

100 %

结果 消息

	GoodsID	GoodsName	StoreName	GoodsSpec	GoodsUnit	GoodsNum	GoodsInPrice	GoodsOutPrice	GoodsLeast	GoodsMost	Editer	EditDate
1	389926	冰箱	A仓	台	台	13	7825.00	8607.00	1	50	小胡	2018-05-12 00:00:00.000
2	498372	笔记本电脑	主仓库	箱	台	34	4945.00	5139.00	5	60	小胡	2018-05-12 00:00:00.000
3	928732	自行车	F仓	批	辆	17	265.00	291.00	5	60	小胡	2018-05-12 00:00:00.000

图 7-11　查询结果

7.2.2　条件查询

一个数据表中通常存放着大量相关的数据，而实际使用时，往往只需满足要求的部分数据，这时就要用到 WHERE 条件子句了。

1. 简单的选择查询（WHERE）

WHERE 子句允许指定查询条件，使 SELECT 语句的结果表中只包含那些满足查询条件的数据。使用 WHERE 关键字，可以限制查询的范围，提高查询效率。在使用时，WHERE 子句必须紧跟在 FROM 子句后面。WHERE 子句中的条件表达式包括算术表达式和逻辑表达式两种。当处理带有 WHERE 子句的 SELECT 语句时，DBMS 将对输入表的每行应用搜索条件，从而进行筛选。

【例 7.10】 查询 tb_GoodsInfo 表中电风扇的相关信息。

具体代码：

```
USE db_SMS
GO
SELECT * FROM tb_GoodsInfo
WHERE GoodsName = '电风扇'
```

运行该代码，得到如图 7-12 所示的查询结果。

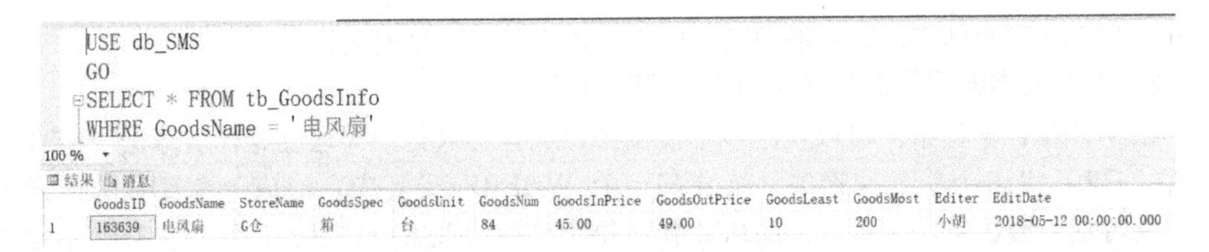

图 7-12　查询结果

在该例中，WHERE 子句中使用了“=”运算符，它要求两边的数值类型必须相同。GoodsName 列为 varchar，所以后边的“电风扇”必须写在单引号内，表明它是一个字符串。如果它是数值型的，则直接写值就可以了。

2. 使用比较表达式

在 WHERE 子句中，可以使用比较表达式作为搜索条件。

比较表达式的一般格式：

```
表达式　比较运算符　表达式
```

其中，表达式可以为常量、变量和列表达式的任意有效组合。

在 WHERE 子句中，允许使用的比较运算符包括=（等于）、<（小于）、>（大于）、<>（不等于）、!>（不大于）、!<（不小于）、>=（大于或等于）、<=（小于或等于）、!=（不等于）。

【例 7.11】 查找 tb_GoodsInfo 表中进货价格大于 100 元的货物名称、货物进货价格及最小库存量。

具体代码：

```
USE db_SMS
GO
SELECT GoodsName, GoodsInPrice, GoodsLeast FROM tb_GoodsInfo
WHERE GoodsInPrice > 100
```

运行该代码，得到如图 7-13 所示的查询结果。

```
USE db_SMS
GO
SELECT GoodsName,GoodsInPrice,GoodsLeast FROM tb_GoodsInfo
WHERE GoodsInPrice>100
```

100 %

结果 消息

	GoodsName	GoodsInPrice	GoodsLeast
1	茶叶	168.00	20
2	笔记本电脑	4945.00	5
3	冰箱	7825.00	1
4	自行车	265.00	5
5	电话	145.00	30
6	自行车	265.00	10

图 7-13　查询结果

另外，除了可以对数值类型的字段使用比较运算符，对于字符串类型的字段也可以使用比较运算符。字符串的排序是根据其首字符进行排列的，如果首字符相同则比较下一个字符。对于汉字的排序，则是根据汉语拼音的首字母进行排列的。

3. 使用基本的逻辑表达式（AND、OR、NOT）

在 WHERE 子句中，可以使用多个搜索条件选择记录行，即通过逻辑运算符（NOT、AND、OR）将多个单独搜索条件结合在一个 WHERE 子句中，形成一个复合的搜索条件。当对复合搜索条件求值时，DBMS 将对每个单独的搜索条件求值，然后执行布尔运算来决定整个 WHERE 子句的值是 TRUE 还是 FALSE。只有那些整个 WHERE 子句的值是 TRUE 的，才会出现在结果表中。

1）AND 运算符

AND 运算符表示逻辑“与”的关系。当使用 AND 运算符组合逻辑表达式时，只有当两个表达式均为 TRUE 时才返回 TRUE。

AND 运算符的基本语法格式：

```
boolean_expression AND Boolean_expression
```

AND 运算符的真值表如表 7-2 所示。

表 7-2 AND 运算符的真值表

表达式一	表达式二	结果
TRUE	TRUE	TRUE
TRUE	FALSE	FALSE
TRUE	UNKNOWN	UNKNOWN
FALSE	FALSE	FLASE
FALSE	UNKNOWN	FALSE
UNKNOWN	UNKNOWN	UNKNOWN

在 Transact-SQL 中，逻辑表达式共有 3 种可能的结果值，分别是 TRUE、FALSE 和 UNKNOWN。UNKNOWN 是由值为 NULL 的数据参与比较运算得出的结果，即只要有 NULL 值参与比较运算，其结果均为 UNKNOWN。

【例 7.12】 查找 tb_GoodsInfo 表中仓库名为“主仓库”且进货价格大于 200 元的货品信息。

具体代码：

```
USE db_SMS
GO
SELECT * FROM tb_GoodsInfo
WHERE
StoreName = '主仓库'
AND
GoodsInPrice > 200
```

运行该代码，得到如图 7-14 所示的查询结果。

在一个 WHERE 子句中，也可以同时使用多个 AND 运算符连接多个查询条件。这时，只有满足所有查询条件的数据，才会被包含在结果表中。

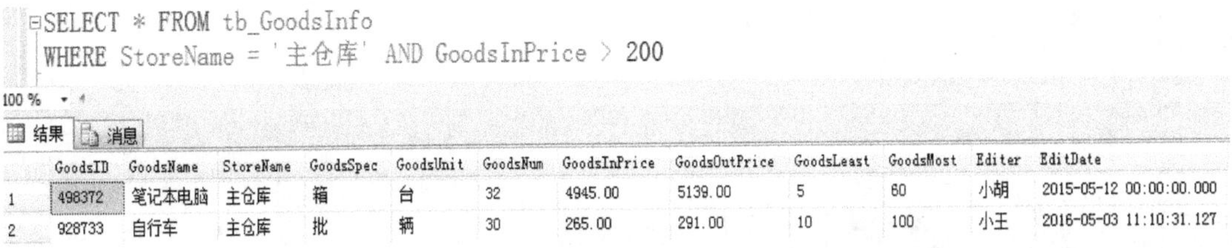

```
SELECT * FROM tb_GoodsInfo
WHERE StoreName = '主仓库' AND GoodsInPrice > 200
```

100 %

结果 消息

	GoodsID	GoodsName	StoreName	GoodsSpec	GoodsUnit	GoodsNum	GoodsInPrice	GoodsOutPrice	GoodsLeast	GoodsMost	Editer	EditDate
1	498372	笔记本电脑	主仓库	箱	台	32	4945.00	5139.00	5	60	小胡	2015-05-12 00:00:00.000
2	928733	自行车	主仓库	批	辆	30	265.00	291.00	10	100	小王	2016-05-03 11:10:31.127

图 7-14 查询结果

2）OR 运算符

OR 运算符实现逻辑“或”的运算关系。当使用 OR 运算符组合两个逻辑表达式时，只要其中一个表达式的条件为 TRUE，其结果便返回 TRUE。

OR 运算符的基本语法格式：

```
boolean_expression OR boolean_expression
```

OR 运算符的真值表如表 7-3 所示。

表 7-3 OR 运算符的真值表

表 达 式 一	表 达 式 二	结　　果
TRUE	TRUE	TRUE
TRUE	FALSE	TRUE
TRUE	UNKNOWN	TRUE
FALSE	FALSE	FALSE
FALSE	UNKNOWN	UNKNOWN
UNKNOWN	UNKNOWN	UNKNOWN

OR 运算符的优先级低于 AND 运算符，即在 AND 运算符之后才对 OR 运算符求值。不过，使用括号可以更改求值的顺序。在有多个条件，且既有 AND 操作符，又有 OR 操作符时，一定要记得使用小括号，将须要放在一起计算的条件括起来，以便消除歧义，否则可能会出现意想不到的结果。

【例 7.13】 查询 tb_GoodsInfo 表中仓库名为“主仓库”或进货价格大于 200 元的货品信息。

具体代码：

```
USE db_SMS
GO
SELECT * FROM tb_GoodsInfo
WHERE
StoreName = '主仓库'
OR
GoodsInPrice > 200
```

运行该代码，得到如图 7-15 所示的查询结果。

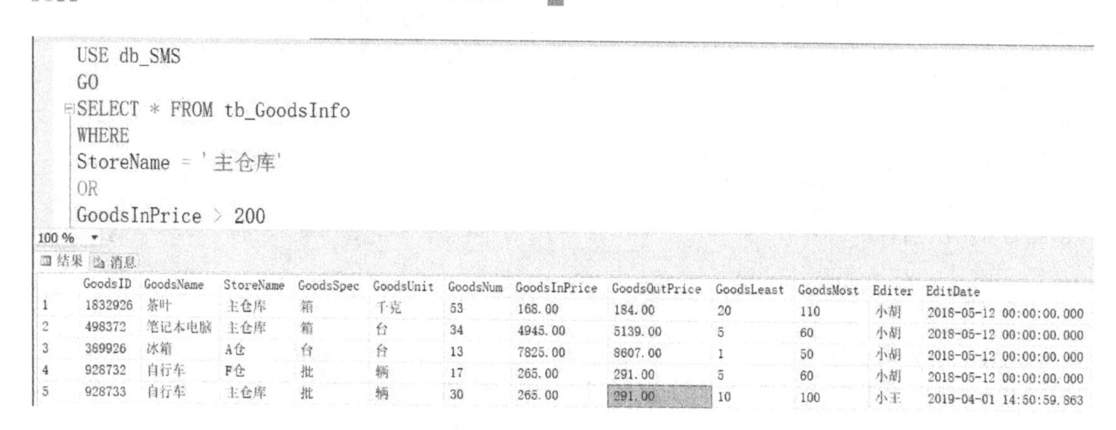

```
USE db_SMS
GO
SELECT * FROM tb_GoodsInfo
WHERE
StoreName = '主仓库'
OR
GoodsInPrice > 200
```

100 %

结果 消息

	GoodsID	GoodsName	StoreName	GoodsSpec	GoodsUnit	GoodsNum	GoodsInPrice	GoodsOutPrice	GoodsLeast	GoodsMost	Editer	EditDate
1	1832926	茶叶	主仓库	箱	千克	53	168.00	184.00	20	110	小胡	2018-05-12 00:00:00.000
2	498372	笔记本电脑	主仓库	箱	台	34	4945.00	5139.00	5	60	小胡	2018-05-12 00:00:00.000
3	389926	冰箱	A仓	台	台	13	7825.00	8607.00	1	50	小胡	2018-05-12 00:00:00.000
4	928732	自行车	F仓	批	辆	17	265.00	291.00	5	60	小胡	2018-05-12 00:00:00.000
5	928733	自行车	主仓库	批	辆	30	265.00	291.00	10	100	小王	2019-04-01 14:50:59.863

图 7-15　查询结果

3）NOT 运算符

NOT 运算符实现逻辑“非”的运算关系，用于对搜索条件的逻辑值求反。

NOT 运算符的基本语法格式：

```
NOT boolean_expression
```

NOT 运算符的真值表如表 7-4 所示。

表 7-4　NOT 运算符的真值表

原　值	TRUE	FALSE	UNKNOWN
NOT 运算后的结果	FALSE	TRUE	UNKNOWN

NOT 运算符允许根据在列中找不到某些值来选择行。

【例 7.14】 查找 tb_GoodsInfo 表中非“主仓库”的货品信息。

具体代码：

```
USE db_SMS
GO
SELECT * FROM tb_GoodsInfo
WHERE NOT
StoreName = '主仓库'
```

运行该代码，得到如图 7-16 所示的查询结果。

```
USE db_SMS
GO
SELECT * FROM tb_GoodsInfo
WHERE NOT StoreName='主仓库'
```

100 %

结果 消息

	GoodsID	GoodsName	StoreName	GoodsSpec	GoodsUnit	GoodsNum	GoodsInPrice	GoodsOutPrice	GoodsLeast	GoodsMost	Editer	EditDate
1	8765863	图书	A仓	捆	本	642	56.00	61.00	150	800	小胡	2018-05-12 00:00:00.000
2	769263	啤酒	B仓	扎	瓶	49	56.00	61.00	20	200	小胡	2018-05-12 00:00:00.000
3	163639	电风扇	G仓	箱	台	84	45.00	49.00	10	200	小胡	2018-05-12 00:00:00.000
4	389926	冰箱	A仓	台	台	13	7825.00	8607.00	1	50	小胡	2018-05-12 00:00:00.000
5	928732	自行车	F仓	批	辆	17	265.00	291.00	5	60	小胡	2018-05-12 00:00:00.000
6	329649	电话	E仓	箱	部	572	145.00	159.00	30	1000	小胡	2018-05-12 00:00:00.000
7	145936	保温杯	D仓	箱	个	42	87.00	95.00	20	500	小胡	2018-05-12 00:00:00.000
8	365982	纸巾	H仓	箱	包	916	25.00	27.00	100	3000	小胡	2018-05-12 00:00:00.000

图 7-16　查询结果

在实际应用中，使用 NOT 运算符时，经常忽视其对 NULL 值的处理问题。要时刻牢记一点，NOT NULL 的结果仍为 NULL。

4）基本逻辑运算符的组合使用

在 WHERE 子句中，各种逻辑运算符可以组合使用，即 AND、OR 和 NOT 运算符可以同时使用。与使用算术运算符进行运算一样，使用逻辑运算符也存在运算的优先级问题。这 3 种逻辑运算符中，NOT 运算符的优先级最高，而后是 AND，最后是 OR。其中 AND 和 OR 运算符同时使用时，即出现下面的运算关系：

```
condition1
OR condition2
AND condition3
```

【例 7.15】 查找 tb_GoodsInfo 表中仓库名称为“主仓库”或在“A 仓”中进价不小于 200 元的记录。

具体代码：

```
USE db_SMS
GO
SELECT * FROM tb_GoodsInfo
WHERE
StoreName = '主仓库'
OR StoreName = 'A 仓'
AND NOT GoodsInPrice <200
```

运行该代码，得到的查询结果如图 7-17 所示。

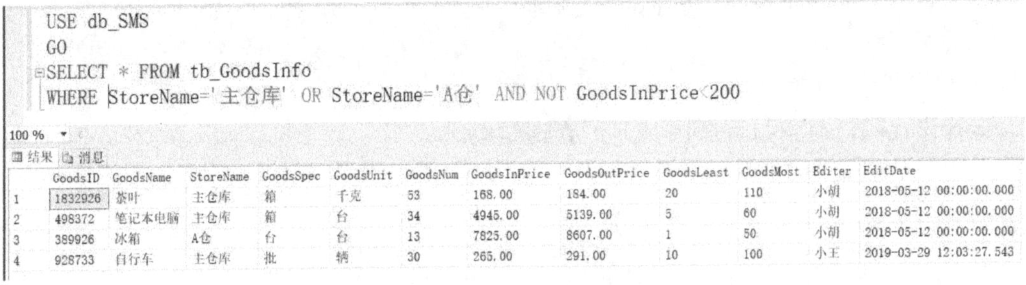

```
USE db_SMS
GO
SELECT * FROM tb_GoodsInfo
WHERE StoreName='主仓库' OR StoreName='A仓' AND NOT GoodsInPrice<200
```

100 %

结果 消息

	GoodsID	GoodsName	StoreName	GoodsSpec	GoodsUnit	GoodsNum	GoodsInPrice	GoodsOutPrice	GoodsLeast	GoodsMost	Editer	EditDate
1	1832926	茶叶	主仓库	箱	千克	53	168.00	184.00	20	110	小胡	2018-05-12 00:00:00.000
2	498372	笔记本电脑	主仓库	箱	台	34	4945.00	5139.00	5	60	小胡	2018-05-12 00:00:00.000
3	389926	冰箱	A仓	台	台	13	7825.00	8607.00	1	50	小胡	2018-05-12 00:00:00.000
4	928733	自行车	主仓库	批	辆	30	265.00	291.00	10	100	小王	2019-03-29 12:03:27.543

图 7-17 查询结果

4. 限定数据范围（BETWEEN）

在 WHERE 子句中，使用 BETWEEN 关键字可以更方便地限制查询数据的范围。当然，还可以使用 NOT BETWEEN 关键字查询限定数据范围之外的记录，其语法格式如下：

```
表达式[NOT] BETWEEN 表达式 1  AND 表达式 2
```

【例 7.16】 查找 tb_GoodsInfo 表中进货价格位于 150 元至 500 元之间的记录。

具体代码：

```
USE db_SMS
GO
SELECT * FROM tb_GoodsInfo
```

```
WHERE
GoodsInPrice   BETWEEN 150 AND 500
```

运行该代码，得到如图 7-18 所示的查询结果。

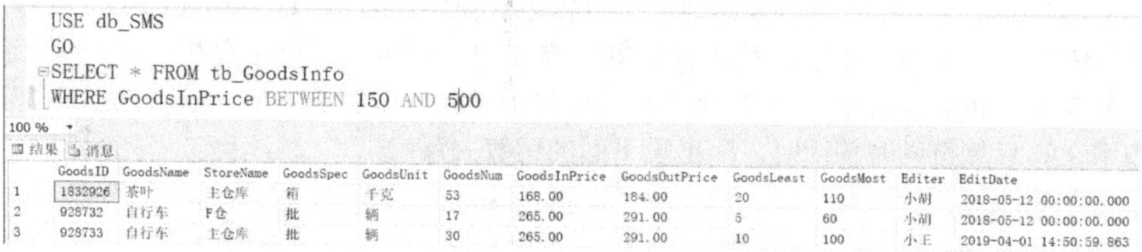

```
USE db_SMS
GO
SELECT * FROM tb_GoodsInfo
WHERE GoodsInPrice BETWEEN 150 AND 500
```

100 %

结果 消息

	GoodsID	GoodsName	StoreName	GoodsSpec	GoodsUnit	GoodsNum	GoodsInPrice	GoodsOutPrice	GoodsLeast	GoodsMost	Editer	EditDate
1	1832926	茶叶	主仓库	箱	千克	53	168.00	184.00	20	110	小胡	2018-05-12 00:00:00.000
2	928732	自行车	F仓	批	辆	17	265.00	291.00	5	60	小胡	2018-05-12 00:00:00.000
3	928733	自行车	主仓库	批	辆	30	265.00	291.00	10	100	小王	2019-04-01 14:50:59.863

图 7-18　查询结果

5. 限制检索数据的范围（IN）

同 BETWEEN 关键字一样，IN 的引入也是为了更方便地限制检索数据的范围，灵活使用 IN 关键字，可以用简洁的语句实现结构复杂的查询，其语法格式如下：

```
表达式 [NOT] IN (表达式 1，表达式 2 [,…表达式 n])
```

所有的条件在 IN 运算符后面罗列，并用括号（）括起来，条件之间用逗号隔开。当要判断的表达式处于括号中列出的一系列值时，IN 运算符求值为 TRUE。

【例 7.17】 查找 tb_GoodsInfo 表中最低库存数量为 20 个、30 个的货品信息。

具体代码：

```
USE db_SMS
GO
SELECT * FROM tb_GoodsInfo
WHERE
Goodsleast in (20, 30)
```

运行该代码，得到如图 7-19 所示的查询结果。

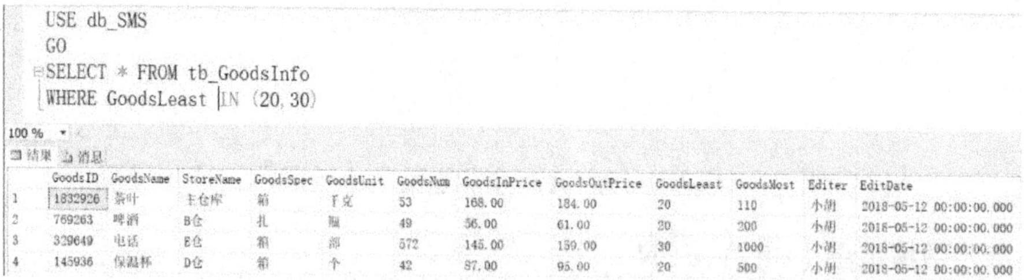

```
USE db_SMS
GO
SELECT * FROM tb_GoodsInfo
WHERE GoodsLeast IN (20, 30)
```

100 %

结果 消息

	GoodsID	GoodsName	StoreName	GoodsSpec	GoodsUnit	GoodsNum	GoodsInPrice	GoodsOutPrice	GoodsLeast	GoodsMost	Editer	EditDate
1	1832926	茶叶	主仓库	箱	千克	53	168.00	184.00	20	110	小胡	2018-05-12 00:00:00.000
2	769263	啤酒	B仓	扎	瓶	49	56.00	61.00	20	200	小胡	2018-05-12 00:00:00.000
3	329649	电话	E仓	箱	部	572	145.00	159.00	30	1000	小胡	2018-05-12 00:00:00.000
4	145936	保温杯	D仓	箱	个	42	87.00	95.00	20	500	小胡	2018-05-12 00:00:00.000

图 7-19　查询结果

6. 模糊查询（LIKE）

在实际的应用中，用户不是总能够给出精确的查询条件。因此，经常要根据一些并不确切的线索来搜索信息。Transact_SQL 提供了 LIKE 子句来进行这类模糊搜索，其语法格式如下：

```
表达式 [NOT] LIKE 条件
```

LIKE 子句通常与通配符配合，SQL Server 提供了 4 种通配符，以供用户灵活实现复杂的模糊查询条件，如表 7-5 所示。

表 7-5 SQL Server 提供的通配符及功能

通 配 符	功 能
%（百分号）	可匹配任意类型和长度的字符
_（下画线）	可匹配任意单个字符
[]（封闭方括号）	表示方括号里列出的任意一个字符
[^]	任意一个没有在方括号里列出的字符

为了能够更好地理解模糊查询，可建立一个新的表 tb_Book。tb_Book 表相关数据记录如表 7-6 所示。

表 7-6 tb_Book 表相关数据记录

BookID	BookName	Publish	PubDate	Price	Author	StoreNum	StoreName
8765863001	数据库设计	大众出版社	2017-09-10	76.00	张强	45	A 仓
8765863002	VC 数据库开发基础	科学出版社	2017-12-03	52.50	张明	36	B 仓
8765863003	数据库语言参考大全	人大出版社	2018-12-07	39.00	王红	78	D 仓
8765863004	数据库从入门到精通	人大出版社	2017-01-12	47.00	方明	65	A 仓
8765863005	数据库原理	科学出版社	2016-06-24	32.50	李智勇	60	A 仓
8765863006	数据结构	大众出版社	2018-03-04	68.40	赵英京	78	C 仓
8765874007	VB 从入门到精通	人大出版社	2014-03-13	67.30	张强	25	A 仓
8765874008	C#从入门到精通	科学出版社	2018-05-01	48.50	张明	105	B 仓

tb_Book 表中的数据结构及数据详细信息如图 7-20 所示。

列名	数据类型	允许 Null 值
BookID	varchar(50)	☑
BookName	varchar(50)	☑
Publish	varchar(50)	☑
PubDate	date	☐
Price	float	☐
Author	varchar(50)	☑
StoreNum	int	☐
StoreName	varchar(50)	☑
		☐

（a）tb_Book 表中的数据结构

8765863001	数据库设计	大众出版社	2017-09-10	76	张强	45	A仓
8765863002	VC数据库...	科学出版社	2017-12-03	52.5	张明	36	B仓
8765863003	数据库语言...	人大出版社	2018-12-07	39	王红	78	D仓
8765863004	数据库从入...	人大出版社	2017-01-12	47	方明	65	A仓
8765863005	数据库原理	科学出版社	2016-06-24	32.5	李智勇	60	A仓
8765863006	数据结构	大众出版社	2017-03-04	68.4	赵英京	78	C仓
8765863007	VB从入门...	人大出版社	2018-03-13	67.3	张强	25	A仓
8765863008	C#从入门...	科学出版社	2018-05-01	48.5	张明	105	B仓
NULL	NULL	NULL	NULL	NULL	NULL	NULL	NULL

（b）tb_Book 表中的数据详细信息

图 7-20 tb_Book 表中的数据结构及数据详细信息

1）“%”通配符

“%”通配符表示任意字符的匹配，且不计字符的多少。例如，“数据库%”表示匹配以字符串“数据库”开头的任意字符串；“%数据库”表示匹配以字符串“数据库”结尾的任意字符串；“%数据库%”表示匹配含有字符“数据库”的任意字符串。

【例 7.18】 查找 tb_Book 表中书名含有数据库的记录。

具体代码：

```
USE db_SMS
GO
SELECT *
FROM tb_Book
WHERE
BookName LIKE '%数据库%'
```

运行该代码，得到如图 7-21 所示的查询结果。

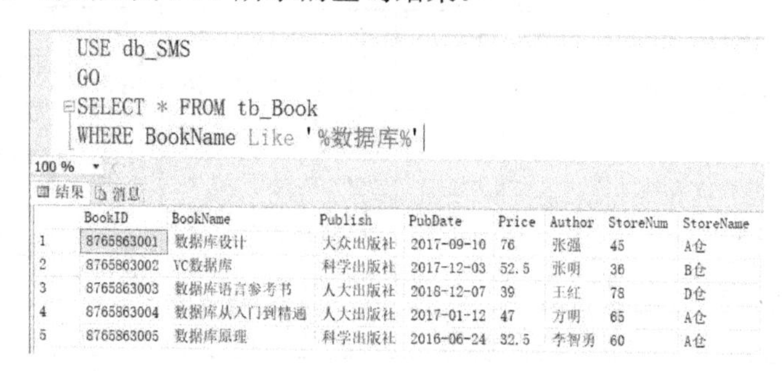

```
USE db_SMS
GO
SELECT * FROM tb_Book
WHERE BookName Like '%数据库%'
```

100 %

结果 消息

	BookID	BookName	Publish	PubDate	Price	Author	StoreNum	StoreName
1	8765863001	数据库设计	大众出版社	2017-09-10	76	张强	45	A仓
2	8765863002	VC数据库	科学出版社	2017-12-03	52.5	张明	36	B仓
3	8765863003	数据库语言参考书	人大出版社	2018-12-07	39	王红	78	D仓
4	8765863004	数据库从入门到精通	人大出版社	2017-01-12	47	方明	65	A仓
5	8765863005	数据库原理	科学出版社	2016-06-24	32.5	李智勇	60	A仓

图 7-21　查询结果

2）“_”通配符

与“%”通配符不同，“_”通配符只能匹配任意单个字符。例如，“_ook”表示将查找以“ook”为结尾的所有 4 个字母的字符串（如“Cook”“Book”“2ook”）。当然，要表示两个字符的匹配，就要使用两个“_”通配符。

【例 7.19】 查找 tb_Book 表中作者姓张的记录。

具体代码：

```
USE db_SMS
SELECT * From tb_Book
WHERE Author LIKE '张_'
```

运行该代码，得到如图 7-22 所示的查询结果。

```
USE db_SMS
SELECT  * From tb_Book
WHERE Author LIKE '张_'
```

100 %

结果 消息

	BookID	BookName	Publish	PubDate	Price	Author	StoreNum	StoreName
1	8765863001	数据库设计	大众出版社	2017-09-10	76	张强	45	A仓
2	8765863002	VC数据库	科学出版社	2017-12-03	52.5	张明	36	B仓
3	8765863007	VB从入门到精通	人大出版社	2018-03-13	67.3	张强	25	A仓
4	8765863008	C#从入门到精通	科学出版社	2018-05-01	48.5	张明	105	B仓

图 7-22　查询结果

3）“[]”通配符

“[]”通配符用于指定范围中的任何单个字符。只要满足这些字符其中之一，且出现在“[]”通配符的位置的字符串就满足查询条件。可以将模式匹配字符作为文字字符使用。若要将通配符作为文字字符使用，必须将通配符放在方括号中。

【例 7.20】 查找 tb_Book 表中 BookID 末尾为“2-4”的记录。

具体代码：

```
USE db_SMS
SELECT * FROM tb_Book
WHERE BookID LIKE '876586300[2-4]'
```

运行该代码，得到如图 7-23 所示的查询结果。

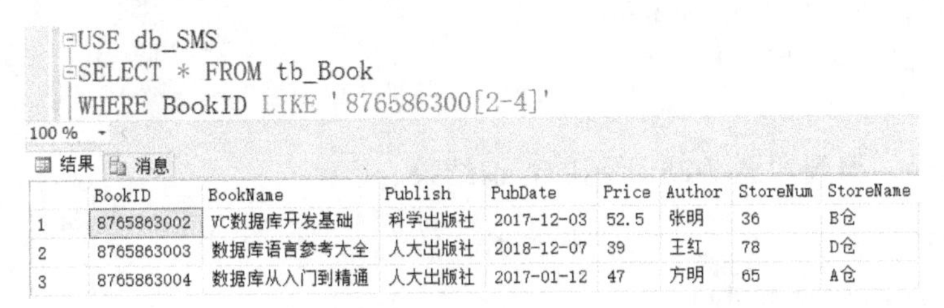

```
USE db_SMS
SELECT * FROM tb_Book
WHERE BookID LIKE '876586300[2-4]'
```

	BookID	BookName	Publish	PubDate	Price	Author	StoreNum	StoreName
1	8765863002	VC数据库开发基础	科学出版社	2017-12-03	52.5	张明	36	B仓
2	8765863003	数据库语言参考大全	人大出版社	2018-12-07	39	王红	78	D仓
3	8765863004	数据库从入门到精通	人大出版社	2017-01-12	47	方明	65	A仓

图 7-23　查询结果

4）“[^]”通配符

与“[]”通配符相反，“[^]”通配符用于匹配没有在方括号中列出的字符，其用法与“[]”通配符完全相同。

【例 7.21】 查找 tb_Book 表中 BookID 末尾不为“2-4”的记录。

具体代码：

```
USE db_SMS
SELECT * FROM tb_Book
WHERE BookID LIKE '876586300[^2-4]'
```

运行该代码，得到如图 7-24 所示的查询结果。

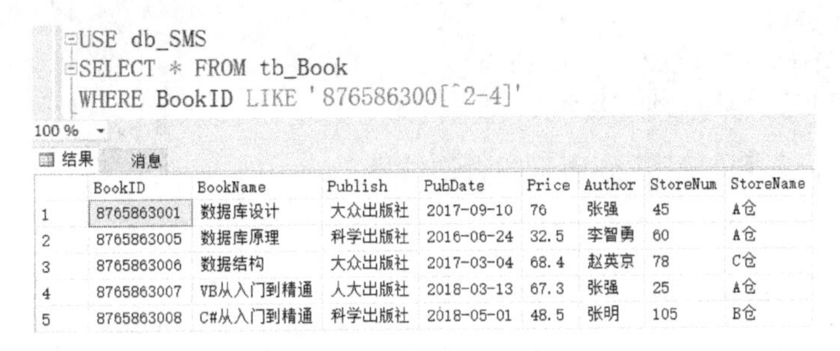

```
USE db_SMS
SELECT * FROM tb_Book
WHERE BookID LIKE '876586300[^2-4]'
```

	BookID	BookName	Publish	PubDate	Price	Author	StoreNum	StoreName
1	8765863001	数据库设计	大众出版社	2017-09-10	76	张强	45	A仓
2	8765863005	数据库原理	科学出版社	2016-06-24	32.5	李智勇	60	A仓
3	8765863006	数据结构	大众出版社	2017-03-04	68.4	赵英京	78	C仓
4	8765863007	VB从入门到精通	人大出版社	2018-03-13	67.3	张强	25	A仓
5	8765863008	C#从入门到精通	科学出版社	2018-05-01	48.5	张明	105	B仓

图 7-24　查询结果

7.2.3 查询结果排序

通过 SELECT 获得的数据一般是未排序的。为了方便阅读和使用，最好对查询的结果进行依次排序。SQL 中用于排序的是 ORDER BY 子句。

在使用 ORDER BY 子句时，要注意以下情况。

（1）ntext、text、image、xml、geograghy、geometry 类型的列不能使用 ORDER BY 子句。

（2）在默认情况下，ORDER BY 按照升序排列。

（3）除非同时指定 TOP，否则 ORDER BY 在视图、内联函数、派生表和子查询中无效。

（4）ORDER BY 子句一定要放在所有子句的最后。

【例 7.22】 查询 tb_GoodsInfo 表中所有信息，按照进货价格降序排列。

具体代码：

```
USE db_SMS
SELECT * FROM tb_GoodsInfo
ORDER BY GoodsInPrice
DESC
```

运行该代码，得到如图 7-25 所示的查询结果。

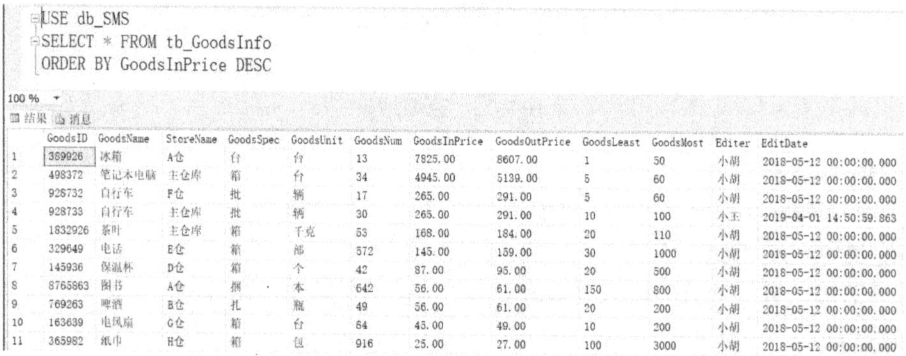

```
USE db_SMS
SELECT * FROM tb_GoodsInfo
ORDER BY GoodsInPrice DESC
```

100 %

结果 消息

	GoodsID	GoodsName	StoreName	GoodsSpec	GoodsUnit	GoodsNum	GoodsInPrice	GoodsOutPrice	GoodsLeast	GoodsMost	Editer	EditDate
1	389926	冰箱	A仓	台	台	13	7825.00	8607.00	1	50	小胡	2018-05-12 00:00:00.000
2	498372	笔记本电脑	主仓库	箱	台	34	4945.00	5139.00	5	60	小胡	2018-05-12 00:00:00.000
3	928732	自行车	F仓	批	辆	17	265.00	291.00	5	60	小胡	2018-05-12 00:00:00.000
4	928733	自行车	主仓库	批	辆	30	265.00	291.00	10	100	小王	2019-04-01 14:50:59.863
5	1832926	茶叶	主仓库	箱	千克	53	168.00	184.00	20	110	小胡	2018-05-12 00:00:00.000
6	329649	电话	E仓	箱	部	572	145.00	159.00	30	1000	小胡	2018-05-12 00:00:00.000
7	145936	保温杯	D仓	箱	个	42	87.00	95.00	20	500	小胡	2018-05-12 00:00:00.000
8	8765863	图书	A仓	捆	本	642	56.00	61.00	150	800	小胡	2018-05-12 00:00:00.000
9	769263	啤酒	B仓	扎	瓶	49	56.00	61.00	20	200	小胡	2018-05-12 00:00:00.000
10	163639	电风扇	G仓	箱	台	64	45.00	49.00	10	200	小胡	2018-05-12 00:00:00.000
11	365982	纸巾	H仓	箱	包	916	25.00	27.00	100	3000	小胡	2018-05-12 00:00:00.000

图 7-25　查询结果

【例 7.23】 查询 tb_GoodsInfo 表进货价格前 5 名的数据信息。

具体代码：

```
USE db_SMS
SELECT TOP 5 * FROM tb_GoodsInfo
ORDER BY GoodsInPrice DESC
```

运行该代码，得到如图 7-26 所示的查询结果。

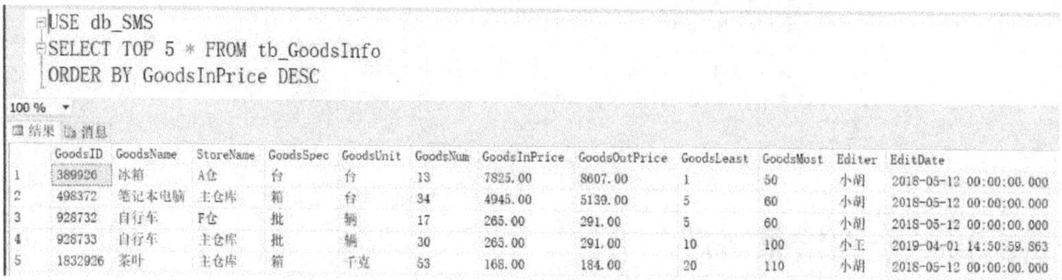

```
USE db_SMS
SELECT TOP 5 * FROM tb_GoodsInfo
ORDER BY GoodsInPrice DESC
```

100 %

结果 消息

	GoodsID	GoodsName	StoreName	GoodsSpec	GoodsUnit	GoodsNum	GoodsInPrice	GoodsOutPrice	GoodsLeast	GoodsMost	Editer	EditDate
1	389926	冰箱	A仓	台	台	13	7825.00	8607.00	1	50	小胡	2018-05-12 00:00:00.000
2	498372	笔记本电脑	主仓库	箱	台	34	4945.00	5139.00	5	60	小胡	2018-05-12 00:00:00.000
3	928732	自行车	F仓	批	辆	17	265.00	291.00	5	60	小胡	2018-05-12 00:00:00.000
4	928733	自行车	主仓库	批	辆	30	265.00	291.00	10	100	小王	2019-04-01 14:50:59.863
5	1832926	茶叶	主仓库	箱	千克	53	168.00	184.00	20	110	小胡	2018-05-12 00:00:00.000

图 7-26　查询结果

7.2.4 数据统计查询

数据统计查询主要从聚合函数的种类和分组查询两个方面讲解，其中聚合函数的使用方法是本节的重点。

1. 聚合函数的种类

SQL SERVER 2014 提供的聚合函数包括求和（SUM）函数、最大值（MAX）函数、最小值（MIN）函数、平均值（AVG）函数和计数（COUNT）函数等，所有聚合函数及功能如表 7-7 所示。

表 7-7　聚合函数及功能

函 数 名 称	函 数 功 能
SUM	返回选取结果集中所有值的总和
COUNT	返回选取结果集中所有记录行的数目
COUNT_BIG	同 COUNT 一样，只是返回结果为 BIGINT 的数据类型
MAX	返回选取结果集中所有值的最大值
MIN	返回选取结果集中所有值的最小值
AVG	返回选取结果集中所有值的平均值
STDEV	返回选取结果集中所有值的标准偏差
STDEVP	返回选取结果集中所有值的总体标准偏差
VAR	返回选取结果集中所有值的方差
VARP	返回选取结果集中所有值的总体方差

下面将分别介绍这些函数的使用。

1）计数（COUNT）函数

COUNT 函数用来计算表中记录的个数或列中值的个数，计算内容由 SELECT 语句指定。使用 COUNT 函数时，必须指定一个列的名称或使用星号“*”，星号表示计算一个表中的所有记录。COUNT 函数的使用形式如下。

（1）COUNT(*)：计算表中行的总数，即使表中行的数据为 NULL，也被计入在内。

（2）COUNT(column)：计算 column 列包含行的数目，如果该列中某行数据为 NULL，则该行不计入统计总数。

【例 7.24】 统计 tb_GoodsInfo 表中记录的数目。

具体代码：

```
USE db_SMS
SELECT COUNT(*) AS 记录行数
FROM tb_GoodsInfo
```

运行该代码，得到如图 7-27 所示的查询结果。

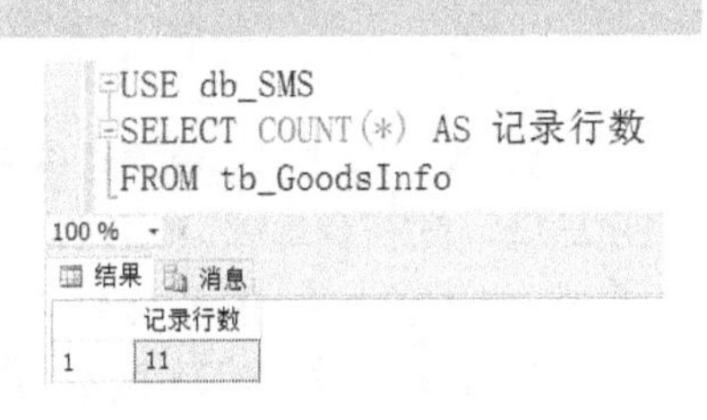

图 7-27　查询结果

2）求和（SUM）函数

SUM 函数用于对数据求和，返回选取结果集中所有值的总和。当然，SUM 函数只能作用于数值型数据。当对某列数据进行求和时，如果该列存在 NULL 值，则 SUM 函数会忽略该值。

【例 7.25】 清点仓库 tb_GoodsInfo 表中的货物总量。

具体代码：

```
USE db_SMS
SELECT SUM(GoodsNum)
AS 货物总量
FROM tb_GoodsInfo
```

运行该代码，得到如图 7-28 所示的查询结果。

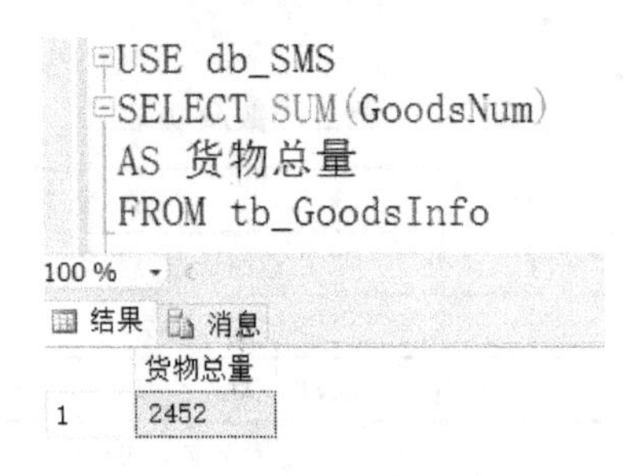

图 7-28　查询结果

3）平均值（AVG）函数

AVG 函数用于计算结果集中所有数据的算术平均值。同样，它也只能作用于数值型数据。

【例 7.26】 计算 tb_GoodsInfo 表中所有货物的平均进货价格。

具体代码：

```
USE db_SMS
SELECT AVG(GoodsInPrice)
AS 平均价格
FROM tb_GoodsInfo
```

运行该代码，得到如图 7-29 所示的查询结果。

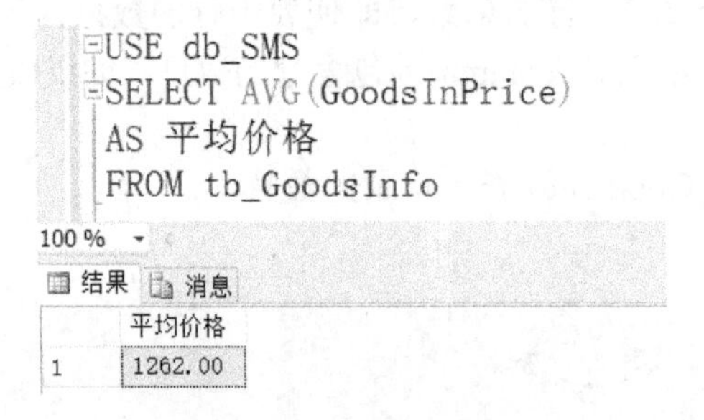

图 7-29　查询结果

在计算平均值时，AVG 函数将忽略 NULL 值。因此，如果要计算平均值的列中有 NULL 值，则在计算平均值时，要特别注意。

4）最大值、最小值（MAX、MIN）函数

使用 MAX 和 MIN 函数可以获取结果集记录数据中的最大值和最小值。与前面介绍的其他函数不同，这里的数据可以是数值、字符串、日期、时间数据类型。其中，字符串

是根据字符串 ASCII 的顺序来获取最大值、最小值的。

【例 7.27】 查找 tb_GoodsInfo 表中最高、最低进货价格。

具体代码：

```
USE db_SMS
SELECT MAX(GoodsInPrice) AS 最高进货价格  FROM tb_GoodsInfo
SELECT MIN(GoodsInPrice) AS  最低进货价格  FROM tb_GoodsInfo
```

运行该代码，得到如图 7-30 所示的查询结果。

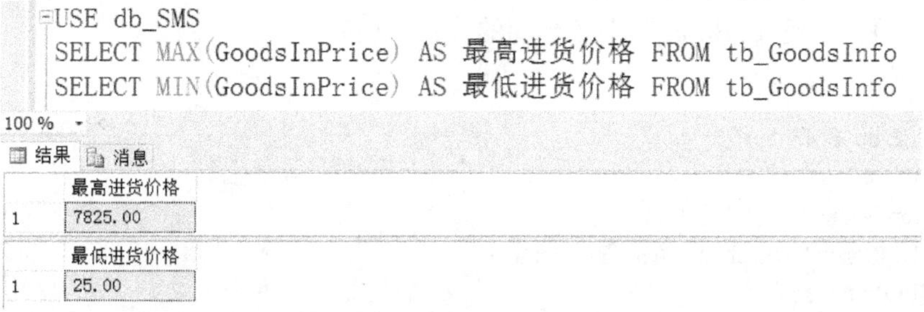

```
USE db_SMS
SELECT MAX(GoodsInPrice) AS 最高进货价格 FROM tb_GoodsInfo
SELECT MIN(GoodsInPrice) AS 最低进货价格 FROM tb_GoodsInfo
```

100 %

结果　消息

	最高进货价格
1	7825.00

	最低进货价格
1	25.00

图 7-30　查询结果

【例 7.28】 查找 tb_GoodsInfo 表中最高、最低进货价格记录。

具体代码：

```
USE   db_SMS
SELECT *
FROM tb_GoodsInfo
WHERE
GoodsInPrice = (SELECT MAX(GoodsInPrice) FROM tb_GoodsInfo )
OR
GoodsInPrice = (SELECT MIN(GoodsInPrice) FROM tb_GoodsInfo)
GO
```

运行该代码，得到如图 7-31 所示的查询结果。

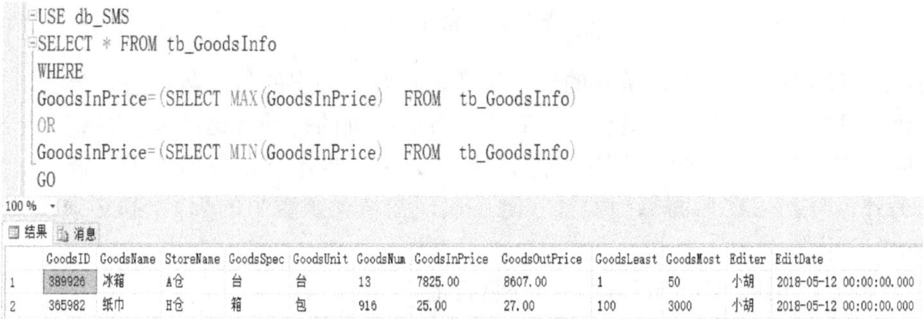

```
USE db_SMS
SELECT * FROM tb_GoodsInfo
WHERE
GoodsInPrice=(SELECT MAX(GoodsInPrice)  FROM  tb_GoodsInfo)
OR
GoodsInPrice=(SELECT MIN(GoodsInPrice)  FROM  tb_GoodsInfo)
GO
```

100 %

结果　消息

	GoodsID	GoodsName	StoreName	GoodsSpec	GoodsUnit	GoodsNum	GoodsInPrice	GoodsOutPrice	GoodsLeast	GoodsMost	Editer	EditDate
1	389926	冰箱	A仓	台	台	13	7825.00	8607.00	1	50	小胡	2018-05-12 00:00:00.000
2	365982	纸巾	H仓	箱	包	916	25.00	27.00	100	3000	小胡	2018-05-12 00:00:00.000

图 7-31　查询结果

在聚合函数中，还有统计函数 STDEV、STDEVP 用于获取给定记录数据的标准偏差，VAR 函数和 VARP 函数获取给定记录数据的方差。当然这些函数只能作用于数值类型，包括精确数字或近似数字类型。同样，NULL 值将被忽略。统计函数的用法和前面讲的 SUM 函数、AVG 函数等用法一样，在这里不做过多阐述。

2. 分组查询

在大多数情况下，使用聚合函数返回的是所有行数据的统计结果。如果要按某一列数据的值进行分类，并在分类的基础上再进行查询，这就要使用 GROUP BY 子句进行分组查询了。

1）简单分组

创建分组是通过 GROUP BY 子句实现的。与 WHERE 子句不同，GROUP BY 子句用于归纳信息类型，以汇总相关数据。

【例 7.29】 查找 tb_Book 表中各仓库的货品价值。

具体代码：

```
USE db_SMS
SELECT
StoreName AS 仓库名称,
SUM(Price * StoreNum) AS 货品价值
FROM tb_Book
GROUP BY StoreName
ORDER BY 货品价值
```

运行该代码，得到如图 7-32 所示的查询结果。

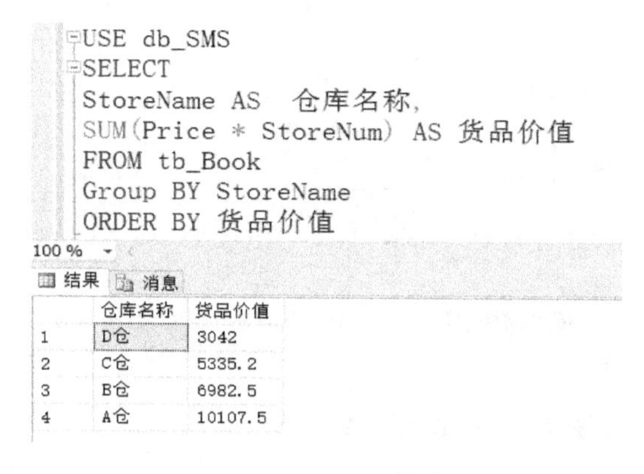

	仓库名称	货品价值
1	D仓	3042
2	C仓	5335.2
3	B仓	6982.5
4	A仓	10107.5

图 7-32　查询结果

通过运行结果可以看出，所有的聚合函数都是对查询出的每行数据进行分类以后，再进行统计计算的。所以在结果集合中，对所进行分类列的每种数据都有一行统计结果值与之相对应。GROUP BY 子句不支持对列分配的别名，也不支持任何使用了统计函数的集合列。另外，SELECT 后面每列数据（除了出现在统计函数中的列），都必须在 GROUP BY 子句中应用。

2）使用 GROUP BY 子句创建多列分组查询

【例 7.30】 在 tb_Book 表中，针对出版社和仓库，使用 GROUP BY 对书的种类进行分组查询。

具体代码：

```
USE db_SMS
SELECT
```

```
Publish    AS 出版社名称,
StoreName AS 仓库名称 ,
COUNT(*)   AS 书的种类
FROM tb_Book
GROUP BY Publish,StoreName
ORDER BY 书的种类
```

运行该代码，得到如图 7-33 所示的查询结果。

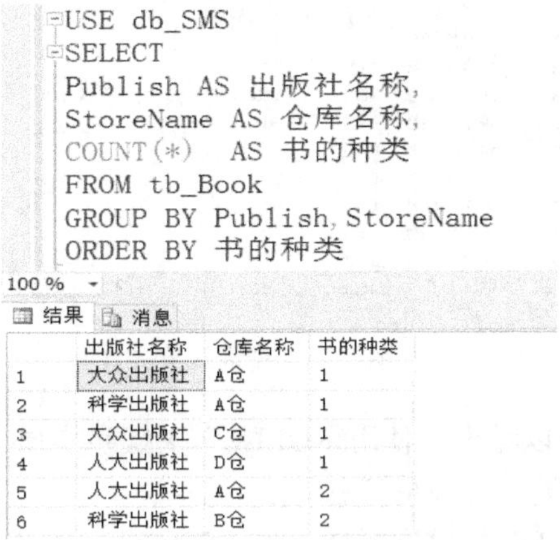

```
USE db_SMS
SELECT
Publish AS 出版社名称,
StoreName AS 仓库名称,
COUNT(*)   AS 书的种类
FROM tb_Book
GROUP BY Publish, StoreName
ORDER BY 书的种类
```

100 %

结果 消息

	出版社名称	仓库名称	书的种类
1	大众出版社	A仓	1
2	科学出版社	A仓	1
3	大众出版社	C仓	1
4	人大出版社	D仓	1
5	人大出版社	A仓	2
6	科学出版社	B仓	2

图 7-33　查询结果

3）汇总数据运算符（CUBE、ROLLUP）

在 SELECT 语句中的 GROUP BY 子句，可以为要分组的列使用 CUBE 和 ROLLUP 运算符，以便快捷、有效地对存储在数据库里的数据进行汇总分析。当因为数据库版本低而不支持汇总数据运算符时，必须使用以下代码进行数据库版本升级：

```
USE [master]
GO
ALTER DATABASE [db_SMS] SET COMPATIBILITY_LEVEL = 100
GO
```

在 GROUP BY 子句中使用 ROLLUP(1,2,3)，系统首先对(1,2,3)进行分组操作，然后对(1,2)进行分组操作，之后对(1)进行分组操作，最后对全表进行分组操作。

【例 7.31】 在 tb_Book 表中，针对出版社和仓库，使用 ROLLUP 对书的数量进行分组查询。

具体代码：

```
USE db_SMS
SELECT
Publish AS 出版社名称,
StoreName AS 仓库名称,
SUM (StoreNum) AS 书的数量
FROM tb_Book
GROUP BY ROLLUP(Publish,StoreName)
```

运行该代码，得到如图 7-34 所示的查询结果。

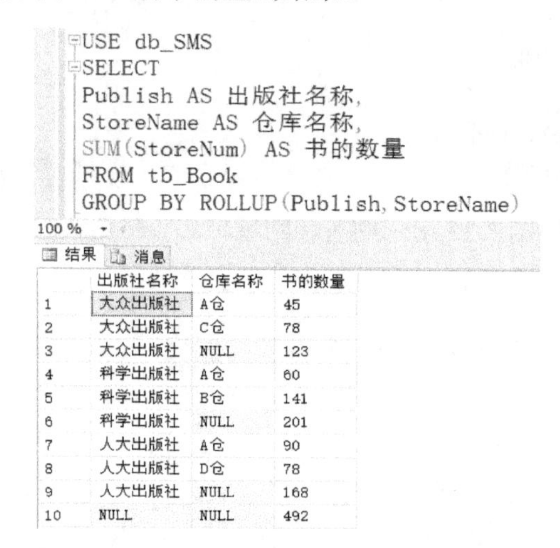

图 7-34　查询结果

通过例 7.31 的结果可以看出，使用 ROLLUP 关键字实质上就是通知数据库系统生成 GROUP BY 子句中列的分类汇总和总汇总。

CUBE 关键字与 ROLLUP 关键字类似，如“GROUP BY CUBE(A,B)”会对 A 和 B 出现的每种可能性分组、A 出现的每种可能性分组、B 出现的每种可能性分组，最后对全表进行 GROUP BY 操作。

【例 7.32】 在 tb_Book 表中，针对出版社和仓库，使用 CUBE 对书的数量进行分组查询。

具体代码：

```
USE db_SMS
SELECT
Publish AS 出版社名称,
StoreName AS 仓库名称,
SUM (StoreNum) AS 书的数量
FROM tb_Book
GROUP BY Publish,StoreName
WITH CUBE
```

运行该代码，得到如图 7-35 所示的查询结果。

4）使用 HAVING 子句设置统计条件

使用 HAVING 子句可以删除那些总计或单列不能满足搜索条件的一组数据。HAVING 子句类似于 WHERE 子句，在子句中求表达式值的结果有 3 种类型，分别为 UNKNOWN、TRUE 和 FALSE。如果 HAVING 子句对数据表中一组数据求值的结果是 TRUE，数据库系统用组中的行生成结果集的行；如果为 FALSE 或 UNKNOWN，则数据库系统在结果集中不添加该组。在 SQL 语句中，WHERE 子句不能用于限制聚合函数，而 HAVING 子句可以用来限制聚合函数。

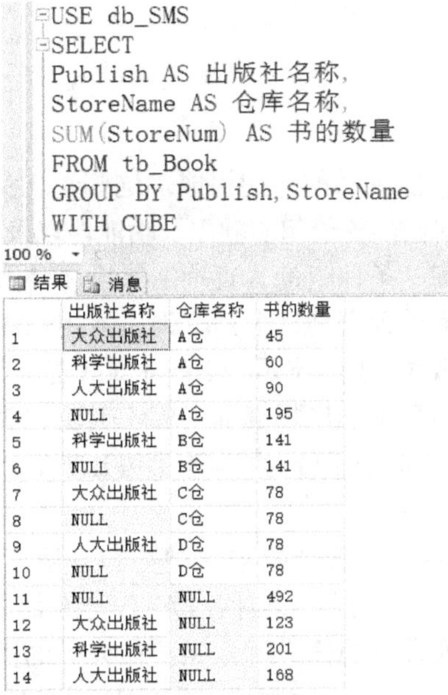

```
USE db_SMS
SELECT
Publish AS 出版社名称,
StoreName AS 仓库名称,
SUM(StoreNum) AS 书的数量
FROM tb_Book
GROUP BY Publish, StoreName
WITH CUBE
```

100 %

结果 消息

	出版社名称	仓库名称	书的数量
1	大众出版社	A仓	45
2	科学出版社	A仓	60
3	人大出版社	A仓	90
4	NULL	A仓	195
5	科学出版社	B仓	141
6	NULL	B仓	141
7	大众出版社	C仓	78
8	NULL	C仓	78
9	人大出版社	D仓	78
10	NULL	D仓	78
11	NULL	NULL	492
12	大众出版社	NULL	123
13	科学出版社	NULL	201
14	人大出版社	NULL	168

图 7-35 查询结果

【例 7.33】 在 tb_Book 表中，应用 HAVING 子句查找价格大于 40 元的记录。

具体代码：

```
USE db_SMS
SELECT
Publish    AS 出版社名称,
StoreName AS 仓库名称,
SUM (StoreNum)    AS 书的数量,
Price AS 书价
FROM tb_Book
GROUP BY Publish,StoreName,Price
HAVING ( Price > 40)
```

运行该代码，得到如图 7-36 所示的查询结果。

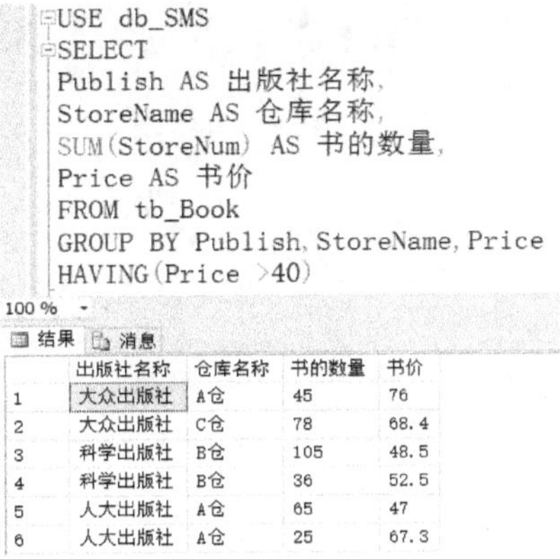

```
USE db_SMS
SELECT
Publish AS 出版社名称,
StoreName AS 仓库名称,
SUM(StoreNum) AS 书的数量,
Price AS 书价
FROM tb_Book
GROUP BY Publish, StoreName, Price
HAVING(Price >40)
```

100 %

结果 消息

	出版社名称	仓库名称	书的数量	书价
1	大众出版社	A仓	45	76
2	大众出版社	C仓	78	68.4
3	科学出版社	B仓	105	48.5
4	科学出版社	B仓	36	52.5
5	人大出版社	A仓	65	47
6	人大出版社	A仓	25	67.3

图 7-36 查询结果

7.3 小结

SELECT 语句由一系列功能灵活的子句组成，这些子句共同确定检索哪些数据。本章介绍了 SELECT 语句的语法结构，各子句的顺序及功能，以及 SELECT 语句的执行步骤。

将基本查询分为简单查询、条件查询、查询结果排序和数据统计查询 4 个部分。

（1）简单查询的内容包括单列查询、多列查询、使用 DISTINCT 关键字去除结果的重复信息、查询所有的列、别名的应用、使用 TOP 查询前若干行。

（2）条件查询的内容包括简单的选择查询（WHERE），使用比较表达式，使用基本的逻辑表达式（NOT、AND、OR），限定数据范围（BETWEEN），限制检索数据的范围（IN），模糊查询（LIKE）。

（3）数据统计查询的内容包括聚合函数的种类和分组查询。聚合函数的种类有计数（COUNT）函数、求和（SUM）函数、均值（AVG）函数，最大值、最小值（MAX、MIN）函数。如果要按某一列数据的值进行分类，在分类的基础上再进行查询，这就要使用 GROUP BY 子句进行分组查询了。使用 GROUP BY 子句创建多列分组查询，为要分组的列使用 CUBE 和 ROLLUP 运算符，以便快捷、有效地对存储在数据库里的数据进行汇总分析。使用 HAVING 子句设置统计条件，以限制聚合函数。

习题 7

7-1 简述 SELECT 语句的基本用法。

7-2 简述 WHERE 子句可以使用的搜索条件及其意义。

7-3 简述在 SELECT 语句中使用 WHERE 子句的作用。

7-4 查询 db_SMS 数据库 tb_GoodsInfo 表中的信息如下：

（1）查询入库价格为 100～200 元，并且编辑日期为 2015 年的商品信息。

（2）查询 A 仓中数量不低于 20 个的商品信息。

（3）计算所有仓库中商品的数量。

第8章 高级查询

本章首先介绍连接查询，包括内部连接、外部连接、交叉连接、自连接等；其次介绍集合查询，包括联合查询、集合交集、集合差；最后介绍子查询，包括单值子查询，带有ALL、ANY、SOME 运算符的子查询，带有 IN 运算符的子查询，带有 EXISTS 运算符的子查询，以及在 FROM 子句中使用子查询。

8.1 连接查询

多表连接非常简单，只要在 FROM 子句中添加相应的表名，并指定连接条件即可。表关联时，首先要确认的是关联条件字段在关联表中是不是唯一的。在绝大多数的情况下，关联条件字段都是关联表中的主键或能唯一确定一条记录的字段；如果不是，很可能是 SQL 的关联条件写得不对，要仔细确认关联条件是否与需求相符。

但是，多表连接的应用会导致系统性能下降。如果连接的每个表中都包含很多行，那么产生在组合表中的行将会更多，对这样的组合表进行操作将花费很多时间。

8.1.1 基本连接

1. 通过 WHERE 子句连接多表

在连接中，可以实现 3 个或更多个表的连接。通过 WHERE 子句实现多表连接，首先在 FROM 子句中连接多个表的名称，然后将任意两个表的连接条件分别写在 WHERE 子句后即可，其语法格式如下：

```
SELECT fieldlist
FROM table1,table2[…table n]
WHERE table1.column=table2.column AND table2.column=table3.column AND…AND
table(n-1).column=table(n).column
```

【例 8.1】 查找 tb_GoodsInfo 表和 tb_InStore 表中的货品名称、储存点、供应商名称、进货价格及备注信息。

具体代码：

```
USE db_SMS
SELECT G.GoodsName,G.StoreName,I.Prname,G.GoodsInPrice,I.ISRemark
FROM tb_GoodsInfo  AS  G , tb_InStore  AS  I
WHERE G.GoodsName=I.GoodsName
GO
```

运行该代码，得到如图 8-1 所示的查询结果。

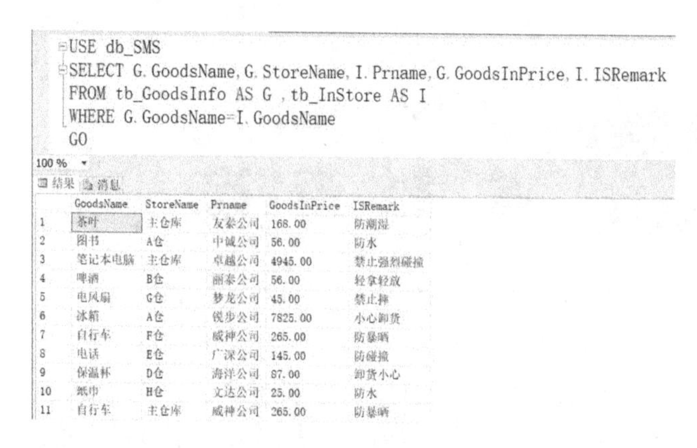

```
USE db_SMS
SELECT G.GoodsName,G.StoreName,I.Prname,G.GoodsInPrice,I.ISRemark
FROM tb_GoodsInfo AS G ,tb_InStore AS I
WHERE G.GoodsName=I.GoodsName
GO
```

100 %

结果 消息

	GoodsName	StoreName	Prname	GoodsInPrice	ISRemark
1	茶叶	主仓库	友泰公司	168.00	防潮湿
2	图书	A仓	中诚公司	56.00	防水
3	笔记本电脑	主仓库	卓越公司	4945.00	禁止强烈碰撞
4	啤酒	B仓	丽泰公司	56.00	轻拿轻放
5	电风扇	G仓	梦龙公司	45.00	禁止摔
6	冰箱	A仓	锐步公司	7825.00	小心卸货
7	自行车	F仓	威神公司	265.00	防暴晒
8	电话	E仓	广深公司	145.00	防碰撞
9	保温杯	D仓	海洋公司	87.00	卸货小心
10	纸巾	H仓	文达公司	25.00	防水
11	自行车	主仓库	威神公司	265.00	防暴晒

图 8-1 查询结果

2. 通过 FROM 子句连接多表

通过 FROM 子句连接多个表就是内部连接的扩展，其语法格式如下：

```
SELECT fieldlist
FROM table1 JOIN table2 JOIN table3
ON table3.column=table2.column ON    table2.column=table1.column
```

通过 FROM 子句连接多表时，FROM 子句中所列出表的顺序（如 table1、table2、table3）一定要与 ON 语句后所列表的顺序相反（如 table3、table2、table1），否则查询语句将不会执行查询。

【例 8.2】 查找 tb_GoodsInfo 表和 tb_Storage 表中的货品名称、储存点、货物数量，仓储公司名称及联系电话。

具体代码：

```
USE db_SMS
SELECT G.GoodsName,G.StoreName,G.GoodsNum,S.StoreUnit,S.StorePhone
FROM tb_GoodsInfo AS G join tb_Storage AS S
ON G.StoreName=S.StoreName
GO
```

运行该代码，得到如图 8-2 所示的查询结果。

```
USE db_SMS
SELECT G.GoodsName,G.StoreName,G.GoodsNum,S.StoreUnit,S.StorePhone
FROM tb_GoodsInfo AS G join tb_Storage AS S
ON G.StoreName=S.StoreName
GO
```

100 %

结果 消息

	GoodsName	StoreName	GoodsNum	StoreUnit	StorePhone
1	茶叶	主仓库	53	新华物流仓储中心	369-5498329
2	图书	A仓	642	金卡物流仓储中心	365-59863135
3	笔记本电脑	主仓库	34	新华物流仓储中心	369-5498329
4	啤酒	B仓	49	音王物流仓储公司	186-5293326
5	电风扇	G仓	84	杰克物流仓储公司	479-5292669
6	冰箱	A仓	13	金卡物流仓储中心	365-59863135
7	自行车	F仓	17	红豆物流仓储公司	792-28629569
8	电话	E仓	572	神域物流仓储公司	168-59326253
9	保温杯	D仓	42	时代物流仓储公司	263-5293256
10	纸巾	H仓	916	东方物流仓储公司	792-5293493
11	自行车	主仓库	30	新华物流仓储中心	369-5498329

图 8-2 查询结果

3. 笛卡儿乘积

笛卡儿乘积就是从多个表中取数据时，在 WHERE 子句中没有指定多个表的公共关系。由于笛卡儿乘积在数据连接查询时并没有实际意义，在此不进行过多陈述。

8.1.2 JOIN 关键字

使用 JOIN 关键字可以进行连接查询，它和基本连接查询一样都是用来连接多个表的操作。使用 JOIN 关键字可以引导出多种连接方式，如内部连接、外部连接、交叉连接、自连接等。它的连接条件主要通过以下方法定义两个表在查询中的关系方式：一是指定每个表中要用于连接的目标列，即在一个基表中指定外键，在另外一个基表中指定与其关联的键；二是指定比较各目标列的值所使用的比较运算符，如=、<等。

使用 JOIN 关键字连接查询的语法格式如下：

```
SELECT select_list
FROM table1 join_type
JOIN table2 [ON join_conditions]
[WHERE search_conditions]
[ORDER BY order_expression]
```

（1）table1 与 table2：是基表。

（2）join_type：指定连接类型，正是该连接类型指定了多种连接方式，如内部连接、外部连接、交叉连接和自连接。

（3）join_conditions：指定连接条件。

8.1.3 内部连接

内部连接是使用比较运算符比较要连接列中值的连接。

内部连接的语法格式：

```
SELECT select_list
FROM table1 [INNER] JOIN table2
ON table1.list=table2.list
```

【例 8.3】 使用内部连接查找商品价格（GoodsPrice）、供应商联系人（PrPeople）和供应商电话（PrPhone）的相关信息。

具体代码：

```
USE db_SMS
GO
SELECT I.GoodsName,I.PrName,I.GoodsPrice,P.PrPeople,P.PrPhone
FROM    tb_InStore AS I
INNER JOIN
tb_Provider AS P
ON I.PrName=P.PrName
ORDER BY GoodsPrice
```

运行该代码，得到如图 8-3 所示的查询结果。

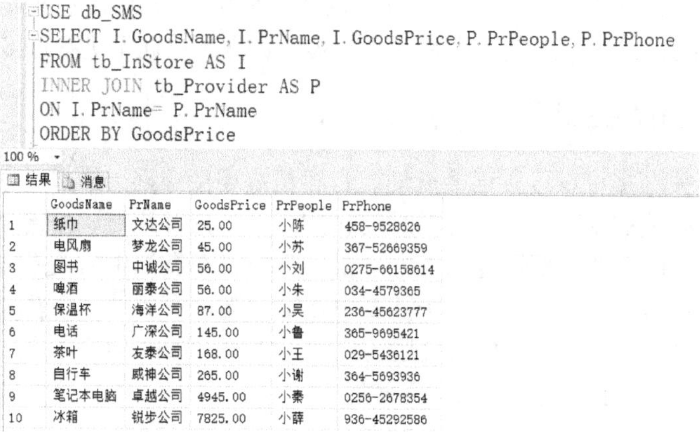

```
USE db_SMS
SELECT I.GoodsName, I.PrName, I.GoodsPrice, P.PrPeople, P.PrPhone
FROM tb_InStore AS I
INNER JOIN tb_Provider AS P
ON I.PrName= P.PrName
ORDER BY GoodsPrice
```

100 %

结果 消息

	GoodsName	PrName	GoodsPrice	PrPeople	PrPhone
1	纸巾	文达公司	25.00	小陈	458-9528626
2	电风扇	梦龙公司	45.00	小苏	367-52669359
3	图书	中诚公司	56.00	小刘	0275-66158614
4	啤酒	丽泰公司	56.00	小朱	034-4579365
5	保温杯	海洋公司	87.00	小吴	236-45623777
6	电话	广深公司	145.00	小鲁	365-9695421
7	茶叶	友泰公司	168.00	小王	029-5436121
8	自行车	威神公司	265.00	小谢	364-5693936
9	笔记本电脑	卓越公司	4945.00	小秦	0256-2678354
10	冰箱	锐步公司	7825.00	小薛	936-45292586

图 8-3　查询结果

8.1.4　外部连接

仅当两个表中都至少有一行符合连接条件时，内部连接才返回行。内部连接消除了与另一个表中不匹配的行。外部连接会返回 FROM 子句中提到的至少一个表或视图中的所有行，只要这些行符合任何 WHERE 或 HAVING 搜索条件即可。

外部连接又分为左外部连接、右外部连接及全外部连接。

1. 左外部连接

左外部连接保留了第 1 个表的行，但是只包含第 2 个表与第 1 个表匹配的行。

左外部连接的语法格式：

```
USE db_database
SELECT fieldlist
FROM table1 left join table2
ON table1.column=table2.column
```

【例 8.4】 使用左外部连接查询 tb_Instore 表和 tb_Provider 表中的货品名称，以及相关的供应商信息。

具体代码：

```
USE db_SMS
GO
SELECT P.PrID,P.PrName,P.PrPeople,P.PrPhone,
P.PrFax,PrRemark,P.Editer,P.EditDate,I.GoodsName,I.GoodsPrice
FROM    tb_Provider AS P
LEFT JOIN tb_InStore AS I
ON I.PrName=P.PrName
ORDER BY GoodsPrice
```

运行该代码，得到如图 8-4 所示的查询结果。

```
USE db_SMS
SELECT P.PrID,P.PrName, P.PrPeople,P.PrPhone,P.PrFax,P.PrRemark,P.Editer,I.GoodsName,I.GoodsPrice
FROM tb_Provider  AS P
LEFT JOIN tb_InStore AS I
ON I.PrName= P.PrName
ORDER BY GoodsPrice
```

100 %

结果　消息

	PrID	PrName	PrPeople	PrPhone	PrFax	PrRemark	Editer	GoodsName	GoodsPrice
1	14	陕西公司	小白	123-456789	45-789-566562	谢谢你	小马	NULL	NULL
2	10	文达公司	小陈	458-9528626	86-572-5924966	文达，有你就好	小马	纸巾	25.00
3	9	梦龙公司	小苏	367-52669359	86-789-6952656	欢迎来梦龙公司	小马	电风扇	45.00
4	5	中诚公司	小刘	0275-66158614	86-111-4564932	合作愉快	小马	图书	56.00
5	7	丽泰公司	小朱	034-4579365	86-567-9873213	请联系小朱	小马	啤酒	56.00
6	8	海洋公司	小吴	236-45623777	86-358-6943696	电子邮箱随时联系	小马	保温杯	87.00
7	11	广深公司	小鲁	365-9695421	86-548-2986412	广深，欢迎你	小马	电话	145.00
8	4	友泰公司	小王	029-5436121	86-14-1238734	请常联系	小马	茶叶	168.00
9	13	威神公司	小谢	364-5693936	86-598-6925396	奢华花蝴蝶，威神	小马	自行车	265.00
10	6	卓越公司	小秦	0256-2678354	86-449-3286456	惠存联系方式	小马	笔记本电脑	4945.00
11	12	锐步公司	小薛	936-45292586	86-786-9296322	锐步，不止步	小马	冰箱	7825.00

图 8-4　查询结果

2. 右外部连接

右外部连接保留了第 2 个表的行，但是只包含第 1 个表与第 2 个表匹配的行。

右外部连接的语法格式：

```
USE db_database
SELECT fieldlist
FROM table1 RIGHT JOIN table2
ON table1.column=table2.column
```

【例 8.5】 通过右外部连接查询 tb_InStore 表和 tb_Provider 表中价格大于 100 元的供应商信息。

具体代码：

```
USE db_SMS
GO
SELECT I.GoodsName,I.GoodsPrice,P.PrID,P.PrName,P.PrPeople,P.PrPhone,
P.PrFax,PrRemark,P.Editer    FROM tb_InStore AS I
RIGHT JOIN
tb_Provider AS P
ON I.PrName=P.PrName
WHERE GoodsPrice>100
```

运行该代码，得到如图 8-5 所示的查询结果。

```
USE db_SMS
SELECT I.GoodsName,I.GoodsPrice,P.PrID,P.PrName, P.PrPeople,P.PrPhone,P.PrFax,P.PrRemark,P.Editer
FROM tb_InStore AS I
RIGHT JOIN tb_Provider AS P
ON I.PrName= P.PrName
WHERE GoodsPrice>100
```

100 %

结果　消息

	GoodsName	GoodsPrice	PrID	PrName	PrPeople	PrPhone	PrFax	PrRemark	Editer
1	茶叶	168.00	4	友泰公司	小王	029-5436121	86-14-1238734	请常联系	小马
2	笔记本电脑	4945.00	6	卓越公司	小秦	0256-2678354	86-449-3286456	惠存联系方式	小马
3	电话	145.00	11	广深公司	小鲁	365-9695421	86-548-2986412	广深，欢迎你	小马
4	冰箱	7825.00	12	锐步公司	小薛	936-45292586	86-786-9296322	锐步，不止步	小马
5	自行车	265.00	13	威神公司	小谢	364-5693936	86-598-6925396	奢华花蝴蝶，威神	小马

图 8-5　查询结果

3. 全外部连接

全外部连接将两个表所有的行都显示在结果表中。返回结果除了内部连接的数据，还包括两个表中不符合条件的数据。

【例 8.6】 应用全连接查询 tb_Provider 表和 tb_InStore 表的全部信息。

具体代码：

```
USE db_SMS
GO
SELECT * FROM tb_Provider AS P
FULL JOIN tb_InStore AS I
ON P.PrName=I.PrName
```

运行该代码，得到如图 8-6 所示的查询结果。

```
USE db_SMS
GO
SELECT * FROM tb_Provider AS P
FULL JOIN tb_InStore AS I
ON P.PrName=I.PrName
```

100 %

结果 消息

	PrID	PrName	PrPeople	PrPhone	PrFax	PrRemark	Editer	EditDate	ISID	GoodsID	GoodsName
1	4	友泰公司	小王	029-5436121	86-14-1238734	请常联系	小马	2018-05-12 15:35:38.680	7	1832926	茶叶
2	5	中诚公司	小刘	0275-66158614	86-111-4564932	合作愉快	小马	2018-05-12 15:37:48.713	8	8765863	图书
3	6	卓越公司	小秦	0256-2678354	86-449-3286456	惠存联系方式	小马	2018-05-12 15:39:54.280	9	498372	笔记本电脑
4	7	丽泰公司	小朱	034-4579365	86-567-9873213	请联系小朱	小马	2018-05-12 15:41:18.177	10	769263	啤酒
5	8	海洋公司	小吴	236-45623777	86-358-6943696	电子邮箱随时联系	小马	2018-05-12 15:42:36.717	15	145936	保温杯
6	9	梦龙公司	小苏	367-52669359	86-789-6952656	欢迎来梦龙公司	小马	2018-05-12 15:43:45.450	11	163639	电风扇
7	10	文达公司	小陈	458-9528626	86-572-5924966	文达，有你就好	小马	2018-05-12 15:45:11.460	16	365982	纸巾
8	11	广深公司	小鲁	365-9695421	86-548-2986412	广深，欢迎你	小马	2018-05-12 15:47:09.987	14	329649	电话
9	12	锐步公司	小薛	936-45292586	86-786-9296322	锐步，不止步	小马	2018-05-12 15:48:14.930	12	389926	冰箱
10	13	威神公司	小谢	364-5693936	86-598-6925396	奢华花蝴蝶，威神	小马	2018-05-12 15:49:41.013	13	928732	自行车
11	14	陕西公司	小白	123-456789	45-789-566562	谢谢你	小马	2018-02-03 00:00:00.000	NULL	NULL	NULL

图 8-6 查询结果

8.1.5 交叉连接

没有 WHERE 子句的交叉连接将产生连接所涉及表的笛卡儿积。笛卡儿积的结果集大小为第一个表的行数乘以第二个表的行数。

交叉连接的语法格式：

```
SELECT select_list
FROM table1
CROSS JOIN table2
[WHERE condition]
```

可见，交叉连接与前面介绍的连接方式不同，交叉连接没有 ON 子句指明连接方式，但是可以使用 WHERE 子句定义连接条件。因此这种连接不常用，在此就不细讲了。

8.1.6 自连接

使用 INNER JOIN 关键字同样可以实现自连接。

【例 8.7】 在 tb_InStore 表中查找价格>100 元（GoodsID 为 329649 的货品价格）的记录。

具体代码：

```
USE db_SMS
GO
```

```
SELECT I1.GoodsID,I1.GoodsName,I1.GoodsNum,I1.GoodsPrice
FROM tb_InStore   AS I1
INNER JOIN tb_InStore AS I2
ON I1.GoodsPrice>I2.GoodsPrice
AND I2.GoodsID=329649
ORDER BY I1.GoodsPrice
```

运行该代码，得到如图 8-7 所示的查询结果。

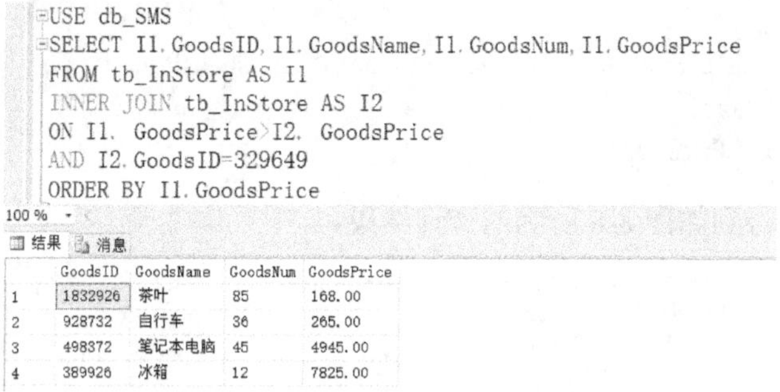

```
USE db_SMS
SELECT I1.GoodsID, I1.GoodsName, I1.GoodsNum, I1.GoodsPrice
FROM tb_InStore AS I1
INNER JOIN tb_InStore AS I2
ON I1. GoodsPrice>I2. GoodsPrice
AND I2.GoodsID=329649
ORDER BY I1.GoodsPrice
```

100 %

结果 消息

	GoodsID	GoodsName	GoodsNum	GoodsPrice
1	1832926	茶叶	85	168.00
2	928732	自行车	36	265.00
3	498372	笔记本电脑	45	4945.00
4	389926	冰箱	12	7825.00

图 8-7 查询结果

8.2 集合查询

如果有多个不同的查询结果数据集，但又希望将它们按照一定的关系连接在一起而组成一组数据，这就要使用集合运算来实现。SQL SERVER 的 T_SQL 运算中，提供的集合运算符有 UNION、EXCEPT、INTERSECT。

8.2.1 联合查询

使用联合查询（UNION）运算，可以将两个或更多查询的结果合并为单个结果集。该结果集包含联合查询中查询的全部行。UNION 运算不同于使用连接合并两个表中列的运算。

UNION 运算的语法格式：

```
{<query specification>|(<query expression>)}
UNION [ALL]
<query specification | (<query expression>)
[UNION [ALL]<query specification>| (query expression>)][…n]
```

（1）{<query specification>|(<query expression>)}：查询规范或查询表达式，用于返回与另一个查询规范或查询表达式所返回的合并数据。

（2）UNION：指定合并多个结果集并将其作为单个结果集返回。

（3）ALL：将全部行并入结果中，其中包含重复行。如果未指定该参数，则删除重复行。

使用 UNION 运算组合两个查询结果集的基本规则：

- 要合并结果的列数，列的顺序及每列的数据类型必须兼容。
- 使用 UNION 关键字，将两个结果集合并到一个结果集中，并且会去掉重复的部分。

1. 单表 UNION 运算

【例 8.8】 使用 UNION 运算联合查询 tb_InStore 表中数量大于 100 个且价格大于 200 元的记录。

具体代码：

```
SELECT GoodsID,StoreName,GoodsName,GoodsNum,GoodsPrice
FROM tb_InStore
WHERE GoodsNum>100
UNION
SELECT GoodsID,StoreName,GoodsName,GoodsNum,GoodsPrice
FROM tb_InStore
WHERE GoodsPrice>200
```

运行该代码，得到如图 8-8 所示的查询结果。

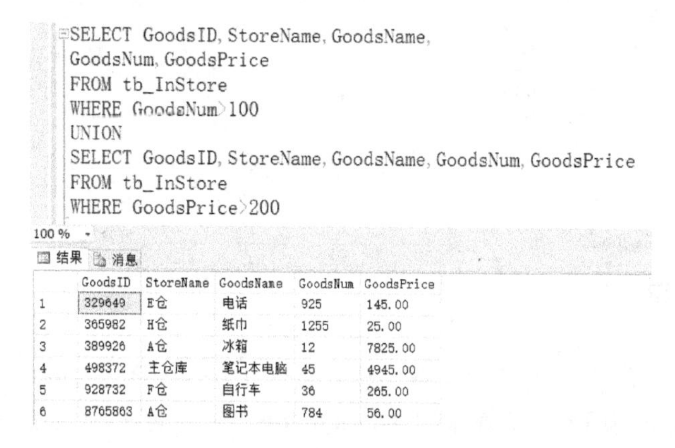

	GoodsID	StoreName	GoodsName	GoodsNum	GoodsPrice
1	329649	E仓	电话	925	145.00
2	365982	H仓	纸巾	1255	25.00
3	389926	A仓	冰箱	12	7825.00
4	498372	主仓库	笔记本电脑	45	4945.00
5	928732	F仓	自行车	36	265.00
6	8765863	A仓	图书	784	56.00

图 8-8　查询结果

2. 多表 UNION ALL 运算

UNION 运算的语法格式：

```
A UNION B UNION C UNION D
```

UNION 运算和 UNION ALL 运算如图 8-9 所示。

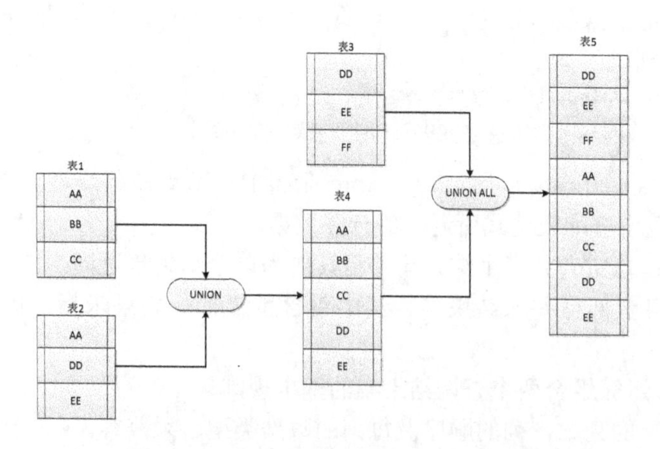

图 8-9　UNION 运算和 UNION ALL 运算

在图 8-9 中，表 1 具有（AA、BB、CC）3 个值，表 2 具有（AA、DD、EE）3 个值，使用 UNION 运算，生成表 4（AA、BB、CC、DD、EE）；表 4 使用 UNION ALL 运算和表 3 进行联合，则得到两个表中的所有值（包含重复值），生成表 5。

8.2.2　集合交集

使用 INTERSECT 运算，可以实现集合交集操作，即返回 INTERSECT 操作符左右两边的两个查询都返回的所有非重复值。

INTERSECT 运算的语法格式：

```
{ (<query_specification>) | (<query_specification>) }
{ INTERSECT }
{ (< query_specification >) | (<query_specification>) }
```

query_specification：为相关的查询语句。

在使用 INTERSECT 运算时，主要限制如下。

（1）所有查询中的列数和列的顺序必须相同。

（2）比较两个查询结果集中的列数据类型可以不同，但必须兼容。

（3）比较两个查询结果集中不能包含不可比较的数据类型（如 xml、text、ntext、image 或非二进制 CLR 用户定义类型）的列。

（4）返回结果集的列名与操作数左侧的查询返回的列名相同。ORDER BY 子句中的列名或别名必须引用左侧查询返回的列名。

（5）不能与 COMPUTE 子句和 COMPUTE BY 子句一起使用。

（6）通过比较行来确定非重复值时，两个 NULL 值被视为相等。

【例 8.9】 查找 tb_BorrowGoods 表和 tb_ReturnGoods 表中 GoodsName 的相同记录。

具体代码：

```
USE db_SMS
SELECT GoodsName FROM tb_BorrowGoods
INTERSECT
SELECT GoodsName FROM tb_ReturnGoods
GO
```

运行该代码，得到如图 8-10 所示的查询结果。

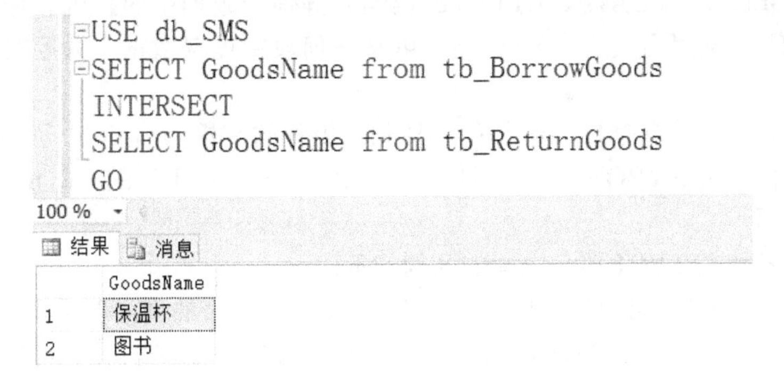

图 8-10　查询结果

8.2.3 集合差

使用 EXCEPT 运算，可以实现集合差操作，即从左查询中返回右查询没有找到的所有非重复值，其语法格式及限制应用和 INTERSECT 运算一样。

【例 8.10】 查找 tb_ReturnGoods 表和 tb_BorrowGoods 表中 GoodsName 的不相同记录。

具体代码：

```
USE db_SMS
SELECT GoodsName from tb_ReturnGoods
EXCEPT
SELECT GoodsName from tb_BorrowGoods
GO
```

运行该代码，得到如图 8-11 所示的查询结果。

```
USE db_SMS
SELECT GoodsName from tb_ReturnGoods
EXCEPT
SELECT GoodsName from tb_BorrowGoods
GO
```

100 %

结果 消息

	GoodsName
1	笔记本电脑
2	冰箱
3	茶叶
4	电风扇
5	电话
6	啤酒
7	纸巾
8	自行车

图 8-11 查询结果

8.3 子查询

当一个查询构成另一个查询的条件时，这个查询称为子查询。子查询是一个嵌套在 SELECT、INSERT、UPDATE、DELETE 语句或其他子查询中的查询。任何允许使用表达式的地方都可以使用子查询。子查询可以从任何表中提取数据，只要对该表有适当的访问权限即可。

一般而言，子查询包括以下组件：选择列表组件的常规 SELECT 子句；一个表或多个表或视图名称的常规 FROM 子句；可选的 WHERE 子句；可选的 GROUP BY 子句；可选的 HAVING 子句。

子查询与其他 SELECT 语句之间的区别如下。

（1）虽然 SELECT 语句只能使用来自 FROM 子句中表的列，但子查询不仅可以使用列在该子查询 FROM 子句中的表，而且还可以使用列在包括子查询的 SQL 语句的 FROM 子句中表的任何列。

（2）SELECT 语句中的子查询必须返回单一数据列。另外，根据其在查询中的使用方法，包括子查询的查询可能要求子查询返回单个值。

（3）子查询不能有 ORDER BY 子句。

（4）子查询必须由一个 SELECT 语句组成，即不能将多个 SQL 语句用 UNION 运算组合起来作为一个子查询。

8.3.1 单值子查询

子查询可以由一个比较运算符引入。由比较运算符引入的子查询必须返回单个值而不是值列表。

【例 8.11】 在 tb_InStore 表中查询货品名称为茶叶的供应商信息。

具体代码：

```
USE db_SMS
SELECT * FROM tb_Provider
WHERE PrName =
(
SELECT PrName
FROM tb_InStore
WHERE GoodsName='茶叶'
)
GO
```

运行该代码，得到如图 8-12 所示的查询结果。

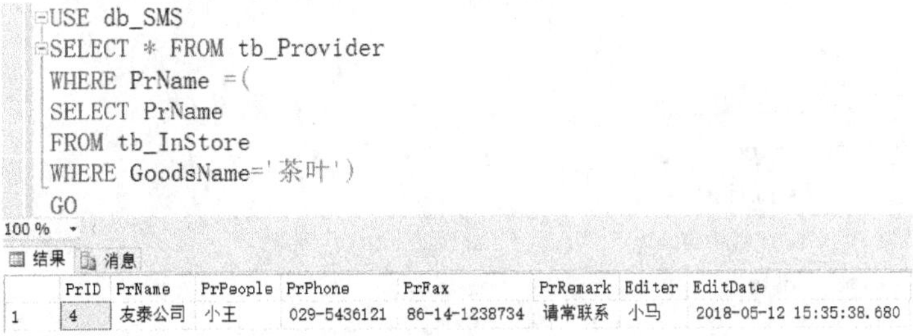

```
USE db_SMS
SELECT * FROM tb_Provider
WHERE PrName =(
SELECT PrName
FROM tb_InStore
WHERE GoodsName='茶叶')
GO
```

100 %

结果 消息

	PrID	PrName	PrPeople	PrPhone	PrFax	PrRemark	Editer	EditDate
1	4	友泰公司	小王	029-5436121	86-14-1238734	请常联系	小马	2018-05-12 15:35:38.680

图 8-12 查询结果

【例 8.12】 查找 tb_GoodsInfo 表中货品进货价格大于平均进货价格的记录。

具体代码：

```
USE db_SMS
SELECT * FROM tb_GoodsInfo
WHERE GoodsInPrice >
(
SELECT AVG(GoodsInPrice )
FROM tb_GoodsInfo
 )
ORDER BY GoodsInPrice
GO
```

运行该代码，得到如图 8-13 所示的查询结果。

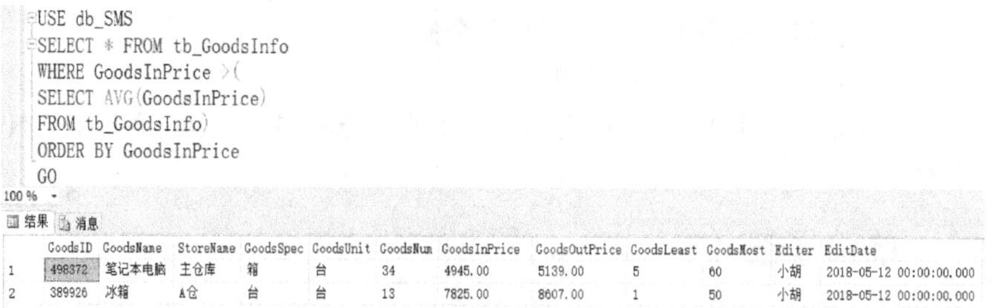

```
USE db_SMS
SELECT * FROM tb_GoodsInfo
WHERE GoodsInPrice >(
SELECT AVG(GoodsInPrice)
FROM tb_GoodsInfo)
ORDER BY GoodsInPrice
GO
```

100 %

结果 消息

	GoodsID	GoodsName	StoreName	GoodsSpec	GoodsUnit	GoodsNum	GoodsInPrice	GoodsOutPrice	GoodsLeast	GoodsMost	Editer	EditDate
1	498372	笔记本电脑	主仓库	箱	台	34	4945.00	5139.00	5	60	小胡	2018-05-12 00:00:00.000
2	389926	冰箱	A仓	台	台	13	7825.00	8607.00	1	50	小胡	2018-05-12 00:00:00.000

图 8-13　查询结果

8.3.2 带有 ALL、ANY、SOME 运算符的子查询

1. 使用 ALL 运算符的多行子查询

ALL 运算符用于比较子查询返回列表中的每个值。“<ALL”表示小于最小的；“>ALL”表示大于最大的；“=ALL”表示没有返回值，因为在等于子查询的情况下，返回列表中的所有值是不符合逻辑的。ALL 运算符允许将比较运算符前面的单值与比较运算符后面的子查询返回值的集合中的每个值相比较。另外，仅当所有 ALL 运算符的比较运算符前面的单值与子查询返回值集合中的每个值相比较的结果为 TURE 的，比较判式求值的结果才为 TURE。

【例 8.13】 查找 tb_GoodsInfo 表中大于平均进货价格的货品名称、数量记录。

具体代码：

```
USE db_SMS
GO
SELECT GoodsName,GoodsNum
FROM tb_GoodsInfo
WHERE   GoodsInPrice>ALL
( SELECT AVG(GoodsInPrice)
FROM   tb_GoodsInfo
)
GO
```

运行该代码，得到如图 8-14 所示的查询结果。

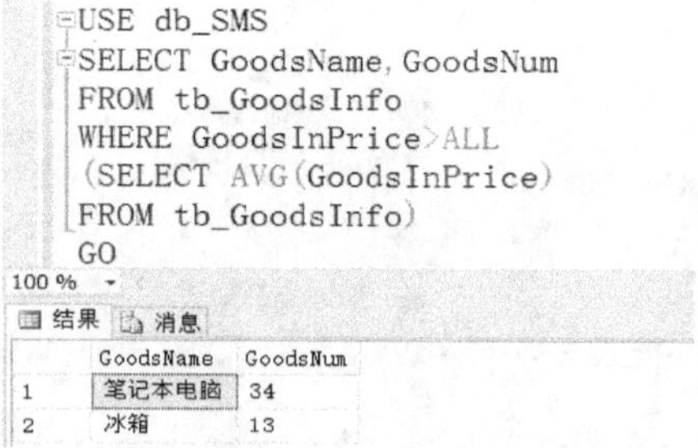

```
USE db_SMS
SELECT GoodsName, GoodsNum
FROM tb_GoodsInfo
WHERE GoodsInPrice>ALL
(SELECT AVG(GoodsInPrice)
FROM tb_GoodsInfo)
GO
```

100 %

结果 消息

	GoodsName	GoodsNum
1	笔记本电脑	34
2	冰箱	13

图 8-14　查询结果

2. 使用 ANY/SOME 运算符的多行子查询

ANY 运算符用于比较子查询返回列表中的某个值。“<ANY”表示小于最大的；

“>ANY”表示大于最小的；“=ANY”表示等于 IN。

ANY 运算符允许将比较运算符前面的单值与比较运算符后面的子查询返回值集合中的某个值相比较。另外，仅当所有 ANY 运算符的比较运算符前面的单值与子查询返回值集合中的一个值比较结果为 TRUE 时，比较判式（及 WHERE 子句）求值的结果才为 TRUE。

【例 8.14】 应用 ANY 运算符，查找 tb_GoodsInfo 表中大于进货价格（进货价格为 50～200 元）的最小进货价格记录。

具体代码：

```
USE db_SMS
GO
SELECT GoodsName,GoodsNum,GoodsInPrice
FROM tb_GoodsInfo
WHERE GoodsInPrice>ANY
(
SELECT GoodsInPrice
FROM tb_GoodsInfo
WHERE GoodsInPrice BETWEEN 50 AND 200
)
GO
```

运行该代码，得到如图 8-15 所示的查询结果。

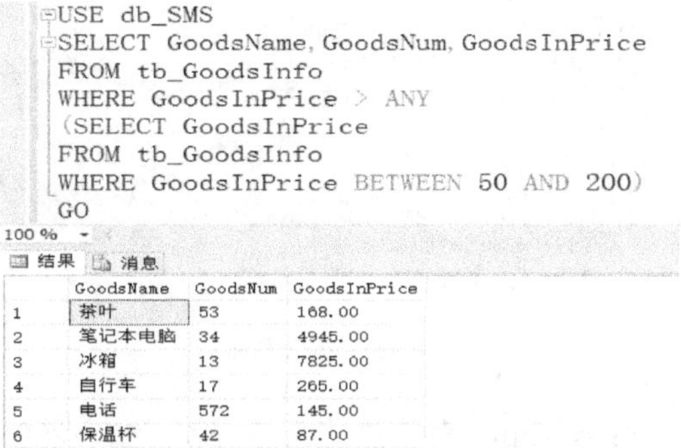

```
USE db_SMS
SELECT GoodsName, GoodsNum, GoodsInPrice
FROM tb_GoodsInfo
WHERE GoodsInPrice > ANY
(SELECT GoodsInPrice
FROM tb_GoodsInfo
WHERE GoodsInPrice BETWEEN 50 AND 200)
GO
```

100 %

结果　消息

	GoodsName	GoodsNum	GoodsInPrice
1	茶叶	53	168.00
2	笔记本电脑	34	4945.00
3	冰箱	13	7825.00
4	自行车	17	265.00
5	电话	572	145.00
6	保温杯	42	87.00

图 8-15　查询结果

SOME 运算符与 ANY 运算符是同义的，它们都允许将其比较运算符前面的单值与后面的子查询返回值集合中的某个值加以比较。如果其比较运算符前面的单值与比较运算符后面的子查询返回值集合中的某个值之间任何比较求值为 TRUE，那么判式求值的结果为 TRUE。

8.3.3　带有 IN 运算符的子查询

通过 IN（或 NOT IN）运算符引入的子查询结果是包含零个或多个值的列表。子查询返回结果之后，外部查询将利用这些结果。带有 IN 运算符的子查询是指在外层查询和子查询之间用 IN 运算符进行连接，判断某个属性列是否在子查询的结果中，其返回的结果可以包含零个或多个值。在 IN 子句中，子查询和输入多个运算符数据的区别在于，使用多个运算符输入时，一般都会输入两个或两个以上的值；而使用子查询时，不能确定其返回结果的数量。但是，即使子查询返回的结果为空，语句也能正常运行。NOT IN 运算符也可以应用在子查询中，能够产生 NOT IN 使用的清单。但是带有 NOT IN 运算符的子查询的查询速度很慢，在对 SQL 语句的性能有所要求的时候，就要使用性能更好的语句来代替 NOT IN 子句。

【例 8.15】 使用 IN 运算符查找 tb_GoodsInfo 表中进货价格最高的前 2 名货品名称、编号、库存数量。

具体代码：

```
SELECT GoodsName,GoodsID,GoodsNum
FROM tb_GoodsInfo
WHERE GoodsInPrice IN
(
SELECT TOP 2 GoodsInPrice
FROM tb_GoodsInfo
ORDER BY GoodsInPrice DESC
)
GO
```

运行该代码，得到如图 8-16 所示的查询结果。

```
SELECT GoodsName, GoodsID, GoodsNum
FROM tb_GoodsInfo
WHERE GoodsInPrice IN(
SELECT TOP 2 GoodsInPrice
FROM tb_GoodsInfo
ORDER BY GoodsInPrice DESC)
GO
```

100 %

结果 消息

	GoodsName	GoodsID	GoodsNum
1	笔记本电脑	498372	34
2	冰箱	389926	13

图 8-16　查询结果

【例 8.16】 查找 tb_GoodsInfo 表中进货价格不为 50～200 元的货品编号、货品名称、货品价格及库存数量。

具体代码：

```
SELECT GoodsName,GoodsID,StoreName,GoodsNum,GoodsInPrice
FROM tb_GoodsInfo
 WHERE GoodsName NOT IN
(
SELECT GoodsName    FROM tb_GoodsInfo
WHERE GoodsInPrice BETWEEN 50 AND 200
 )
GO
```

运行该代码，得到如图 8-17 所示的查询结果。

```
SELECT GoodsName, GoodsID, StoreName, GoodsNum, GoodsInPrice
FROM tb_GoodsInfo
WHERE GoodsName NOT IN
(
SELECT GoodsName FROM tb_GoodsInfo
WHERE GoodsInPrice between 50 and 200
)
GO
```

100 %

结果 消息

	GoodsName	GoodsID	StoreName	GoodsNum	GoodsInPrice
1	笔记本电脑	498372	主仓库	34	4945.00
2	电风扇	163639	G仓	84	45.00
3	冰箱	389926	A仓	13	7825.00
4	自行车	928732	F仓	17	265.00
5	纸巾	365982	H仓	916	25.00

图 8-17　查询结果

8.3.4 带有 EXISTS 运算符的子查询

带有 EXISTS 运算符的子查询的功能是判断子查询的返回结果中是否有数据行。如果带有 EXISTS 运算符的子查询返回的结果集是空集，则判断为不存在，即带有 EXISTS 运算符的子查询失败。如果带有 EXISTS 运算符的子查询返回至少一行的数据记录，则判断存在，即带有 EXISTS 运算符的子查询成功。由于带有 EXISTS 运算符的子查询不用返回具体值，所以该子查询的选择列表常用“SELECT*”格式。在使用 EXISTS 运算符引入子查询时，应该注意以下情况。

（1）EXISTS 运算符一般直接跟在外层查询的 WHERE 子句后面，它的前面没有列名、常量或表达式。

（2）EXISTS 运算符引入子查询的 SELECT 列表清单通常是由“*”组成的。因为带有 EXISTS 运算符的子查询只要满足数据行的存在性即可，所以在子查询的 SELECT 列表清单中加入列名没有实际意义。

【例 8.17】 检查 tb_GoodsInfo 表中是否有货品价格大于 200 元且储存在主仓库中，如果有，则查找 tb_GoodsInfo 表中的货品名称、数量及进货价格。

具体代码：

```
USE db_SMS
GO
SELECT GoodsName,GoodsNum ,GoodsInPrice
FROM tb_GoodsInfo
WHERE EXISTS
(
SELECT * from tb_GoodsInfo
WHERE StoreName='主仓库'
AND GoodsInPrice>200
)
GO
```

运行该代码，得到如图 8-18 所示的查询结果。

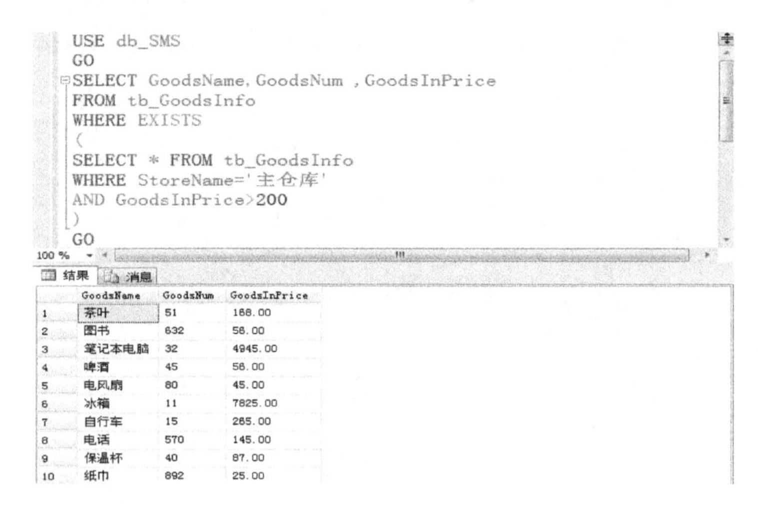

```
USE db_SMS
GO
SELECT GoodsName,GoodsNum ,GoodsInPrice
FROM tb_GoodsInfo
WHERE EXISTS
(
SELECT * FROM tb_GoodsInfo
WHERE StoreName='主仓库'
AND GoodsInPrice>200
)
GO
```

	GoodsName	GoodsNum	GoodsInPrice
1	茶叶	51	188.00
2	图书	632	58.00
3	笔记本电脑	32	4945.00
4	啤酒	45	58.00
5	电风扇	80	45.00
6	冰箱	11	7825.00
7	自行车	15	285.00
8	电话	570	145.00
9	保温杯	40	87.00
10	纸巾	892	25.00

图 8-18　查询结果

NOT EXISTS 运算符与 EXISTS 运算符的作用相反。如果子查询没有返回行，则满足带有 NOT EXISTS 运算符的子查询中的 WHERE 子句。

8.3.5　在 FROM 子句中使用子查询

SQL SERVER 2014 允许在 FROM 子句中使用子查询。任何 SELECT FROM WHERE 表达式返回的结果都是关系，因而可以被插入另一个 SELECT FROM WHERE 表达式中任何关系都可以出现的位置。在 FROM 子句中使用子查询时，可以用 AS 子句给此子查询的结果关系起个名字，并对属性进行重命名。

【例 8.18】 找出 tb_GoodsInfo 表中库存商品价值大于 5000 元的仓库名称及库存价值。

具体代码：

```
USE db_SMS
SELECT StoreName,GoodsAPrice
FROM (SELECT StoreName,SUM(GoodsNum*GoodsInPrice) AS GoodsAPrice
From tb_GoodsInfo Group By StoreName)
AS store(StoreName,GoodsAPrice)
WHERE GoodsAPrice>5000
GO
```

运行该代码，得到如图 8-19 所示的查询结果。

```
SELECT StoreName,GoodsAPrice
FROM (SELECT StoreName,SUM (GoodsNum*GoodsInPrice) AS GoodsAPrice
From tb_GoodsInfo Group By StoreName)
AS store (StoreName, GoodsAPrice)
WHERE GoodsAPrice>5000
GO
```

	StoreName	GoodsAPrice
1	A仓	137677.00
2	E仓	82940.00
3	H仓	22900.00
4	主仓库	177034.00

图 8-19　查询结果

8.4 小结

基本连接可通过 WHERE 子句实现多表连接，首先在 FROM 子句中连接多个表的名称，然后将任意两个表的连接条件分别写在 WHERE 子句后即可，也可通过 FROM 子句连接多表。使用 JOIN 关键字可以引导出多种连接方式，如内部连接、外部连接、交叉连接、自连接等。仅当两个表中都至少有一行符合连接条件时，内部连接才返回行。内部连接消除了与另一个表中不匹配的行。外部连接会返回 FROM 子句中提到的至少一个表或视图中的所有行，并可以通过左外部连接引用的左表中的所有行，以及通过右外部连接引用右表中的所有行。在全外部连接中，将返回两个表的所有行。外部连接分为左外部连接和右外部连接及全外部连接。

如果有多个不同的查询结果数据集，又希望将它们按照一定的关系连接在一起而组成一组数据，这就要使用集合运算来实现。使用 UNION 运算可以将两个或更多查询的结果合并为单个结果集，该结果集包含联合查询中所有查询的全部行。使用 INTERSECT 运算可以实现集合交集操作，使用 EXCEPT 运算可以实现集合差操作。

当一个查询是另一个查询的条件时，这个查询称为子查询。由比较运算符引入的子查询必须返回单个值而不是值列表。本章还介绍了带有 ALL、ANY、SOME 运算符的子查询。通过 IN（或 NOT IN）引入的子查询结果是包含零个或多个值的列表，子查询返回结果后，外部查询将利用这些结果。带有 EXISTS 运算符的子查询的功能是判断子查询的返回结果中是否有数据行。SQL Server 2014 允许在 FROM 子句中使用子查询。

习题 8

设有 3 个关系，即职工关系：EMP（ENO、ENAME、AGE、SEX、ECITY），其属性分别表示职工工号、姓名、年龄、性别和籍贯；工作关系：WORKS（ENO、CNO、SALARY），其属性分别表示职工工号、公司编号和工资；公司关系：COMP（CNO、CNAME、CITY），其属性分别表示公司编号、公司名称和公司所在城市。

请用 SQL 语句完成下列查询。

（1）假设每个职工可在多个公司工作，检索编号为 4C 和 C8 的公司及其兼职职工工号的姓名。

（2）检索职工的籍贯和所工作的公司在同一城市的职工工号和姓名。

（3）假设每个职工可在多个公司工作，检索每个职工的兼职公司数目和工资总数，显示 ENO、NUM、SUM_SALARY 分别表示职工工号、公司数目和工资总数。

（4）职工工号为 E6 的职工在多个公司工作，检索在 E6 职工兼职过的所有公司工作的职工工号。

第9章 数据完整性

本章将介绍数据完整性的概念及其在 SQL Server 中的实现方法，并概述实体完整性、域完整性、参照完整性和用户定义完整性。随后，本章将介绍使用约束实施数据完整性的方法，以及使用规则和默认值实施数据完整性。

9.1 数据完整性概述

数据库中的数据是从外界输入的，但由于种种原因，输入的数据可能是无效的或错误的。保证输入的数据符合规定，成为数据库系统尤其是多用户的关系数据库系统首要关注的问题。数据完整性因此被提出。

在 SQL Server 中，根据约束用途的不同，数据完整性可以分为四类：实体完整性（Entity Integrity）、域完整性（Domain Integrity）、参照完整性（Referential Integrity）和用户定义完整性（User Defined Integrity）。

1. 实体完整性

实体完整性规定表的每一行在表中是唯一的实体。实体就是数据库所要表示的一个实际的物体或事件。实体完整性要求主键中的属性不能为空值，即单列主键不接受空值，复合主键的任何属性列也不能接受空值。

实体完整性的意义在于，如果主键中的某个属性取空值，就说明存在某个不可标识的实体，即存在不可区分的实体，这与主键的意义相矛盾。

用户在设计数据库时，应该通过指定一个主键来保证实体完整性。例如，在“学生信息表”中是以“学号”属性为主键来约束其完整性的。

2. 域完整性

域完整性是指数据库表中的列必须满足某种特定的数据类型或约束，其中约束又包括取值范围、精度等规定。表中的 CHECK、FOREIGN KEY 约束和 DEFAULT、NOT NULL 定义都属于域完整性的范畴。

3. 参照完整性

参照完整性是指两个表的主键和外键的数据要对应一致。它保证了表之间数据的一致性，防止数据丢失或无意义的数据在数据库中扩散。参照完整性是建立在外键和主键之间或外键和唯一性关键字之间的关系上的。

参照完整性要求，某个关系中任何一个元组在外键上的取值要么是空值，要么是被参照关系中某个元组的主键值。

4. 用户定义完整性

不同的数据库应用系统根据其应用环境的不同，往往还要一些特殊的约束条件。用户定义完整性即是针对某一具体应用环境的约束条件。它反映某一具体应用所涉及的数据必须满足的语义要求，如某个属性必须取唯一值、某个属性不能取空值、某个属性有特殊要求的取值范围等。

9.2 使用约束实施数据完整性

约束是 SQL Server 提供的自动保持数据完整性的一种方法。它通过限制字段中的数据、记录中数据和表之间的数据来保证数据完整性。

9.2.1 主键约束

主键约束（PRIMARY KEY）用于定义基本表的主键。它是唯一确定表中每一条记录的标识符，其值不能为 NULL，也不能重复，以此来保证实体完整性。

每个表中只能有一个列（或组合）被定义为主键约束，并且 IMAGE 和 TEXT 类型的列不能定义为主键。

1. 使用 SQL Server Management Studio 设置主键

【例 9.1】 在 SQL Server 2014 的 SQL Server Management Studio 的图形界面工具中，将 tb_Check 表的 CheckID 属性设置为主键。

操作步骤：

（1）展开数据库 db_SMS，在其中的“dbo.tb_Check”表名上右击，在弹出的快捷菜单中选择“设计”选项，如图 9-1 所示。

图 9-1 选择“设计”选项

（2）在打开的“表设计器”窗口中右击要设置为主键的列，如 CheckID，在弹出的快捷菜单中选择“设置主键”选项，如图 9-2 所示。

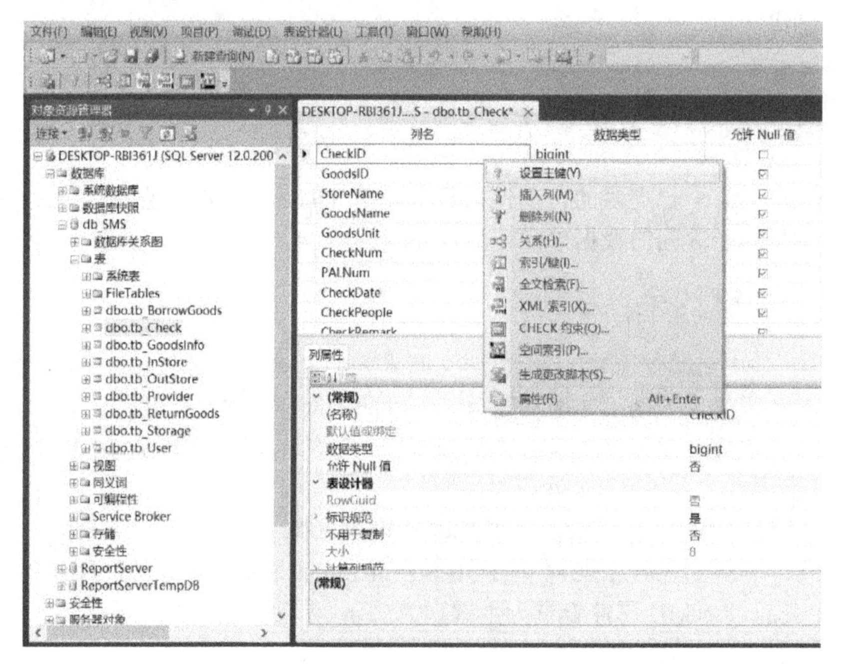

图 9-2　选择“设置主键”选项

说明：对于创建好的表，选择主键列时要确定该列没有重复值且没有空值，否则会出错。

2. 使用 T-SQL 语句设置主键

【例 9.2】 在使用 CREATE TABLE 语句创建表时，可以使用 PRIMARY KEY 关键字定义主键。下面代码在创建 tb_Provider 表时将 PrID 列设置为主键。

```
CREATE TABLE tb_Provider
(
    PrID  bigint,
    PrName  varchar(100),
    PrPeople  varchar(20),
    PrPhone  varchar(20),
    PrFax  varchar(20),
    PrRemark  varchar(1000),
    Editer  varchar(20),
    EditDate  datetime,
    CONSTRAINT PK_tb_Provider PRIMARY KEY(PrID)
)
```

【例 9.3】 对于已建好的表，可以在 ALTER TABLE 语句中使用 CONSTRAINT 关键字添加设置主键，这里也要保证主键列中没有重复值和空值。下面代码将 tb_Provider 表的 PrID 列设置为主键。

```
ALTER TABLE tb_Provider
ADD CONSTRAINT PK_tb_Provider PRIMARY KEY (PrID)
```

【例 9.4】 将 tb_Provider 表中 PrID 列的主键删除。

具体代码：

```
ALTER TABLE tb_Provider
DROP CONSTRAINT PK_tb_Provider
```

9.2.2 外键约束

外键约束（FOREIGN KEY）保证了数据库中各表数据的一致性和正确性。一个表的外键是一个列组合，被定义为引用其他表的主键或唯一约束列。外键可以有重复值，也可以是空值，是用来和其他表建立联系用的。一个表可以有多个外键。

1. 使用 SQL Server Management Studio 创建外键

【例 9.5】 在 SQL Server 2014 的 SQL Server Management Studio 的图形界面工具中，将 tb_ReturnGoods 表的 BGID 列定义为外键，引用 tb_BorrowGoods 表的主键 BGID。

操作步骤：

（1）展开数据库 db_SMS，在其中的“dbo.tb_ReturnGoods”表名上右击，在弹出的快捷菜单中选择“设计”选项，在打开的“表设计器”窗口中右击，在弹出的快捷菜单中选择“关系”选项，如图 9-3 所示。

图 9-3　选择“关系”选项

（2）在打开“外键关系”对话框中查看和管理关系，单击“添加”按钮，系统会自动生成一个外键关系，默认的关系名以 FK_开头，如图 9-4 所示。

（3）在“外键关系”对话框中编辑添加的外键关系，单击“表和列规范”后面的“…”按钮，如图 9-5 所示，打开“表和列”对话框，并在“主键表”下拉列表中选择“tb_BorrowGoods”选项，在属性列表中选择“BGID”选项；同时在“外键表”下拉列表中选择“tb_ReturnGoods”选项，并在属性列表中选择“BGID”选项，单击“确定”按钮，完成外键关系的设置，如图 9-6 所示。

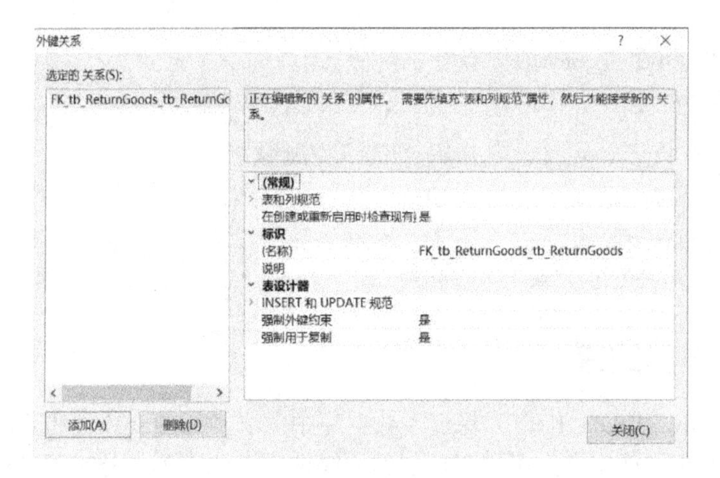

图 9-4 “外键关系”对话框

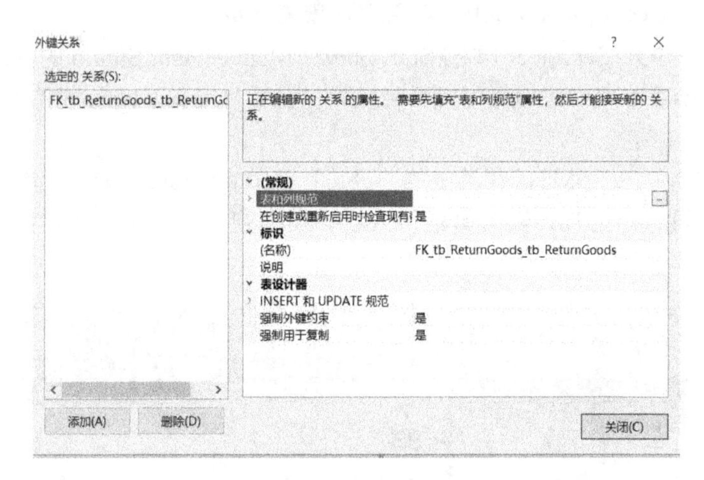

图 9-5 单击“表和列规范”后面的“…”按钮

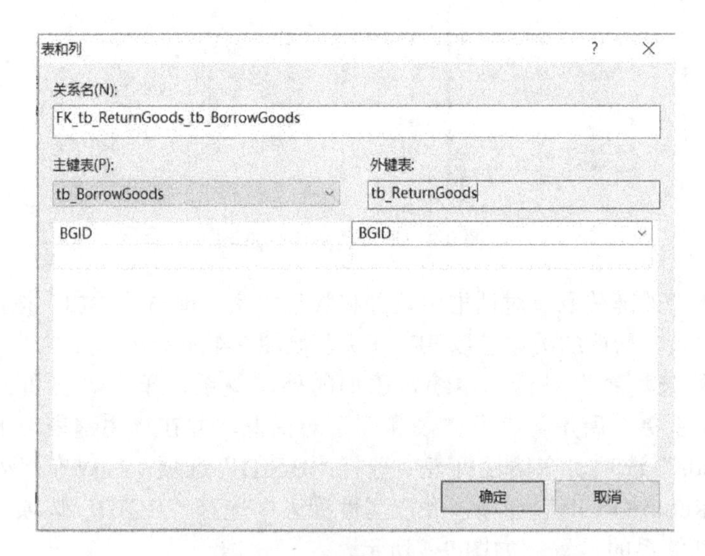

图 9-6 完成外键关系的设置

2. 使用 T-SQL 语句创建外键

在 CREATE TABLE 语句中，可以定义外键约束。

语法格式：

```
CREATE TABLE 外键表名称
 (
列名 数据类型 PRIMARY KEY,
列名 数据类型,
CONSTRAINT 约束名
FOREIGN KEY (外键表外键列名)
REFERENCES 关联主键表名(主键表主键列名)
)
```

【例 9.6】 使用 CREATE TABLE 语句创建 tb_IntStore 表，并定义外键 GoodsID，引用 tb_GoodsInfo 表的主键 GoodsID。

具体代码：

```
CREATE TABLE tb_IntStore
(
ISID   bigint   PRIMARY KEY,
GoodsID   nchar(8),
GoodsName   varchar(50),
GoodsUnit   char(8),
GoodsNum   bigint,
GoodsPrice   money,
ISDate   datetime,
CONSTRAINT FK_GoodsID FOREIGN KEY (GoodsID)
REFERENCES tb_GoodsInfo (GoodsID)
)
```

使用 ALTER TABLE 语句可以对已建立的表添加外键约束。

语法格式：

```
ALTER TABLE 外键表名
ADD CONSTRAINT 外键约束名 FOREIGN KEY (外键列名)
REFERENCES 主键表名 (主键列名)
```

【例 9.7】 使用 ALTER TABLE 语句修改 tb_IntStore 表，将 GoodsID 列作为外键关联 tb_GoodsInfo 表的主键 GoodsID。

具体代码：

```
ALTER TABLE tb_InStore
ADD CONSTRAINT FK_GoodsID FOREIGN KEY (GoodsID)
REFERENCES tb_GoodsInfo (GoodsID)
```

使用 DROP 关键字删除约束。

语法格式：

```
ALTER TABLE 外键表名
DROP
CONSTRAINT 外键约束名
```

【例 9.8】 使用 DROP 关键字删除约束。

具体代码：

```
ALTER TABLE tb_InStore
DROP
CONSTRAINT FK_GoodsID
```

9.2.3 非空约束

非空约束是指限制一个列不允许有空值，即 NOT NULL 约束。空值（或 NULL）不同于零、空白或长度为零的字符串。NOT NULL 表示不允许为空值，即该列必须输入数据。

1. 使用 SQL Server Management Studio 设置非空约束

【例 9.9】 使用 SQL Server 2014 的 SQL Server Management Studio 的图形界面工具，在 tb_Check 表的 CheckID 列上设置非空约束。

操作步骤：

展开数据库 db_SMS，在其中的“dbo.tb_Check”表名上右击，在弹出的快捷菜单中选择“设计”选项，在打开的“表设计器”窗口中，表的每个列都对应一个“允许 NULL 值”复选框，选中“允许 NULL 值”复选框表示该列允许为空，否则表示不允许为空。将“CheckID”列对应的“允许 NULL 值”复选框中的“对号”去掉，使其不允许取空值，如图 9-7 所示。

图 9-7 设置非空约束

2. 使用 T-SQL 语句设置非空约束

在使用 CREAET TABLE 语句创建表时，也可以通过在列数据类型后使用 NOT NULL 关键字，指定列的取值不能为空，使用 NULL 关键字则指定列允许为空。

【例 9.10】 使用 CREATE TABLE 语句创建 tb_User 表，并指定列是否能取空值。

具体代码：

```
CREATE TABLE tb_User
(
UserID    bigint    NOT NULL,
UserName    varchar(20)    NOT NULL,
UserPwd    varchar(20)    NULL,
UserRight    char(10)    NULL
)
```

如果表已经存在，也可使用 ALTER TABLE 语句将列修改为不允许为空。

【例 9.11】 使用 ALTER TABLE 语句将 UserPwd 列修改为不允许为空。

具体代码：

```
ALTER TABLE tb_User
ALTER COLUMN UserPwd varchar(20) NOT NULL
```

9.2.4 唯一性约束

唯一性约束（UNIQUE）用于指定一个或多个列组合的值具有唯一性，以防止在列中输入重复的值。由于主键值是具有唯一性的，因此主键列不能再设定唯一性约束。

1. 使用 SQL Server Management Studio 设置唯一性约束

【例 9.12】 使用 SQL Server 2014 的 SQL Server ManagementStudio 的图形界面工具，在 tb_Storage 表的 StoreID 列上设置唯一性约束。

操作步骤：

（1）展开数据库 db_SMS，在其中的“dbo.tb_Storage”表名上右击，在弹出的快捷菜单中选择“设计”选项，在打开的“表设计器”窗口上单击工具栏中的“管理索引和键”按钮，或者右击“StoreID”列，在弹出的快捷菜单中选择“索引/键”选项，如图 9-8 所示。

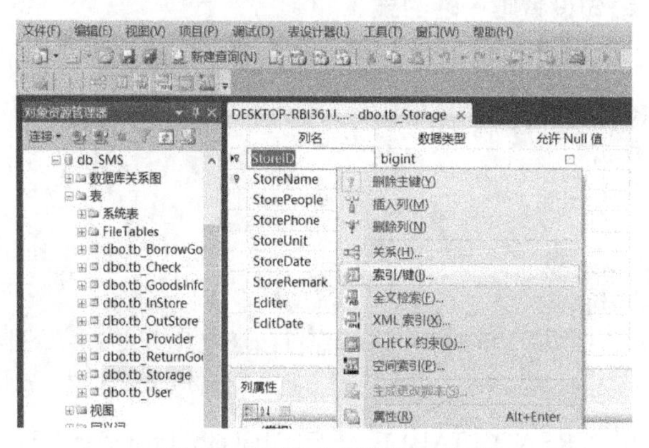

图 9-8 选择“索引/键”选项

（2）在打开的“索引/键”对话框的左边显示了列表中存在的主键约束，以 PK_开头。单击“添加”按钮，创建一个以 IX_开头的 UNIQUE 约束，如图 9-9 所示。

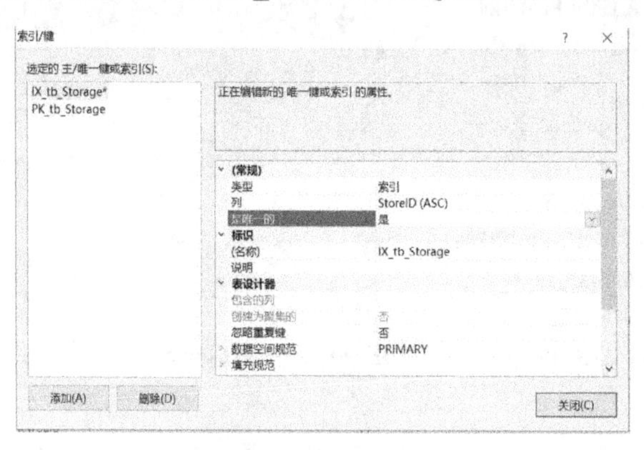

图 9-9 设置唯一性约束

（3）在右侧编辑新建的约束属性。单击右侧列表中“列”设置项右侧的“…”按钮，在打开的“索引列”对话框中进行设计，在“列名”列表中选择要创建唯一性约束的列，单击“确定”按钮返回“索引/键”对话框，如图 9-10 所示，再在“索引/键”对话框中将右侧“是唯一的”属性设置为“是”。

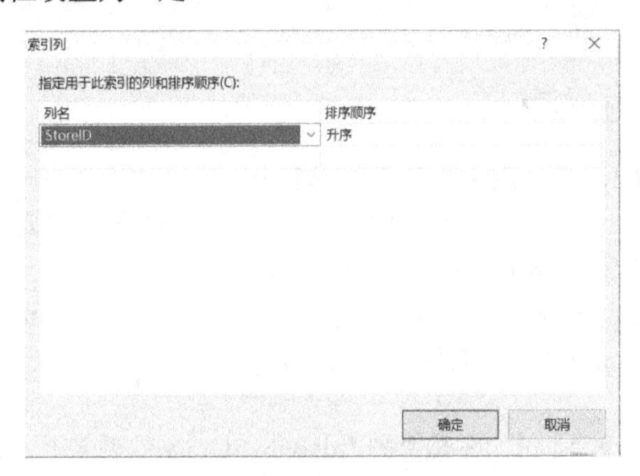

图 9-10　“索引列”对话框

2. 使用 T-SQL 语句设置唯一性约束

在使用 CREATE TABLE 语句创建表时，定义唯一性约束的语法格式：

```
CREATE TABLE 表名(
列名 1 数据类型,
列名 2 数据类型,
…
列名 n 数据类型,
CONSTRAINT 约束名
UNIQUE [ CLUSTERED | NONCLUSTERED ] (列名 1 [, 列名 2, … , 列名 n])
)
```

【例 9.13】 使用 CREATE TABLE 语句创建 tb_Provider 表，并在 PrName 列和 PrPhone 列组合设置唯一性约束。

具体代码：

```
CREATE TABLE tb_Provider
(   PrID   bigint   PRIMARY KEY,
    PrName   varchar(100),
    PrPeople   varchar(20),
    PrPhone   varchar(20),
    PrFax   varchar(20),
    PrRemark   varchar(1000),
    Editer   varchar(20),
    EditDate   datetime,
CONSTRAINT   IX_Provider UNIQUE (PrName, PrPhone)
 )
```

对已经存在的表，可以使用 ALTER TABLE 语句通过 CONSTRAINT 关键字定义唯一性约束，此时必须保证被选择设置 UNIQUE 约束的列或列的集合上没有重复值。

【例 9.14】 使用 ALTER TABLE 语句在 tb_Provider 表中 PrFax 列设置唯一性约束。

具体代码：

```
ALTER TABLE tb_Provider
ADD
CONSTRAINT IX_Provider UNIQUE (PrFax)
```

【例 9.15】 将 tb_Provider 表中 PrFax 列的唯一性约束删除。

具体代码：

```
ALTER TABLE tb_Provider
DROP
CONSTRAINT IX_Provider
```

9.2.5 默认值约束

默认值约束（DEFAULT）可以为指定列定义一个默认值。当输入数据时，如果没有输入该列的值，则该列的值就是默认值。这样可以节省用户输入时间，在非空的列中定义默认值可以减少错误的发生。

默认值可以像约束一样针对一个具体对象，也可以像数据库对象一样被单独定义并被绑定到其他对象。

1. 使用 SQL Server Management Studio 设置默认值约束

【例 9.16】 在 SQL Server 2014 的 SQL Server Management Studio 的图形界面工具中，为 tb_User 表的 UserRight 列设置默认值为“普通用户”。

操作步骤：

展开数据库 db_SMS，在其中的“dbo.tb_User”表名上右击，在弹出的快捷菜单中选择“设计”选项，在打开的“表设计器”窗口选中要设置默认值的 UserRight 列，在“列属性”区域展开“常规”节点，查看默认值信息，然后在“默认值或绑定”右边编辑输入默认值为“普通用户”，如图 9-11 所示。

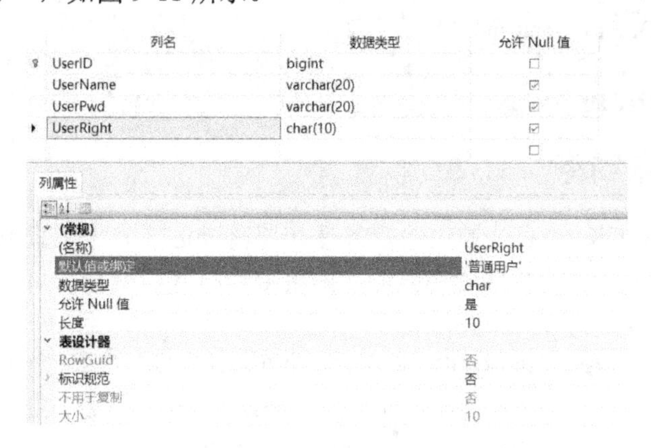

图 9-11　设置默认值

说明：编辑输入的默认值可以是具体数据值，也可以是有返回值的函数等，但是要符合该列的数据类型及定义在该列上的约束。

2. 使用 T-SQL 语句设置默认值约束

【例 9.17】 使用 CREATE TABLE 语句创建 tb_User 表，使用户的默认权限为普通用户，定义 DEFAULT 约束。

具体代码：

```
CREATE TABLE tb_User
(
UserID   bigint   PRIMARY KEY,
UserName   varchar(20)   NOT NULL,
UserPwd   varchar(20)   NULL,
UserRight   char(10)   DEFAULT '普通用户' NOT NULL
)
```

也可以在 ALTER TABLE 语句中，使用 CONSTRAINT 关键字定义默认值约束。

语法格式：

```
ALTER TABLE 表名
ADD
CONSTRAINT  约束名
DEFAULT  约束表达式  [FOR 列名]
```

【例 9.18】 用 ALTER TABLE 语句为 tb_GoodsInfo 表的 StoreName 列添加 DEFAULT 约束，使默认值为“长安 1 号”。

具体代码：

```
ALTER TABLE tb_GoodsInfo
ADD
CONSTRAINT DF_StoreName
DEFAULT '长安 1 号' FOR StoreName
```

【例 9.19】 将 tb_GoodsInfo 表中的默认值约束删除。

具体代码：

```
ALTER TABLE tb_GoodsInfo
DROP
CONSTRAINT DF_StoreName
```

9.2.6 检查约束

检查约束（CHECK 约束）通过给定条件（逻辑表达式）来检查输入数据的值或格式是否符合要求，以此来维护数据的完整性。如果记录不满足检查约束，则不允许将其插入表中。

1. 使用 SQL Server Management Studio 设置 CHECK 约束

【例 9.20】 在 SQL Server 2014 的 SQL Server Management Studio 的图形界面工具中，定义 tb_GoodsInfo 表的 GoodsInPrice 列的值大于 0。

操作步骤：

（1）展开数据库 db_SMS，在其中的“dbo.tb_GoodsInfo”表名上右击，在弹出的快捷菜单中选择“设计”选项，在打开的“表设计器”窗口上，单击工具栏中的“管理 Check

约束”按钮，或者单击右键，在弹出的快捷菜单中选择“CHECK 约束”选项，打开“CHECK 约束”对话框，如图 9-12 所示。

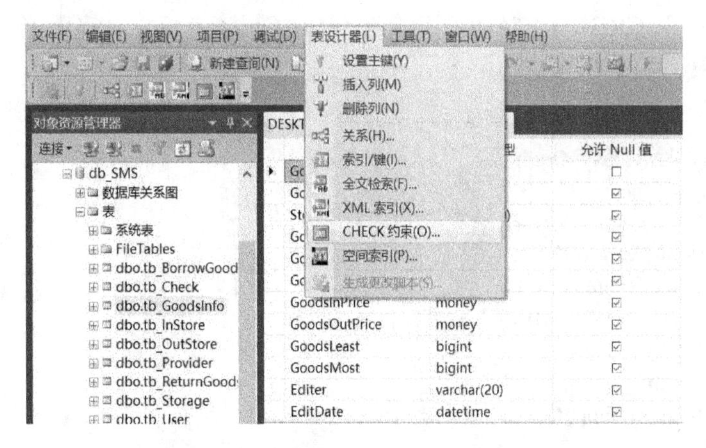

图 9-12 打开“CHECK 约束”对话框

（2）初始的“CHECK 约束”对话框是空的，单击“添加”按钮，系统将自动命名并添加一个 CHECK 约束，选中“CHECK 约束”对话框右侧常规项中的“表达式”，在对应的文本框中输入约束条件（应是一个逻辑表达式），如“GoodsInprice>0”，完成后单击“关闭”按钮，如图 9-13 所示。

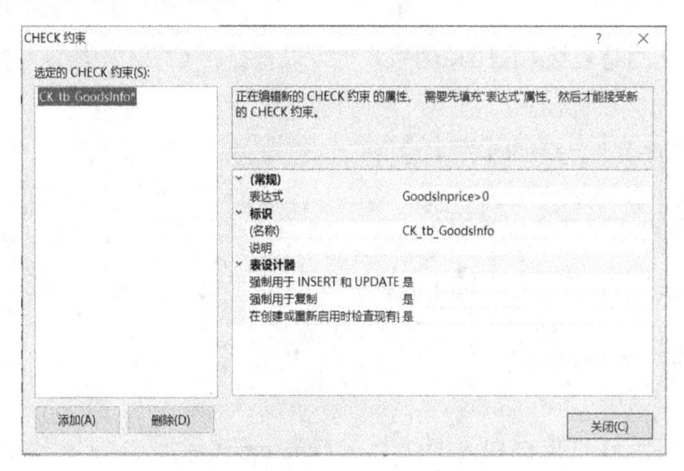

图 9-13 编辑 CHECK 约束条件

2. 使用 T-SQL 语句设置 CHECK 约束

用 CREATE TABLE 语句创建表时，可以给表定义表级别 CHECK 约束。

语法格式：

```
CREATE TABLE 表名
(
列名 1 数据类型
CONSTRAINT  约束名
CHECK  [ NOT FOR REPLICATION ] (逻辑表达式)
)
```

这里的 CHECK 检查表达式可以有一个或多个。使用多个的时候可以用 AND 或 OR 连接，也可以用多个 CHECK 约束语句表达。

【例 9.21】 用 CREATE TABLE 语句创建 tb_OutStore 表，并设置检查约束将出库数量 GoodsNum 限制在 100～1000。

具体代码：

```
CREATE TABLE tb_OutStore
(
  OSID      bigint   PRIMARY KEY,
  StoreName varchar(100),
  GoodsName varchar(50),
  GoodsSpec varchar(50),
  GoodsUnit   char(8),
  GoodsNum   bigint,
  GoodsPrice   money,
  OSDate   datetime,
  PGProvide   varchar(100),
  PGPeople   varchar(20),
  HandlePeople varchar(20),
  OSRemark   varchar(1000),
  CONSTRAINT CK_tb_OutStore
CHECK (GoodsNum >=100 AND GoodsNum <=1000)
 )
```

上述语句定义的是表级 CHECK 约束，也可以直接将 CHECK 约束写在列之后。

具体代码：

```
CREATE TABLE tb_OutStore
(
OSID      bigint   PRIMARY KEY,
  …
GoodsNum   bigint   CHECK (GoodsNum >=100 AND GoodsNum <=1000),
  …
OSRemark   varchar(1000),
  )
```

【例 9.22】 使用 ALTER TABLE 语句为 tb_OutStore 表添加 CHECK 约束，使 GoodsPrice 列大于 0。

具体代码：

```
ALTER TABLE tb_OutStore
ADD
CONSTRAINT CK_OutStore CHECK (GoodsPrice >0)
```

9.3 使用规则实施数据完整性

规则是独立的 SQL Server 对象，它跟表和视图一样是数据库的组成部分。规则的作用与检查约束类似，用于执行对数据值的检验。检查约束比规则更简明，两者的主要区别在于一个列只能绑定一个规则，但是却可以设置多个检查约束。

9.3.1　创建规则

使用 CREATE RULE 语句创建规则。

其语法格式：

```
CREATE RULE 规则名
AS
规则表达式
```

这里的规则表达式同样使用逻辑表达式，不同于 CHECK 条件表达式的是：

- 表达式不能包含列名或其他数据库对象名。
- 表达式中要有一个以@开头的变量，代表用户的输入数据，可以看成代替 WHERE 后面的列名。

【例 9.23】 在 db_SMS 数据库中创建一个规则 StoreIDRule，指定仓库编号变量@StoreID 的取值范围为 1～50。

具体代码：

```
USE db_SMS
GO
CREATE RULE StoreIDRule
AS
@StoreID BETWEEN 1 AND 50
```

【例 9.24】 在 db_SMS 数据库中创建一个规则 CheckpeopleRule，指定货物盘点员变量@Checkpeople 的取值只能为“小娄”或“小顾”。

具体代码：

```
USE db_SMS
GO
CREATE RULE CheckPeopleRule
AS
@CheckPeople IN ('小娄', '小顾')
```

执行结果如图 9-14 所示。

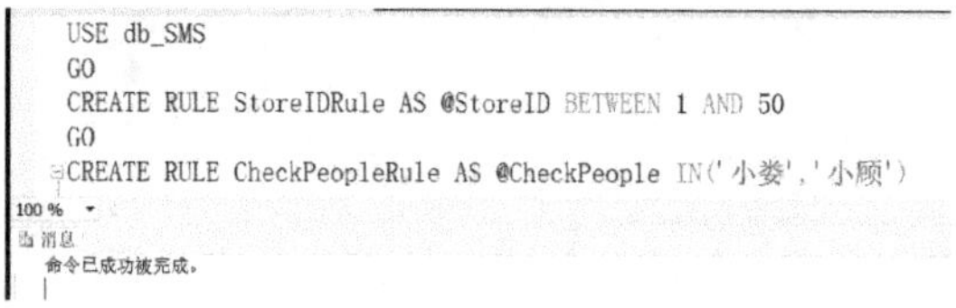

```
USE db_SMS
GO
CREATE RULE StoreIDRule AS @StoreID BETWEEN 1 AND 50
GO
CREATE RULE CheckPeopleRule AS @CheckPeople IN('小娄','小顾')
100 %
消息
命令已成功被完成。
```

图 9-14　执行结果

9.3.2　查看规则

1. 使用 SQL Server Management Studio 查看规则

【例 9.25】 在 SQL Server 2014 的 SQL Server Management Studio 的图形界面工具

中，查看 db_SMS 数据库的 StoreIDRule 规则。

操作步骤：

（1）在“对象资源管理器”中，依次展开数据库 db_SMS→“可编程性”→“规则”，就可以看到数据库中所有的规则对象，如 StoreIDRule 和 CheckpeopleRule。

（2）在要查看的“dbo.StoreIDRule”规则名上右击，在弹出的快捷菜单中选择“编写规则脚本为”→“CREATE 到”“DROP 到”“DROP 和 CREATE 到”3 个选项中的一个，再选择“新查询编辑器窗口”选项，如图 9-15 所示，接着在新创建的查询编辑器窗口中就可以看到已经建好的 StoreIDRule 规则。

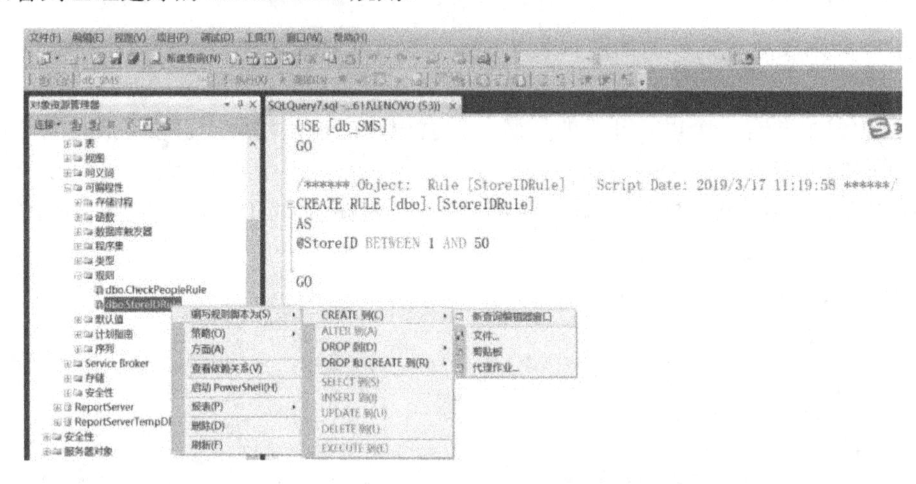

图 9-15　选择“新查询编辑器窗口”选项

2. 使用系统存储过程查看规则

使用系统存储过程 sp_help 可以查看规则名称、所有者和创建时间等信息，使用 sp_helptext 可以查看规则的文本信息。

【例 9.26】 查看 db_SMS 数据库中 StoreIDRule 规则的信息。

具体代码：

```
sp_help StoreIDRule
```

执行结果如图 9-16 所示。

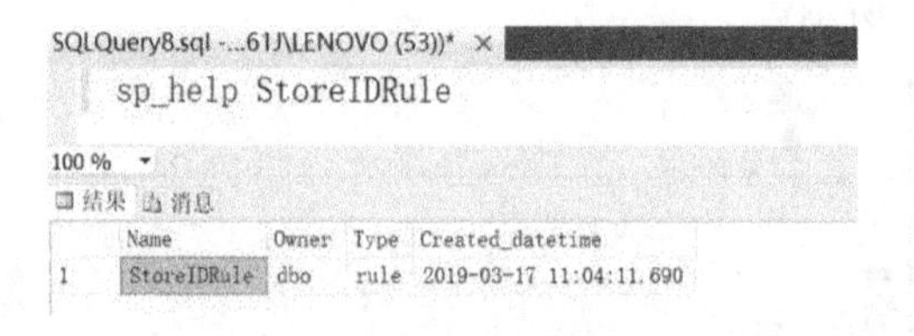

图 9-17　执行结果

【例 9.27】 查看 db_SMS 数据库中 CheckpeopleRule 规则的定义。

具体代码：

```
sp_helptext CheckpeopleRule
```

执行结果如图 9-17 所示。

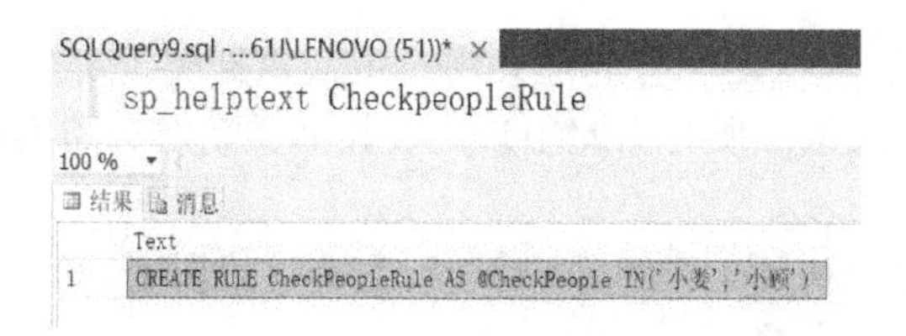

图 9-17　执行结果

9.3.3 绑定与松绑规则

创建规则后，规则仅仅只是一个存在于数据库中的对象，并未发生作用，还要将规则与数据库表或用户定义对象联系起来，才能达到创建规则的目的。联系的方法称为绑定，就是指定规则作用于哪个表的哪一列或哪个用户定义数据类型。表的一列或一个用户定义数据类型只能与一个规则绑定，而一个规则可以绑定多个对象。解除规则与对象的绑定称为松绑。

使用系统存储过程 sp_bindrule，可以将规则绑定到列或用户自定义的数据类型。

语法格式：

```
sp_bindrule [ @rulename = ] 规则名,
[@objname = ] 对象名
[, [@futureonly=] 'futureonly' ]
```

在上述语法中，如果绑定的是表的某列，则对象名采用 '表名.列名' 格式书写，否则对象名为用户定义数据类型。[@futureonly=] 'futureonly'选项仅在将规则绑定到用户自定义数据类型时使用。当指定此选项时，仅以后使用此用户定义数据类型的列会应用新规则，而当前已经使用此数据类型的列则不受影响。如果不指定 futureonly，则该规则将绑定到所有使用该数据类型的列上并对已有数据进行验证。

【例 9.28】 使用存储过程 sp_bindrule 将规则 StoreIDRule 绑定到 tb_Storage 表的 StoreID 列。

具体代码：

```
EXEC sp_bindrule StoreIDRule ,'tb_Storage.StoreID'
```

执行上述语句后会在“消息”区域显示“已将规则绑定到表的列”的字样，如图 9-18 所示。

```
EXEC sp_unbindrule 'tb_Storage.StoreID'
100 %
消息
已解除了表列与规则之间的绑定。
```

图 9-18　绑定规则

因为规则不是针对某一列或某个用户自定义数据类型，所以在该数据库对象不再使用规则时，可以取消对规则的绑定而不用直接删除规则。松绑规则使用系统存储过程 sp_unbindrule。

语法格式：

```
sp_unbindrule [@objname = ] 对象名
[, [@futureonly=] 'futureonly' ]
```

其中，'futureonly'选项指定现有的由此用户定义数据类型定义的列，仍然保持与此规则的绑定。如果不指定此项，所有由此用户定义数据类型定义的列也将随之解除与此规则的绑定。

【例 9.29】 取消 tb_Storage 表的 StoreID 列上绑定的规则。

具体代码：

```
EXEC sp_unbindrule 'tb_Storage.StoreID'
```

执行上述语句后会在“消息”区域显示“已解除了表列与规则之间的绑定”的字样，如图 9-19 所示。

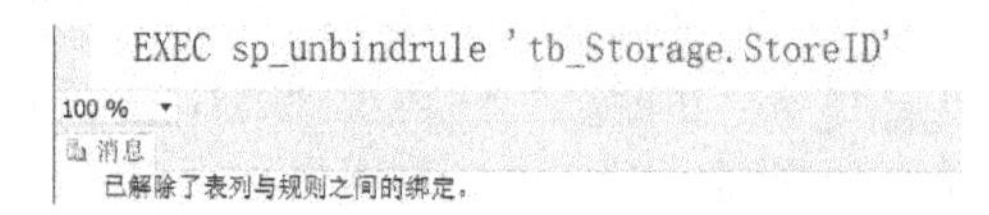

图 9-19 松绑规则

9.3.4 删除规则

在删除一个规则前，必须先将与其绑定的对象解除绑定。

1. 使用 SQL Server Management Studio 删除规则

【例 9.30】 在 SQL Server 2014 的 SQL Server Management Studio 的图形界面工具中，删除规则 StoreIDRule。

操作步骤：

在 SQL Server Management Studio 中，右击规则名“dbo.StoreIDRule”，在弹出的快捷菜单中选择“删除”选项，删除指定的规则对象，如图 9-20 所示。

图 9-20 删除规则

2. 使用 T-SQL 语句删除规则

使用 DROP RULE 语句也可以删除不再使用的规则。

【例 9.31】 使用 DROP RULE 语句删除 db_SMS 数据库中的规则 CheckpeopleRule。

具体代码：

```
DROP RULE CheckpeopleRule
```

9.4 使用默认值实施数据完整性

默认值对象与 DEFAULT 约束的作用类似，也是在向表中输入记录时，如果没有为某列提供输入值，但该列绑定了默认值对象，则系统会自动将默认值赋给该列。与 DEFAULT 约束不同的是默认值对象的定义独立于表，其定义一次就可以被多次应用于任意表中的一列或多列，也可应用于用户定义的数据类型。表的一列或一个用户定义数据类型只能与一个默认值绑定。

9.4.1 创建默认值

使用 CREATE DEFAULT 语句可以创建默认值。

语法格式：

```
CREATE  DEFAULT  默认值对象名
AS  常量表达式
```

其中，默认值定义的常量表达式可以使用数学表达式或函数等，但不能包含表的列名或其他数据库对象。

【例 9.32】 在 db_SMS 数据库中，创建名为 df_editer 的默认值来表示记录修改人。

具体代码：

```
USE db_SMS
GO
CREATE  DEFAULT df_editer
AS '小柯'
```

执行结果如图 9-21 所示。

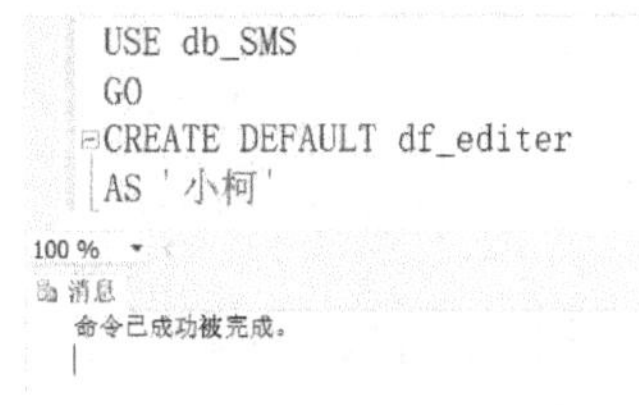

图 9-21 执行结果

9.4.2 查看默认值

1. 使用 SQL Server Management Studio 查看默认值

【例 9.33】 在 SQL Server 2014 的 SQL Server Management Studio 图形界面工具中，

查看 db_SMS 数据库中的默认值 df_editer。

操作步骤：

（1）在“对象资源管理器”中依次展开数据库 db_SMS→“可编程性”→“默认值”，就可以看到数据库中创建的默认值对象，如 df_editer。

（2）在要查看的“dbo.df_editer”默认值名称上右击，在弹出的快捷菜单中选择“编写默认值脚本为”子菜单中的“CREATE 到”“DROP 到”“DROP 和 CREATE 到”3 个选项中的一个，再选择“新查询编辑器窗口”选项，如图 9-22 所示，接着在新创建的查询编辑器窗口就可以看到已经建好的 df_editer 默认值。

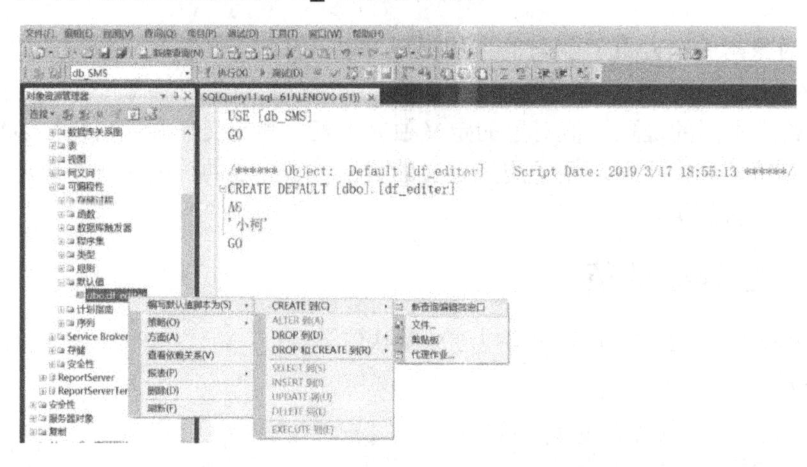

图 9-22 选择“新查询编辑器窗口”选项

2. 使用系统存储过程查看默认值

使用系统存储过程 sp_help 可以查看默认值名称、所有者和创建时间等信息，使用 sp_helptext 可以查看默认值的定义。

【例 9.34】 查看 db_SMS 数据库中 df_editer 默认值的信息。

具体代码：

```
sp_help df_editer
```

执行结果如图 9-23 所示。

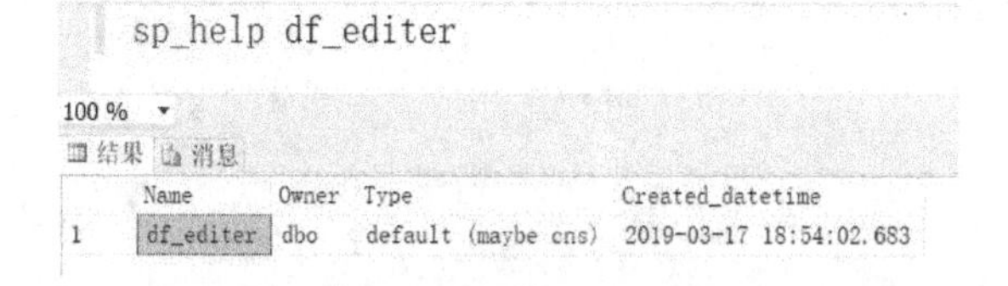

图 9-23 执行结果

【例 9.35】 查看 db_SMS 数据库中 df_editer 默认值的定义。

具体代码：

```
sp_helptext df_editer
```

执行结果如图 9-24 所示。

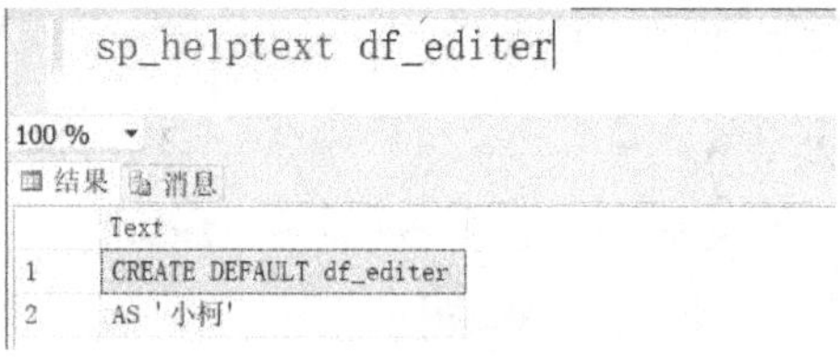

```
sp_helptext df_editer
```

100 %

结果　消息

	Text
1	CREATE DEFAULT df_editer
2	AS '小柯'

图 9-24　执行结果

9.4.3　绑定与松绑默认值

默认值创建之后，它仅仅只是一个存在于数据库中的对象，并未发生作用。同规则一样，必须将默认值与数据库表的列或用户定义对象绑定，默认值才能生效。

使用系统存储过程 sp_bindefault 可以将一个默认值绑定到表的列或用户定义的数据类型上。

语法格式：

```
sp_bindefault [ @defname = ] 默认值名,
[@objname = ] 对象名
[, [@futureonly=] 'futureonly' ]
```

其中，'futureonly'选项仅在绑定默认值到用户定义数据类型上时才可以使用。当指定此选项时，仅以后使用此用户定义数据类型的列会应用新默认值，而当前已经使用此数据类型的列则不受影响。

【例 9.36】 将默认值对象 df_editer 绑定到 tb_Storage 表的 Editer 列上。

具体代码：

```
EXEC sp_bindefault df_editer, 'tb_Storage.Editer'
```

执行结果如图 9-25 所示。

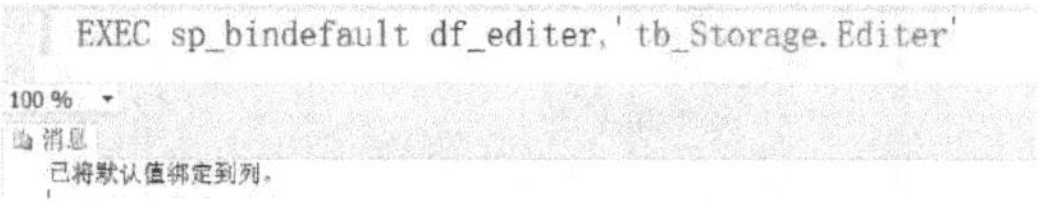

```
EXEC sp_bindefault df_editer,'tb_Storage.Editer'
```

100 %

消息

已将默认值绑定到列。

图 9-25　执行结果

若某列不再需要默认值，可以用系统存储过程 sp_unbindefault 解除默认值与表的列或用户定义数据类型的绑定，松绑默认值对象。

语法格式：

```
sp_unbindefault [@objname = ] 对象名
[, [@futureonly=] 'futureonly' ]
```

其中，'futureonly'选项同绑定时一样，仅用于用户定义数据类型，它指定现有的用此用户定义数据类型定义的列仍然保持与此默认值的绑定。如果不指定此项，所有由此用户定义数据类型定义的列也将随之解除与此默认值的绑定。

【例 9.37】 将默认值对象 df_editer 与 tb_Storage 表的 Editer 列的绑定解除。

具体代码：

```
EXEC sp_unbindefault 'tb_Storage.Editer'
```

执行结果如图 9-26 所示。

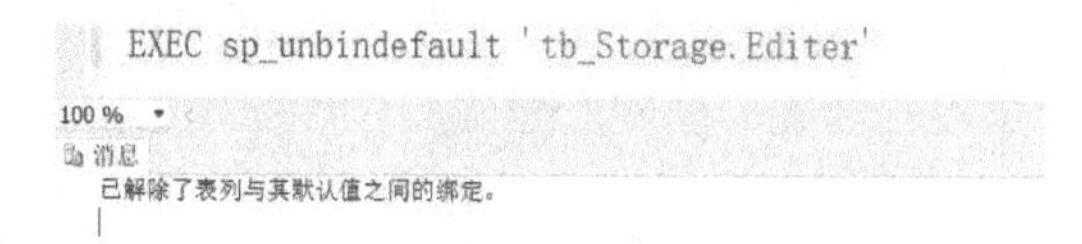

图 9-26　执行结果

9.4.4　删除默认值

默认值删除时要保证默认值没有被绑定，如果默认值尚在使用中，将无法删除。

1. 使用 SQL Server Management Studio 删除默认值

【例 9.38】 在 SQL Server 2014 的 SQL Server Management Studio 的图形界面工具中，删除默认值 df_editer。

操作步骤：

在 SQL Server Management Studio 中，右击默认值名称“dbo.df_editer”，在弹出的快捷菜单中选择“删除”选项，删除指定的默认值对象，如图 9-27 所示。

图 9-27　删除默认值

2. 使用 T-SQL 语句删除默认值

也可以使用 DROP DEFAULT 语句删除默认值。

语法格式：

```
DROP DEFAULT　默认值名[, …n]
```

【例 9.39】 使用 DROP DEFAULT 语句删除默认值对象 df_editer。

具体代码：

```
DROP DEFAULT df_editer
```

9.5 小结

为了保证输入的数据符合规定而提出了数据完整性的概念。根据约束用途的不同，数据完整性可以分为四类：实体完整性、域完整性、参照完整性和用户定义完整性。主键约束（PRIMARY KEY）用于定义基本表的主键。非空约束是指限制一个列不允许有空值，即 NOT NULL 约束。唯一性约束（UNIQUE）用于指定一个或多个列的组合值具有唯一性，以防止在列中输入重复的值。默认值约束（DEFAULT）可以为指定列定义一个默认值。检查约束（CHECK 约束）通过给定条件（逻辑表达式）来检查输入数据的值或格式是否符合要求，以此来维护数据完整性。以上约束既可通过 SQL Server 2014 的 SQL Server Management Studio（SSMS）图形界面工具来设置，也可使用 T-SQL 语句来设置。

规则用于执行对数据值的检验。使用 CREATE RULE 语句可以创建规则。查看规则既可用 SSMS 图形界面工具，也可用系统存储过程 sp_help 和 sp_helptext。系统存储过程 sp_bindrule 可以将规则绑定到列或用户自定义的数据类型。松绑规则使用系统存储过程 sp_unbindrule，既可用 SSMS 图形界面工具删除规则，也可用 T-SQL 语句 DROP RULE 删除不再使用的规则。使用 CREATE DEFAULT 语句可以创建默认值对象，既可使用 SQL Server Management Studio 查看默认值，也可使用系统存储过程 sp_help 和 sp_helptext 来查看默认值。使用系统存储过程 sp_bindefault 可以将一个默认值绑定到表的列或用户定义的数据类型。用系统存储过程 sp_unbindefault 解除默认值与表的列或用户定义数据类型的绑定，既可以在 SQL Server 2014 的 SQL Server Management Studio 的图形界面工具中删除默认值，也可以使用 DROP DEFAULT 语句删除默认值对象。

习题 9

9-1 什么是数据完整性？

9-2 数据完整性概念和数据安全性概念有什么区别和联系？

9-3 什么是数据完整性约束条件？

9-4 RDBMS 的完整性控制机制应具有哪些功能？

9-5 RDBMS 在实现参照完整性时要考虑哪些方面？

9-6 假设有下面两个关系模式：

职工（职工工号，姓名，年龄，职务，工资，部门号），其中职工工号为主码；

部门（部门号，名称，经理名，电话），其中部门号为主码。

用 SQL 语句定义这两个关系模式，要求在模式中完成以下完整性约束条件的定义。

（1）定义每个模式的主码。

（2）定义参照完整性。

（3）定义职工年龄不得超过 60 岁。

第10章 索引与视图

本章将介绍索引的概念、分类、创建、查看及修改删除的方法，视图的概念及作用，使用视图时的限制，创建视图、修改视图、删除视图及视图的应用，以及在 SSMS 界面中操作视图记录和数据更新。以上操作均可通过使用 T-SQL 语句来实现，其中有的操作也可以通过 SSMS 图形化工具来完成。

10.1 索引概述

当查阅书中某章节的内容时，为了提高查阅速度，并不是从书的第一页开始顺序查找，而是首先查看书的目录，找到所查章节在目录中的页码。在数据库中，为了从大量的数据中迅速找出所需要的内容，也采取了类似于书目录这样的索引技术，使得数据查询时不必扫描整个数据库，就能够迅速查到所需要的内容。下面就介绍 SQL Server 2014 的索引技术。

10.1.1 索引的概念

1. 什么是索引

索引是根据表中一列或若干列按照一定顺序建立的列值与记录行之间的对应关系表。在数据库系统中建立索引的主要作用如下。

（1）快速存取数据。

（2）保证数据记录的唯一性。

（3）实现表与表之间的参照完整性。

（4）在使用 ORDER BY 子句、GROUP BY 子句进行数据检索时，利用索引可以减少排序和分组的时间。

索引的作用是提高对数据表的查询效率，但实际情况并不总是这样的。如果对数据表创建过多的索引，反而会使对数据表的查询效率下降。原因在于，不但搜索庞大的 B+树需要时间，而且 SQL Server 对这些 B+树进行维护也要付出巨大的系统开销。因为 B+树作为一种数据结构是存放在数据表以外的地方，需要额外的系统资源，当对数据表执行 UPDATE、DELETE、INSERT 等操作时，因要更改这些 B+树而会付出大量的时间，因此，索引并不是创建得越多越好。

总之，索引是独立于数据表的一种数据库对象，保存了针对指定数据表的键值和指针。索引有自己的文件名，也要占用磁盘空间。创建索引的目的是用于提高查询效率。

2. 何种情况下要创建索引

过多的创建索引反而会降低查询效率，所以什么情况下适合创建索引是一个关键问题。一般来说，当数据表很大时，对于一些频繁用于查询的数据列，就应该对其创建索引，而对于其他列则少创建索引。

设计良好的索引可以减少磁盘的 I/O 操作，降低索引对系统资源的消耗，提高查询效率。受索引影响最大的是 SELECT 语句，其次是 UPDATE 语句和 DELETE 语句，而 INSERT 语句则不会因为索引的存在而在性能上得到任何提高。

索引的创建是由用户来完成的，而索引的使用则是由 SQL Server 的查询优化器来实现的。需要注意的是，并不是所有创建的索引都会在查询操作中自动被使用。一个索引被使用与否是由 SQL Server 的查询优化器来决定的。查询优化器能够自动评估用于检索数据的方法，并决定是否在这种方法中使用索引。例如，在扫描表或检索表的绝大部分记录时，一般不使用索引。但是，如果表没有索引，则在查询表时查询优化器必须扫描表，这是没有索引会导致检索效率下降的原因。

10.1.2 索引的分类

如果一个表没有创建索引，则数据行将不会按任何特定的顺序存储。索引的分类主要有以下两种方式。

1. 按索引的组织方式分为聚簇索引和非聚簇索引

聚簇索引指示表中数据行按索引键的排序进行存储。在 SQL Server 中，如果该表尚未创建聚簇索引，且在创建 PRIMARY KEY 约束时未指定非聚簇索引，系统会自动在此 PRIMARY KEY 键上创建聚簇索引。聚簇索引主要的特点是：每个表只能有一个聚簇索引；聚簇索引可以改变数据的物理排序方式，使数据行的物理顺序和索引中的键值顺序是一致的。

聚簇索引确定了表中记录的物理秩序，适用于频率比较高的查询、唯一性查询和范围查询等。从 SQL 语句的角度看，这些查询主要包括：

- 使用 BETWEEN、>=、>、<=、<等运算符的查询。
- 使用 JOIN 子句的查询。
- 使用 GROUP BY 子句的查询。
- 返回结果集的查询。

在创建聚簇索引时，应考虑在以下列创建。

（1）字段值唯一的列，或者绝大部分字段值都不重复的列，如 90%字段值都不重复的列。

（2）按顺序被访问的列。

（3）结果集中经常被查询的列。

非聚簇索引具有完全独立于数据行的结构。数据表中的数据行不按索引键的次序存储。在非聚簇索引中，每个索引都有指针指向包含该键值的数据行。非聚簇索引主要有以下特点：如果创建索引时没有指定索引类型，则默认为非聚簇索引；应当在创建非聚簇索引之前创建聚簇索引；每个表最多可以创建 259 个非聚簇索引；包含索引的所有长度固定列的最大存储空间大小为 900B；包含在同一索引列的最大数目为 16；最好在唯一值较多的列上创建非聚簇索引。

在对数据表创建非聚簇索引的时候，应注意以下情况。

（1）宜对数据量大、更新操作少的表，特别是专门用于查询的数据表创建非聚簇索引。

（2）不宜对更新操作频繁的数据表创建非聚簇索引，否则会降低系统的性能。

（3）尽量少对 OLTP（联机事务处理）类应用程序频繁涉及的数据表创建非聚簇索引，因为 OLTP 类应用程序对这类表的更新操作很频繁。

（4）在创建非聚簇索引时，尽量避免涉及多列的索引，即涉及的列越少越好。

2. 按表中索引的数量可以分为唯一索引和组合索引。

（1）唯一索引是指索引值唯一的一类索引，即索引值没有重复的。当对某一列创建了唯一索引后，就不能对该列输入有重复的字段值。在创建表时，如果设置了主键，那么就会自动建立一个唯一索引。

（2）组合索引是指使用两个或两个以上的字段来创建的索引。显然，它与聚簇索引没有必然的联系，只是分类的根据不同罢了。在创建组合索引时涉及的列越少越好。创建组合索引是因为有时利用一个字段不能创建唯一索引，而实际应用却要求唯一索引，这就要增加列来实现唯一索引。

10.2 索引操作

10.2.1 创建索引

在创建索引时，必须做一些准备工作。例如，最好能对空表创建索引，所以建议应在创建表的同时设置索引，这是因为如果表中已经存在数据，可能会给索引的创建带来一定的麻烦，甚至导致创建失败。如果既要创建聚簇索引又要创建非聚簇索引，那么最好先创建聚簇索引再创建非聚簇索引，因为创建聚簇索引时会改变数据表中记录的物理存放顺序，如果先创建非聚簇索引，则在以后创建聚簇索引时会重新生成已有的非聚簇索引，这会浪费很多时间。

在 SQL Server 2014 里，可以通过 3 种渠道来创建索引：在创建表时创建索引，或者通过修改表的方法创建索引；通过 SSMS 创建索引；使用 T_SQL 语句创建索引。

1. 在创建表时创建索引

【例 10.1】 在供应商 tb_Provider 表中给 PrID 建立聚簇索引。

操作步骤：

启动 SSMS→展开 db_SMS 数据库→右击“dbo.tb_Provider”→选择“设计”选项，出现如图 10-1 所示界面。

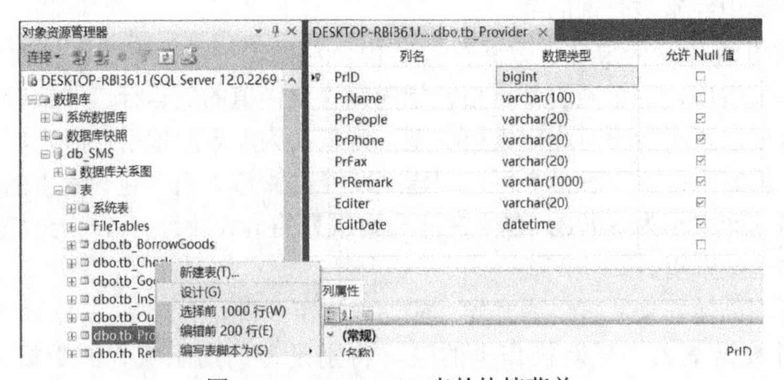

图 10-1　tb_Provider 表的快捷菜单

在 tb_Provider 表设计器窗口中的“PrID”列名上右击，出现如图 10-2 所示的快捷菜单，在该快捷菜单中选择“索引/键”选项，出现如图 10-3 所示的属性界面。

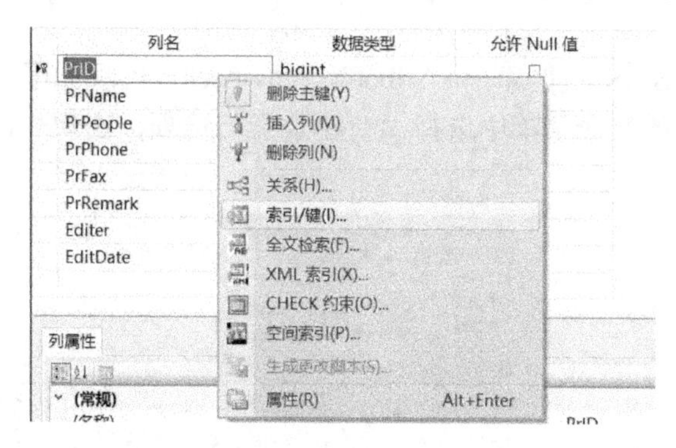

图 10-2　tb_Provider 表设计器的快捷菜单

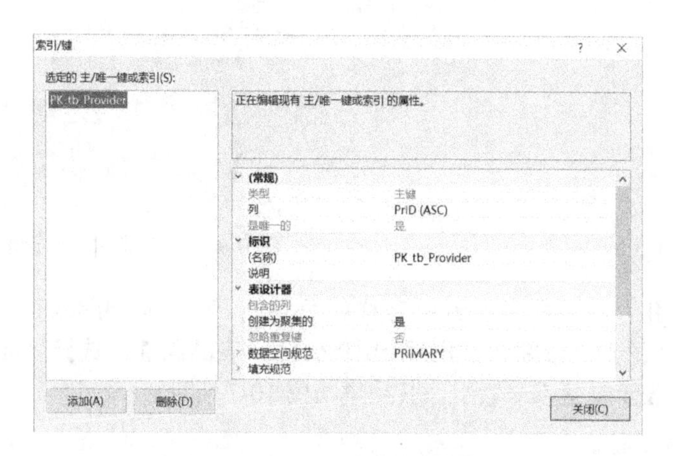

图 10-3　tb_Provider 表的属性界面

单击“添加”按钮，选择属性框中的“列”选项，列名为“PrID”，排序顺序选择为“升序”。选择属性框“表设计器”→“创建为聚集的”→“是”，如图 10-4 所示，则生成一个以“PrID”为列名、升序（ASC）的聚簇索引。

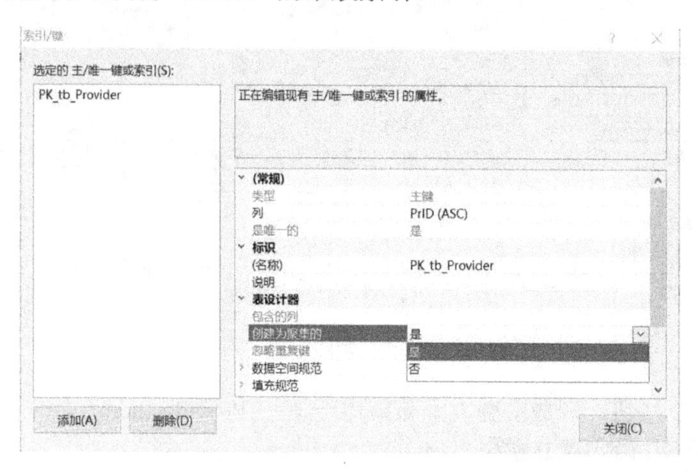

图 10-4　表设计器选择“是”选项

2. 通过 SSMS 创建索引

【例 10.2】 在供应商 tb_Provider 表中，给 PrID 建立非聚簇唯一索引 ProviderIndex。

操作步骤：

启动 SSMS→db_SMS 数据库→ “dbo.tb_Provider”，出现如图 10-5 所示界面，右击“索引”选项，在弹出的快捷菜单中选择“新建索引”选项，出现如图 10-6 所示对话框。

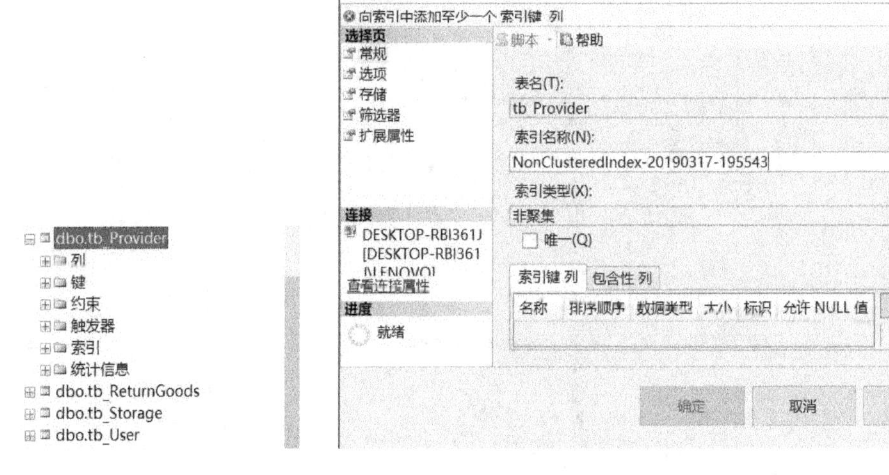

图 10-5 展开 tb_Provider 表　　　　图 10-6 “新建索引”对话框

在“新建索引”对话框中的索引名称栏里填写“ProviderIndex”，索引类型选择为“非聚集”，单击“添加”按钮，则出现 tb_Provider 表的属性，选择“PrID”列名。勾选“唯一”选项，则表示创建唯一索引，其结果如图 10-7 所示。

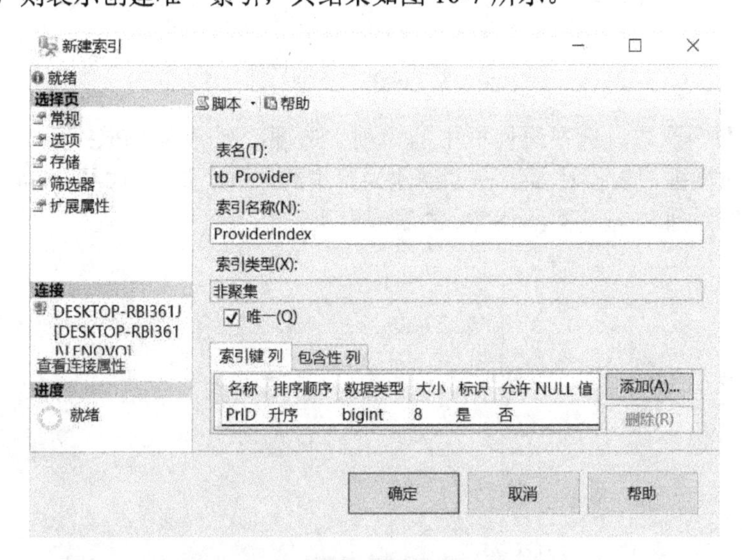

图 10-7 填写“新建索引”对话框

单击“确定”按钮，即成功建立非聚簇唯一索引 ProviderIndex。

3. 使用 T-SQL 语句建立索引

语法格式：

```
CREATE [UNIQUE]                                    /*是否为唯一索引*/
[CLUSTERED|NONCLUSTERED]                           /*索引的组织方式*/
INDEX index_name                                   /*索引名称*/
ON {table | View}(column[ASC | DESC][,...n])       /*索引定义的依据*/
[WITH<index_option>[,...n]]                        /*索引选项*/
[ON filegroup]                                     /*指定索引文件所在文件组*/
```

其中：

```
<index_option>::=
{PAD_INDEX
|FILLFACTOR=fillfactor
|IGNORE_DUP_KEY
|DROP_EXISTING
|STATISTICS_NORECOMPUTE
|SORT_IN_TEMPDM
}
```

（1）UNIQUE：表示为表或视图创建唯一索引，即不存在索引行值相同的两行。此关键字的使用有两点要注意，即对于视图创建的聚簇索引必须是 UNIQUE 索引的；如果对已经存在数据的表创建唯一索引，则必须保证索引项对应的值无重复值。

（2）CLUSTERED、NOCLUSTERED：用于指定创建聚簇索引还是非聚簇索引，前者表示创建聚簇索引，后者表示创建非聚簇索引。一个表或视图只允许有一个聚簇索引，并且必须先为表或视图创建唯一聚簇索引，然后才能创建非聚簇索引。

（3）index_name：为索引名称，它在表或视图中必须唯一，但在数据库中不必唯一。

（4）参数 table、View：用于指定包含索引字段的表名或视图名。指定表名、视图名时，可包含数据库和表的所有者。注意，必须使用 SCHEMABINDING 定义视图才能在视图中创建索引。

（5）column：用于指定建立索引的字段。参数 n 表示可以为索引指定多个字段。指定索引的字段时要注意，表或视图字段类型不能为 ntext、text 或 image；通过指定多个索引字段可创建组合索引，但组合索引的所有字段必须取自同一个表。

（6）ASC：表示索引文件按照升序建立。

（7）DESC：表示索引文件按降序建立，默认设置为 ASC。

（8）PAD_INDEX：用于指定索引中间级的每个页应保持开放的空间。此关键字必须与 FILLLFACTOR 子句同时使用。FILLFACTOR 子句通过参数 fillfactor 指定在 SQL Server 创建索引的过程中，各索引页叶级的填满程度。

（9）IGNORE_DUP_KEY：用于确定对唯一聚簇索引字段插入重复键值的处理方式。如果为索引指定了 IGNORE_DUP_KEY，插入重复键时，SQL Server 将发出警告消息并取消重复行的插入操作；若没有指定，SQL Server 会发出一条警告消息，并回滚整个 INSERT 语句。

（10）DROP_EXISTING：用于指定删除已经存在的同名聚簇索引或非聚簇索引。聚簇索引和非聚簇索引的一个标志性区别就是聚簇索引的叶节点对应着数据页，从中间级的索引页的索引行直接对应着数据页。非聚簇索引的索引 B+树叶节点不是直接指向数据页面的。

（11）ON filegroup：指定索引文件所在的文件组，其中 filegroup 为文件组名。

【例 10.3】 为 tb_Provider 表的 PrID 列名创建索引 Pr_Index。

具体代码：

```
USE db_SMS
IF EXISTS (SELECT name FROM sysindexes WHERE name='Pr_Index')
DROP INDEX tb_Provider. Pr_Index
GO
CREATE INDEX Pr_Index ON tb_Provider(PrID)
GO
```

执行结果如图 10-8 所示。

```
USE db_SMS
IF EXISTS (SELECT name FROM sysindexes WHERE name='Pr_Index')
DROP INDEX tb_Provider.Pr_Index
GO
CREATE INDEX Pr_Index ON tb_Provider(PrID)
GO
100 %
消息
命令已成功被完成。
```

图 10-8 执行结果

用 IF 语句判断在系统索引中是否存在名为 Pr_Index 的索引名，如果已经存在，则要先删除该索引，然后再创建索引。为了表述简单，后面相关内容将省略 IF 语句。

10.2.2 查看及修改索引

在“对象资源管理器”中，找到相应的索引节点，然后右击该节点，并在弹出的快捷菜单中选择“属性”选项，如图 10-9 所示，打开“索引属性”对话框，如图 10-10 所示，即为索引 ProviderIndex 的属性界面。

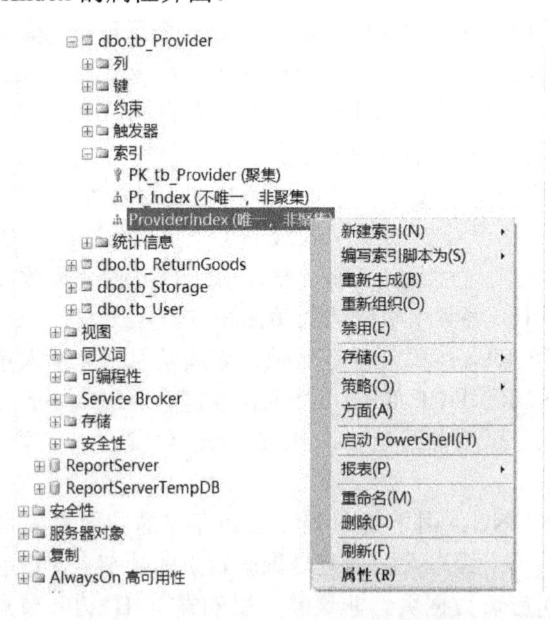

图 10-9 索引 ProviderIndex 的快捷菜单

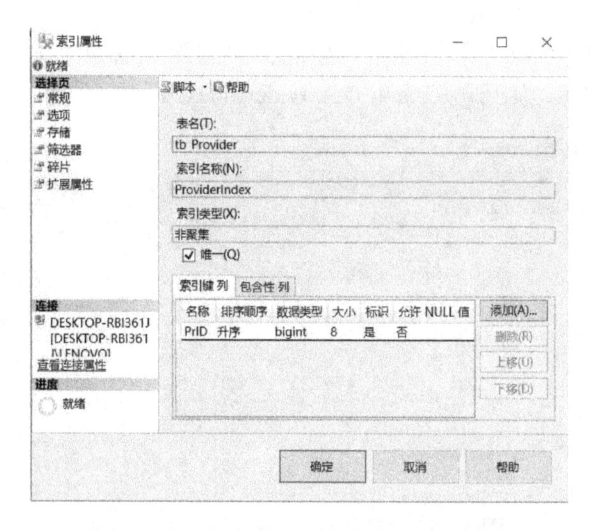

图 10-10 索引 ProviderIndex 的属性界面

在此属性界面中，可以查看也可以修改索引的设置参数。对于索引的修改操作，除了不能更改索引的基表和索引名，其他参数都可以根据需要被修改。

10.2.3 删除索引

索引的删除既可以通过 SSMS 删除，也可以通过 SQL 命令删除。

1. 通过 SSMS 删除

【例 10.4】 删除例 10.3 中建立的索引。

（1）启动 SSMS→展开 db_SMS 数据库→“dbo.tb_Provider”→“索引”，右击“ProviderIndex（唯一，非聚集）”选项，则出现如图 10-11 所示界面。

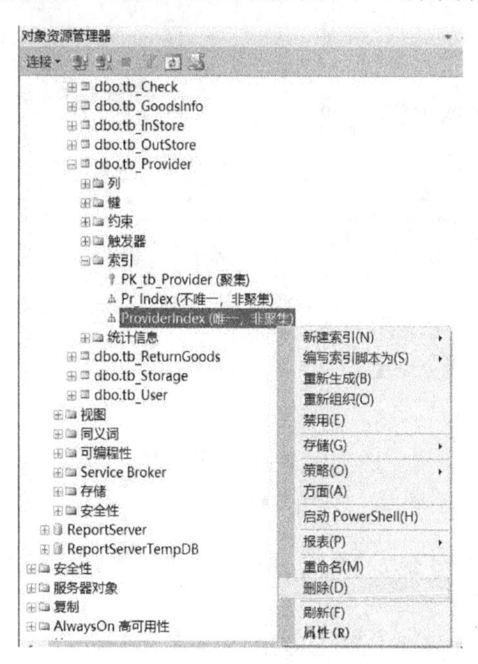

图 10-11 “ProviderIndex（唯一，非聚集）”的快捷菜单

（2）在“ProviderIndex”的快捷菜单中选择“删除”选项，出现如图 10-12 所示界面，单击“确定”按钮，则可删除索引“ProviderIndex”。

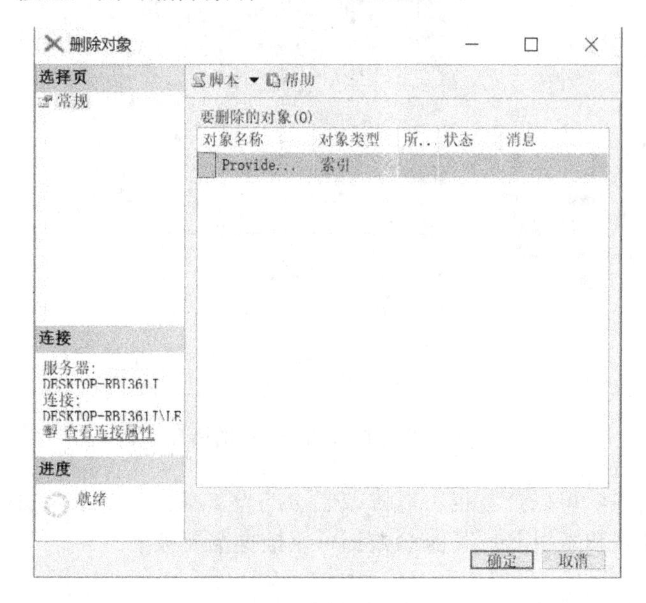

图 10-12 “删除对象”对话框

2. 通过 SQL 命令删除索引

语法格式：

```
DROP INDEX 'table.index | view.index ' [,…n] /* table.index 索引所在的表或视图*/
```

【例 10.5】 通过 SQL 命令删除例 10.3 中建立的索引。

具体代码：

```
USE db_SMS
DROP INDEX tb_Provider.Pr_Index
```

执行结果如图 10-13 所示。

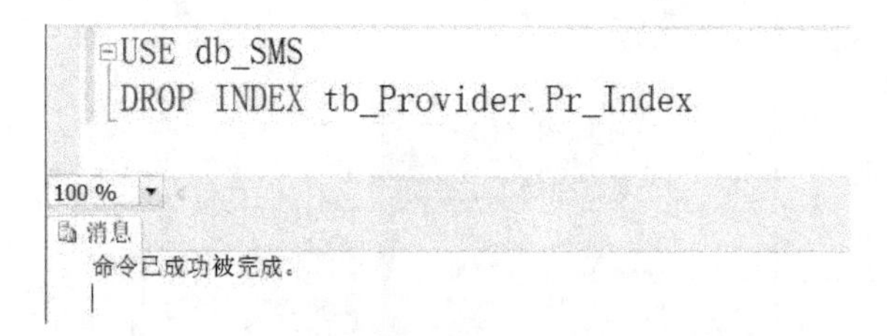

图 10-13 执行结果

说明：

（1）DROP INDEX 语句不适合删除通过定义 PRIMARY KEY 或 UNIQUE 约束创建的索引，若要删除，必须通过删除约束实现。

（2）在系统表的索引上不能执行 DROP INDEX 语句。

10.3 视图概述

10.3.1 视图的概念

视图是从一个或几个基本表导出的表。它与基本表不同，是一个虚表。数据库中只存储视图的定义而不存储视图中的数据，从视图中可访问的数据应存放在原来的基本表中。视图一经定义，就可以和基本表一样被查询、删除，当然也可以在一个视图上再定义新的视图，但对视图的更新（增加、删除、修改）操作则有一定的限制。

10.3.2 视图的作用

视图的具体作用如下。

（1）为用户集中数据，简化用户的查询和处理。有时用户所需要的数据分散在多个表中，定义视图可将其集中在一起，从而方便数据的查询和处理。

（2）屏蔽数据库的复杂性。用户不必了解复杂的数据库表的结构，并且数据库表的更改也不影响用户对数据库的使用。

（3）简化用户权限的管理。只要授予用户使用视图的权限，而不必指定用户只能使用表的特定列，这样就增加了安全性。

（4）便于数据共享。各用户不必都定义和存储自己所需的数据，可共享数据库的数据，这样同样的数据只要存取一次。

（5）可以重新组织数据，以便输出到其他应用程序中。

10.3.3 视图的限制

使用视图时，应该注意以下事项。

（1）只有在当前数据库中才能创建视图。视图的命名必须遵循标识符命名规则，不能与表同名，且对每个用户视图名必须是唯一的，即对不同用户即使是定义相同的视图，也必须使用不同的名字。

（2）不能把规则、默认值或触发器与视图相关联。

（3）一般不能在视图上建立任何索引，包括全文索引。

10.4 视图操作

10.4.1 创建视图

在 SQL Server 2014 中，视图作为一种数据对象保存在数据库中。所以，创建视图类似于创建其他的数据库对象。本节将主要使用 SSMS 和 SQL 分别创建视图。

1. 使用 SSMS 创建视图

【例 10.6】 在数据库 db_SMS 中创建视图 Pr_Goods_View（供应商名称、供货数量、货物价格、供应商负责人、供应商联系电话 5 个字段）。

（1）启动 SSMS→“db_SMS”→“视图”，右击“视图”选项，在弹出的快捷菜单中选择“新建视图”选项，如图 10-14 所示，打开“添加表”对话框。

（2）在“添加表”对话框中，单击“新建”按钮，如图 10-15 所示。

图 10-14　展开“视图”节点

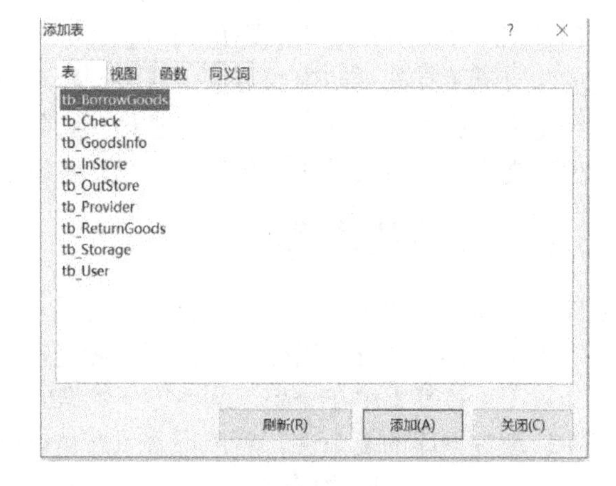

图 10-15　“添加表”对话框

（3）选择图 10-15 中的“tb_Provider”表和“tb_Instore”表，如图 10-16 所示。然后，单击“添加”按钮，出现如图 10-17 所示的视图设计界面。

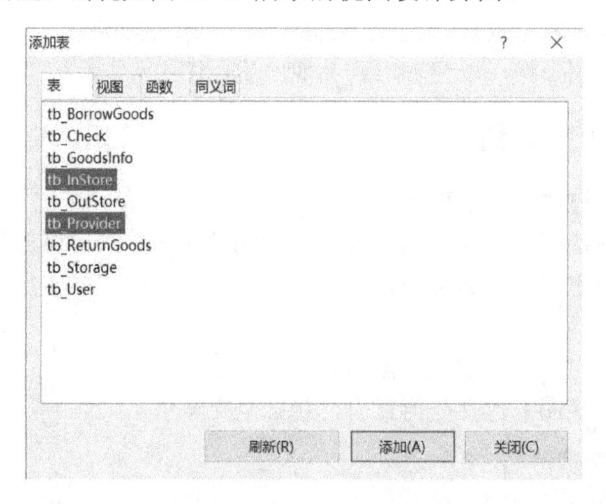

图 10-16　“添加表”按钮复选框

视图设计界面主要由 4 部分组成。

① 基表设置区：在此可以添加或删除视图的基表，以及基表之间的关联，并且可以设置视图的字段。当通过“添加表”对话框添加多个数据表时，SSMS 就会自动根据表中的相同字段来构建表间的关联。在图形上，关联表现为一条连线，可以运用鼠标对这种关联进行操作：如果想删除该关联，只要选择其对应的连线，然后单击 Delete 键即可；如果想创建一个新的关联，可以通过鼠标从一个表中选择一个字段，然后将该字段拖到另一个表中相应的位置即可。

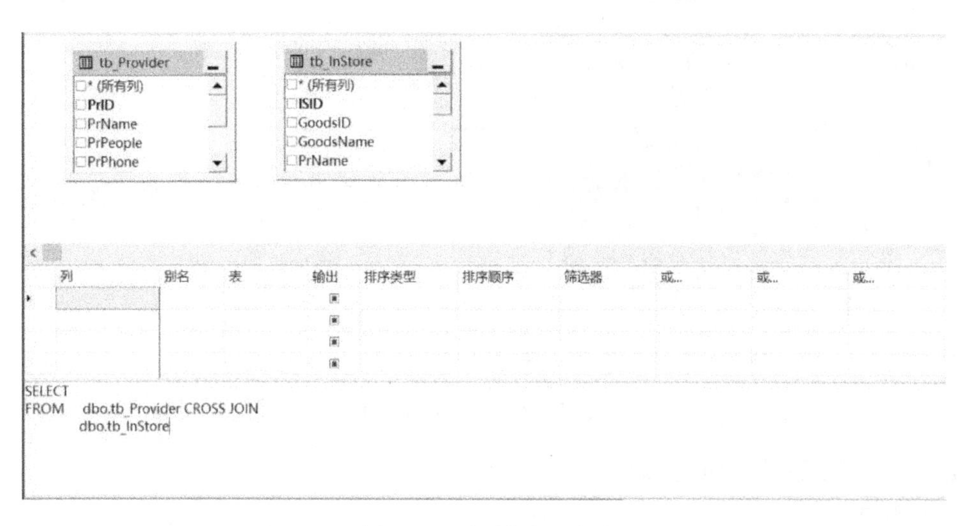

图 10-17 视图设计界面

② 列选择区：在此可以进一步对视图所包含的字段进行设置，包括确定字段的“去留”，指定字段的别名、排序方式等。

③ SQL 语句区：当在“基表设置区”“列选择区”进行设置的时候，会自动生成相应的 SQL 语句，这些语句则实时地显示在“SQL 语句区”中。当然，也可以直接编写该区中的 SQL 语句来实现对视图的创建和修改。

④ 视图区：该区用于显示上述设置时所产生的视图效果，但应在设置完了以后通过单击快捷菜单中的按钮 ! 才能显示视图效果。如果显示的效果与设计的效果不符，则可在以上的各个区中进行修改，直到满意为止。

（4）在图 10-17 的基表设置区，在 tb_InStore 中勾选“GoodsNum”“PrName”“GoodsPrice”复选项，在表 tb_Provider 中勾选“PrPeople”“PrPhone”复选项，如图 10-18 所示。

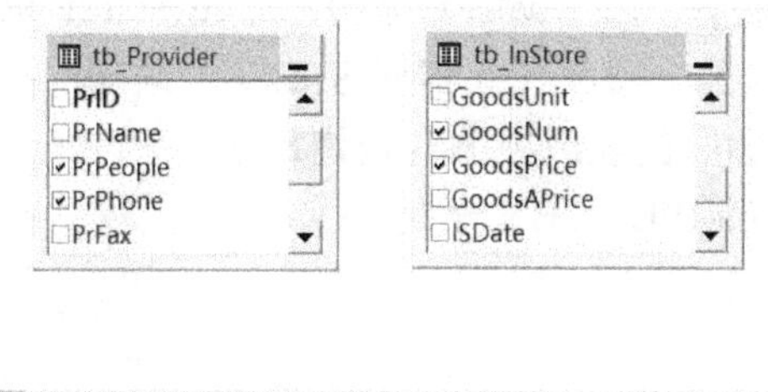

图 10-18 “基表设置区”的设置

（5）单击“保存”按钮，在“输入视图名称”对话框中，将视图名称命名为“Pr_Goods_View”，则成功建立视图，如图 10-19 所示。

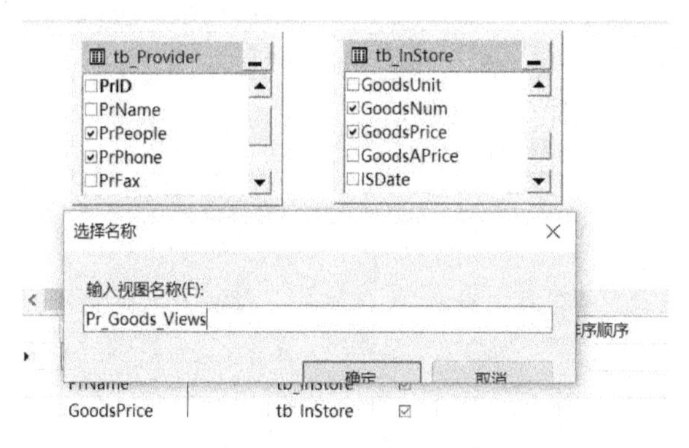

图 10-19　命名视图名称

2. 使用 T-SQL 语句创建视图

语法格式：

```
CREATE VIEW [<database_name>]<owner>.]view_name [ ( column [ ,...n ] ) ]
[WITH<view_attribute>]
AS   select_statement
[ WITH CHECK OPTION ]
```

（1）database_name：是数据库名；owner：是所有者名；view_name：是视图名。

（2）column_name：列名，是视图中包含的列，可以有多个列名，最多可以引用 1024 个列。若使用与源表或视图中相同的列名时，则不必给出 column_name。

（3）WITH view_attribute：指出视图的属性，view_attribute 可以取以下值：

- ENCRYPTION：说明在系统表 syscomments 中存储 CREATE VIEW 语句进行加密。
- SCHEMABINDING：说明将视图与其依赖的表或视图结构相关联。
- VIEW_METADATA：指定为引用视图的查询请求浏览模式的元数据时，向 DBLIB、ODBC 或 OLEDB API 返回有关视图的元数据信息，而不是返回给基表或其他表。

（4）select_statement：用来创建视图的 select 语句，可在 select 语句中查询多个表或视图，以表明新创建的视图所参照的表或视图。但对 SELECT 语句的限制：

- 定义视图的用户必须对所参照的表或视图有查询权限。
- 不能使用 COMPUTE 或 COMPUTE BY 子句。
- 不能使用 ORDER BY 子句。
- 不能使用 INTO 子句。
- 不能在临时表或表变量上创建视图。

（5）WITH CHECK OPTION：指出在视图上进行的修改都要符合 select_statement 所指定的限制条件，这样可以确保数据修改后，仍可通过视图看到修改的数据。

用 T-SQL 语句建立例 10.6 的视图 Pr_Goods_View。

具体代码：

```
USE db_SMS
GO
CREATE VIEW Pr_Goods_View
AS
SELECT tb_InStore.PrName,GoodsNum,GoodsPrice,PrPeople,PrPhone
```

```
FROM
tb_InStore CROSS JOIN tb_Provider
```

执行结果如图 10-20 所示。

```
USE db_SMS
GO
CREATE VIEW Pr_Goods_View
AS
SELECT tb_InStore.PrName,GoodsNum,GoodsPrice,PrPeople,PrPhone
FROM
tb_InStore CROSS JOIN tb_Provider
100 %
消息
命令已成功完成。
```

图 10-20　执行结果

4.2　修改视图

可以通过 SSMS 修改视图，也可以使用 T-SQL 的 ALTER VIEW 语句修改视图。

1. 通过 SSMS 修改视图

（1）在 SSMS 中展开数据库和视图，在要修改的视图上右击，在弹出的快捷菜单上选择“设计”选项，如图 10-21 所示，将出现如图 10-22 所示的窗口。

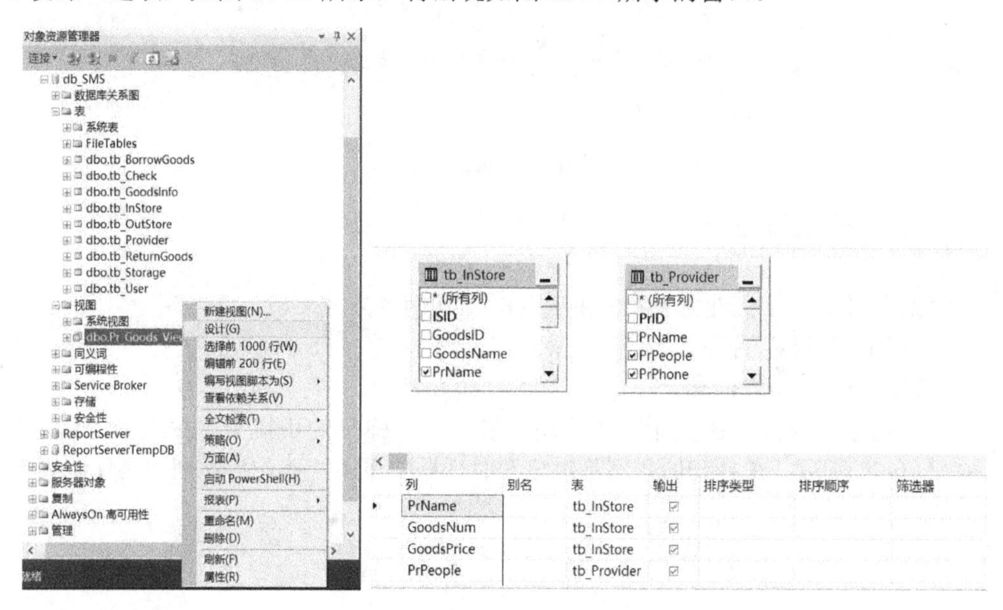

图 10-21　选择“设计”选项　　　　图 10-22　修改视图定义窗口

（2）在该窗口中，对视图定义进行修改，修改完后单击“保存”按钮即可。

注意：对加密存储的视图定义不能通过 SSMS 修改。

2. 使用 ALTER VIEW 语句修改视图

语法格式：

```
ALTER VIEW [<database_name>]<owner>.]view_name [ ( column [ ,...n ] ) ]
[WITH<view_attribute>]
AS    select_statement
[ WITH CHECK OPTION ]
```

其中，view_attribute、select_statement 等参数与 CREATE VIEW 语句中含义相同。

【例 10.7】 更改 Pr_Goods_View 视图，向视图中添加 tb_Instore 表的 ISID、GoodsID、GoodsName。

具体代码：

```
ALTER VIEW Pr_Goods_View
AS
SELECT
ISID,GoodsID,PrID,dbo.tb_InStore.PrName, GoodsName,GoodsNum, GoodsPrice,
PrPeople, PrPhone
FROM dbo.tb_InStore
INNER JOIN
dbo.tb_Provider ON dbo.tb_InStore.PrName = dbo.tb_Provider.PrName
```

执行结果如图 10-23 所示。

```
ALTER VIEW Pr_Goods_View
AS
SELECT
ISID, GoodsID, PrID, dbo. tb_InStore. PrName, GoodsName, GoodsNum,
GoodsPrice, PrPeople, PrPhone
FROM dbo. tb_InStore
INNER JOIN
dbo. tb_Provider ON dbo. tb_InStore. PrName=dbo. tb_Provider. PrName
```

100 %

消息

命令已成功完成。

图 10-23 执行结果

10.4.3 删除视图

删除视图同样也可以通过 SSMS 和 T-SQL 语句两种方式删除。

【例 10.8】 删除视图 Pr_Goods_View。

1. 通过 SSMS 删除视图

展开数据库和视图，在要删除的视图上右击，在弹出的快捷菜单中选择“删除”选项。如图 10-24 所示，在打开的“删除对象”对话框中单击“确定”按钮，则删除视图。

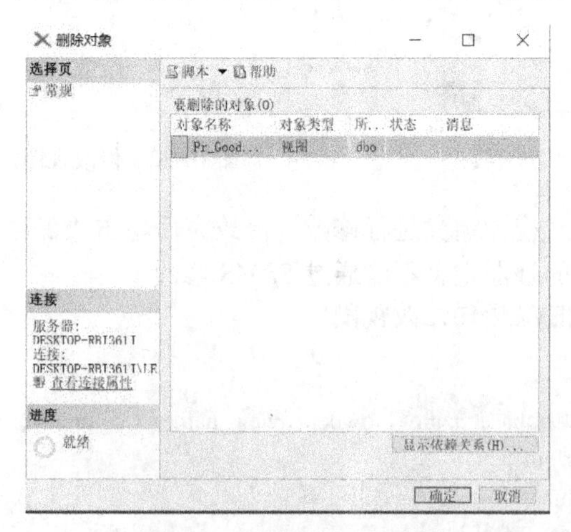

图 10-24 “删除对象”对话框

2. 使用T-SQL语句删除视图

语法格式：

```
DROP VIEW {viewname}[,…n]
```

其中，viewname是视图名，使用DROP VIEW一次可以删除多个视图。例如：

```
DROP VIEW Pr_Goods_View
```

则可删除视图Pr_Goods_View。

10.5 视图应用

10.5.1 在SSMS界面中操作视图记录

在SSMS界面中操作视图记录，其主要方法和在表中操作记录方法一样。

（1）连接上SQL Server，选择“数据库”→“视图”，右击需要修改的视图名称，弹出该视图的快捷菜单，如图10-25所示。

图10-25 视图的快捷菜单

（2）在该快捷菜单中选择“编辑前200行”选项，打开如图10-26所示界面，可以对视图进行增加、删除、修改等操作。

PrName	GoodsN...	GoodsP...	PrPeople	PrPhone
友泰公司	85	168.0000	小王	029-543...
友泰公司	85	168.0000	小刘	0275-66...
友泰公司	85	168.0000	小秦	0256-26...
友泰公司	85	168.0000	小朱	034-457...
友泰公司	85	168.0000	小吴	236-456...
友泰公司	85	168.0000	小苏	367-526...
友泰公司	85	168.0000	小陈	458-952...
友泰公司	85	168.0000	小鲁	365-969...
友泰公司	85	168.0000	小薛	936-452...
友泰公司	85	168.0000	小谢	364-569...
友泰公司	85	168.0000	小白	123-456...

图 10-26　视图界面

10.5.2 视图中的数据更新

由于视图在数据库中并没有实际数据存在，其定义的数据都保存在基表中，所以对视图的任何更新操作（查询、插入、删除和修改数据）都要转化为对基表的操作。因此，所有针对视图的操作都要受限于对基表所做的约束，特别是基表为多个表时更是如此。这就决定了对视图中数据的操作不能照搬对数据表的操作方法，它有自己的一些特点和要求，而且有些视图是不能被更新的。

一般来说，视图主要用于数据的查询。如果对视图随意使用更新操作，那么将会产生许多意想不到的问题。实际上，很多关系数据库管理系统只提供对基于单个表的视图进行更新，并且有以下限制。

（1）如果视图的字段是计算列或常数，则不允许对该视图执行 INSERT、UPDATE 的操作，但可以执行 DELETE 操作。

（2）如果视图的字段是来自库函数，则不允许对该视图进行更新操作。

（3）如果定义视图的 SELECT 语句带 DISTINCT、GROUP BY 关键字，则不允许对该视图进行更新操作。

（4）如果视图有两个或两个以上的基表，则不允许对该视图进行删除操作，其他更新操作也很难完成。

（5）如果一个视图的嵌套查询使用的数据表与该视图的基表是同一个表，则不允许对该视图进行更新操作。

（6）如果一个视图是基于另外一个不允许更新的视图创建起来的，则不允许对该视图有更新操作。

1. T-SQL 的 SELECT 语句操作

【例 10.9】 向视图 Pr_Goods_View 中查询价格大于 100 元的产品。

具体代码：

```
SELECT * FROM  Pr_Goods_View
WHERE
GoodsPrice>100
```

2. T-SQL 的 INSERT 语句操作

【例 10.10】 向视图 Pr_Goods_View 的关联表 tb_Instore 中添加一组数据：ISID：17；PrID：匡威公司；GoodsID：128278；GoodsName：鞋子；GoodsNum：100；

GoodsPrice：328。

具体代码：

```
SET IDENTITY_INSERT tb_InStore ON
INSERT INTO Pr_Goods_View(ISID,GoodsID,PrName,GoodsName,GoodsNum,GoodsPrice)
VALUES(17,128278, '匡威公司','鞋子',100,328)
```

执行结果如图 10-27 所示。

```
SET IDENTITY_INSERT tb_InStore ON
INSERT INTO Pr_Goods_View(ISID,GoodsID,PrName,GoodsName,GoodsNum,GoodsPrice)
VALUES(17,128278,'匡威公司','鞋子',100,328)
```

100 %

消息

(1 行受影响)

(1 行受影响)

(1 行受影响)

图 10-27　执行结果

3. T-SQL 的 UPDATE 语句操作

【例 10.11】 将视图 Pr_Goods_View 中字段为 ISID 等于 17 的记录 GoodsNum 更改为 200，GoodsPrice 更改为 300。

具体代码：

```
UPDATE   Pr_Goods_View SET GoodsNum=200,GoodsPrice=300
WHERE ISID=17
```

更新之后的视图 Pr_Goods_View 如图 10-28 所示。

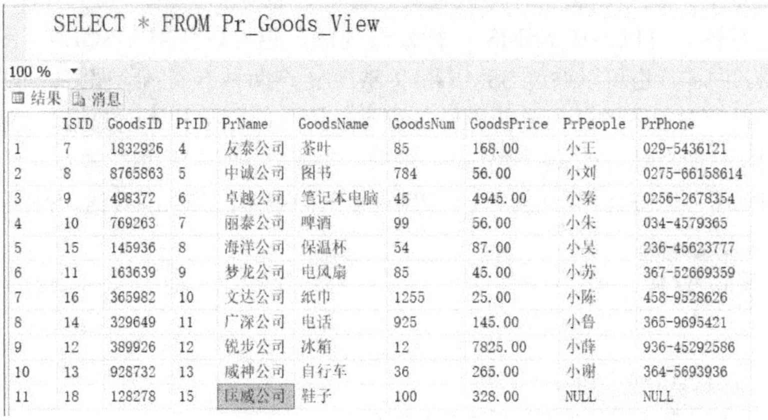

```
SELECT * FROM Pr_Goods_View
```

100 %

结果　消息

	ISID	GoodsID	PrID	PrName	GoodsName	GoodsNum	GoodsPrice	PrPeople	PrPhone
1	7	1832926	4	友泰公司	茶叶	85	168.00	小王	029-5436121
2	8	8765863	5	中诚公司	图书	784	56.00	小刘	0275-66158614
3	9	498372	6	卓越公司	笔记本电脑	45	4945.00	小秦	0256-2678354
4	10	769263	7	丽泰公司	啤酒	99	56.00	小朱	034-4579365
5	15	145936	8	海洋公司	保温杯	54	87.00	小吴	236-45623777
6	11	163639	9	梦龙公司	电风扇	85	45.00	小苏	367-52669359
7	16	365982	10	文达公司	纸巾	1255	25.00	小陈	458-9528626
8	14	329649	11	广深公司	电话	925	145.00	小鲁	365-9695421
9	12	389926	12	锐步公司	冰箱	12	7825.00	小薛	936-45292586
10	13	928732	13	威神公司	自行车	36	265.00	小谢	364-5693936
11	18	128278	15	匡威公司	鞋子	100	328.00	NULL	NULL

图 10-28　更新之后的视图 Pr_Goods_View

4. T-SQL 的 DELETE 语句操作

语法格式：

```
DELETE FROM view_name WHERE[<条件>]
```

【例 10.12】 删除例 10.10 中插入的数据。

具体代码：

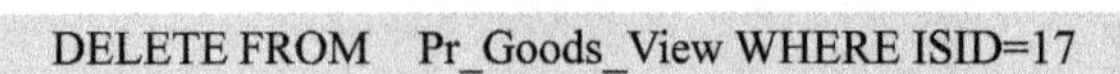

```
DELETE FROM   Pr_Goods_View WHERE ISID=17
```

执行结果如图 10-29 所示。

```
DELETE FROM Pr_Goods_View WHERE ISID=17
100 %
消息
消息 4405，级别 16，状态 1，第 1 行
视图或函数 'Pr_Goods_View' 不可被更新，因为修改会影响多个基表。
```

图 10-29　执行结果

注意：在进行 DELETE 语句操作时，如果视图有两个或两个以上的基表，则不允许进行视图的删除操作，因此用 DELETE 语句删除有两个基表的视图 Pr_Goods_View 不成功。

10.6 小结

索引是根据表中一列或若干列按照一定顺序建立的列值与记录行之间的对应关系表，是独立于数据表的一种数据库对象，按索引的组织方式分为聚簇索引和非聚簇索引两类。应在创建表的同时设置索引，先创建聚簇索引再创建非聚簇索引。可以通过 3 种渠道来创建索引：在创建表时创建索引，或者通过修改表的方法创建索引；通过 SSMS 创建索引；使用 T-SQL 语句创建索引。可以查看也可以修改索引的设置参数。索引的删除既可以通过 SSMS 删除，也可以通过 SQL 命令删除。

视图是从一个或几个基本表导出的表。从视图中可访问的数据应存放在原来的基本表中。视图一经定义，就可以像表一样被查询、修改、删除和更新，可使用 SSMS 和 T-SQL 语句分别创建视图。可以通过 SSMS 进行修改视图，也可以使用 T-SQL 的 ALTER VIEW 语句修改视图。同样，也可以通过 SSMS 和 T-SQL 语句两种方式删除视图。可在 SSMS 界面中操作视图记录，对视图的任何更新操作（查询、插入、删除和修改数据）都要转化为对基表的操作，因此，所有针对视图的操作都要受限于对基表所做的约束。本章介绍了 T-SQL 的 SELECT 语句操作、INSERT 语句操作、UPDATE 语句操作、DELETE 语句操作。

习题 10

10-1 索引及视图的作用是什么？

10-2 索引分为哪几类？它们有什么区别？

10-3 在一个表还没有创建聚簇索引时，对其创建主键，那么此主键会有何作用？

10-4 进行视图的更新操作时，应该注意哪些问题?

10-5 根据 tb_GoodsInfo 表创建视图 View1，View1 包含（GoodsID、GoodsName、GoodsNum、GoodsInPrice）字段。

（1）用 T-SQL 语句查询视图 View1 中 GoodsInPrice >100 的数据。

（2）用 T-SQL 语句向视图 View1 插入新的数据（数据自己填写）。

（3）用 T-SQL 语句删除视图 View1。

第11章 T-SQL程序设计与游标

本章将介绍T-SQL的常量和变量、运算符与表达式，流程控制语句、语句块和注释，分支语句的IF语句和CASE语句，循环语句的WHILE，以及批处理。本章还将重点介绍游标，包括如何声明游标、打开游标、读取游标、关闭与释放游标，以及使用游标删除和更新数据。

11.1 数据与表达式

11.1.1 常量与变量

1. 常量

常量是指在程序运行过程中始终不改变的值，是一个固定的数据值。在T-SQL程序设计过程中，定义常量的格式取决于其表示值的类型。在SQL Server 2014中，主要的常量类型及常量的表示说明如表11-1所示。

表11-1 常量类型及常量的表示说明

常量类型	常量的表示说明
字符串常量	在单引号或双引号中，由字母（a～z、A～Z）、数字字符（0～9），以及特殊字符（如！、@和#）组成，如“hello”“1234”
二进制常量	由0或1构成的串，并且不使用引号。如果使用一个大于1的数字，该数字将被转换为1，如101、11
十进制整型常量	使用不带小数点的十进制数据表示，如123、11
十六进制整型常量	使用前缀OX后跟十六进制数字串表示，如OXEE
日期常量	使用单引号将日期时间字符串括起来，常见的日期格式有 字母日期格式：26-May-2018 数字日期格式：2018-05-26、05/26/2018 未分隔的字符格式：20180526
实型常量	有定点表示和浮点表示两种方式，即 定点表示：14.123、+3.11 浮点表示：9E3、1.3E-6
货币常量	以“$”为前缀的一个整型或实型常量数据，如$1234、$1314.11

2. 变量

变量是在程序运行中值会发生变化的量，可以利用变量存储程序执行过程中涉及的数据。

变量由变量名和变量值组成，其类型与常量相同，但变量名不允许与函数名或命令名相同。在 SQL Server 2014 中，有两类变量：全局变量和局部变量。

1）全局变量

全局变量是 SQL Server 管理的变量。用户不能对全局变量进行更改、建立，只可以查看全局变量。全局变量分为两类：系统的全局变量、反映与一个连接有关的全局变量。

全局变量特征是变量名前必须是“@@”。在 SQL Server 2014 中，大约有 30 多个全局变量。例如，@@ROWCOUNT 表示最近一个语句影响的行数；@@ERROR 表示返回上次执行 SQL 语句后产生的错误数等。全局变量如表 11-2 所示。

表 11-2 全局变量

全局变量	含义
@@CONNECTIONS	返回系统启动后，所接受的连接或试图连接的次数
@@CURSOR ROWS	返回游标打开后，游标中的行数
@@ERROR	返回上次执行 SQL 语句后产生的错误数
@@LANGUAGE	返回当前使用的语言名称
@@OPTION	返回当前 set 选项信息
@@PROCID	返回当前存储过程的标识符
@@ROWCOUNT	返回上一个语句所处理的行数
@@SERVERNAME	返回运行系统的本地服务器名称
@@SERVICENAME	返回系统运行时的注册名称
@@VERSION	返回当前系统的日期、版本等

【例 11.1】 可以使用全局变量@@VERSION 查看当前 SQL Server 版本的信息。

具体代码：

```
SELECT @@VERSION AS [当前 SQL Server 版本]
```

执行结果如图 11-1 所示。

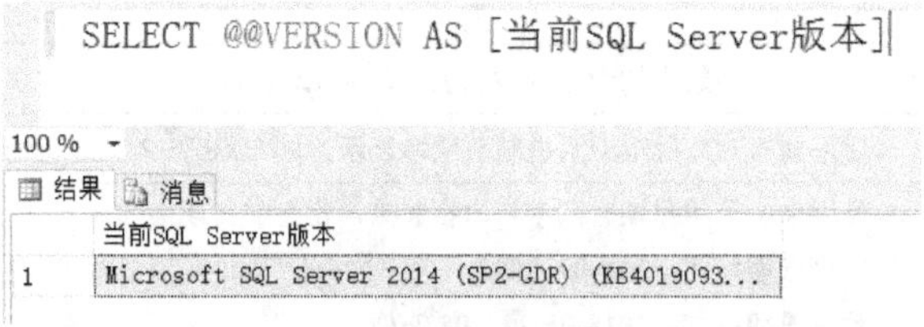

```
SELECT @@VERSION AS [当前SQL Server版本]

100 %
结果  消息
   当前SQL Server版本
1  Microsoft SQL Server 2014 (SP2-GDR) (KB4019093...
```

图 11-1 执行结果

图 11-1 中显示了当前 SQL Server 服务器的日期、版本和处理器类型等基本信息。

2）局部变量

局部变量是在一定范围内有意义的变量，由用户建立和使用。局部变量的作用范围一般为批处理、存储过程、触发器。

局部变量的命名要求第一个字符必须是“@”，由字母、数字、下画线等字符组成，不能与 SQL Server 的保留字、全局变量、存储过程、表等其他数据库重名。

使用 DECLARE 语句可以声明局部变量。

语法格式：

```
DECLARE
        {{ @local_variable data_type}
                |{@cursor_variable_name CURSOR}
                |{table_type_definition}
}[,...n]
```

（1）@local_variable：局部变量名称。

（2）data_type：局部变量的数据类型。

（3）@cursor_variable_name：游标变量的名称。

（4）CURSOR：指定变量是局部游标变量。

（5）table_type_definition：定义表数据类型，是在 CREATE TABLE 中用于定义表的信息子集。

（6）n：表示可以指定多个变量及对变量赋值的占位符。

【例 11.2】 创建一个局部变量，变量名为“@name”，数据类型为 char(10)。

具体代码：

```
DECLARE @NAME CHAR(10)
```

执行结果如图 11-2 所示。

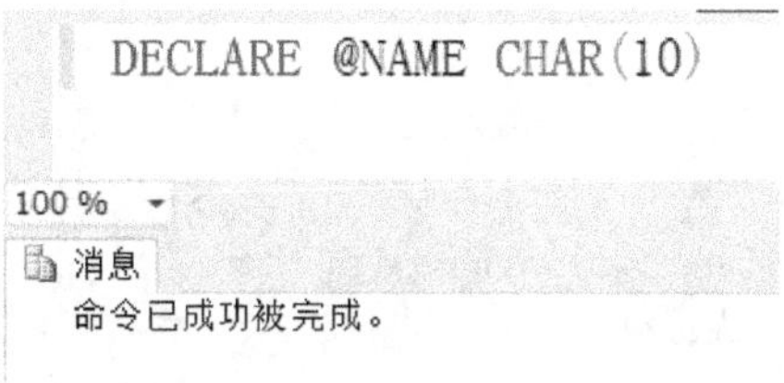

DECLARE @NAME CHAR(10)

100 %

消息

命令已成功被完成。

图 11-2　执行结果

11.1.2　运算符与表达式

1. 运算符

在 SQL Server 2014 中，运算符可以分为算术运算符、比较运算符、逻辑运算符、连接运算符、位运算符、赋值运算符和一元运算符等。

2. 算术运算符

算术运算符用于对两个数字型的量进行数学运算，这两个表达式可以是精确数字型或近似数字型。算术运算符如表 11-3 所示。

表 11-3　算术运算符

算术运算符	含　义
+	加法
-	减法
*	乘法

续表

算术运算符	含　义
/	除法
%	取余

3. 比较运算符

比较运算符又称关系运算符，用于比较两个表达式的值之间的关系，如表 11-4 所示。比较运算的结果为布尔数据类型，分为 TRUE（真）、FALSE（假）和 UNKNOWN（未知）。而返回的布尔数据类型的表达式称为布尔表达式。

表 11-4　比较运算符

比较运算符	含　义	举 例 说 明
=	等于	5=5、年龄=20
>	大于	6>5
<	小于	3<4
>=	大于或等于	5>=5、年龄>=20
<=	小于或等于	4<=5
!=或< >	不等于	5< >1

【例 11.3】 从用户 user 表中，查询出用户权限为超级管理员的用户。

具体代码：

```
USE db_SMS;
GO
SELECT UserID,UserName,UserPwd FROM tb_User
WHERE UserRight='超级管理员'
```

执行结果如图 11-3 所示。

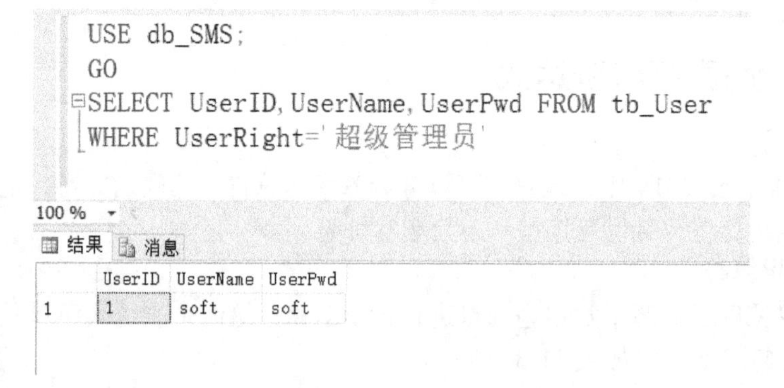

图 11-3　执行结果

4. 逻辑运算符

逻辑运算符用于对表达式进行测试，返回值为 TRUE 或 FALSE 的布尔数据类型。逻辑运算符包括 AND、OR、NOT 等，如表 11-5 所示，列出了所有的逻辑运算符。

表 11-5　逻辑运算符

逻辑运算符	含　义
ALL	如果一个比较集中的比较都为 TRUE，那么就为 TRUE
AND	如果两个布尔表达式都为 TRUE，那么就为 TRUE
ANY	如果一个比较集中任意一个比较为 TRUE，那么就为 TRUE
BETWEEN	如果操作数在某个范围之内，那么就为 TRUE
EXISTS	如果子查询包含一些行，那么就为 TRUE
IN	如果操作数等于表达式列表中的一个表达式，那么就为 TRUE
LIKE	如果操作数与一种模式相匹配，那么就为 TRUE
NOT	对任何其他布尔运算符的值取反
OR	如果两个布尔表达式中的一个表达式为 TRUE，那么就为 TRUE
SOME	如果在一个比较集中，有些比较为 TRUE，那么就为 TRUE

【例 11.4】 在 tb_ReturnGoods 表中，查询存储在 A 仓库到 E 仓库之间并且归还数量为 1 件的商品信息，如图 11-4 所示。

	RGID	BGID	StoreName	GoodsName	GoodsSpec	RGNum	NRGNum	RGDate	HandlePe...	RGPeople	RGRemark	Editer	EditDate
1	2	3	主仓库	笔记本电脑	箱	1	1	2018-05-12 17:15:17.830	小文	小申	还货1台，未还数为1	小文	2018-05-12 17:15:17.830
2	3	4	主仓库	茶叶	箱	1	0	2018-05-12 17:16:53.237	小文	小赵	还货1千克，未还数为0	小文	2018-05-12 17:16:53.237
3	4	5	A仓	冰箱	台	1	0	2018-05-12 17:17:41.710	小文	小魏	还货1台，未还数为0	小文	2018-05-12 17:17:41.710
4	5	6	A仓	图书	捆	5	6	2018-05-12 17:18:38.500	小文	小苗	还货5件，未还数为6	小文	2018-05-12 17:18:38.500
5	6	7	B仓	啤酒	扎	2	3	2018-05-12 17:19:59.397	小文	小鱼	还货2块，未还数为3	小文	2018-05-12 17:19:59.397
6	7	8	D仓	保温杯	箱	1	2	2018-05-12 17:20:56.350	小文	小方	还货1个，未还数为2	小文	2018-05-12 17:20:56.350
7	8	9	E仓	电话	箱	1	0	2018-05-12 17:21:55.137	小文	小花	还货1部，未还数为0	小文	2018-05-12 17:21:55.137
8	9	10	F仓	自行车	批	1	1	2018-05-12 17:22:35.710	小文	小习	还货1辆，未还数为1	小文	2018-05-12 17:22:35.710
9	10	11	G仓	电风扇	箱	2	2	2018-05-12 17:23:12.927	小文	小席	还货2台，未还数为2	小文	2018-05-12 17:23:12.927
10	11	12	H仓	纸巾	箱	12	11	2018-05-12 17:23:50.367	小文	小蔡	还货12包，未还数为11	小文	2018-05-12 17:23:50.367

图 11-4　tb_ReturnGoods 表

具体代码：

```
USE db_SMS;
GO
SELECT * FROM tb_ReturnGoods
WHERE StoreName BETWEEN 'A 仓' AND 'E 仓' AND RGNum='1'
```

执行结果如图 11-5 所示。

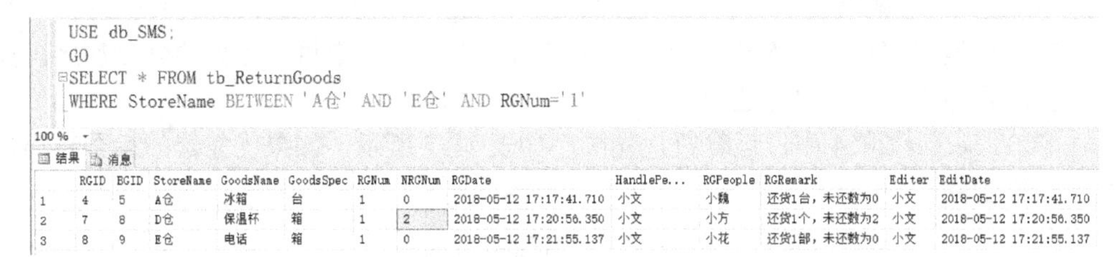

```
USE db_SMS;
GO
SELECT * FROM tb_ReturnGoods
WHERE StoreName BETWEEN 'A仓' AND 'E仓' AND RGNum='1'
```

100 %

结果　消息

	RGID	BGID	StoreName	GoodsName	GoodsSpec	RGNum	NRGNum	RGDate	HandlePe...	RGPeople	RGRemark	Editer	EditDate
1	4	5	A仓	冰箱	台	1	0	2018-05-12 17:17:41.710	小文	小魏	还货1台，未还数为0	小文	2018-05-12 17:17:41.710
2	7	8	D仓	保温杯	箱	1	2	2018-05-12 17:20:56.350	小文	小方	还货1个，未还数为2	小文	2018-05-12 17:20:56.350
3	8	9	E仓	电话	箱	1	0	2018-05-12 17:21:55.137	小文	小花	还货1部，未还数为0	小文	2018-05-12 17:21:55.137

图 11-5　执行结果

5. 连接运算符

连接运算符（+）用于将几个字符串连接起来。例如，在将两个字符串连接时，“aaa”+“bbb”会被存储为“aaabbb”。

6. 位运算符

位运算符可以对两个表达式进行位操作。这两个表达式可以是整形数据，也可以是二进制数据，位运算符有&（与运算）、|（或运算）、^（异或运算），如表 11-6 所示。

表 11-6　位运算符

位 运 算 符	含　　义
&	两个表达式均为 1 时，结果为 1，否则为 0
|	只要有一个表达式为 1，结果为 1，否则为 0
^	两个表达式值不同时，结果为 1，否则为 0

7. 一元运算符

一元运算符只对一个表达式进行操作，该表达式可以是数字数据类型中的任何一种数据类型。在 SQL Server 2014 中，一元运算符包含 +（正）、-（负）和~（位反）。

+（正）和-（负）表示数据的正和负，可以应用到数字数据类型中任何一种数据类型的表达式。~（位反）用于返回一个数的补数，可以应用到整数数据类型中任何一种数据类型的表达式。

【例 11.5】 先声明一个变量 number，对其赋值为 154，然后对其进行一元运算。

具体代码：

```
DECLARE @number INT
SET @number=154
SELECT @number AS 取正,-@number AS 取负,~@number AS 取反
```

执行结果如图 11-6 所示。

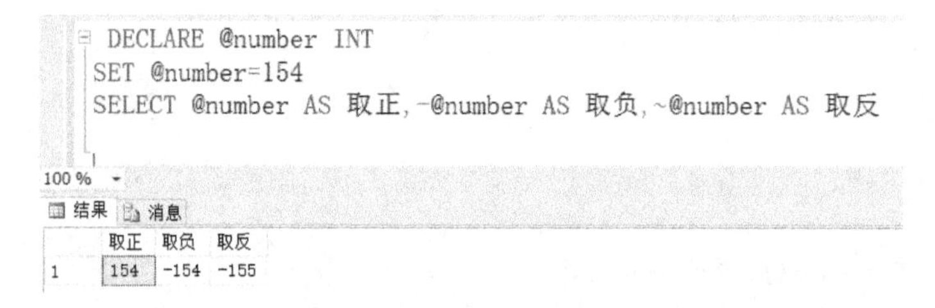

图 11-6　执行结果

8. 运算符优先顺序

当对多个运算符进行复杂运算时，运算符的优先级就决定执行运算的先后次序。如果执行运算的顺序不同，则结果也会不同。

在 SQL Server 2014 中，运算符优先顺序如表 11-7 所示，如果优先级的标号越小，则运算优先级越高。

表 11-7　运算符的优先顺序

优 先 级	运 算 符
1	~（位反）
2	*（乘）、/（除）、%（模）
3	+（正）、-（负）、+（加）、+（连接）、-（减）、&（位与）、^（位异或）、（位或）

续表

优先级	运算符
4	=、>、<、>=、<=、<>、!=、!>、!<
5	NOT
6	AND
7	ALL、ANY、BETWEEN、IN、LIKE、OR、SOME
8	=（赋值）

9．表达式

在 T-SQL 中，表达式是由变量、常量、运算符、函数等组成的。表达式可以在查询语句的任何位置应用。根据表达式包含的内容，可以将表达式分为以下两种类型。

1）简单表达式

简单表达式是指仅由变量、常量、运算符、函数等组成的表达式。简单表达式通常是用来描述一个简单的条件。

2）复杂表达式

复杂表达式是指由两个或多个简单表达式通过运算符连接起来的表达式。在复杂的表达式中，当两个或两个以上的表达式拥有不同的优先级时，那么优先级较低的表达式会转换成优先级较高的表达式。

11.2 流程控制语句

11.2.1 语句块和注释

结构化程序设计语言的 3 种基本结构是顺序结构、条件分支结构和循环结构。在 T-SQL 语言中，这些结构的流程控制语句就是用来控制程序执行顺序的语句。

1．语句块

在 SQL Server 2014 中，通常使用 BEGIN…END 定义 T-SQL 语句块，这些语句块作为一组语句执行，并且允许语句嵌套。关键字 BEGIN 定义 T-SQL 语句块的起始位置，END 标识同一语句块的结尾。

语法格式：

```
BEGIN
{
SQL_statement|statement_block
}
END
```

{SQL_statement|statement_block}：使用语句块定义的任何有效的 T-SQL 语句。

【例 11.6】 查询 tb_User 表中用户的信息。

tb_User 表如图 11-7 所示。

	UserID	UserName	UserPwd	UserRight
	1	soft	soft	超级管理员
	5	小文	123456	普通用户
	6	小娄	123456	普通用户
	7	小胡	111111	普通用户
	8	小杜	111111	普通用户
	9	小李	654321	普通用户
	10	小马	654321	普通用户
▸	11	小柯	654321	普通用户
*	NULL	NULL	NULL	NULL

图 11-7　tb_User

具体代码：

```
USE db_SMS
BEGIN
SELECT UserID,UserName,UserPwd,UserRight
FROM tb_User
END
```

执行结果如图 11-8 所示。

```
USE db_SMS
BEGIN
SELECT UserID, UserName, UserPwd, UserRight
FROM tb_User
END
```

100 %

结果　消息

	UserID	UserName	UserPwd	UserRight
1	1	soft	soft	超级管理员
2	5	小文	123456	普通用户
3	6	小娄	123456	普通用户
4	7	小胡	111111	普通用户
5	8	小杜	111111	普通用户
6	9	小李	654321	普通用户
7	10	小马	654321	普通用户
8	11	小柯	654321	普通用户
9	12	小Q	123456	普通用户

图 11-8　执行结果

将查询语句作为一个语句块进行处理，其中 BEGIN 定义查询语句的起始位置，END 标识同一块查询语句的结尾。

2. 注释

在 T-SQL 程序中，加入注释语句会增加程序的可读性。SQL Server 不会对注释的内容进行编译和执行。在 T-SQL 中，可使用两类注释符，即单行注释和多行注释。

单行注释符为“--”。多行注释采用与 C 语言相同的程序注释符号，即“/**/”。其中，“/*”用于注释文字的开头，“*/”用于注释文字的结尾，可在程序中标识多行文字为注释。为了加深对注释的使用方法，以例 11.6 的具体代码进行说明。

```
/*
下面代码的主要功能是查询出 tb_User 表中的用户信息
*/
USE db_SMS      --使用 SMS 数据库
BEGIN           --语句块开始标志
SELECT UserID,UserName,UserPwd,UserRight  --查看用户的信息
FROM tb_User
END --语句块结束标志
```

11.2.2 分支语句

1. IF 语句

IF 语句用于指定 T-SQL 语句的执行条件。如果条件为真，则执行条件表达式后面的语句；当条件为假时，执行 ELSE 关键字里面的语句。

语法格式：

```
IF  Boolean_expression
{
SQL_statement | statement_block
} [ ELSE {
    SQL_statement | statement_block
}]
```

（1）Boolean_expression：返回 TRUE 或 FALSE 的表达式。如果布尔表达式中含有 SELECT 语句，一定要用圆括号将 SELECT 语句括起来。

（2）{SQL_statement|statement_block}：使用语句块定义的任何有效的 T-SQL 语句。

【例 11.7】 在图 11-7 所示的 tb_User 表中，根据用户的姓名，判断该用户是否是管理员。

具体代码：

```
USE db_SMS;
IF((SELECT UserRight FROM tb_User WHERE UserName='soft')='超级管理员')
BEGIN
    PRINT '管理员'
END
ELSE
PRINT '不是管理员'
```

执行结果如图 11-9 所示。

```
    USE db_SMS;
IF((SELECT UserRight FROM tb_User WHERE UserName='soft')='超级管理员')
BEGIN
    PRINT '管理员'
END
ELSE
PRINT '不是管理员'
100 %
消息
  管理员
```

图 11-9　执行结果

条件表达式用 SELECT 语句求出用户名为 soft 的用户权限，然后与管理员的权限进行比较，条件为真（名为 soft 的用户权限是管理员）时，最终用 PRINT 打印出“管理员”标记。

2. CASE 语句

CASE 语句可以计算多个条件式，并返回其中一个符合条件表达式的结果。CASE 语句可分为简单 CASE 语句和搜索 CASE 语句。

1）简单 CASE 语句

语法格式：

```
CASE input_expression
WHEN when_expression THEN result_expression
[…n]
[ELSE else_result_expression]
END
```

（1）input_expression：使用简单 CASE 格式时，要计算的表达式。

（2）when_expression：用来与 input_expression 表达式做比较的表达式。

（3）result_expression：当 when_expression 表达式与 input_expression 表达式比较结果为 TRUE 时，要执行的表达式。

（4）else_result_expression：当 when_expression 表达式与 input_expression 表达式比较结果为 FALSE 时，要执行的表达式。

该语句是将 CASE 后面表达式的值与 WHEN 子句中表达式的值进行比较，如果两者的值相等，则返回 THEN 后面表达式的值，然后跳出 CASE 子句。如果和所有的 WHEN 子句中的表达式的值都不匹配，则返回 ELSE 子句中表达式的值。

2）搜索 CASE 语句

语法格式：

```
CASE
WHEN Boolean_expression THEN result_expression
[…n]
[ELSE else_result_expression]
END
```

（1）Boolean_expression：要计算的表达式，结果为布尔值。

（2）result_expression：当 Boolean_expression 表达式比较结果为 TRUE 时，要执行的表达式。

（3）else_result_expression：当 Boolean_expression 表达式比较结果为 FALSE 时，要执行的表达式。

【例 11.8】 在图 11-7 所示的 tb_User 表中，用 CASE 语句查询用户的权限。

具体代码：

```
USE db_SMS;
SELECT UserName,UserRight=
CASE    UserRight
    WHEN '超级管理员' THEN '管理员'
```

```
        WHEN '普通用户' THEN '普通用户'
        END
FROM tb_User
```

执行结果如图 11-10 所示。

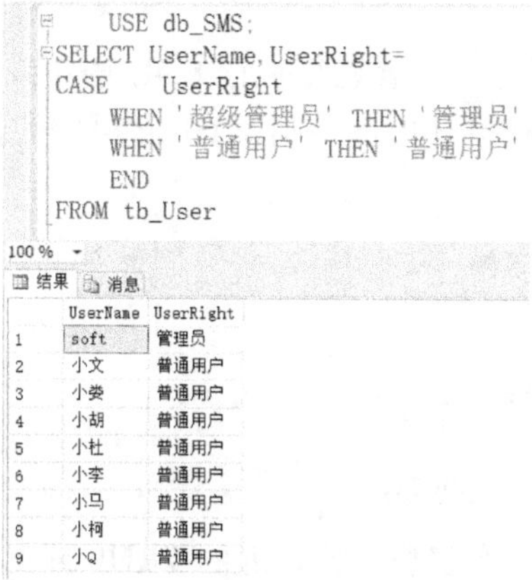

```
    USE db_SMS;
SELECT UserName, UserRight=
CASE    UserRight
    WHEN '超级管理员' THEN '管理员'
    WHEN '普通用户' THEN '普通用户'
    END
FROM tb_User
```

	UserName	UserRight
1	soft	管理员
2	小文	普通用户
3	小娄	普通用户
4	小胡	普通用户
5	小杜	普通用户
6	小李	普通用户
7	小马	普通用户
8	小柯	普通用户
9	小Q	普通用户

图 11-10　执行结果

先使用 SELECT 语句查询出 tb_User 表中“UserName”与“UserRight”的数据信息，再将各个信息与 WHEN 子句后的表达式进行对比，当取值与 WHEN 子句相同时，则返回 THEN 子句后面的内容。

【例 11.9】 运用 CASE 语句查询 db_SMS 数据库中 tb_User 表的用户权限。

具体代码：

```
USE db_SMS;
SELECT UserName ,用户权限=
CASE
        WHEN UserRight='超级管理员' THEN '管理员'
        WHEN UserRight='普通用户' THEN '普通用户'
        END
FROM tb_User
```

执行结果如图 11-11 所示。

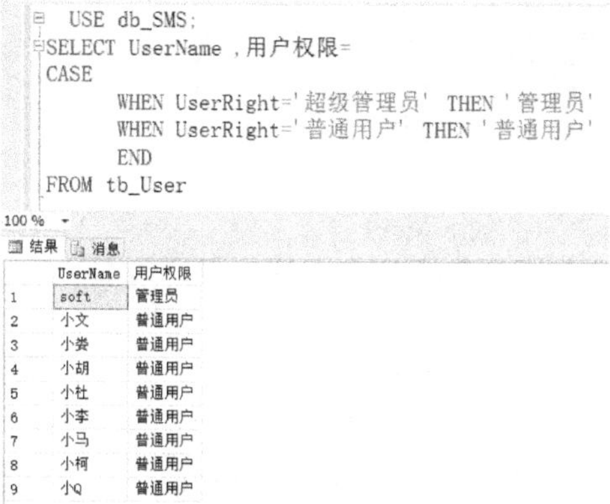

```
USE db_SMS;
SELECT UserName ,用户权限=
CASE
        WHEN UserRight='超级管理员' THEN '管理员'
        WHEN UserRight='普通用户' THEN '普通用户'
        END
FROM tb_User
```

	UserName	用户权限
1	soft	管理员
2	小文	普通用户
3	小娄	普通用户
4	小胡	普通用户
5	小杜	普通用户
6	小李	普通用户
7	小马	普通用户
8	小柯	普通用户
9	小Q	普通用户

图 11-11　执行结果

将 tb_User 表中的用户按其 Name 换成等级制，执行的过程是：在 tb_User 表中取出 UserName 列，根据权限分类列的值形成等级列。

11.2.3 循环语句

1. WHILE 语句

WHILE 语句通过布尔表达式设置重复执行 SQL 语句或语句块的循环条件。可以使用 BREAK 或 CONTINUE 语句在循环内部控制 WHILE 语句的执行。

语法格式：

```
WHILE Boolean_expression
{SQL_expression|statement_block}
[BREAk]
{SQL_expression|statement_block}
[CONTINUE]
{SQL_expression|statement_block}
```

（1）Boolean_expression：布尔表达式，返回 TRUE 或 FALSE。

（2）{SQL_expression|statement_block}：使用语句块定义的任何有效的 T-SQL 语句。

（3）BREAK：该关键字可以使程序从当前循环中跳出。

（4）CONTINUE：使 WHILE 循环可以重新开始执行，忽略 CONTINUE 后面的任何语句。

【例 11.10】 计算从 1 加到 100 的值。

具体代码：

```
DECLARE @s INT,@i int
SET @i=0
SET @s=0
WHILE @i<=100
BEGIN
        SET @s=@s+@i
        SET @i=@i+1
END
PRINT '1+2+...+100='+cast(@s AS CHAR(25))
```

执行结果如图 11-12 所示。

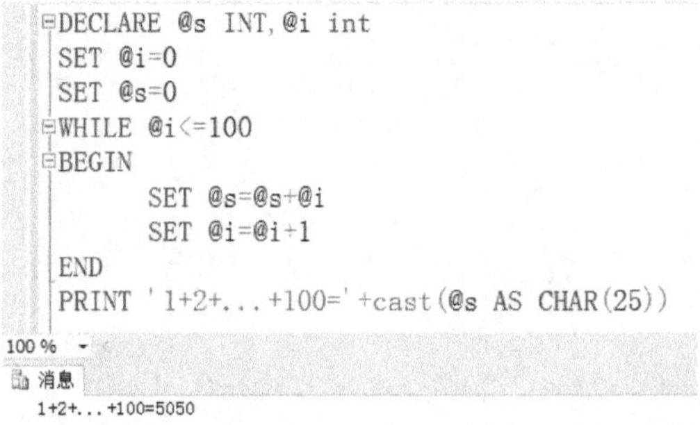

```
DECLARE @s INT,@i int
SET @i=0
SET @s=0
WHILE @i<=100
BEGIN
        SET @s=@s+@i
        SET @i=@i+1
END
PRINT '1+2+...+100='+cast(@s AS CHAR(25))
```

100 %

消息

1+2+...+100=5050

图 11-12 执行结果

先判断@i<100，条件成功，执行语句块中的语句，并重复执行，直到@i 不再满足判断条件时，跳出循环，输出最终的结果。

11.2.4 批处理

在 SQL Server 2014 中，可以一次执行多个 T-SQL 语句，这样多个 T-SQL 语句称为“批”。SQL Server 2014 会将多个 T-SQL 语句当成一个执行单元，将其编译后一次执行，而不是将一个个 T-SQL 语句编译后再一个个执行。GO 为批处理结束标志语句。

【例 11.11】 建立一个由两个语句组成的批处理。

具体代码：

```
SELECT *
FROM tb_User
INSERT INTO tb_User(UserName,UserPwd,UserRight)
VALUES ('小 Q','123456','普通用户')
GO
```

执行结果如图 11-13 所示。

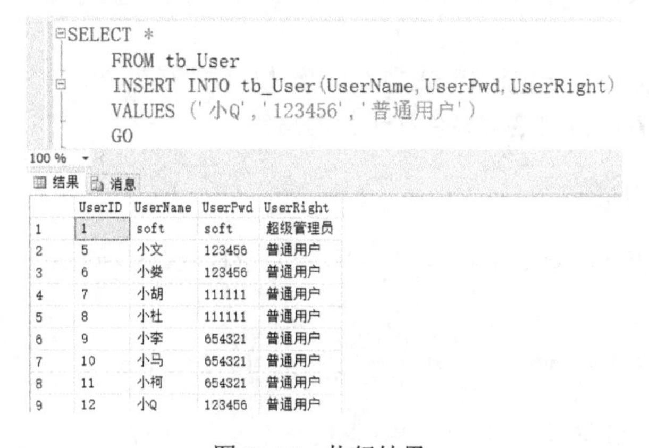

图 11-13 执行结果

该批处理先查询 tb_User 表，然后在 tb_User 表中再插入一个名为小 Q 的新纪录。

【例 11.12】 局部变量的作用域是批处理。在同一个批处理中，为变量@name 赋值，然后在 SELECT 语句中引用，查询出 UserName 为 name 用户的详细信息。

具体代码：

```
DECLARE @name   VARCHAR(12)
SET @name='小 Q'
SELECT *
FROM tb_User
WHERE UserName=@name
GO
```

执行结果如图 11-14 所示。

在同一个批处理中，先用 DECLARE 语句对局部变量 name 进行声明，并为变量赋值小 Q，然后在 SQL 查询语句中进行引用，得出 UserName 为 name 用户的详细信息。

```
DECLARE @name  VARCHAR(12)
SET @name='小Q'
SELECT *
FROM tb_User
WHERE UserName=@name
GO
```

100 %

结果 消息

	UserID	UserName	UserPwd	UserRight
1	12	小Q	123456	普通用户

图 11-14 执行结果

11.3 游标

11.3.1 游标概述

游标是系统开设的一个数据缓冲区，存放 SQL 语句的执行结果。游标包括以下两个部分。

（1）游标结果集：由定义游标 SELECT 语句返回的行集合。

（2）游标的位置：指向这个集合某一行的指针。

11.3.2 声明游标

下面介绍在 SQL Server 2014 中，T-SQL 声明游标的具体方法。

语法格式：

```
DECLARE cursor_name
CURSOR [ LOCAL | GLOBAL ]
        [ FORWARD_ONLY | SCROLL ]
        [ STATIC | KEYSET | DYNAMIC | FAST_FORWARD ]
        [ READ_ONLY | SCROLL_LOCKS | OPTIMISTIC ]
        [ TYPE_WARNING ]
        FOR select_statement
        [ FOR UPDATE [ OF column_name [ ,...n ] ] ]
[;]
```

（1）cursor_name：游标名。

（2）LOCAL | GLOBAL：定义的游标是全局游标或是局部游标。

（3）FORWARD_ONLY | SCROLL：FORWARD_ONLY 只能从第一行到最后一行读取游标，而 SCROLL 可以随意滚动游标。

（4）STATIC：当游标被建立时，会将创建 FOR 后面的 SELECT 语句所包含数据集的副本存入缓冲区中，任何对于底层表内数据的更改都不会影响到游标的内容。

（5）DYNAMIC：DYNAMIC 是和 STATIC 完全相反的选项。当底层数据库更改时，游标的内容也随之得到反映，在下一次 FETCH 中，数据内容会随之改变。

（6）KEYSET：可以理解为介于 STATIC 和 DYNAMIC 的折中方案。将游标所在结果集的唯一能确定每一行的主键存入 tempdb 中，当结果集中任何行被改变或被删除时，@@FETCH_STATUS 会为-2，KEYSET 无法探测新加入的数据。

（7）FAST_FORWARD：可以理解成 FORWARD_ONLY 的优化版本。FORWARD_ONLY 执行的是静态计划，而 FAST_FORWARD 会根据情况来确定是采用动态计划还是静态计划，大多数情况下 FAST_FORWARD 要比 FORWARD_ONLY 性能略好。

（8）READ_ONLY：意味着声明的游标只能读取数据，游标不能做任何更新操作。

（9）SCROLL_LOCKS：是另一种极端，将读入游标的所有数据进行锁定，防止其他程序对其进行更改，以确保更新的绝对成功。

（10）OPTIMISTIC：是相对比较好的一个选择，OPTIMISTIC 不锁定任何数据，当要在游标中更新数据时，如果底层表数据更新了，则游标内数据更新不会成功；如果底层表数据未更新，则游标内数据可以被更新。

（11）TYPE_WARNING：类型转换警告。

【例 11.13】 在 tb_User 表中声明一个游标 myuser。

具体代码：

```
DECLARE
        myuser CURSOR
        FOR SELECT *    FROM tb_User
```

执行结果如图 11-15 所示。

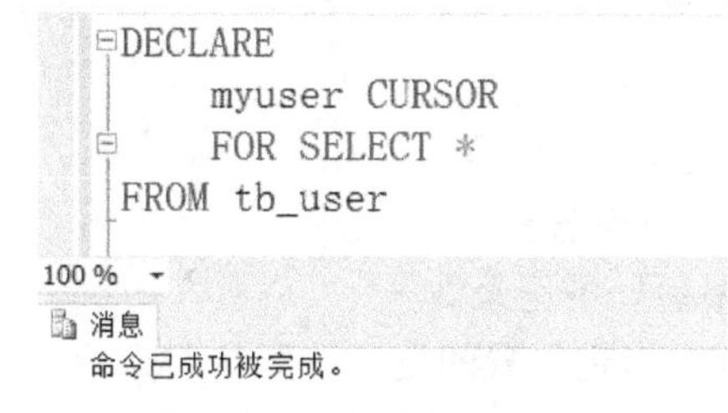

图 11-15　执行结果

这样就为 tb_User 表声明了一个游标 myuser。

11.3.3　打开游标

使用游标之前必须先要打开游标。

语法格式：

```
OPEN cursor_name
```

【例 11.14】 以刚才为 tb_User 表建立游标 myuser 为例，执行打开游标的操作。

具体代码：

```
OPEN myuser
```

执行结果如图 11-16 所示。

OPEN myuser

100 %

消息

命令已成功被完成。

图 11-16　执行结果

这样就打开了建立的游标 myuser。

11.3.4　读取游标

打开游标以后，可以使用 FETCH 语句来读取游标中的结果。

语法格式：

```
FETCH
[[ NEXT | PRIOR | FIRST | LAST
|ABSOLUTE n|RELATIVE n]
FROM]
{
{[GLOBAL]cursor_name } | @cursor_variable_name }
 [ INTO @variable_name[，…] ]
```

（1）NEXT：当前记录的下一条记录。

（2）PRIOR：当前记录的上一条记录。

（3）FIRST：游标中的第一条记录。

（4）LAST：游标中的最后一条记录。

（5）ABSOLUTE：游标中指定位置的记录，即绝对定位。

（6）RELATIVE：游标中相对于当前位置的记录，即相对定位。

（7）GLOBAL：指定游标为全局变量。

（8）cursor_variable_name：指定的游标变量名。

（9）INTO @variable_name：允许将提取操作的列数据放到局部变量中。

【例 11.15】 以上面建立的 myuser 游标为例，读取游标集中的第一行数据。

具体代码：

```
FETCH NEXT FROM myuser
```

执行结果如图 11-17 所示。

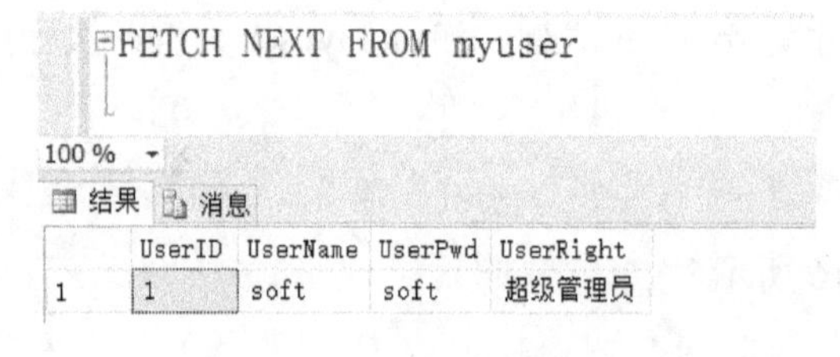

图 11-17　执行结果

当游标被打开时，行指针将指向该游标集第一行之前。如果要读取第一行数据，则必须用 NEXT 将行指针移动指向第一条记录。

11.3.5 关闭与释放游标

1. 关闭游标

【例 11.16】以上面为 tb_User 表建立的游标 myuser 为例，执行关闭游标的操作。

具体代码：

```
CLOSE myuser
```

执行结果如图 11-18 所示。

CLOSE myuser

100 %

消息

命令已成功被完成。

图 11-18 执行结果

这样就可以将用户建立的游标关闭了。

2. 释放游标

【例 11.17】 释放为 tb_User 表建立的游标。

具体代码：

```
DEALLOCATE myuser
```

执行结果如图 11-19 所示。

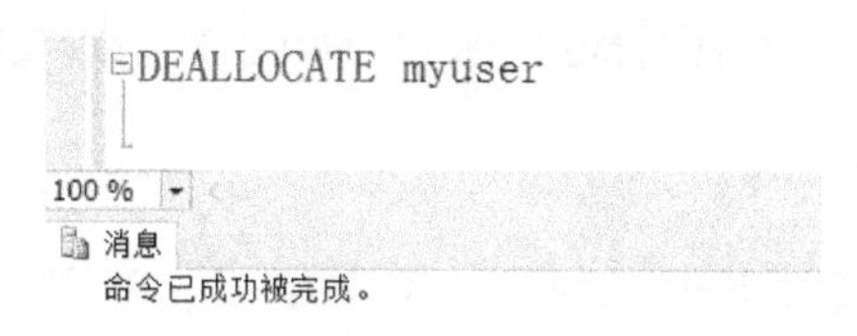

图 11-19 执行结果

11.3.6 使用游标修改和删除数据

以上面建立的游标为例（运用游标的执行语句是在上面对 tb_User 表中已经声明 myuser 游标的情况下），当前游标的 NEXT 指向第一行，使用游标来对 tb_User 表进行修改和删除操作。

执行前的 tb_User 表如图 11-7 所示。

【例 11.18】 运用游标更新 tb_User 表中的 UserName 和 UserPwd 列。

具体代码：

```
UPDATE tb_User
SET   UserName = 'xiaoq' ,UserPwd = 'aaa'
WHERE CURRENT OF myuser
```

执行结果如图 11-20 所示。

```
UPDATE tb_User
SET  UserName = 'xiaoq' ,UserPwd = 'aaa'
WHERE CURRENT OF myuser
```

100 %

消息

(1 行受影响)

图 11-20 执行结果

运用 SQL 语句对 tb_User 表进行修改后，游标更新结果如图 11-21 所示。

UserID	UserName	UserPwd	UserRight
1	xiaoq	aaa	超级管理员
5	小文	123456	普通用户
6	小娄	123456	普通用户
7	小胡	111111	普通用户
8	小杜	111111	普通用户
9	小李	654321	普通用户
10	小马	654321	普通用户
11	小柯	654321	普通用户
12	小Q	123456	普通用户
NULL	NULL	NULL	NULL

图 11-21 游标更新结果

【例 11.19】 运用游标删除 tb_User 表中的一行数据。

执行前的 tb_User 表，如图 11-21 所示。

具体代码：

```
DELETE FROM tb_User WHERE CURRENT OF myuser
```

执行结果如图 11-22 所示。

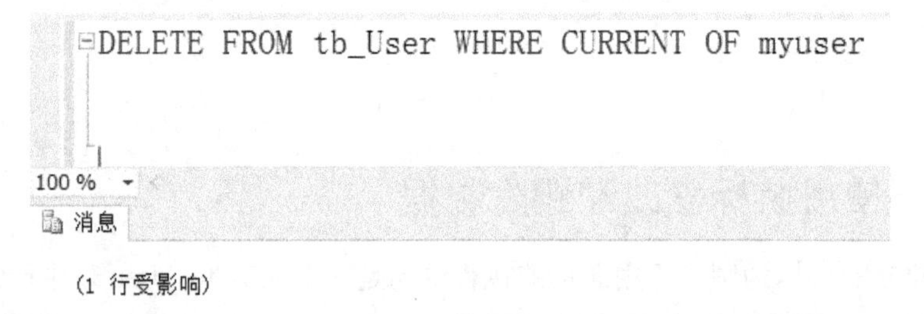

图 11-22 执行结果

执行结果如图 11-23 所示。

可以看出，此时执行后，就可以将当前游标指向的 userID=1 用户删除了，在 tb_User 表中也可以清楚地看出来。

	UserID	UserName	UserPwd	UserRight
	5	小文	123456	普通用户
	6	小娄	123456	普通用户
	7	小胡	111111	普通用户
	8	小杜	111111	普通用户
	9	小李	654321	普通用户
	10	小马	654321	普通用户
	11	小柯	654321	普通用户
▸	12	小Q	123456	普通用户
*	NULL	NULL	NULL	NULL

图 11-23　执行结果

11.4 小结

常量是指在程序运行过程中始终不改变的值，变量是在程序运行中值会发生变化的量。有两类变量：全局变量和局部变量。运算符可以分为算术运算符、比较运算符、逻辑运算符、连接运算符、位运算符、赋值运算符和一元运算符。运算符的优先级决定执行运算的先后次序。表达式是由变量、常量、运算符、函数等组成的，分为以下两种类型：简单表达式和复杂表达式。

通常使用 BEGIN…END 定义 T-SQL 语句块，并可使用两类注释符，即单行注释和多行注释。分支语句有 IF 语句和 CASE 语句，CASE 语句可分为简单 CASE 语句和搜索 CASE 语句。循环语句有 WHILE 语句。批处理指一次可以执行多个 T-SQL 语句。

游标是系统开设的一个数据缓冲区，存放 SQL 语句的执行结果。可为表声明一个游标。使用游标之前，必须先要打开游标，打开游标以后，可以使用 FETCH 语句来读取游标中的结果，用完后可关闭游标并释放游标，还可以用游标来对表进行修改和删除操作。

习题 11

11-1 简述游标的 4 种类型。

11-2 简述游标的基本操作，即声明、打开、读取、关闭、释放。

11-3 利用 T-SQL 语句声明一个游标，查询 tb_User 表中所有普通用户的信息，并读取数据。

（1）读取最后一条记录。

（2）读取第一条记录。

（3）读取第五条记录。

（4）读取当前记录指针位置后的第三条记录。

第12章 存储过程

本章将介绍存储过程的概念和种类，以及可通过 SSMS 和 T-SQL 语句两种方式对存储过程进行创建、查看、修改和删除。本章还将介绍用 T-SQL 语句执行存储过程、创建和执行带输入或输出参数的存储过程，以及存储过程的返回值。

12.1 存储过程概述

12.1.1 存储过程的概念

存储过程是指经过预先编译的 T-SQL 语句的集合，可以以一种可执行的形式永久存储在数据库中，只要在需要时调用该过程即可完成相应的操作。

存储过程具有以下优点。

（1）使系统运行速度快、效率高。

（2）模块化编程，增强代码的重用性和共享性，并且便于程序的修改。

（3）减少网络通信量。

（4）保证系统的安全性。

12.1.2 存储过程的种类

1. 系统存储过程

系统存储过程是系统创建的存储过程，目的在于能够从系统表中方便地查询信息或完成与更新数据库表相关的管理任务或其他的系统管理任务。系统存储过程主要存储在 master 数据库中，是以“sp_”开头的存储过程。尽管这些系统存储过程在 master 数据库中，但在其他数据库也可以调用系统存储过程。有一些系统存储过程会在创建新的数据库时被自动创建在当前数据库中，如表 12-1 所示。

表 12-1 常见的系统存储过程

系统存储过程	说 明
sp_databases	列出服务器上的所有数据库
sp_helpdb	报告有关指定数据库或所有数据库的信息
sp_renamedb	更改数据库的名称
sp_tables	返回当前环境下可查询的对象列表
sp_columns	返回某个表列的信息
sp_help	查看某个表的所有信息

续表

系统存储过程	说　明
sp_helpconstraint	查看某个表的约束
sp_helpindex	查看某个表的索引
sp_stored_procedures	列出当前环境中的所有存储过程
sp_password	添加或修改登录账户的密码
sp_helptext	显示存储过程、触发器或视图的实际文本

2. 本地存储过程

本地存储过程是由用户创建并完成某个特定功能的存储过程。事实上，存储过程就是指本地存储过程。

3. 临时存储过程

临时存储过程与临时数据表的功能相似，都是为了临时需要而创建的数据库对象。临时存储过程也存放在 tempdb 数据库中。当使用临时存储过程的用户都断开连接后，临时存储过程就会被自动删除。

（1）本地临时存储过程：以井字号（#）作为其名称的第一个字符，则该存储过程将成为一个存放在 tempdb 数据库中的本地临时存储过程，且只有创建它的用户才能执行它。

（2）全局临时存储过程：以两个井字号（##）号开始，则该存储过程将成为一个存储在 tempdb 数据库中的全局临时存储过程。全局临时存储过程一旦创建，以后连接到服务器的任意用户都可以执行它，而且不需要特定的权限。

4. 远程存储过程

在 SQL Server 2014 中，远程存储过程（Remote Stored Procedures）是指位于远程服务器上的存储过程。通常可以使用分布式查询和 EXECUTE 命令执行一个远程存储过程。

5. 扩展存储过程

扩展存储过程（Extended Stored Procedures）是指用户可以使用外部程序语言编写的存储过程，而且扩展存储过程的名称通常以“xp_”开头。

12.2 创建和管理存储过程

12.2.1 创建存储过程

1. 通过 SQL Server Management Studio 创建存储过程

使用 SQL Server Management Studio 创建存储过程，其作用是查看某个类别的所有产品记录。

（1）启动 SQL Server Management Studio，连接到本地默认实例，在“对象资源管理器”窗格里，选择本地数据库实例→“数据库”→“db_SMS”→“可编程性”→“存储过程”。

（2）右击“存储过程”，如图 12-1 所示。

（3）修改显示中的语句：Author（作者）、Create date（创建时间）、Description（说

明）为可选项，内容可以为空；Procedure_Name 为存储过程名称；@param1 为第一个参数名称；Datatype_For_Param1 为第一个参数的类型；Defaut_Value_For_Param1 为第一个参数的默认值。

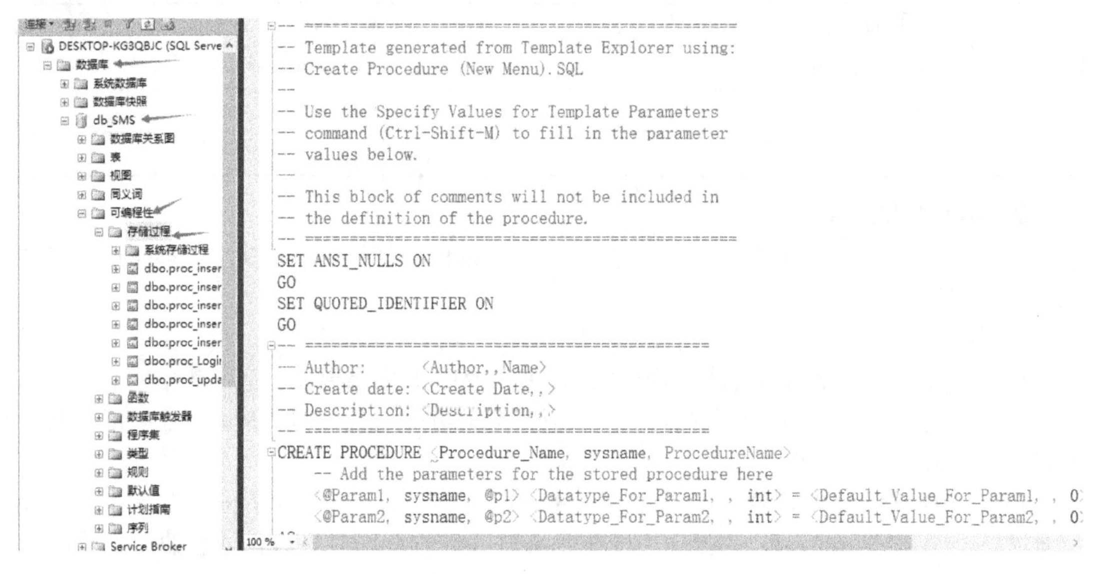

图 12-1　创建存储过程

（4）设置完毕，在其中插入要执行的语句。

（5）单击“运行”按钮，即可完成存储过程的创建。

2. 使用 CREATE PROCEDURE 语句创建存储过程

语法格式：

```
CREATE PROC EDURE procedure_name [ ; number ]
    [ { @parameter data_TYPE }
        [ VARYING ] [ = default ] [ OUTPUT ]
    ] [ ,...n ]
    [ WITH
    { RECOMPILE | ENCRYPTION | RECOMPILE , ENCRYPTION } ]
    [ FOR REPLICATION ]
AS sql_statement [ ...n ]
```

（1）procedure_name：新存储过程名称，并且在架构中必须唯一。可在 procedure_name 前面，使用一个数字符号“#”创建局部临时过程，使用两个“#”创建全局临时过程。对于公共语言运行库（Common Language Runtime，CLR）存储过程，不能指定临时名称。

（2）number：可选整数，用于对同名的过程分组。例如，名称为 orders 的应用程序可能使用 orderproc;1、orderproc;2 等过程。DROP PROCEDURE orderproc 语句将删除整个组。

（3）@parameter：存储过程中的参数。在 CREATE PROCEDURE 语句中可以声明一个或多个参数。

（4）data_TYPE：指定参数的数据类型。

（5）default：存储过程中参数的默认值。

（6）OUTPUT：表明参数是输出参数，该选项的值可返回给 EXEC[UTE]。

（7）RECOMPILE：表明 SQL Server 不会保存该存储过程的执行计划，该存储过程被每执行一次都要被重新编译。

（8）ENCRYPTION：表示加密后的 syscomments 表，该表的 text 字段包含 CREATE procedure 语句的存储过程文本。使用 ENCRYPTION 关键字时，无法通过查看 syscomments 表来查看存储过程的内容。

（9）FOR REPLICATION：用于指定不能在订阅服务器上进行复制创建的存储过程。

（10）AS：用于指定该存储过程要执行的操作。

（11）sql_statement：是存储过程中要包含任意数目和类型的 T-SQL 语句。

说明：一个存储过程就是一个批处理，在遇到 GO 关键字时，查询编辑器就会认为该存储过程的代码已经结束。运行存储过程也是 EXEC 语句。

【例 12.1】 创建存储过程。

具体代码：

```
CREATE PROCEDURE GetUser
AS    SELECT * FROM tb_User;
GO
EXEC GetUser        -- 执行
```

执行结果如图 12-2 所示。

如果再次执行上面过程，就会运行出错，即不能重复创建同一名称的存储过程。

说明：更多创建存储过程实例将在执行存储过程时详解。

```
CREATE PROCEDURE GetUser
AS SELECT * FROM tb_User;
GO
EXEC GetUser        -- 执行
100 %
结果  消息
消息 2714，级别 16，状态 3，过程 GetUser，第 1 行
数据库中已存在名为 'GetUser' 的对象。

(8 行受影响)
```

图 12-2　执行结果

 2.2　执行存储过程

1. 没有输入参数和输出参数的存储过程

以 tb_User 表为例，查询所有用户，创建名为 GetUser 的存储过程，并返回用户信息。

具体代码：

```
CREATE PROCEDURE GetUser
AS SELECT * FROM tb_User;
GO
```

这里可以使用以下语句完成存储过程的执行，执行结果如图 12-3 所示。

```
EXEC GetUser
```

	UserID	UserName	UserPwd	UserRight
1	1	soft	soft	超级管理员
2	5	小文	123456	普通用户
3	6	小娄	123456	普通用户
4	7	小胡	111111	普通用户
5	8	小杜	111111	普通用户
6	9	小李	654321	普通用户
7	10	小马	654321	普通用户
8	11	小柯	654321	普通用户

图 12-3　执行结果

```
EXEC GetUser
```

说明：相当于运行 SELECT * FROM tb_User 这行代码，结果为整个表的数据。

2. 创建只有一条返回记录的存储过程

以 tb_BorrowGoods 表为例，创建名为 GetAccount 的存储过程，并返回表中的记录行数。

具体代码：

```
USE db_SMS
GO
IF EXISTS (SELECT name FROM sysobjects
WHERE name = 'GetAccount' and TYPE = 'p')
DROP PROCEDURE GetAccount
GO
CREATE PROCEDURE GetAccount
AS SELECT COUNT(*) FROM tb_BorrowGoods
GO
```

说明：为了避免出现重复的存储过程名称而无法建立该存储过程，可以使用以上 IF 语句进行判断并删除已存在的同名存储过程。

创建名为 GetAccount 的存储过程如图 12-4 所示。

使用以下语句完成存储过程的执行。

```
USE db_SMS
EXEC GetAccount
```

说明：相当于运行 SELECT COUNT(*) FROM tb_BorrowGoods 这行代码。

执行结果如图 12-5 所示。

```
USE db_SMS
GO
IF EXISTS (SELECT  name FROM sysobjects
WHERE name = 'GetAccount' and TYPE = 'p')
DROP PROCEDURE GetAccount
GO
CREATE PROCEDURE GetAccount
AS SELECT COUNT(*) FROM tb_BorrowGoods
GO
```

100 %

消息

命令已成功被完成。

图 12-4 创建名为 GetAccount 的存储过程

图 12-5 执行结果

3. 带输入参数和输出参数的存储过程

执行带输入、输出参数的存储过程的语法格式：

```
EXEC pro_name  @param1 , @param2 OUTPUT
```

（1）pro_name：存储过程名称。

（2）param1：输入参数名称。

（3）param2：输出参数名称。

4. 创建临时存储过程

临时存储过程分为本地存储过程和全局存储过程，与创建临时表类似，都可以通过给该过程名称添加“#”和“##”前缀的方法进行创建。其中，“#”表示本地存储过程。“##”表示全局存储过程。SQL server 关闭后，这些过程将不复存在。

以 tb_User 表为例，查询名为“小文”的存储过程。

具体代码：

```
CREATE PROCEDURE ##GetName
AS    SELECT UserName FROM tb_User WHERE UserName = '小文';
GO
EXEC ##GetName    --执行
```

执行结果如图 12-6 所示。

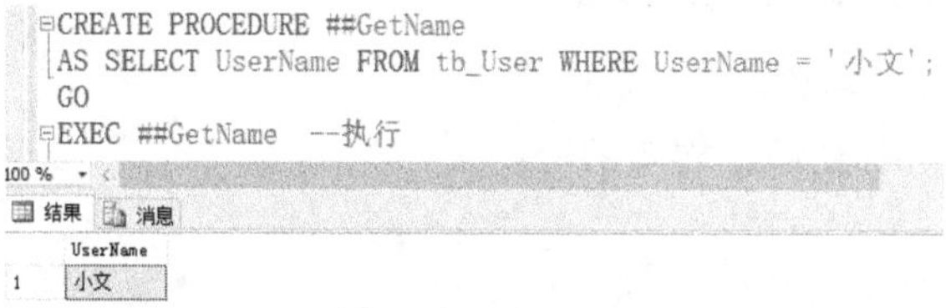

```
CREATE PROCEDURE ##GetName
AS SELECT UserName FROM tb_User WHERE UserName = '小文';
GO
EXEC ##GetName  --执行
```

	UserName
1	小文

图 12-6　执行结果

12.2.3　查看存储过程

1. 使用 SQL Server Management Studio 查看存储过程

（1）启动 SQL Server Management Studio，连接到本地默认实例，在“对象资源管理器”窗格里，选择本地数据库实例→“数据库”→“db_SMS”→“可编程性”→右击“存储过程”→“刷新”，选择要查看的存储过程名称。

（2）以 GetUser 为例，右击“dbo.GetUser”→“修改”，弹出“查询编辑器”窗格，即为要查看的存储过程，如图 12-7 所示。

```
USE [db_SMS]
GO
/****** Object:  StoredProcedure [dbo].[GetUser]    Script Date:
SET ANSI_NULLS ON
GO
SET QUOTED_IDENTIFIER ON
GO
ALTER PROCEDURE [dbo].[GetUser]
AS  SELECT * FROM tb_User;
```

图 12-7　要查看的存储过程

2. 使用语句查看存储过程

在 SQL server 2014 中，可以通过系统存储过程语句 sp_helptext 来查看存储过程的源代码。

语法格式：

```
EXEC sp_helptext pro_name
```

pro_name：存储过程名称。

【例 12.2】 显示 GetUser 这个存储过程对象的创建文本。

具体代码：

```
EXEC sp_helptext GetUser
```

执行结果如图 12-8 所示。

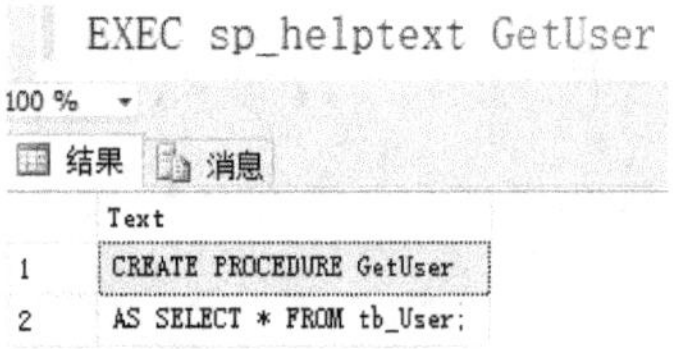

```
EXEC sp_helptext GetUser
100 %
结果 消息
```

	Text
1	CREATE PROCEDURE GetUser
2	AS SELECT * FROM tb_User;

图 12-8 执行结果

可以使用 sp_stored_ procedure 语句来查看所有存储过程。

语法格式：

```
EXEC sp_stored_procedures pro_name
```

pro_name：存储过程名称。

【例 12.3】 查看所有存储过程与函数。

具体代码：

```
USE db_SMS
EXEC   sp_stored_procedures
```

执行结果如图 12-9 所示。

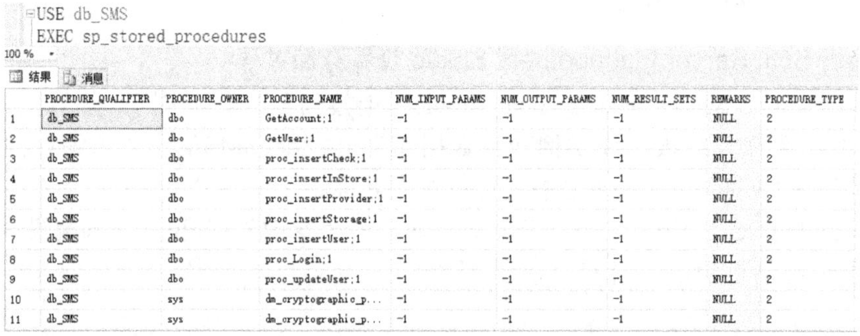

```
USE db_SMS
EXEC sp_stored_procedures
100 %
结果 消息
```

	PROCEDURE_QUALIFIER	PROCEDURE_OWNER	PROCEDURE_NAME	NUM_INPUT_PARAMS	NUM_OUTPUT_PARAMS	NUM_RESULT_SETS	REMARKS	PROCEDURE_TYPE
1	db_SMS	dbo	GetAccount;1	-1	-1	-1	NULL	2
2	db_SMS	dbo	GetUser;1	-1	-1	-1	NULL	2
3	db_SMS	dbo	proc_insertCheck;1	-1	-1	-1	NULL	2
4	db_SMS	dbo	proc_insertInStore;1	-1	-1	-1	NULL	2
5	db_SMS	dbo	proc_insertProvider;1	-1	-1	-1	NULL	2
6	db_SMS	dbo	proc_insertStorage;1	-1	-1	-1	NULL	2
7	db_SMS	dbo	proc_insertUser;1	-1	-1	-1	NULL	2
8	db_SMS	dbo	proc_Login;1	-1	-1	-1	NULL	2
9	db_SMS	dbo	proc_updateUser;1	-1	-1	-1	NULL	2
10	db_SMS	sys	dm_cryptographic_p...	-1	-1	-1	NULL	2
11	db_SMS	sys	dm_cryptographic_p...	-1	-1	-1	NULL	2

图 12-9 执行结果

12.2.4 修改存储过程

1. 使用 SQL Server Management Studio 修改存储过程

（1）启动 SQL Server Management Studio，连接到本地默认实例，在“对象资源管理器”窗格里，选择本地数据库实例→“数据库”→“db_SMS”→“可编程性”→右击“存储过程”→“刷新”，选择要查看的存储过程名称。

（2）以 GetAccount 为例，右击“dbo.GetAccount”→“修改”，弹出“查询编辑器”窗格，编辑要修改的内容，单击“执行”按钮，即可完成对所选存储过程的修改，如图 12-10 所示。

2. 使用 ALTER PROCEDURE 语句修改存储过程

修改存储过程可以使用两种方法，第一种方法是先删除该存储过程，然后再重新创建存储过程；第二种方法是使用 ALTER PROCEDURE 语句对存储过程的定义或参数进行修改，其修改过程与创建方法基本相同，只是将 CREATE 换成了 ALTER。

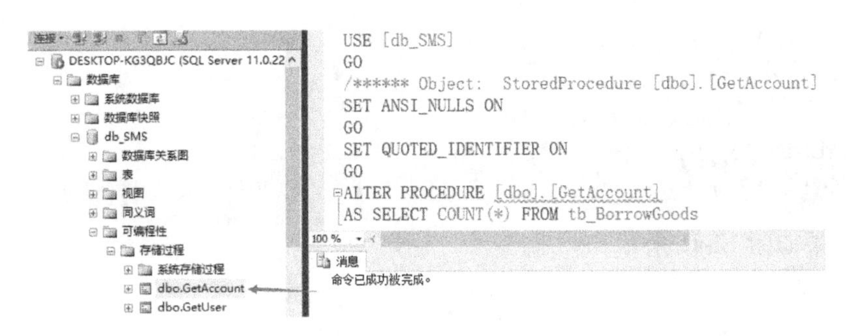

图 12-10 存储过程的修改

语法格式：

```
ALTER PROCEDURE procedure_name [ ; number ]   --架构名，存储过程名称
    [ { @parameter data_TYPE }   -- 参数
        [ VARYING ] [ = default ] [ OUTPUT ]   -- 作为游标输出参数
    ] [ ,...n ]
[ WITH
{ RECOMPILE | ENCRYPTION | RECOMPILE , ENCRYPTION } ]
[ FOR REPLICATION ]   -- 不能在订阅服务器执行为复制创建的存储过程
AS sql_statement [ ...n ]
```

（1）procedure_name：新存储过程名称，并且在架构中必须是唯一的。可在 procedure_name 前面，使用一个“#”来创建局部临时过程，使用两个“#”来创建全局临时过程。对于 CLR 存储过程，不能指定临时名称。

（2）number：可选整数，用于对同名的过程分组。例如，称为 orders 的应用程序可能使用 orderproc;1、orderproc;2 等过程。DROP PROCEDURE orderproc 语句将删除整个组。

（3）@parameter：存储过程中的参数。在 CREATE PROCEDURE 语句中可以声明一个或多个参数。

（4）data_TYPE：指定参数的数据类型。

（5）default：存储过程中参数的默认值。

（6）OUTPUT：指示参数为输出参数。此选项的值可返回给 EXEC[UTE]。

（7）RECOMPILE：表明 SQL Server 不会保存该存储过程的执行计划，该存储过程被每执行一次都要被重新编译。

（8）ENCRYPTION：表示加密后的 syscomments 表，该表的 text 字段包含 CREATE procedure 语句的存储过程文本。使用 ENCRYPTION 关键字时，无法通过查看 syscomments 表来查看存储过程的内容。

（9）FOR REPLICATION：用于指定不能在订阅服务器上执行为复制创建的存储过程。

（10）AS：用于指定该存储过程要执行的操作。

（11）sql_statement：存储过程中要包含的任意数目和类型的 T-SQL 语句。

【例 12.4】 修改名称为 GetAccount 的存储过程，使其不再返回数据，而是添加数据。

具体代码：

```
Alter PROCEDURE GetUser
AS   INSERT INTO tb_User
(UserID, UserName, UserPwd, UserRight)
VALUES (13, '小云', 123456, '普通用户')
GO
```

执行结果如图 12-11 所示。

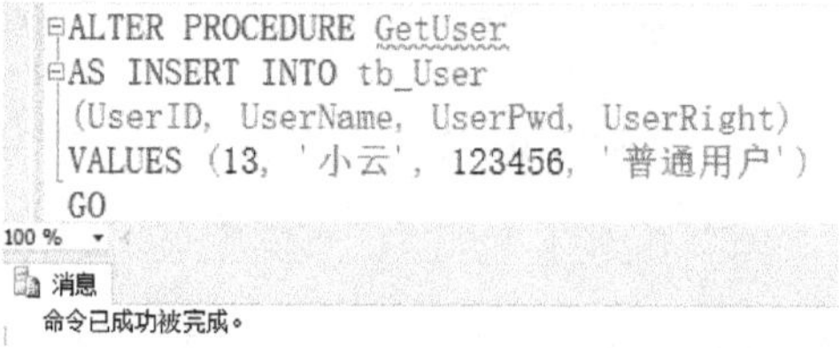

```
ALTER PROCEDURE GetUser
AS INSERT INTO tb_User
(UserID, UserName, UserPwd, UserRight)
VALUES (13, '小云', 123456, '普通用户')
GO
100 %
消息
命令已成功被完成。
```

图 12-11　执行结果

修改后的具体代码：

```
USE db_SMS
SET identity_insert tb_User ON -- 打开，允许将显式值插入表的标识列中
EXEC GetUser
```

执行结果如图 12-12 所示。

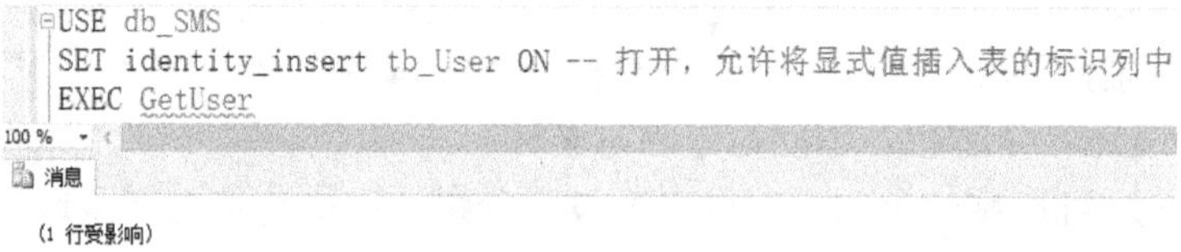

```
USE db_SMS
SET identity_insert tb_User ON -- 打开，允许将显式值插入表的标识列中
EXEC GetUser
100 %
消息
(1 行受影响)
```

图 12-12　执行结果

12.2.5　删除存储过程

1. 使用 SQL Server Management Studio 删除存储过程

（1）启动 SQL Server Management Studio，连接到本地默认实例，在“对象资源管理器”窗格里，选择本地数据库实例→“数据库”→“db_SMS”→“可编程性”→右击“存储过程”→“刷新”，选择要删除的存储过程名称。

（2）以 GetUser 为例，右击“dbo.GetUser”→“删除”，即可删除存储过程。

2. 使用 DROP PROCEDURE 语句删除存储过程

当不需要某个存储过程时，可以将它删除。

语法格式：

```
DROP PROCEDURE procedure_name
```

Procedure_name：存储过程名称。

【例 12.5】 删除存储过程 GetUser。

具体代码：

```
DROP PROCEDURE GetUser
```

执行结果如图 12-13 所示。

当再次执行查看存储过程语句时，就会报不存在存储过程，表明已删除成功，如图 12-14 所示。

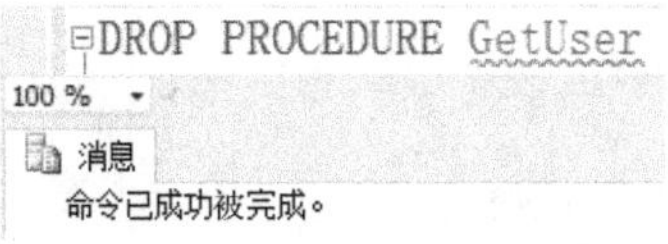

DROP PROCEDURE GetUser
100 %
消息
命令已成功被完成。

图 12-13 执行过程

DROP PROCEDURE GetUser
100 %
消息
消息 3701，级别 11，状态 5，第 1 行
无法对 过程 'GetUser' 执行 删除，因为它不存在，或者您没有所需的权限。

图 12-14 删除成功

12.3 带参数的存储过程

12.3.1 存储过程的参数类型

前面学习了存储过程语法和简单的示例，本节将学习如何在存储过程中使用参数，包括输入参数、输出参数及参数的默认值。

在 SQL Server 2014 中，存储过程可以使用两种类型的参数，即输入参数和输出参数。这些参数用于在存储过程及应用程序间交换数据。

输入参数允许用户将数据传递到存储过程或函数。

输出参数允许存储过程将数据或游标变量传递给用户。

每个存储过程向用户返回一个整数代码。如果存储过程没有显式设置返回代码的值，则返回代码为零。

12.3.2 创建和执行带输入参数的存储过程

以 tb_User 表为例，创建一个输入用户名才可执行的存储过程。

具体代码：

```
USE db_SMS
GO
CREATE PROCEDURE User_1
@UserName VARCHAR(20)
AS    SELECT * FROM tb_User
WHERE UserName = @UserName
GO
```

执行结果如图 12-15 所示。

执行该存储过程的具体代码：

```
USE db_SMS
GO
EXEC User_1 '小文'
```

执行结果如图 12-16 所示。

图 12-15　执行结果

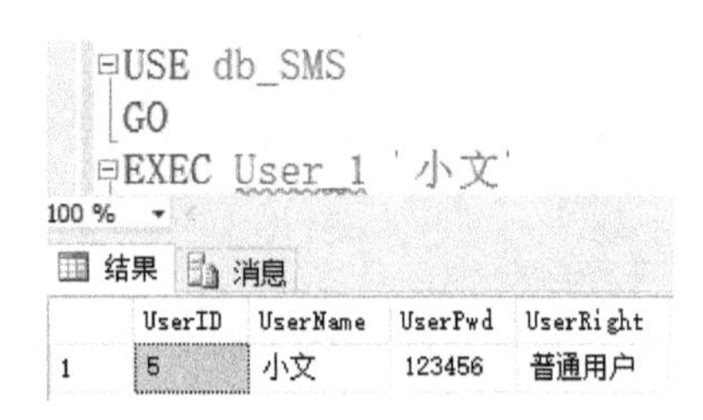

图 12-16　执行结果

12.3.3 创建和执行带输出参数的存储过程

以 tb_BorrowGoods 为例，创建一个输入借阅 ID 便可以输出所有借阅信息的存储过程。具体代码：

```
USE db_SMS
GO
CREATE PROCEDURE borrow_query
@BGID BIGINT, -- 这是要输入的查询编号
@GoodsName VARCHAR(50) OUTPUT, -- 以下带 OUTPUT 的为要输出的信息
@StoreName VARCHAR(100) OUTPUT,
@GoodsSpec VARCHAR(50) OUTPUT,
@GoodsNum BIGINT OUTPUT,@BGDate datetime OUTPUT,
@HandlePeople VARCHAR(20) OUTPUT,@BGPeople VARCHAR(20) OUTPUT,
@BGUnit VARCHAR(100) OUTPUT,@BGRemark VARCHAR(1000) OUTPUT
AS  SELECT @GoodsName=GoodsName,@StoreName=StoreName,
    @GoodsSpec=GoodsSpec,@GoodsNum=GoodsNum,@BGDate=BGDate,
    @HandlePeople=HandlePeople,@BGPeople=BGPeople,
    @BGUnit=BGUnit,@BGRemark=BGRemark
    FROM tb_BorrowGoods
WHERE BGID = @BGID;
GO
```

执行结果如图 12-17 所示。

```
USE db_SMS
GO
CREATE PROCEDURE borrow_query
@BGID bigint, -- 这是要输入的查询编号
@GoodsName VARCHAR(50) OUTPUT, -- 以下带OUTPUT的为要输出的
@StoreName VARCHAR(100) OUTPUT,
@GoodsSpec VARCHAR(50) OUTPUT,
@GoodsNum bigint OUTPUT, @BGDate datetime OUTPUT,
@HandlePeople VARCHAR(20) OUTPUT, @BGPeople VARCHAR(20) OUTPUT,
@BGUnit VARCHA 数据类型 varchar(20) @BGRemark VARCHAR(1000) OUTPUT
AS SELECT @Go...Name, @StoreName = StoreName,
@GoodsSpec = GoodsSpec, @GoodsNum = GoodsNum, @BGDate = BGDate,
@HandlePeople = HandlePeople, @BGPeople = BGPeople,
100 %
消息
命令已成功被完成。
```

图 12-17　执行结果

调用该存储过程，查询 BGID 为“8”的借阅信息。

具体代码：

```
USE db_SMS
DECLARE @GoodsName VARCHAR(50) ;
DECLARE @StoreName VARCHAR(100) ;
DECLARE @GoodsSpec VARCHAR(50) ;
DECLARE @GoodsNum BIGINT ;
DECLARE @BGDate DATETIME;
DECLARE @HandlePeople VARCHAR(20);
DECLARE @BGPeople VARCHAR(20);
DECLARE @BGUnit VARCHAR(100) ;
DECLARE @BGRemark VARCHAR(1000) ;

EXECUTE borrow_query '8',
    @GoodsName OUTPUT,@StoreName OUTPUT,
    @GoodsSpec OUTPUT,@GoodsNum OUTPUT,
    @BGDate OUTPUT,@HandlePeople OUTPUT,
    @BGPeople OUTPUT,@BGUnit OUTPUT,
    @BGRemark OUTPUT;
SELECT @GoodsName,@StoreName,@GoodsSpec,@GoodsNum,
    @BGDate,@HandlePeople,@BGPeople,@BGUnit,@BGRemark;
```

执行结果如图 12-18 所示。

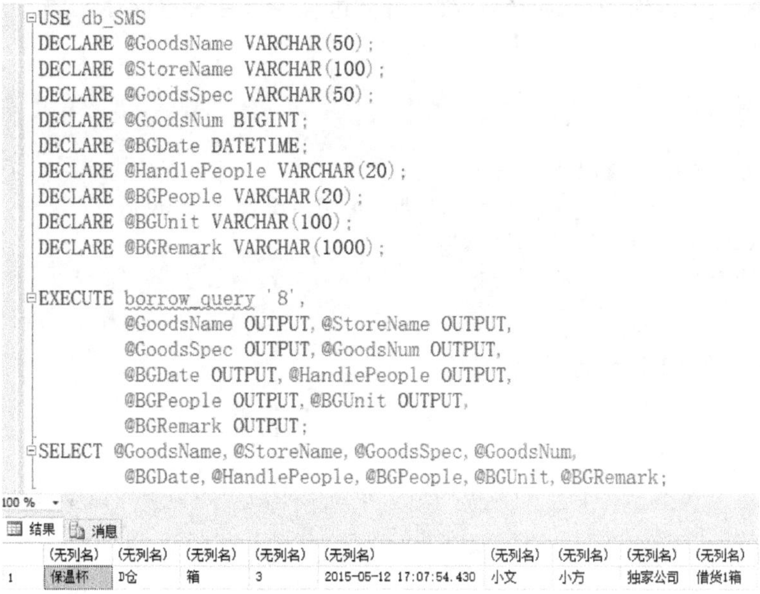

```
USE db_SMS
DECLARE @GoodsName VARCHAR(50);
DECLARE @StoreName VARCHAR(100);
DECLARE @GoodsSpec VARCHAR(50);
DECLARE @GoodsNum BIGINT;
DECLARE @BGDate DATETIME;
DECLARE @HandlePeople VARCHAR(20);
DECLARE @BGPeople VARCHAR(20);
DECLARE @BGUnit VARCHAR(100);
DECLARE @BGRemark VARCHAR(1000);

EXECUTE borrow_query '8',
        @GoodsName OUTPUT, @StoreName OUTPUT,
        @GoodsSpec OUTPUT, @GoodsNum OUTPUT,
        @BGDate OUTPUT, @HandlePeople OUTPUT,
        @BGPeople OUTPUT, @BGUnit OUTPUT,
        @BGRemark OUTPUT;
SELECT @GoodsName, @StoreName, @GoodsSpec, @GoodsNum,
        @BGDate, @HandlePeople, @BGPeople, @BGUnit, @BGRemark;
```


100 %

结果　消息

	(无列名)	(无列名)	(无列名)	(无列名)	(无列名)	(无列名)	(无列名)	(无列名)	(无列名)
1	保温杯	D仓	箱	3	2015-05-12 17:07:54.430	小文	小方	独家公司	借货1箱

图 12-18　执行结果

12.3.4　存储过程的返回值

RETURN 语句一般用来返回影响的行数、错误编码等。

1. 无数据库操作语句的存储过程（存储过程中含有 RETURN 语句）

具体代码：

```
CREATE PROCEDURE    testReturn
AS      RETURN 145
GO
```

执行结果如图 12-19 所示。

执行该存储过程的具体代码：

```
DECLARE @RC INT
EXEC @RC = testReturn
SELECT @RC
```

执行结果如图 12-20 所示。

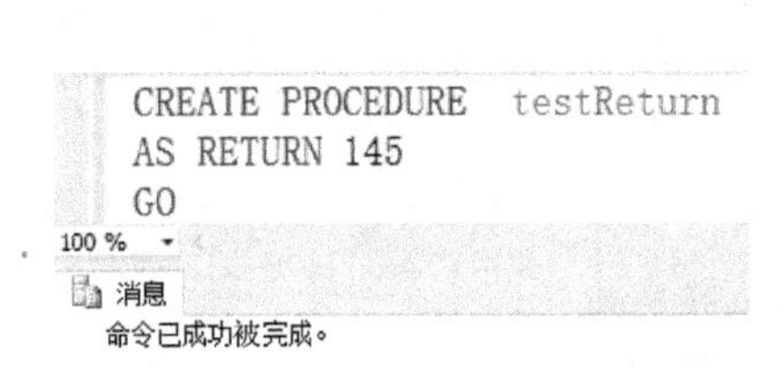

图 12-19　执行结果

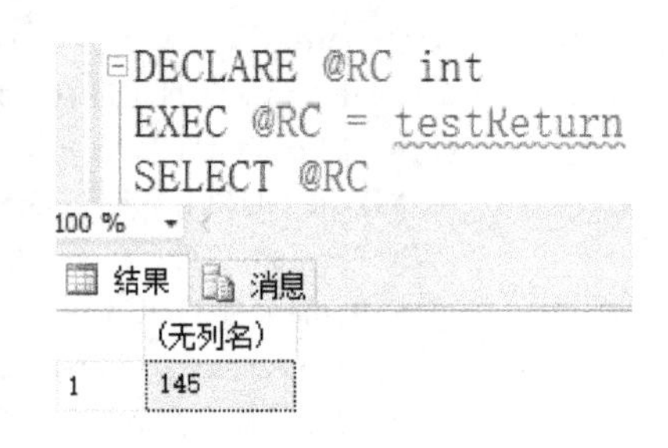

图 12-20　执行结果

2. 带有数据库操作语句的存储过程（存储过程中含有 RETURN 语句）

具体代码：

```
USE db_SMS
GO
CREATE PROCEDURE User_2
AS    INSERT INTO tb_User (UserID, UserName, UserPwd, UserRight)
VALUES ('8', '小花', '123456', '普通用户');
RETURN 1;
GO
```

执行结果如图 12-21 所示。

```
USE db_SMS
GO
CREATE PROCEDURE User_2
AS INSERT INTO tb_User (UserID, UserName, UserPwd, UserRight)
VALUES ('8', '小花', '123456', '普通用户');
RETURN 1;
GO
100 %
消息
命令已成功被完成。
```

图 12-21　执行结果

当有 RETURN 语句时，只要查询输出参数，则查询结果为输出参数在存储过程中最后变成的值；只要不查询输出参数，则查询结果为RETURN语句的返回值。

存储过程是一组预先写好的能实现某种功能的T-SQL程序，指定一个程序名称，并由SQL Server编译后保存在SQL Server中。

12.4 小结

存储过程是指经过预先编译的T-SQL语句的集合，可以以一种可执行的形式永久存储在数据库中。它的种类有系统存储过程、本地存储过程、临时存储过程（包括本地临时存储过程和全局临时存储过程）、远程存储过程、扩展存储过程。既可以通过SQL Server Management Studio创建存储过程，也可使用CREATE PROCEDURE语句创建存储过程，用EXEC语句执行没有输入参数和输出参数的存储过程和只有一条返回记录的存储过程，以及带输入参数和输出参数的存储过程。

在SQL Server关闭后，创建的临时存储过程将不复存在。可使用SQL Server Management Studio查看存储过程，也可以通过系统存储过程语句sp_helptext来查看存储过程的源代码。可以用语句sp_stored_procedure来查看所有存储过程。

可使用SQL Server Management Studio修改并删除存储过程，也可使用ALTER PROCEDURE语句修改存储过程，还可使用DROP PROCEDURE语句删除存储过程。

创建和执行带输入参数和输出参数的存储过程，以及获取存储过程的返回值。

习题12

12-1 简述存储过程的优点。

12-2 简述带有输入参数和输出参数的存储过程的执行方法。

12-3 编写存储过程，实现向tb_User表中插入一条记录，要求用户编号不能重复，用户类型要在表中存在。

12-4 编写存储过程，修改tb_User表中一条记录，如果不存在该用户，则无法修改；如果存在，则修改该用户的信息。

第13章 触发器

本章将介绍触发器的概念、作用、类型，包括 DML 触发器、DDL 触发器和登录触发器。其中，DML 触发器的类型有 AFTER 触发器、INSTEAD OF 触发器和 CLR 触发器。创建一个触发器可使用 SSMS 窗口化操作，也可使用 SQL 语句实现。通过 SSMS 窗口工具或 ALTER TRIGGER 语句可以修改触发器。通过 SQL 语句可查看单个触发器，也可查看数据库中的全部触发器。删除触发器可使用 SSMS 窗口化操作，也可使用 SQL 语句。可启用也可禁用触发器。DDL 触发器的类型有 T-SQL DDL 触发器、CLR 触发器。

13.1 触发器的概述

13.1.1 触发器的概念

触发器（Trigger）是用户定义在表或视图上的一类由事件驱动的特殊存储过程。创建了触发器后，就能够控制与触发器相关联的表。当相关表中的数据发生插入、删除或修改时，触发器会自动运行。触发器机制是一种维护数据引用完整性的好方法。

（1）触发器可以维护行级数据的完整性。

（2）触发器可以通过数据库中的相关表实现级联更改。

（3）触发器可以实施比用 CHECK 定义的约束更为复杂的约束。

（4）触发器可以评估数据修改前/后的表状态，并根据其差异采取对策。

触发器不同于前面介绍过的存储过程。触发器采取事件驱动机制，是由事件触发而运行的。存储过程是通过存储过程名称被直接调用的。

1. 触发器的基本概念

用户向数据库管理系统提交 INSERT、UPDATE、DELETE 语句后，数据库管理系统会产生 INSERT、UPDATE、DELETE 事件，并把这些事件发送给触发器。如果触发器的前提条件被满足，则触发器开始工作，执行预先定义好的代码。

2. 触发器的优点

（1）触发器会自动运行，在对相关表的数据做了任何修改（如手工输入或者使用程序采集的操作）之后立即被激活。

（2）触发器可以通过数据库中的相关表进行层叠更改，这比直接把代码写在前台的方法更安全合理。

（3）可以强制触发器运行，这种强制的约束比用 CHECK 定义的约束更复杂。与 CHECK 约束不同的是，触发器可以引用其他表中的列。

3. 触发器的运行环境

触发器的运行环境是一种 SQL 运行环境。可以将这个运行环境看成创建在内存的语句执行过程中，保存语句进程的空间。

每当调用触发器时，就创建触发器的运行环境。如果调用多个触发器，就会分别为每个触发器创建运行环境。然而，在任何时候，一个会话中只有唯一的一个运行环境是活动的。还有一点相当重要，就是一个表的触发器可能引起第二个表的触发器被激活。

13.1.2 触发器的作用

触发器的作用如下。

（1）可在确定数据表前，强制检验或转换数据。

（2）当触发器发生错误时，异动的结果会被撤销。

（3）部分数据库管理系统可以针对数据定义语言（DDL）使用触发器，称为 DDL 触发器。

可依照特定情况，替换异动的指令。

13.1.3 触发器的类型

在 SQL Server 2014 中，按照事件的不同可以把触发器分为 3 种常规类型，即 DML 触发器、DDL 触发器和登录触发器。

1. DML 触发器

当数据库中数据发生变化时，包括 INSERT、UPDATE、DELETE 任意语句操作，如果在表中写了对应的触发器，那么该触发器会自动运行。DML 触发器主要作用在于强制执行业务规则，扩展 SQL Server 2014 约束、默认值等。

DML 触发器的作用如下。

（1）DML 触发器可以通过数据库中的相关表实现级联更改。不过，通过级联引用完整性约束可以更有效地进行这些更改。

（2）DML 触发器可以防止恶意或错误的 INSERT、UPDATE、DELETE 语句操作，并被强制执行比 CHECK 约束定义的限制更为复杂的其他限制。DML 触发器能够引用其他表中的列。

（3）DML 触发器可以评估数据修改前/后的表状态，并根据该差异采取措施。

一个表中的多个同类 DML 触发器（INSERT 触发器、UPDATE 触发器和 DELETE 触发器）允许采取多个不同的操作来响应同一个修改语句。

2. DDL 触发器

DDL 触发器是 SQL Server 2014 新增的触发器。主要用于审核与规范对数据库中的表、触发器、视图等结构的操作，如修改表（列）、新增表（列）等。它在数据库结构发生变化时运行，主要用来记录数据库的修改过程，以及限制程序员对数据库的修改，如不允许删除某些指定表等。通常在执行以下操作时，使用 DDL 触发器。

（1）防止对数据库架构进行某些更改。

（2）希望数据库中发生某种情况，以响应数据库架构中的更改。

（3）记录数据库架构中的更改或事件。

3. 登录触发器

登录触发器将为响应 LOGIN 事件而派发存储过程。与 SQL Server 2014 实例建立用户会话时将引发 LOGIN 事件。登录触发器将在登录的身份验证阶段完成之后，且用户会话实际建立之前被激活。因此，来自触发器内部且通常将到达用户的所有消息（如错误消息和来自 PRINT 语句的消息）都会传送到 SQL Server 错误日志。如果身份验证失败，将再不激活登录触发器。

13.1.4 触发器应用的两个逻辑表

在使用触发器过程中，系统用到了两个特殊的临时表：INSERTED 表和 DELETED 表。这两个表存储在缓存区中而不是数据库中，是两个逻辑表，并由系统来维护，不允许用户对其修改。它们与触发器的相关表具有相同的结构。触发器运行完毕后，这两个表将会被自动删除。

1. INSERTED 表

INSERTED 表用于存放执行 INSERT 或 UPDATE 语句时向触发器的相关表中插入的所有行。在执行 INSERT 或 UPDATE 语句时，将新的行同时添加到触发器的 INSERTED 表中。INSERTED 表的内容是触发器的相关表中新行的副本。

2. DELETED 表

DELETED 表用于存放执行 DELETE 或 UPDATE 语句时从触发器的相关表中删除的所有行。在执行 DELETE 或 UPDATE 语句时，被删除的行从触发器的相关表中被移到 DELETED 表中。

13.2 创建和管理 DML 触发器

DML 触发器是当数据库服务器中发生数据操作语言（DML）事件时要执行的操作。DML 事件包括对表或视图发出的 UPDATE、INSERT 或 DELETE 语句。DML 触发器用于在数据被修改时强制执行业务规则，扩展 SQL Server 2014 约束、默认值和规则的完整性检查逻辑。

因为 DML 触发器是一种特殊类型的存储过程，所以 DML 触发器的创建和存储过程的创建方式有很相似之处，在使用 CREATE TRIGGER 语句创建 DML 触发器时，要规定以下内容。

（1）触发器名称。

（2）触发器所基于的表或视图。

（3）触发器被激活的时机。

（4）激活触发器的操作语句，有效的语句是 INSERT、UPDATE、DELETE。

（5）触发器执行的语句。

13.2.1 创建 DML 触发器

使用 SQL 语句定义触发器的语法格式：

```
CREATE TRIGGER trigger_name ON {table_name | view_name }
[WITH ENCRYPTION] {FOR | AFTER | INSTEAD OF }
[INSERT, UPDATE, DELETE]
AS
    sql_statement
```

（1）trigger_name：用户创建触发器的名称（唯一且符合标识符规则）。

（2）table_name | view_name：定义触发器的表或视图名称，又称触发器表或触发器视图。

（3）AFTER：指定触发器的激活时机是在触发 SQL 语句中指定的所有操作都已经成功执行后。

注意：不能在视图上定义 AFTER。

（4）FOR：与 AFTER 相同，是为兼容早期 SQL Server 版本而设置的。

（5）INSTEAD OF：指定执行 INSTEAD OF 触发器中的 SQL 语句而不执行触发 SQL 语句，从而替代触发 SQL 语句的操作。

（6）DELETE,UPDATE,INSERT：是指定在表或视图上执行哪些数据修改语句时将触发触发器的关键字，必须至少指定一个选项。在触发器定义中允许使用以任意顺序组合的这些关键字。如果指定的选项多于一个，则要用逗号分隔这些选项。

（7）sql_statement：触发器被激活后要执行的 SQL 语句。

可以把 SQL Server 2014 提供的 DML 触发器分成 4 种：INSERT 触发器、DELETE 触发器、UPDATE 触发器和 INSTEAD OF 触发器。

1. INSERT 触发器

当对目标表（触发器的基表）执行 INSERT 语句时，就会激活 INSERT 触发器。

2. DELETE 触发器

当针对目标数据库运行 DELETE 语句时，就会激活 DELETE 触发器。DELETE 触发器用于约束用户能够从数据库中删除的数据。因为在这些数据中，有些数据不希望被用户轻易删除。

通常情况下，当用户执行 DELETE 语句时，系统会从表中删除这个记录，且该记录不再存在。然而这种行为在给表添加了 DELETE 触发器之后会有所不同。因为当激活 DELETE 触发器时，从受影响的表中删除的行将被放置到一个特殊的 DELETED 表中。DELETED 表和 INSERTED 表一样也是一个临时表，它保留已被删除数据行的一个副本，还允许引用由初始化 DELETE 语句产生的日志数据。

使用 DELETE 触发器时，要考虑以下的事项和原则。

（1）当某行被添加到 DELETED 表时，就不再存在于数据库表中，因此，DELETED 表和数据库表没有相同的行。

（2）创建 DELETED 表时，应从内存中分配存储空间。DELETED 表总是被存储在高速缓冲区中。

（3）为 DELETE 定义的触发器并不执行 TRUNCATE TABLE 语句，原因在于日志不记录 TRUNCATE TABLE 语句。

3. UPDATE 触发器

当一个 UPDATE 语句在目标表上运行时，就会激活 UPDATE 触发器。这种类型的触发器专门用于约束用户能修改的现有数据。

4. INSETEAD OF 触发器

可以在表或视图上指定 INSTEAD OF 触发器。INSETEAD OF 触发器可以用于指定执行某些 SQL 语句而不是执行触发 SQL 语句，从而屏蔽触发 SQL 语句而转向执行触发器内部的 SQL 语句。对于触发 SQL 语句（INSERT、UPDATE 或 DELETE 语句），每个表或视图只能有一个 INSTEAD OF 触发器。

INSTEAD OF 触发器的主要优点如下。

（1）可以使不能更新的视图被更新。基于多个基表的视图必须使用 INSTEAD OF 触发器来支持引用多个表中数据的插入、更新和删除操作。

（2）使用户可以编写这样的逻辑代码，即在允许批处理中某些部分被执行的同时，拒绝批处理中其他部分被执行。

【例 13.1】 创建一个触发器，当 tb_User 表中的记录被更新时，显示该表中的所有记录。

方法一：使用窗口化操作。

窗口化新建触发器如图 13-1 所示。

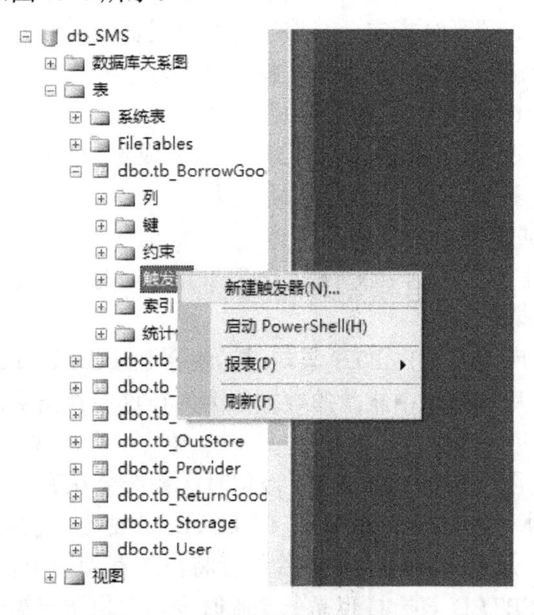

图 13-1 窗口化新建触发器

选择“dbo.tb_BorrowGoods”→“触发器”→“新建触发器”，进入触发器创建界面，如图 13-2 所示，设置触发器的名称、表名（或视图名等）、执行条件（AFTER 之后的语句）。

方法二：使用 SQL 语句实现，如图 13-3 所示。

具体代码：

```
CREATE TRIGGER tb_User_Change
ON tb_User AFTER INSERT, UPDATE,DELETE
AS
    SELECT * FROM tb_User;
```

```
-- the definition of the function.
-- ================================================
SET ANSI_NULLS ON
GO
SET QUOTED_IDENTIFIER ON
GO
-- ================================================
-- Author:       <Author,,Name>
-- Create date: <Create Date,,>
-- Description: <Description,,>
-- ================================================
CREATE TRIGGER <Schema_Name, sysname, Schema_Name>.<Trigger_Name, sysname, Trigger_Name>
   ON <Schema_Name, sysname, Schema_Name>.<Table_Name, sysname, Table_Name>
   AFTER <Data_Modification_Statements, , INSERT,DELETE,UPDATE>
AS
BEGIN
    -- SET NOCOUNT ON added to prevent extra result sets from
    -- interfering with SELECT statements.
    SET NOCOUNT ON;

    -- Insert statements for trigger here

END
GO
```

（a）

```
-- ================================================
CREATE TRIGGER trig_name
   ON tb_BorrowGoods
   AFTER DELETE
AS
BEGIN
    -- SET NOCOUNT ON added to prevent extra result sets from
    -- interfering with SELECT statements.
    SET NOCOUNT ON;

    -- Insert statements for trigger here

END
GO
```

（b）

图 13-2　触发器创建界面

创建成功后可以去相关的目录结构下查看结果，如图 13-4 所示。

```
CREATE TRIGGER tb_User_Change
    ON tb_User AFTER INSERT, UPDATE,DELETE
    AS
        SELECT * FROM tb_User;
```

00 %

消息

命令已成功被完成。

图 13-3　使用 SQL 语句实现

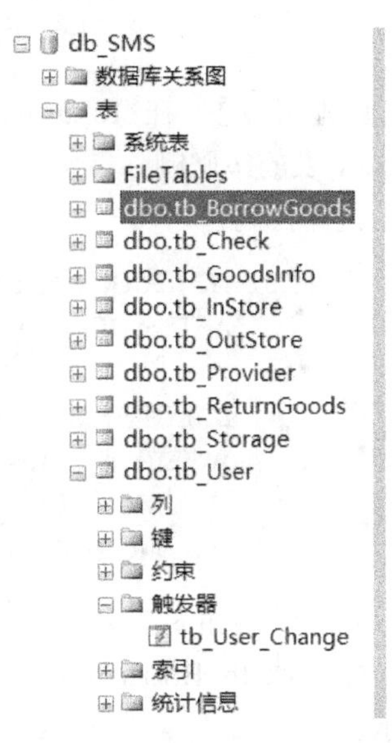

图 13-4　触发器创建后的目录结构

说明：每个触发器只能被创建一次（符合触发器的唯一性原则），否则会出现如图 13-5 所示的错误界面。

```
CREATE TRIGGER tb_User_Change
    ON tb_User AFTER INSERT, UPDATE,DELETE
    AS
        SELECT * FROM tb_User;
```

00 %

消息

消息 2714，级别 16，状态 2，过程 tb_User_Change，第 1 行
数据库中已存在名为 'tb_User_Change' 的对象。

图 13-5　不符合唯一性原则的错误界面

当在 tb_User 表中执行 INSERT 语句后，INSERT 触发器被激活并显示 tb_User 表中的所有记录，如图 13-6 所示。

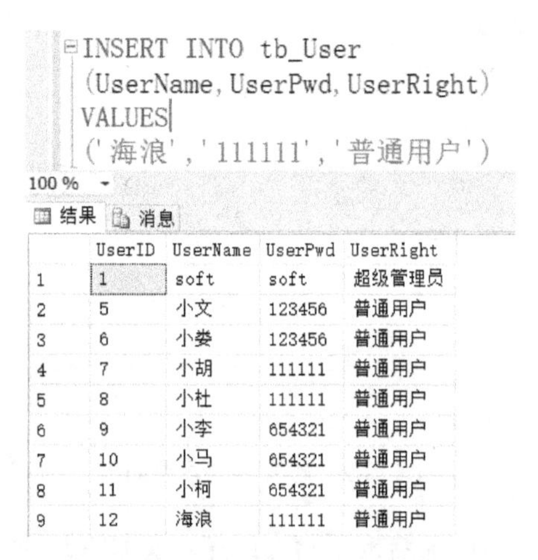

	UserID	UserName	UserPwd	UserRight
1	1	soft	soft	超级管理员
2	5	小文	123456	普通用户
3	6	小娄	123456	普通用户
4	7	小胡	111111	普通用户
5	8	小杜	111111	普通用户
6	9	小李	654321	普通用户
7	10	小马	654321	普通用户
8	11	小柯	654321	普通用户
9	12	海浪	111111	普通用户

图 13-6　向 tb_User 表中插入记录时 INSERT 触发器被激活

【例 13.2】 在 ReturnGoods 表上创建 DELETE 触发器，实现 ReturnGoods 表和 Borrow 表的级联删除。

具体代码：

```
CREATE TRIGGER ReturnGoodsDelete ON tb_ReturnGoods
    AFTER DELETE
AS
    DELETE FROM tb_BorrowGoods
    WHERE tb_BorrowGoods.BGPeople not IN (
        SELECT tb_ReturnGoods.RGPeople
        FROM tb_ReturnGoods     )
```

执行结果如图 13-7 所示。

先看原 tb_BorrowGoods 表和原 tb_ReturnGoods 表中的数据，如图 13-8 和图 13-9 所示。

```
CREATE TRIGGER ReturnGoodsDelete ON tb_ReturnGoods
AFTER DELETE
AS
DELETE FROM tb_BorrowGoods
WHERE tb_BorrowGoods.BGPeople not IN (
SELECT tb_ReturnGoods.RGPeople
FROM tb_ReturnGoods      )
```

100 %

消息

命令已成功被完成。

图 13-7　执行结果

	BGID	GoodsNa...	StoreName	GoodsSpec	GoodsNum	BGDate	HandlePe...	BGPeople	BGUnit	BGRemark
▸	6	图书	A仓	捆	1	2018-05-1...	小文	小苗	新华公司	借货6件
	8	保温杯	D仓	箱	1	2018-05-1...	小文	小方	独家公司	借货1箱
*	NULL	NULL	NULL	NULL	NULL	NULL	NULL	NULL	NULL	NULL

图 13-8　原 tb_BorrowGoods 表

	RGID	BGID	StoreName	GoodsNa...	GoodsSpec	RGNum	NRGNum	RGDate	HandlePe...	RGPeople	RGRemark	Editer	EditDate
▸	2	3	主仓库	笔记本电脑	箱	1	1	2018-05-1...	小文	小申	还货1台，...	小文	2018-05-12 17:15:17.830
	3	4	主仓库	茶叶	箱	1	0	2018-05-1...	小文	小赵	还货1千克...	小文	2018-05-12 17:16:53.237
	4	5	A仓	冰箱	台	1	0	2018-05-1...	小文	小魏	还货1台，...	小文	2018-05-12 17:17:41.710
	5	6	A仓	图书	捆	5	6	2018-05-1...	小文	小苗	还货5件，...	小文	2018-05-12 17:18:38.500
	6	7	B仓	啤酒	扎	2	3	2018-05-1...	小文	小鱼	还货2块，...	小文	2018-05-12 17:19:59.397
	7	8	D仓	保温杯	箱	1	2	2018-05-1...	小文	小方	还货1个，...	小文	2018-05-12 17:20:56.350
	8	9	E仓	电话	箱	1	0	2018-05-1...	小文	小花	还货1部，...	小文	2018-05-12 17:21:55.137
	9	10	F仓	自行车	批	1	1	2018-05-1...	小文	小习	还货1辆，...	小文	2018-05-12 17:22:35.710
	10	11	G仓	电风扇	箱	2	2	2018-05-1...	小文	小席	还货2台，...	小文	2018-05-12 17:23:12.927
	11	12	H仓	纸巾	箱	12	11	2018-05-1...	小文	小蔡	还货12包，...	小文	2018-05-12 17:23:50.367
*	NULL	NULL	NULL	NULL	NULL	NULL	NULL	NULL	NULL	NULL	NULL	NULL	NULL

图 13-9　原 tb_ReturnGoods 表

当在 tb_ReturnGoods 表中执行 DELETE 语句时，与之相关的 tb_BorrowGoods 表中的记录也会被删除。

具体代码：

```
DELETE FROM tb_ReturnGoods
WHERE tb_ReturnGoods.BGID = '8'
```

执行结果如图 13-10 所示。

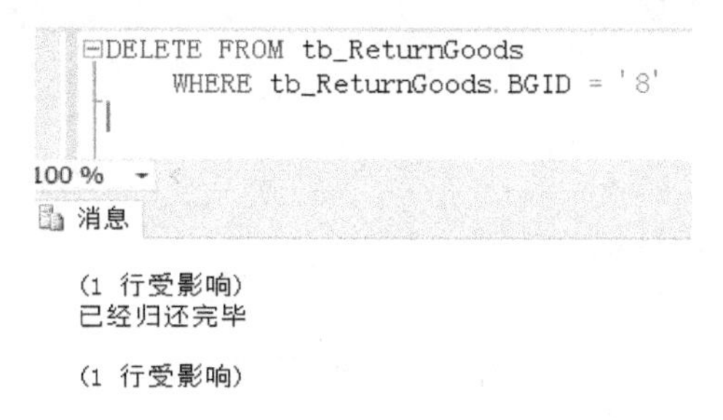

图 13-10　执行结果

说明：以上语句执行的前提是 tb_ReturnGoods 表和 tb_BorrowGoods 表中都有 8 的编号。

刷新以上的两个表，得到如图 13-11 和图 13-12 所示的结果。

BGID	GoodsNa...	StoreName	GoodsSpec	GoodsNum	BGDate	HandlePe...	BGPeople	BGUnit	BGRemark
6	图书	A仓	捆	1	2018-05-1...	小文	小苗	新华公司	借货6件
NULL	NULL	NULL	NULL	NULL	NULL	NULL	NULL	NULL	NULL

图 13-11　执行 DELETE 语句后的 rb_BorrowGoods 表

RGID	BGID	StoreName	GoodsNa...	GoodsSpec	RGNum	NRGNum	RGDate	HandlePe...	RGPeople	RGRemark	Editer	EditDate
2	3	主仓库	笔记本电脑	箱	1	1	2018-05-1...	小文	小申	还货1台，...	小文	2018-05-1...
3	4	主仓库	茶叶	箱	1	0	2018-05-1...	小文	小赵	还货1千克...	小文	2018-05-1...
4	5	A仓	冰箱	台	1	0	2018-05-1...	小文	小魏	还货1台，...	小文	2018-05-1...
5	6	A仓	图书	捆	5	6	2018-05-1...	小文	小苗	还货5件，...	小文	2018-05-1...
6	7	B仓	啤酒	扎	2	3	2018-05-1...	小文	小鱼	还货2块，...	小文	2018-05-1...
8	9	E仓	电话	箱	1	0	2018-05-1...	小文	小花	还货1部，...	小文	2018-05-1...
9	10	F仓	自行车	批	1	1	2018-05-1...	小文	小习	还货1辆，...	小文	2018-05-1...
10	11	G仓	电风扇	箱	2	2	2018-05-1...	小文	小席	还货2台，...	小文	2018-05-1...
11	12	H仓	纸巾	箱	12	11	2018-05-1...	小文	小蔡	还货12包，...	小文	2018-05-1...
NULL	NULL	NULL	NULL	NULL	NULL	NULL	NULL	NULL	NULL	NULL	NULL	NULL

图 13-12　执行 DELETE 语句后的 rb_ReturnGoods 表

【例 13.3】 设置一个触发器，禁止对 tb_ReturnGoods 表中的归还日期进行修改。

具体代码：

```
CREATE TRIGGER tb_ReturnGoods_update ON tb_ReturnGoods
    AFTER UPDATE
AS
    IF UPDATE(RGDate)
    BEGIN
        PRINT '归还日期不能修改'
        ROLLBACK TRANSACTION
    END;
```

执行结果如图 13-13 所示。

```
CREATE TRIGGER tb_ReturnGoods_update ON tb_ReturnGoods
        AFTER UPDATE
    AS
        IF UPDATE(RGDate)
        BEGIN
            PRINT '归还日期不能被修改'
            ROLLBACK TRANSACTION
        END;
```

消息

命令已成功被完成。

图 13-13　执行结果

现在执行修改日期操作，如图 13-14 所示。

具体代码：

```
UPDATE tb_ReturnGoods
SET RGDate = '2001-01-01'
```

执行此代码之后，RGDate 并没有发生改变，查看 tb_ReturnGoods 表如图 13-15 所示。

```
UPDATE tb_ReturnGoods
    SET RGDate = '2001-01-01'
```

%

消息

消息 512，级别 16，状态 1，过程 trig_updateGInfo，第 6 行
子查询返回的值不止一个。当子查询跟随在 =、!=、<、<=、>、>= 之后或子查询用作表达式时，这种情况是不被允许的。
语句已被终止。

图 13-14 在 tb_ReturnGoods 表中执行修改日期操作

	RGID	BGID	StoreName	GoodsNa...	GoodsSpec	RGNum	NRGNum	RGDate	HandlePe...	RGPeople	RGRemark	Editer	EditDate
▸	2	3	主仓库	笔记本电脑	箱	1	1	2018-05-1...	小文	小申	还货1台，...	小文	2018-05-1...
	3	4	主仓库	茶叶	箱	1	0	2018-05-1...	小文	小赵	还货1千克...	小文	2018-05-1...
	4	5	A仓	冰箱	台	1	0	2018-05-1...	小文	小魏	还货1台，...	小文	2018-05-1...
	5	6	A仓	图书	捆	5	6	2018-05-1...	小文	小苗	还货5件，...	小文	2018-05-1...
	6	7	B仓	啤酒	扎	2	3	2018-05-1...	小文	小鱼	还货2块，...	小文	2018-05-1...
	8	9	E仓	电话	箱	1	0	2018-05-1...	小文	小花	还货1部，...	小文	2018-05-1...
	9	10	F仓	自行车	批	1	1	2018-05-1...	小文	小习	还货1辆，...	小文	2018-05-1...
	10	11	G仓	电风扇	箱	2	2	2018-05-1...	小文	小席	还货2台，...	小文	2018-05-1...
	11	12	H仓	纸巾	箱	12	11	2018-05-1...	小文	小蔡	还货12包，...	小文	2018-05-1...
*	NULL	NULL	NULL	NULL	NULL	NULL	NULL	NULL	NULL	NULL	NULL	NULL	NULL

图 13-15 查看 tb_ReturnGoods 表

【例 13.4】 为了进行区分，可以使用相同的代码对 RGNum 进行修改。
具体代码：

```
UPDATE tb_ReturnGoods
SET RGNum = '100'
WHERE RGID = '2'
```

执行结果如图 13-16 所示。

```
UPDATE tb_ReturnGoods
    SET RGNum = '100'
    WHERE RGID = '2'
```

0 %

消息

(1 行受影响)
已经归还完毕

(1 行受影响)

（a）在 tb_ReturnGoods 表中执行修改 RGNum 操作

	RGID	BGID	StoreName	GoodsNa...	GoodsSpec	RGNum	NRGNum	RGDate	HandlePe...	RGPeople	RGRemark	Editer	EditDate
▸	2	3	主仓库	笔记本电脑	箱	100	1	2018-05-1...	小文	小申	还货1台，...	小文	2018-05-1...
	3	4	主仓库	茶叶	箱	1	0	2018-05-1...	小文	小赵	还货1千克...	小文	2018-05-1...
	4	5	A仓	冰箱	台	1	0	2018-05-1...	小文	小魏	还货1台，...	小文	2018-05-1...
	5	6	A仓	图书	捆	5	6	2018-05-1...	小文	小苗	还货5件，...	小文	2018-05-1...
	6	7	B仓	啤酒	扎	2	3	2018-05-1...	小文	小鱼	还货2块，...	小文	2018-05-1...
	8	9	E仓	电话	箱	1	0	2018-05-1...	小文	小花	还货1部，...	小文	2018-05-1...
	9	10	F仓	自行车	批	1	1	2018-05-1...	小文	小习	还货1辆，...	小文	2018-05-1...
	10	11	G仓	电风扇	箱	2	2	2018-05-1...	小文	小席	还货2台，...	小文	2018-05-1...
	11	12	H仓	纸巾	箱	12	11	2018-05-1...	小文	小蔡	还货12包，...	小文	2018-05-1...
*	NULL	NULL	NULL	NULL	NULL	NULL	NULL	NULL	NULL	NULL	NULL	NULL	NULL

（b）数据已经被更新成功

图 13-16 执行结果

【例 13.5】 在 tb_ReturnGoods 表上创建 INSERT 触发器，当向 tb_ReturnGoods 表中添加归还商品记录时，检查该学生的 RGID 是否存在，若不存在，则不能将该记录插入该表中。

具体代码：

```
CREATE TRIGGER tb_ReturnGoods_insert ON tb_ReturnGoods
    AFTER INSERT
AS
    IF(SELECT COUNT(*) FROM tb_BorrowGoods,inserted WHERE tb_BorrowGoods.BGID =
inserted.BGID) = 0
    BEGIN
        PRINT '商品借出编号不存在，不能插入该记录'
        ROLLBACK TRANSACTION
    END
```

执行结果如图 13-17 所示。

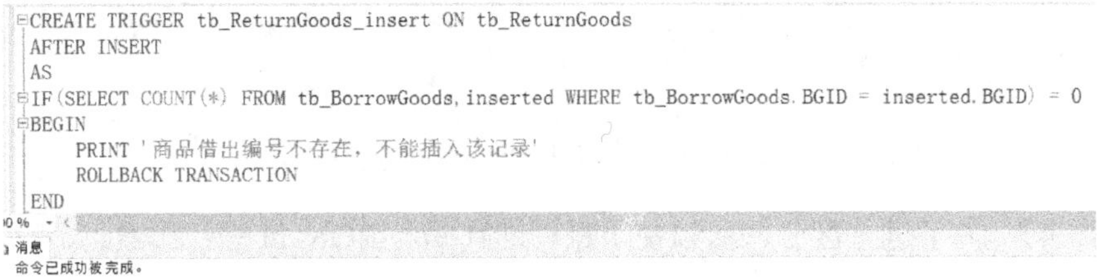

```
CREATE TRIGGER tb_ReturnGoods_insert ON tb_ReturnGoods
AFTER INSERT
AS
IF(SELECT COUNT(*) FROM tb_BorrowGoods, inserted WHERE tb_BorrowGoods.BGID = inserted.BGID) = 0
BEGIN
    PRINT '商品借出编号不存在，不能插入该记录'
    ROLLBACK TRANSACTION
END
```

消息
命令已成功被完成。

图 13-17　执行结果

在该触发器中，当向 tb_ReturnGoods 表中添加归还记录后，先检查其 RGID 在 tb_BorrowGoods 表中是否存在，若不存在，则事务回滚，不能将该记录插入该表中。

具体代码：

```
INSERT INTO tb_ReturnGoods VALUES('9','D 仓','冰箱','台   ','1','3','2015-05-20','小郎','小园','还货台，未还货台','小郎','2015-11-11');
```

tb_BorrowGoods 表中没有编号为 9 的商品，因此不能将该记录插入该表中。

执行结果如图 13-18 所示。

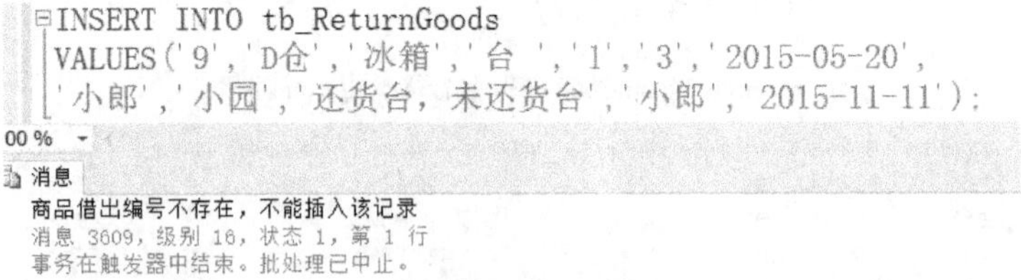

```
INSERT INTO tb_ReturnGoods
VALUES('9','D仓','冰箱','台 ','1','3','2015-05-20',
'小郎','小园','还货台，未还货台','小郎','2015-11-11');
```

消息
商品借出编号不存在，不能插入该记录
消息 3609，级别 16，状态 1，第 1 行
事务在触发器中结束。批处理已中止。

图 13-18　执行结果

【例 13.6】 创建 UPDATE 触发器，禁止对 tb_User 表中的 UserName 进行修改。

具体代码：

```
CREATE TRIGGER tb_User_update ON tb_User
    AFTER UPDATE
```

```
AS
    IF( UPDATE(UserName))
    BEGIN
        PRINT 'UserName 不能修改'
        ROLLBACK TRANSACTION
    END
```

执行结果如图 13-19 所示。

当修改 tb_User 表的 UserName 时，UPDATE 触发器被激活并禁止修改 tb_User 表的 UserName 的操作。

具体代码：

```
UPDATE tb_User    SET UserName = '小黄'    WHERE UserID = '1'
```

执行结果如图 13-20 所示。

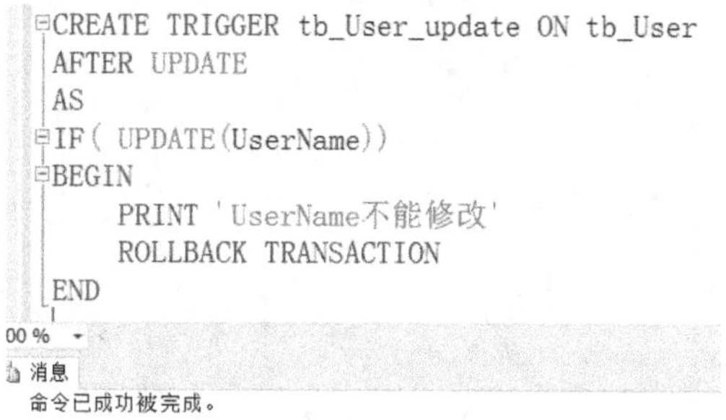

```
CREATE TRIGGER tb_User_update ON tb_User
AFTER UPDATE
AS
IF( UPDATE(UserName))
BEGIN
    PRINT 'UserName不能修改'
    ROLLBACK TRANSACTION
END
```

消息
命令已成功被完成。

图 13-19 执行结果

```
UPDATE tb_User
SET UserName = '小黄'  WHERE UserID = '1'
```

结果 消息

(9 行受影响)
UserName不能修改
消息 3609，级别 16，状态 1，第 1 行
事务在触发器中结束。批处理已中止。

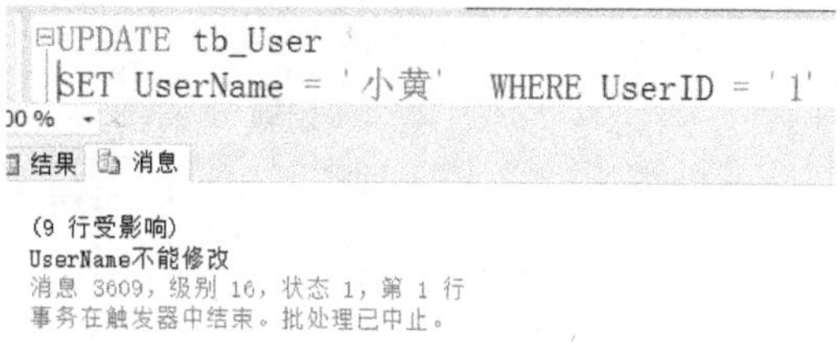

图 13-20 执行结果

【例 13.7】 定义 INSTEAD OF 触发器。

具体代码：

```
CREATE VIEW user_view(UserName, UserPwd, UserRight)
AS
    SELECT UserName,UserPwd,UserRight
    FROM tb_User
```

执行结果如图 13-21 所示。

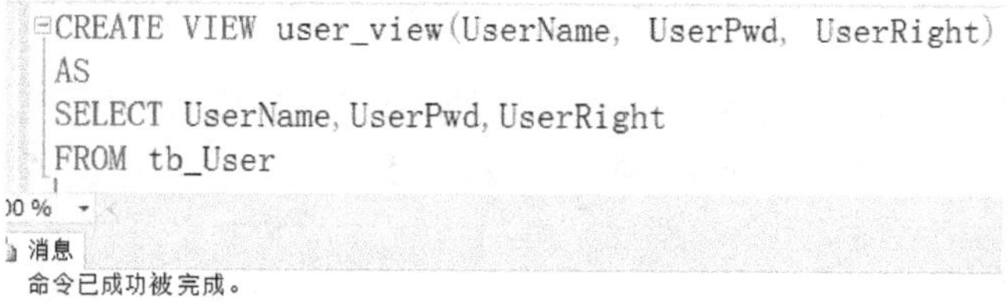

```
CREATE VIEW user_view(UserName, UserPwd, UserRight)
AS
SELECT UserName, UserPwd, UserRight
FROM tb_User
```

消息
命令已成功被完成。

图 13-21 执行结果

在图 13-21 所示的视图中，用户的信息都是被查询出来的。若通过该视图向 tb_user 表中插入数据，如（'Name', '123456', '普通用户'），则可以通过该视图定义下的 INSTEAD OF 触发器来实现。

具体代码：

```
CREATE TRIGGER view_insert ON user_view
INSTEAD OF INSERT
AS
DECLARE @UserName VARCHAR(20)
DECLARE @UserPwd VARCHAR(20)
DECLARE @UserRight CHAR(10)
SELECT @UserName=UserName,
@UserPwd = UserPwd,@UserRight = UserRight
FROM inserted
INSERT INTO tb_User(UserName,UserPwd,UserRight)
VALUES (@UserName,@UserPwd,@UserRight)
```

执行结果如图 13-22 所示。

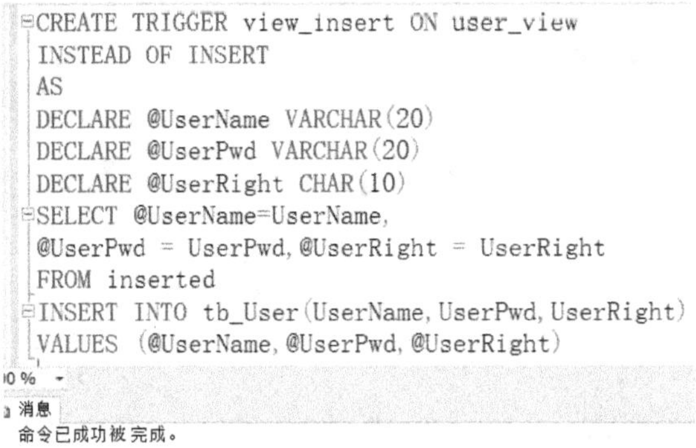

```
CREATE TRIGGER view_insert ON user_view
INSTEAD OF INSERT
AS
DECLARE @UserName VARCHAR(20)
DECLARE @UserPwd VARCHAR(20)
DECLARE @UserRight CHAR(10)
SELECT @UserName=UserName,
@UserPwd = UserPwd, @UserRight = UserRight
FROM inserted
INSERT INTO tb_User(UserName, UserPwd, UserRight)
VALUES (@UserName, @UserPwd, @UserRight)
```

100 %
消息
命令已成功被完成。

图 13-22 执行结果

当在 user_view 视图中执行 INSERT 语句时，INSTEAD OF 触发器被激活，此时 INSERTED OF 表中已经有了要插入的数据记录，如（'Name', '123456', '普通用户'）。

【例 13.8】 在 user_view 视图中执行 INSERT 语句。

具体代码：

```
INSERT INTO user_view    VALUES('Name','123456','普通用户')
```

将该数据插入 user_view 视图，同时，该数据也会被插入 tb_user 表中，如图 13-23 所示。

而执行“INSERT INTO tb_user VALUES('Name','123456','普通用户')”插入语句时，该数据只会被插入 tb_User 表中，不会被插入 user_view 视图，如图 13-24 所示。

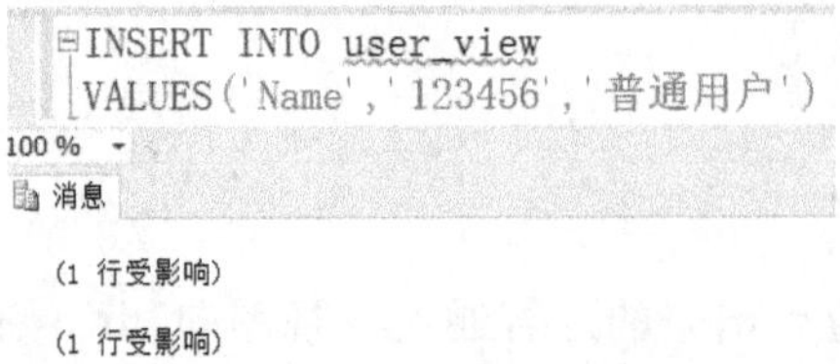

```
INSERT INTO user_view
VALUES('Name','123456','普通用户')
```

100 %
消息

(1 行受影响)

(1 行受影响)

图 13-23 在 user_view 视图中插入数据

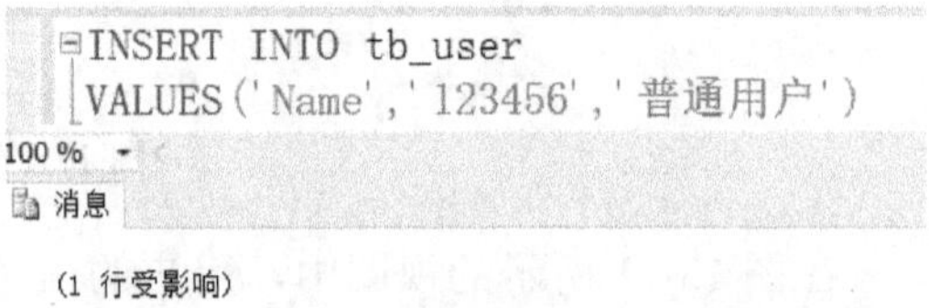

```
INSERT INTO tb_user
VALUES('Name','123456','普通用户')
```

100 %
消息

(1 行受影响)

图 13-24 在 tb_user 表中插入数据

13.2.2 其他类型的 DML 触发器

1. AFTER 触发器

在执行 INSERT、UPDATE、MERGE 或 DELETE 语句的操作之后执行 AFTER 触发器。如果违反了约束，则永远不会执行 AFTER 触发器，因此，AFTER 触发器不能用于任何可能防止违反约束的处理。对于在 MERGE 语句中指定的每个 INSERT、UPDATE 或 DELETE 语句操作，将为其激活相应的触发器。

2. CLR 触发器

CLR 触发器可以是 AFTER 触发器或 INSTEAD OF 触发器。CLR 触发器还可以是 DDL 触发器。CLR 触发器将执行在托管代码（创建在.NET Framework 中并上载在系统中的程序集）中编写的方法，而不用执行 T-SQL 存储过程。

13.2.3 修改触发器

如果要修改触发器的定义和属性，有两种方法：①先删除原来的触发器的定义，再重新创建与之同名的触发器；②直接修改现有的触发器的定义。修改现有的触发器的定义可以使用 ALTER TRIGGER 语句。

通过 ALTER TRIGGER 语句修改触发器的语法格式：

```
ALTER TRIGGER trigger_name ON { table_name | view_name }
[WITH ENCRYPTION] { FOR | AFTER | INSTEAD OF}
[INSERT, UPDATE, DELETE]
AS
    sql_statement
```

13.2.4 查看触发器

【例 13.9】 查看 tb_ReturnGoodselete 触发器。

具体代码：

```
EXEC sp_helptext 'tb_ReturnGoods_insert'
```

执行结果如图 13-25 所示。

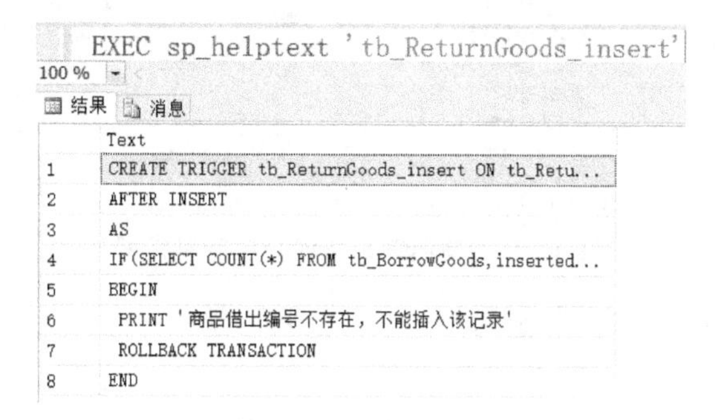

图 13-25 执行结果

【例 13.10】 查看数据库中的全部触发器。

具体代码：

```
GO
SELECT * FROM sysobjects WHERE xtype='TR'
```

执行结果如图 13-26 所示。

```
GO
SELECT * FROM sysobjects WHERE xtype='TR'
```

100 %

结果 消息

	name	id	xtype	uid	info	status	base_schema...	replinfo	parent_obj	crdate	ftcatid	schema_ver	stats_schema...	type	userstat
1	trig_name	82099333	TR	1	0	0	0	0	229575856	2019-03-20 15:33:57.690	0	0	0	TR	0
2	tb_User_Change	98099390	TR	1	0	0	0	0	2073058421	2019-03-20 15:39:20.607	0	0	0	TR	0
3	ReturnGoodsDelete	130099504	TR	1	0	0	0	0	453576654	2019-03-20 15:52:15.623	0	0	0	TR	0
4	tb_ReturnGoods_update	146099561	TR	1	0	0	0	0	453576654	2019-03-20 16:02:50.187	0	0	0	TR	0
5	tb_ReturnGoods_insert	402100473	TR	1	0	0	0	0	453576654	2019-03-21 20:12:56.450	0	0	0	TR	0
6	tb_User_update	418100530	TR	1	0	0	0	0	2073058421	2019-03-21 20:16:59.643	0	0	0	TR	0
7	view_insert	450100644	TR	1	0	0	0	0	434100587	2019-03-21 20:38:31.037	0	0	0	TR	0
8	trig_outGoods	533576939	TR	1	0	0	0	0	357576312	2015-09-04 17:23:33.440	0	0	0	TR	0
9	trig_inProvider	549576996	TR	1	0	0	0	0	405576483	2015-09-04 17:23:33.440	0	0	0	TR	0
10	trig_inGoods	565577053	TR	1	0	0	0	0	405576483	2015-09-04 17:23:33.440	0	0	0	TR	0
11	trig_brGoods	581577110	TR	1	0	0	0	0	229575856	2015-09-04 17:23:33.440	0	0	0	TR	0
12	trig_updateGInfo	597577167	TR	1	0	0	0	0	453576654	2015-09-04 17:23:33.457	0	0	0	TR	0
13	trig_reGoods	613577224	TR	1	0	0	0	0	453576654	2015-09-04 17:23:33.457	0	0	0	TR	0

图 13-26　执行结果

13.2.5　删除触发器

当不再需要某个触发器时，可将其删除。当触发器被删除时，它所基于的表和数据并不会受影响。而当删除表时，则会自动删除其上的所有触发器。删除触发器的权限默认授予该触发器所在表的所有者。

方法一：使用窗口化操作。

如图 13-27 所示，选择“db_SMS”→“表”→“dbo.tb_ReturnGoods”→“trig_reGoods”→“删除”，即可删除 trig_reGoods 触发器。

图 13-27　使用窗口化操作删除触发器

方法二：使用 SQL 语句删除触发器，如图 13-28 所示。

语法格式：

```
DROP TRIGGER trigger_name[,...n]
```

【例 13.11】 删除 tb_ReturnGoods_insert 触发器。

具体代码：

```
DROP TRIGGER    tb_ReturnGoods_insert
```

执行结果如图 13-29 所示。

```
DROP TRIGGER   tb_ReturnGoods_insert
100 %
消息
命令已成功被完成。
```

图 13-28 使用 SQL 语句删除触发器

```
dbo.tb_ReturnGoods
  列
  键
  约束
  触发器
    ReturnGoodsDelete
    tb_ReturnGoods_update
    trig_updateGInfo
```

图 13-29 执行结果

13.2.6 禁用和启用触发器

当暂时不需要或重新需要表中的某个触发器时，可以使用 ALTER TABLE 语句使表上的触发器无效或重新有效。当使用 ALTER TABLE 语句中的 DISABLE TRIGGER 子句时，可以使该表上的某个触发器无效。当使用 ALTER TABLE 语句的 ENABLE TRIGGER 子句时，可以使无效的触发器重新有效。

1. 激活触发器

每个表或视图都只能有一个 INSTEAD OF 触发器，但可以有多个 AFTER 触发。

AFTER 触发器和 INSTEAD OF 触发器的区别在于其被激活的时机不同，如表 13-1 所示。

表 13-1 AFTER 触发器与 INSTEAD OF 触发器的区别

	AFTER 触发器	INSTEAD OF 触发器
激活时机	晚于：约束处理 晚于：声明引用操作 晚于：INSERTED 表和 DELETED 表的创建	早于：约束处理 代替：触发操作 晚于：INSERTED 表和 DELETED 表的创建

2. 禁用触发器

方法一：使用窗口化操作。如图 13-30 所示，选择“db_SMS”→“表”→“dbo.tb_BorrowGoods”→“trig_brGoods”→“禁用”，即可禁用 trig_brGoods 触发器。

方法二：使用 SQL 语句实现。

语法格式：

```
ALTER TABLE table_name | view_name
    DISABLE TRIGGER trigger_name
```

【例 13.12】 禁用 tb_ReturnGoods_update 触发器。

具体代码：

```
ALTER TABLE tb_ReturnGoods
    DISABLE TRIGGER tb_ReturnGoods_update
```

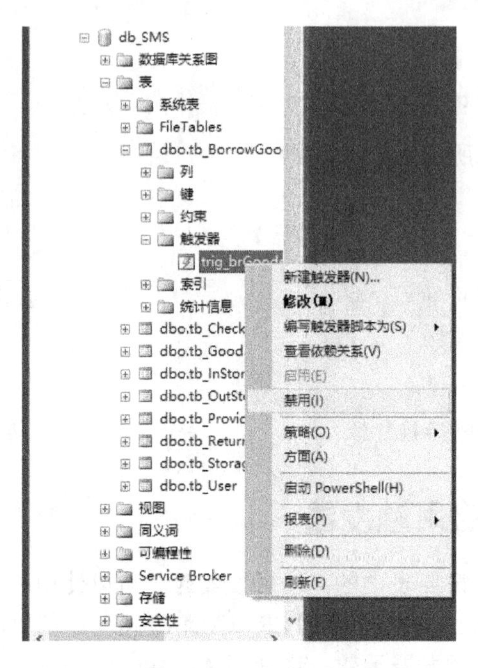

图 13-30　使用窗口化操作禁用触发器

禁用此触发器之后，再执行如图 13-31 所示的代码，就可以执行成功。执行结果如图 13-32 所示。

```
SET RGDate = '2001-01-01'
WHERE RGID = '2'
```

消息

(1 行受影响)
已经归还完毕

(1 行受影响)

图 13-31　执行例 13.12 的代码

NRGNum	RGDate	HandlePe...	RGPeople	RGRemark	Editer
1	2001-01-0...	小文	小申	还货1台，...	小文

图 13-32　执行结果

3. 启动触发器

语法格式：

```
ALTER TABLE table_name | view_name
     ENABLE TRIGGER trigger_name
```

方法一：使用窗口化操作。

如图 13-33 所示，选择“db_SMS”→“表”→“dbo.tb_BoorowGoods”→“触发器”→“trig_brGoods”→“启用”，即可启用 trig_brGoods 触发器。

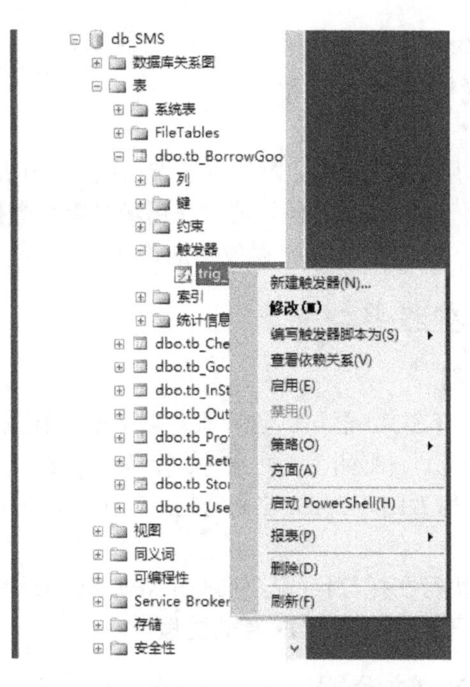

图 13-33 使用窗口化操作启用触发器

方法二：使用 SQL 语句实现。

具体代码：

```
ALTER TABLE tb_ReturnGoods
    ENABLE TRIGGER tb_ReturnGoods_update
```

启动触发器后，相应的触发器产生效用，RGDate 语句的使用受到了限制，如图 13-34 所示。

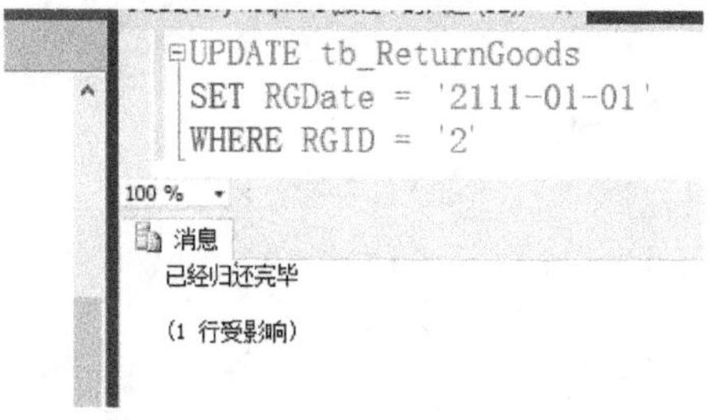

图 13-34 使用 SQL 语句启动触发器

13.3 创建 DDL 触发器

DDL 触发器和 DML 触发器一样，是通过响应事件而被激活的。与 DML 触发器不同的是，DDL 触发器只通过响应 CREATE、ALTER 和 DROP 语句而被激活。所以创建 DDL 触发器 CREATE TRIGGER 语句的语法格式：

```
CREATE TRIGGER trigger_name
ON {ALL SERVER | DATABASE}
```

```
WITH ENCRYPTION
{FOR | AFTER | {event_type}}
AS sql_statement
```

（1）ALL SERVER：用于表示 DDL 触发器的作用域是整个服务器。

（2）DATABASE：用于表示 DDL 触发器的作用域是整个数据库。

（3）event_type：用于指定触发 DDL 触发器的事件。

13.3.1 DDL 触发器类型

1. T-SQL DDL 触发器

用于执行一个或多个 T-SQL 语句以响应服务器范围或数据库范围事件的一种特殊类型的 T-SQL 存储过程。例如，如果执行某个语句（如 ALTER SERVER CONFIGURATION）或使用 DROP TABLE 语句删除某个表，则可以激活 DDL 触发器。

2. CLR DDL 触发器

CLR DDL 触发器将执行在托管代码（创建在.NET Framework 中并上载在系统中的程序集）中编写的方法，而不用执行 T-SQL 存储过程。

13.3.2 创建 DDL 触发器

【例 13.13】 创建 DDL 触发器。

具体代码：

```
CREATE TRIGGER safety
ON DATABASE
FOR DROP_TABLE, ALTER_TABLE
AS
    PRINT 'You must disable Trigger "safety" to drop or alter tables!'
    ROLLBACK;
```

可以新建一个 Demo 表进行验证。

具体代码：

```
DROP TABLE Demo
```

执行结果如图 13-35 所示。

```
DROP TABLE Demo
消息
You must disable Trigger "safety" to drop or alter tables!
消息 3609，级别 16，状态 2，第 1 行
事务在触发器中结束。批处理已中止。
```

图 13-35　执行结果

13.4 小结

触发器是用户定义在表或视图上的一类由事件驱动的特殊存储过程。它有 3 种常规类

型，即 DML 触发器、DDL 触发器和登录触发器。触发器应用的两个逻辑表是 INSERTED 表和 DELETED 表，触发器运行完毕后，与该触发器相关的这两个表也会被删除。DML 触发器分成 4 种：INSERT 触发器、DELETE 触发器、UPDATE 触发器和 INSTEAD OF 触发器。使用窗口化操作或使用 SQL 语句可以创建一个触发器。其他类型的 DML 触发器有 AFTER 触发器和 CLR 触发器，其中 CLR 触发器将执行在托管代码中编写的方法，而不用执行 T-SQL 存储过程。可以通过 SSMS 或 ALTER TRIGGER 语句修改触发器，使用 EXEC sp_helptext 语句查看单个触发器，使用 SELECT * FROM sysobjects WHERE xtype='TR'语句查看数据库中的全部触发器。当删除表时，将自动删除其上的所有触发器。删除触发器的权限默认授予该触发器所在表的所有者。使用窗口化操作或使用 SQL 语句可以删除触发器。AFTER 触发器和 INSTEAD OF 触发器的区别在于被激活的时机不同。使用窗口化操作或使用 SQL 语句可以禁用触发器或启用触发器。

如果响应 CREATE、ALTER 和 DROP 语句，则会激活 DDL 触发器。DDL 触发器的类型有 T-SQL DDL 触发器和 CLR DDL 触发器，前者用于执行一个或多个 T-SQL 语句以响应服务器范围或数据库范围事件，后者将执行在托管代码中编写的方法，而不用执行 T-SQL 存储过程。

习题 13

13-1 简述 DDL 触发器的功能与作用。

13-2 简述触发器与存储过程的区别。

13-3 编写触发器，当在表 tb_BorrowGoods 中插入一条记录时，激活该触发器，并给出“你插入了一条数据”的提示信息。

第14章 函 数

函数是一个封装多条 SQL 语句的结构。在数据库设计中，尤其对于 SQL 脚本设计，函数起到了非常重要的作用。SQL Server 2014 提供了两类函数的使用方式，即系统内置函数和用户自定义函数。通过用户自定义函数这种方式，可以补充和扩展系统内置函数。

14.1 系统内置函数

系统内置的函数很多，大体上可以分为聚合函数、配置函数、游标函数、日期和时间函数等。这些内置函数分为确定性或不确定性两种。如果函数在任何时候被一组特定的输入调用的返回结果总是相同的，则为确定性函数，反之则为不确定性函数。为了应用的方便，这里仅就常用的函数进行介绍。

14.1.1 聚合函数

聚合函数是对一组值执行计算并返回单个值的函数。聚合函数是确定性函数。在一般情况下，若字段中含有空值，会被聚合函数忽略，但 COUNT 函数除外。

1. AVG 函数（求平均值）

语法格式：

```
AVG([ ALL|DISTINCT ]expression)
```

（1）ALL：为默认值，表示对所有的数据都计算平均值。

（2）DISTINCT：表示不管相同的值出现多少次，只对一次相同的值计算平均值。

（3）expression：精确或近似值的表达式，不允许使用子查询和其他聚合函数。

【例 14.1】 AVG 函数的使用，如图 14-1 所示。

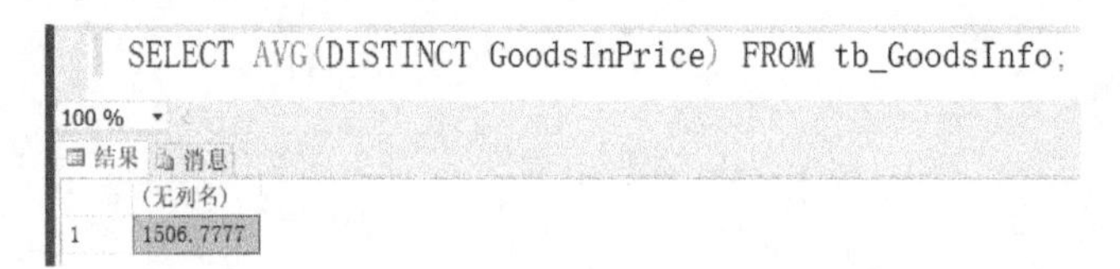

图 14-1 AVG 函数的使用

2. CHECKSUM 函数（返回按照表的某行或某组表达式计算出来的校验值）

语法格式：

```
CHECKSUM ( * | expression [ ,...n ] )
```

（1）*：指定在表的所有列上进行计算。如果有任意一列是非可比数据类型的，则

CHECKSUM 函数返回错误值。

（2）expression：是除了非可比数据类型的任何类型的表达式。

【例 14.2】 使用 CHECKSUM 函数创建哈希索引。

具体代码：

```
/*Create a checksum index.*/
SET ARITHABORT ON;
USE db_SMS;
GO
ALTER TABLE tb_User
ADD cs_Pname AS CHECKSUM(UserID);
GO
CREATE INDEX Pname_index ON tb_GoodsInfo (cs_Pname);
GO
```

执行结果如图 14-2 所示。

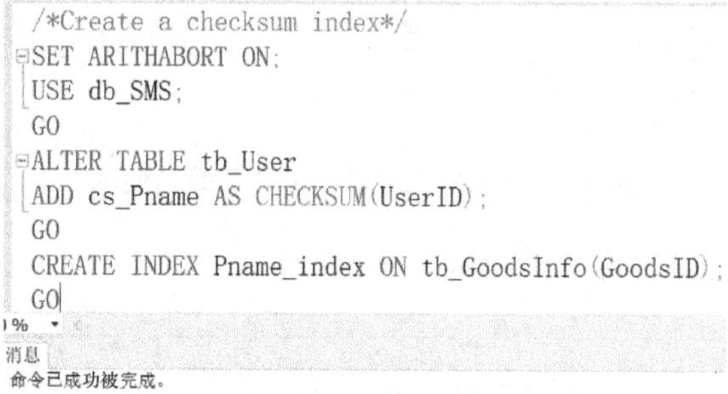

```
/*Create a checksum index*/
SET ARITHABORT ON;
USE db_SMS;
GO
ALTER TABLE tb_User
ADD cs_Pname AS CHECKSUM(UserID);
GO
CREATE INDEX Pname_index ON tb_GoodsInfo(GoodsID);
GO
```

消息

命令已成功被完成。

图 14-2 执行结果

当要索引的列为较长的字符列时，可以使用哈希索引来提高索引速度。

【例 14.3】 使用 CHECKSUM 函数实现查询功能如图 14-3 所示。

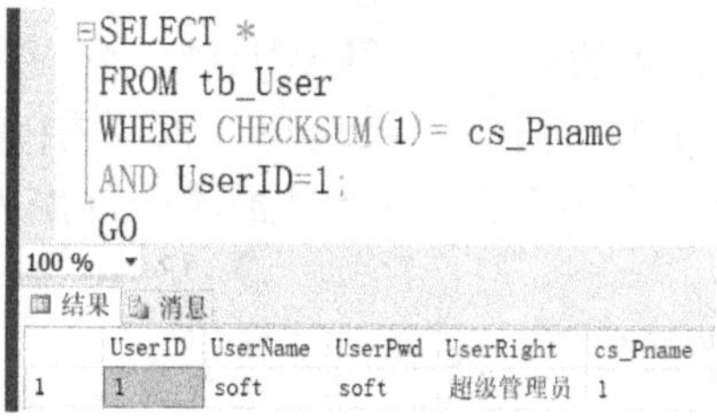

```
SELECT *
FROM tb_User
WHERE CHECKSUM(1)= cs_Pname
AND UserID=1;
GO
```

100 %

结果 消息

	UserID	UserName	UserPwd	UserRight	cs_Pname
1	1	soft	soft	超级管理员	1

图 14-3 执行结果

具体代码：

```
/*Use the index in a SELECT query. Add a second search
condition to catch stray cases where checksums match,
but the values are not the same.*/
SELECT *
FROM tb_User
WHERE CHECKSUM(1) = cs_Pname
AND UserID =1;
GO
```

在计算列上创建的索引将具体化为校验值列，对 ProductName 值所做的任何更改将传播到校验值列。索引也可以直接建立在索引的列上。然而，如果键值较长，则很可能不执行校验值索引甚至常规索引。

3. CHECKSUM_AGG 函数（返回组中各值的校验和）

语法格式：

```
CHECKSUM_AGG ( [ ALL | DISTINCT ] expression )
```

（1）ALL：为默认值，表示对所有的值进行聚合函数运算。

（2）DISTINCT：指定 CHECKSUM_AGG 返回唯一校验值。

（3）expression：一个整数表达式，不允许使用聚合函数和子查询。

【例 14.4】 CHECKSUM_AGG 函数的使用，如图 14-4 所示。

```
SELECT CHECKSUM_AGG(CAST(GoodsInPrice AS int))
FROM tb_GoodsInfo;
GO
```

	(无列名)
1	3219

图 14-4　CHECKSUM_AGG 函数的使用

4. COUNT 函数（返回组中的项数）

语法格式：

```
COUNT( {[[ ALL | DISTINCT] expression ] | * })
```

（1）ALL：为默认值，表示向所有值应用此聚合函数。

（2）DISTINCT：指定 COUNT 函数返回唯一非 Null 值的数量。

（3）expression：除了 text、image 或 ntext 任何类型的表达式，不允许使用聚合函数和子查询。

（4）*：返回指定表中行的总数。COUNT(*) 不需要任何参数，而且不能与 DISTINCT 一起使用。COUNT(*)不需要 expression，因为根据定义，该函数不使用有关任何特定列的信息。COUNT(*) 返回指定表中行数而不删除副本。COUNT(*)对各行分别计数，包括有 Null 的行。

【例 14.5】 COUNT 函数的使用，如图 14-5 所示。

```
SELECT COUNT(DISTINCT PrName)
FROM tb_Provider;
GO
```

	(无列名)
1	11

图 14-5　COUNT 函数的使用

COUNT 函数与其他函数一块使用，如图 14-6 所示。

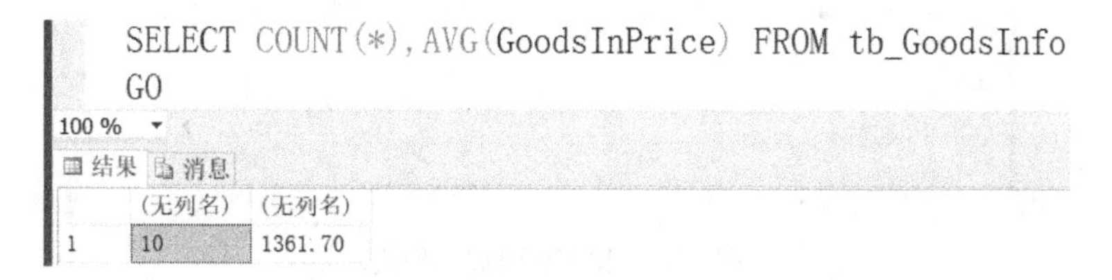

图 14-6 COUNT 函数与 AVG 函数一块使用

5. COUNT_BIG 函数（返回组中的项数）

语法格式：

```
COUNT_BIG ( { [ ALL | DISTINCT ] expression } | * )
```

（1）ALL：为默认值，表示向所有值应用此聚合函数。

（2）DISTINCT：指定 COUNT_BIG 函数返回唯一非空值的数量。

（3）expression：任何类型的表达式，不允许使用聚合函数和子查询。

（4）*：返回指定表中行的总数。COUNT_BIG(*)不需要任何参数，而且不能与 DISTINCT 一起使用。COUNT(*)不需要 expression 参数，因为根据定义，该函数不使用有关任何特定列的信息。COUNT_BIG(*)返回指定表中行数，并将重复行计算在内。COUNT_BIG(*)对各行分别计数，包括有 Null 的行。

COUNT_BIG 函数与 COUNT 函数的区别：返回值类型不同。COUNT 函数始终返回 int 数据类型值；COUNT_BIG 函数始终返回 BIGINT 数据类型值。

【例 14.6】 COUNT_BIG 函数的使用，如图 14-7 所示。

```
SELECT COUNT_BIG(GoodsID) FROM tb_GoodsInfo
GO
```

	(无列名)
1	10

图 14-7 COUNT_BIG 函数的使用

6. MAX 函数（返回表达式中的最大值）

语法格式：

```
MAX ( [ ALL | DISTINCT ] expression )
```

（1）ALL：为默认值，表示向所有值应用此聚合函数。

（2）DISTINCT：指定考虑每个唯一值。DISTINCT 对于 MAX 无意义，使用它仅仅是为了符合 ISO 标准。

（3）expression：常量、列名、函数，以及算术运算符、位运算符和字符串运算符的任意组合，不允许使用聚合函数和子查询。MAX 函数可用于 numeric、character、uniqueidentifier 和 datetime 的列，但不能用于 bit 列。

【例 14.7】 MAX 函数的使用，如图 14-8 所示。

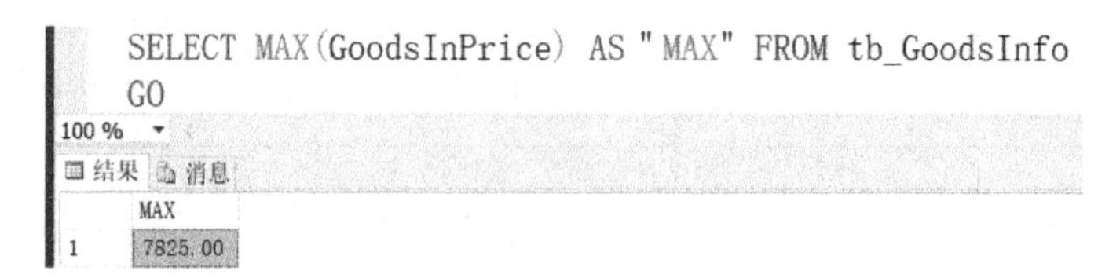

图 14-8 MAX 函数的使用

7. MIN 函数（返回表达式中最小的值）

语法格式：

```
MIN ( [ ALL | DISTINCT ] expression )
```

（1）ALL：为默认值，表示向所有值应用此聚合函数。

（2）DISTINCT：指定考虑每个唯一值。DISTINCT 对于 MIN 无意义，使用它仅仅是为了符合 ISO 标准。

（3）expression：常量、列名、函数，以及算术运算符、位运算符和字符串运算符的任意组合，不允许使用聚合函数和子查询。MIN 函数可用于 numeric、char、varchar、uniqueidentifier 或 datetime 的列，但不能用于 bit 列。

MIN 函数返回值类型：返回与 expression 相同的数据类型。

【例 14.8】 MIN 函数的使用，如图 14-9 所示。

```
SELECT MIN(GoodsInPrice)AS 'MIN' FROM tb_GoodsInfo
GO
```

	MIN
1	25.00

图 14-9 MIN 函数的使用

8. SUM 函数（返回表达式中的和或仅非重复的和）

语法格式：

```
SUM ( [ ALL | DISTINCT ]expression )
```

（1）ALL：为默认值，表示向所有值应用此聚合函数。

（2）DISTINCT：指定 SUM 返回唯一值的和。

（3）expression：常量、列、函数，以及算术运算符、位运算符和字符串运算符的任意组合，不允许使用聚合函数和子查询。expression 是精确数值或近似数值数据类型（bit 数据类型除外）的表达式。

SUM 函数返回值类型：返回与 expression 类型相同的数据类型。

【例 14.9】 SUM 函数的使用，如图 14-10 所示。

```
SELECT SUM(GoodsInPrice) AS '单位总进价',
SUM(GoodsOutPrice) AS '单位总售价',
SUM(GoodsOutPrice)-SUM(GoodsInPrice) AS '单位出售利润'
FROM tb_GoodsInfo;
```

	单位总进价	单位总售价	单位出售利润
1	13617.00	14673.00	1056.00

图 14-10 SUM 函数的使用

9. STDEV 函数（返回指定表达式中所有值的标准偏差）

语法格式：

```
STDEV ( [ ALL | DISTINCT ] expression )
```

（1）ALL：为默认值，表示对所有值应用该函数。

（2）DISTINCT：指定考虑每个唯一值。

（3）expression：一个数值表达式，不允许使用聚合函数和子查询。expression 是精确数值或近似数值数据类型（bit 数据类型除外）的表达式。

STDEV 函数返回值类型：返回与 expression 类型相同的数据类型。

【例 14.10】 STDEV 函数的使用，如图 14-11 所示。

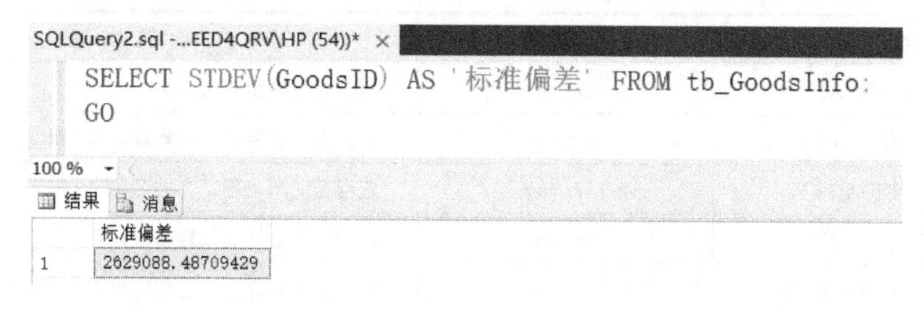

图 14-11 STDEV 函数的使用

10. VAR 函数（返回指定表达式中所有值的方差）

语法格式：

```
VAR ( [ ALL | DISTINCT ]expression)
```

（1）ALL：为默认值，表示对所有值应用该函数。

（2）DISTINCT：用于返回不同的唯一值。

（3）expression：是精确数值或近似数值数据类型（bit 数据类型除外）的表达式，不允许使用聚合函数和子查询。

VAR 函数返回值类型：返回与 expression 类型相同的类型。

【例 14.11】 VAR 函数的使用，如图 14-12 所示。

图 14-12 VAR 函数的使用

11. VARP 函数（返回指定表达式中所有值的总体方差）

语法格式：

```
VARP ( [ ALL | DISTINCT ] expression )
```

（1）ALL：为默认值，表示对所有值应用该函数。

（2）DISTINCT：用于返回不同的唯一值。

（3）expression：是精确数值或近似数值数据类型类别（bit 数据类型除外）的表达式，不允许使用聚合函数和子查询。

VARP 函数返回值类型：返回与 expression 类型相同的数据类型。

【例 14.12】 VARP 函数的使用，如图 14-13 所示。

```
SELECT VARP(GoodsInPrice) AS '总体方差' FROM tb_GoodsInfo;
```

	总体方差
1	6727734.61

图 14-13　VARP 函数的使用

14.1.2　配置函数

配置函数如表 14-1 所示。

表 14-1　配置函数

函 数 名 称	返回值类型	功 能 描 述
@@DATEFIRST	tinyint	指定每周的第一天
@@LANGID	tinyint	返回当前使用语言的本地语言标识符
@@LANGUAGE	nvarchar	返回当前所使用语言的名称
@@LOCK_TIMEOUT	integer	返回当前会话的锁定超时设置
@@MAX_CONNECTIONS	integer	返回系统允许同时进行的最大用户连接数
@@MAX_PRECISION	tinyint	按照服务器中的当前设置，返回 decimal 和 numeric 类型所用的精度级别
@@NESTLEVEL	int	返回对本地服务器上执行的当前存储过程的嵌套级别
@@OPTIONS	int	返回有关当前 SET 选项的信息
@@REMSERVER	nvarchar(128)	返回远程 SQL Server 数据库服务器在登记记录中显示的名称
@@SERVERNAME	nvarchar	返回运行 SQL Server 的本地服务器名称
@@SERVICENAME	nvarchar	返回 SQL Server 正在其下运行的注册表项的名称
@@SPID	smallint	返回当前用户进程的会话 ID
@@TEXTSIZE	int	返回 SET 语句中 textsize 选项的当前值
@@VERSION	nvarchar	返回当前的安装版本、处理器体系结构、生成日期和操作系统

部分函数的使用方法如下。

1. @@DATEFIRST 函数（指定每周的第一天）

语法格式：

```
@@DATEFIRST
```

返回值类型：tinyint。

【例 14.13】 @@DATEFIRST 函数的使用如图 14-14 所示。

```
SET DATEFIRST 5
SELECT @@DATEFIRST AS '1st day',DATEPART(dw,GETDATE()) AS 'Today';
```

	1st day	Today
1	5	6

图 14-14　@@DATEFIRST 函数的使用

2. @@LANGID 函数（返回当前使用语言的本地语言标识符）

语法格式：

```
@@LANGID
```

返回值类型：tinyint。

【例 14.14】 @@LANGID 函数的使用如图 14-15 所示。

3. @@LANGUAGE 函数（返回当前所使用语言的名称）

语法格式：

```
@@LANGUAGE
```

返回值类型：nvarchar。

【例 14.15】 @@LANGUAGE 函数的使用如图 14-16 所示。

```
SET LANGUAGE 'Italian'
SELECT @@LANGID AS 'Language ID'
100 %
结果 消息
   Language ID
1  6
```

图 14-15 @@LANGID 函数的使用

```
SELECT @@LANGUAGE AS 'Language Name';
GO
100 %
结果 消息
   Language Name
1  简体中文
```

图 14-16 @@LANGUAGE 函数的使用

4. @@LOCK_TIMEOUT 函数（返回当前会话的锁定超时设置）

语法格式：

```
@@LOCK_TIMEOUT
```

返回值类型：integer。

【例 14.16】 @@LOCK_TIMEOUT 函数的使用如图 14-17 所示（未被设置 LOCK_TIMEOUT 时的结果集）。

设置 LOCK_TIMEOUT 为 1800ms，然后调用@@LOCK_TIMEOUT，如图 14-18 所示。

```
SELECT @@LOCK_TIMEOUT AS [Lock Timeout];
GO
100 %
结果 消息
   Lock Timeout
1  -1
```

图 14-17 @@LOCK_TIMEOUT 函数的使用

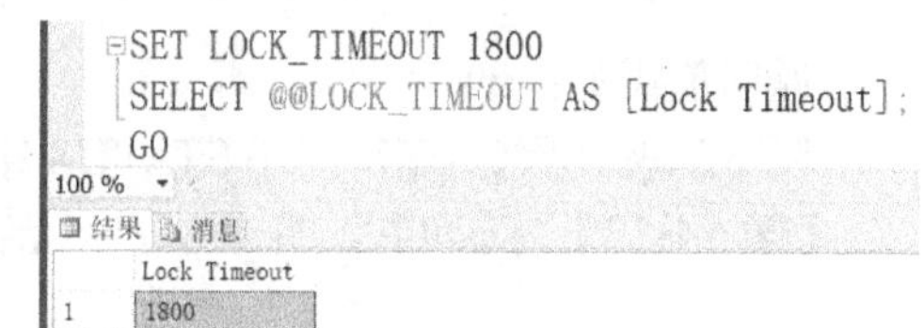

图 14-18 设置 LOCK_TIMEOUT

14.1.3 游标函数

1. @@CURSOR_ROWS 函数（返回连接最后打开的游标中当前存在的合格行的数量）

语法格式：

```
@@CURSOR_ROWS
```

返回值类型：int。

（游标是一段私有的 SQL 工作区，也就是一段内存区域，用于暂时存放受 SQL 语句影响到的数据。通俗地说，就是将受影响的数据暂时放到了一个内存区域的虚表中，这个虚表就是游标。）

使用游标的步骤如下。

（1）使用 DECLAR 语句声明游标，创建一个命名的查询语句。

（2）使用 OPEN 语句打开游标。

（3）使用 FETCH 语句取出游标中的一条记录装入变量。

（4）使用 CLOSE 语句释放游标。

下面的示例声明了一个游标，并且使用 SELECT 显示@@CURSOR_ROWS 的值。在游标打开前，该设置的值为 0，若值为-1 则表示游标键集被异步填充。

【例 14.17】 @@CURSOR_ROWS 函数的使用如图 14-19 所示。

```
USE db_SMS;
GO
SELECT @@CURSOR_ROWS;
DECLARE Name_Cursor CURSOR FOR
SELECT UserID,@@CURSOR_ROWS FROM tb_User;
OPEN Name_Cursor;
FETCH NEXT FROM Name_Cursor;
SELECT @@CURSOR_ROWS;
CLOSE Name_Cursor;
DEALLOCATE Name_Cursor;
```

100 %

结果 消息

	(无列名)
1	0

	UserID	(无列名)
1	1	-1

	(无列名)
1	-1

图 14-19 @@CURSOR_ROWS 函数的使用

2. @@FETCH_STATUS 函数（返回连接当前打开的任何游标发出的上一条游标 FETCH 语句的状态）

语法格式：

```
@@FETCH_STATUS
```

返回值类型：int。

以下示例使用@@FETCH_STATUS 来控制 WHILE 循环中的游标活动。

【例 14.18】 @@FETCH_STATUS 函数的使用如图 14-20 所示。

```
DECLARE Employee_Cursor CURSOR FOR
SELECT GoodsInPrice,GoodsOutPrice
FROM tb_GoodsInfo;
OPEN Employee_Cursor;
FETCH NEXT FROM Employee_Cursor;
WHILE @@FETCH_STATUS=0
    BEGIN
        FETCH NEXT FROM Employee_Cursor;
    END;
CLOSE Employee_Cursor;
DEALLOCATE Employee_Cursor;
GO
```

100 %

结果 消息

	GoodsInPrice	GoodsOutPrice
1	168.00	184.00

	GoodsInPrice	GoodsOutPrice
1	56.00	61.00

	GoodsInPrice	GoodsOutPrice
1	4945.00	5139.00

图 14-20 @@FETCH_STATUS 函数的使用

3. CURSOR_STATUS 函数（允许存储过程的调用方法确定该存储过程是否已为给定的参数返回了游标和结果集）

语法格式：

```
CURSOR_STATUS
  (
    { 'local' , 'cursor_name' }
    | { 'global' , 'cursor_name' }
    | { 'variable' , 'cursor_variable' }
          )
```

（1）local：指定一个常量，该常量指示游标的源是一个本地游标名。
（2）cursor_name：游标名。游标名必须符合有关标识符的规则。
（3）global：指定一个常量，该常量指示游标的源是一个全局游标名。
（4）variable：指定一个常量，该常量指示游标的源是一个本地变量。
（5）cursor_variable：游标变量的名称，必须使用 cursor 数据类型定义游标变量。
返回值类型：smallint。

表 14-2 游标返回值

返 回 值	游 标 名	游 标 变 量
1	游标的结果集至少有一行 对于不区分的游标和键集游标，结果集至少有一行 对于动态游标，结果集可以有零行、一行或多行	分配给该变量的游标已被打开 对于不区分的游标和键集游标，结果集至少有一行 对于动态游标，结果集可以有零行、一行或多行
0	游标的结果集为空	分配给该变量的游标已被打开，然而结果集肯定为空
-1	游标被关闭	分配给该变量的游标被关闭
-2	不适用	可以是以下情况 ① 先前调用的过程并没有将游标分配给 OUTPUT 变量 ② 先前调用的过程为 OUTPUT 变量分配了游标，然而在过程结束时，游标处于关闭状态。因此，游标被释放，并且没有返回调用过程 ③ 没有将游标分配给已声明的游标变量
-3	具有指定名称的游标不存在	具有指定名称的游标变量并不存在，或者即使存在这样一个游标变量，但并没有给它分配游标

14.1.4 日期和时间函数

日期和时间函数如表 14-3 所示。

表 14-3 日期和时间函数

函数名称	语法结构	返回值类型	用 途
DATEADD	DATEADD(datepart,number,date)	datetime、smalldatetime	日期加法
DATEDIFE	DATEDIFE(datepart,number,date)	int	日期减法
DATENAME	DATENAME(datepart,date)	nvarchar	获取任意时间部分
DATEPART	DATEPART(datepart,date)	nvarchar	获取任意时间部分
DAY	DAY(date)	int	获取天数信息
GETDATE	GETDATE()	datetime	获取系统当前时间
GETUTCDATE	GETUTCDATE()	datetime	获取 UTC 时间值
MONTH	MONTH(date)	int	获取月份信息
YEAR	YEAR(date)	int	获取年份信息

部分函数的使用方法如下。

1. DATEADD 函数（日期加法）

语法格式：

```
DATEADD(datepart,number,date)
```

（1）datepart：是规定应向日期的那部分返回新值的参数。

如表 14-4 所示，列出了 Microsoft SQL Server 识别的日期部分及其缩写。

表 14-4 日期部分及其缩写

日期部分	缩 写
Year	yy,yyyy
Quarter	qq,q
Mouth	Mm,m
Dayofyear	Dy,y
Day	Dd,d
Week	Wk,ww
Hour	Hh
Minute	Mi,n
Second	Ss,s
Millisecond	ms

（2）number：是用来增加 datepart 的值。如果指定一个不是整数的值，则将废弃此值的小数部分。例如，如果 datepart 指定 day，为 number 指定 1.75，则将 date 增加 1。

（3）date：是返回 datetime 或 smalldatetime 值或日期格式字符串的表达式。

返回值类型：返回 datetime，但如果参数是 smalldatetime，则返回 smalldatetime。

打印 db_SMS 数据库中标题的时间结构列表。此事件结构表示当前发布日期加上 21 天。

【例 14.19】 DATEADD 函数的使用如图 14-21 所示。

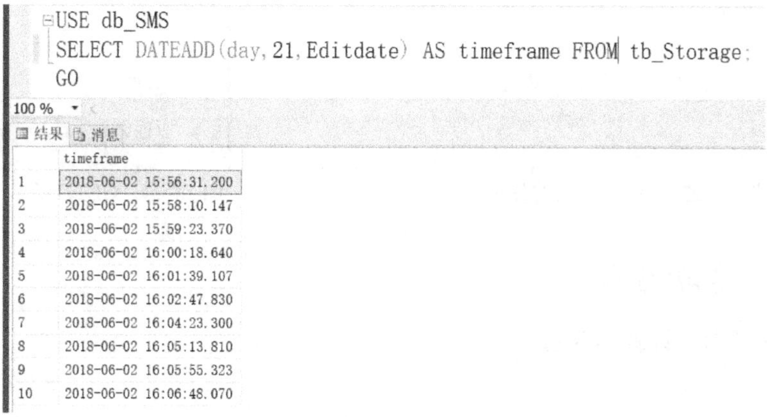

```
USE db_SMS
SELECT DATEADD(day,21,Editdate) AS timeframe FROM tb_Storage;
GO
```

	timeframe
1	2018-06-02 15:56:31.200
2	2018-06-02 15:58:10.147
3	2018-06-02 15:59:23.370
4	2018-06-02 16:00:18.640
5	2018-06-02 16:01:39.107
6	2018-06-02 16:02:47.830
7	2018-06-02 16:04:23.300
8	2018-06-02 16:05:13.810
9	2018-06-02 16:05:55.323
10	2018-06-02 16:06:48.070

图 14-21 DATEADD 函数的使用

2. DATEPART 函数（获取任意时间部分）

语法格式：

```
DATEPART(datepart,date)
```

【例 14.20】 DATEPART 函数的使用如图 14-22 所示，这里显示了 GETDATE 及 DATEPART 的输出。

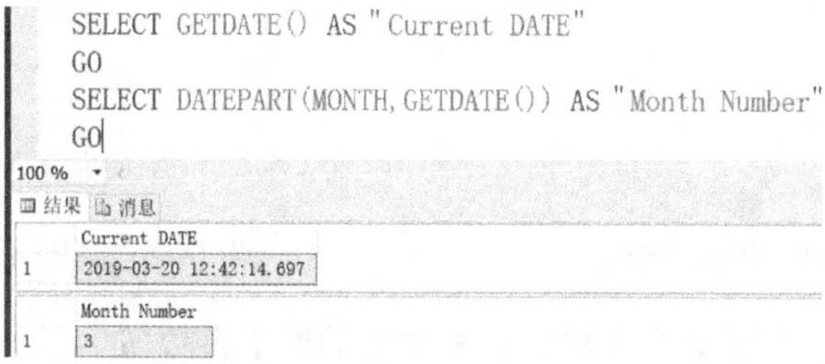

```
SELECT GETDATE() AS "Current DATE"
GO
SELECT DATEPART(MONTH,GETDATE()) AS "Month Number"
GO
```

	Current DATE
1	2019-03-20 12:42:14.697

	Month Number
1	3

图 14-22 DATEPART 函数的使用

3. DAY 函数（获取天数信息）

语法格式：

```
DAY(date)
```

Date：类型为 datetime 或 smalldatetime 的表达式

返回值类型：int。

注释：此函数等价于 DATEPART(dd,date)。

【例 14.21】 DAY 函数的使用如图 14-23 所示。

4. GETDATE 函数（获取系统当前时间）

语法格式：

```
GETDATE()
```

返回值类型：datetime。

【例 14.22】 GETDATE 函数的使用如图 14-24 所示。

图 14-23　DAY 函数的使用

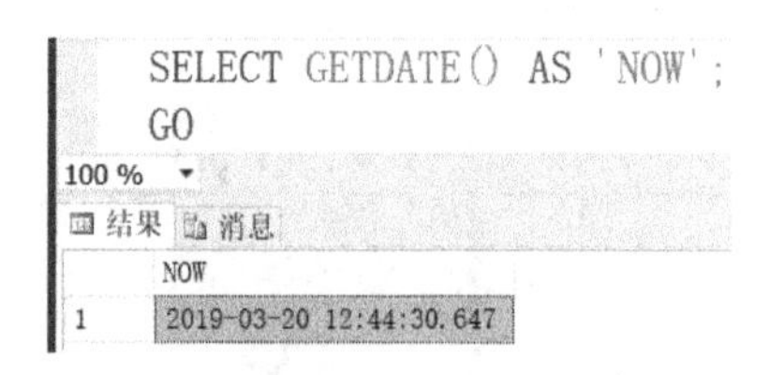

图 14-24　GETDATE 函数的使用

14.1.5　数学函数

1. ABS 函数（计算绝对值）

语法格式：

```
ABS（numeric_expression）
```

numeric_expression：精确数值或近似数值数据类型类别的表达式。

返回值类型：返回与 numeric_expression 相同的类型。

【例 14.23】 ABS 函数的使用如图 14-25 所示，这里显示了 ABS 函数对 3 个不同数字的效果。

ABS 函数可能会产生溢出错误，如图 14-26 所示。

```
SELECT ABS(-1.0),ABS(0.0),ABS(1.0);
GO
```

100 %　结果　消息

	(无列名)	(无列名)	(无列名)
1	1.0	0.0	1.0

图 14-25　ABS 函数的使用

```
SELECT ABS(CONVERT(INT,-2147483648));
GO
```

%　结果　消息

消息 8115，级别 16，状态 2，第 1 行
将 expression 转换为数据类型 int 时出现算术溢出错误。

图 14-26　ABS 函数产生溢出错误

2. CEILING 函数（获取大于或等于表达式的最小整数值）

语法格式：

```
CELLING(numeric_expression)
```

numeric_expression：精确数值或近似数值数据类型类别的表达式。

返回值类型：返回与 numeric_expression 相同的类型。

【例 14.24】 CEILING 函数的使用如图 14-27 所示，这里显示了使用 CEILING 函数的整数、负数和零值。

```
SELECT CEILING($123.45),CEILING($-123.45),CEILING(0.0);
GO
```

100 %　结果　消息

	(无列名)	(无列名)	(无列名)
1	124.00	-123.00	0

图 14-27　CEILING 函数的使用

3. FLOOR 函数（获取小于或等于表达式的最大整数值）

语法格式：

```
FLOOR(numeric_expression)
```

numeric_expression：精确数值或近似数值数据类型类别的表达式。

返回值类型：返回与 numeric_expression 相同的类型。

【例 14.25】 FLOOR 函数的使用如图 14-28 所示，显示了正数、负数和货币值在 FLOOR 函数中的应用。

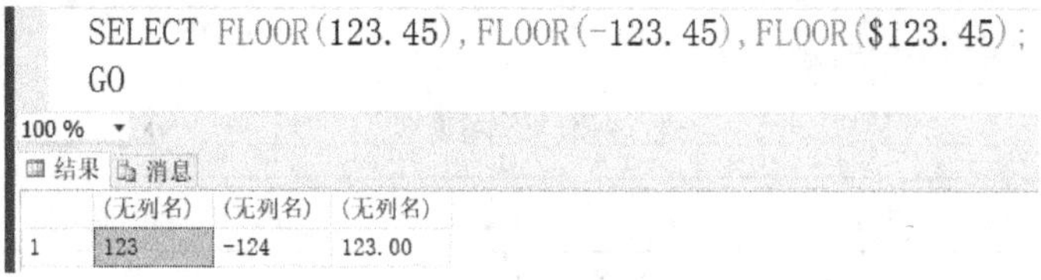

```
SELECT FLOOR(123.45),FLOOR(-123.45),FLOOR($123.45);
GO
```

	(无列名)	(无列名)	(无列名)
1	123	-124	123.00

图 14-28 FLOOR 函数的使用

4. RAND 函数（获取随机数）

语法格式：

```
RAND ( [ seed ] )
```

seed：提供种子值的整数表达式（TINYINT、SMALLINT 或 INT）。

如果未指定 seed，则 SQL Server 数据库引擎随机分配种子值。对于指定的种子值，返回的结果始终相同。

返回值类型：float。

【例 14.26】 RAND 函数的使用如图 14-29 所示，通过 RAND 函数产生 3 个不同的随机量。

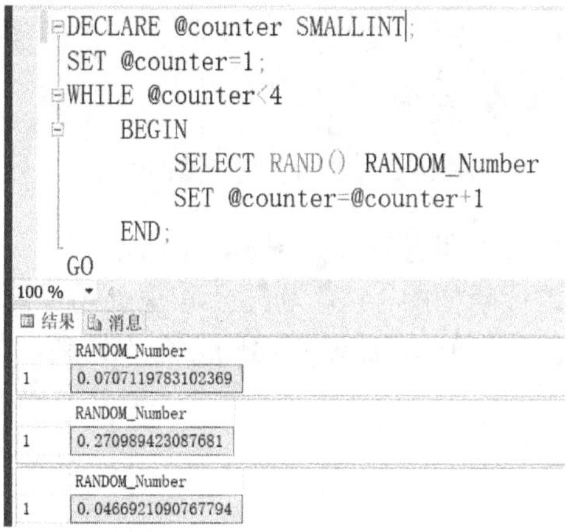

```
DECLARE @counter SMALLINT;
SET @counter=1;
WHILE @counter<4
    BEGIN
        SELECT RAND() RANDOM_Number
        SET @counter=@counter+1
    END;
GO
```

	RANDOM_Number
1	0.0707119783102369

	RANDOM_Number
1	0.270989423087681

	RANDOM_Number
1	0.0466921090767794

图 14-29 RAND 函数的使用

5. ROUND 函数（获取指定长度和精度）

语法格式：

```
ROUND ( numeric_expression , length [ ,function ] )
```

（1）numeric_expression：精确数字或近似数字数据类型类别（bit 数据类型除外）的表达式。

（2）length：numeric_expression 的舍入精度。length 必须是 tinyint、smallint 或 int 类

型的表达式。如果 length 为正数，则将 numeric_expression 舍入 length 指定的小数位数。如果 length 为负数，则将 numeric_expression 小数点左边部分舍入 length 指定的长度。

（3）function：要执行的操作类型。function 的类型必须为 tinyint、smallint 或 int。如果省略 function 或其值为 0（默认值），则将舍入 numeric_expression。如果指定了 0 以外的值，则将截断 numeric_expression。

返回值类型如表 14-5 所示。

表 14-5　返回值类型

表达式的类型	返回值类型
tinyint	int
smallint	int
int	int
bight	bigint
decimal 和 numeric 类别（p,s）	decimal（p,s）
money 和 smallmoney 类别	money
float 和 real 类别	float

【例 14.27】 ROUND 函数的估计如图 14-30 所示，这里显示了两个表达式，阐释使用了 ROUND 后，最后一位数将始终为估计值。

```
SELECT ROUND(123.9994,3),ROUND(123.9995,3);
GO
```

	（无列名）	（无列名）
1	123.9990	124.0000

图 14-30　ROUND 函数的估计

（1）使用 ROUND 函数舍入和近似值如图 14-31 所示。

（2）使用 ROUND 函数截断如图 14-32 所示，这里使用了两个 SELECT 语句，用于阐释舍入和截断之间的区别，第一个 SELECT 语句为舍入结果，第二个 SELECT 语句为截断结果。

```
SELECT ROUND(123.4545,2);
GO
SELECT ROUND(1234.45,-3);
GO
```

	（无列名）
1	123.4500

	（无列名）
1	1000.00

图 14-31　使用 ROUND 函数舍入和近似值

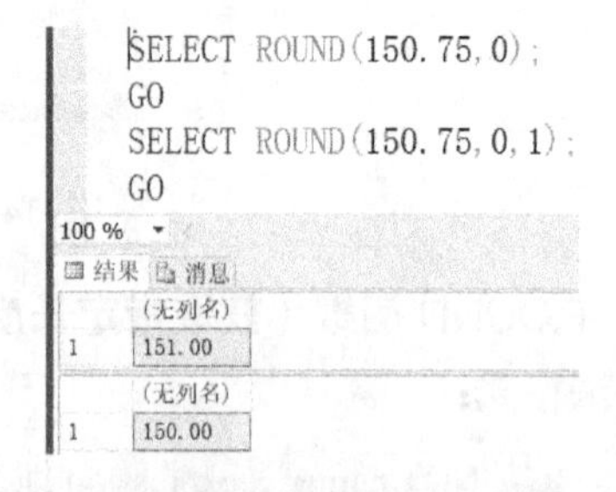

图 14-32　使用 ROUND 函数截断

6. DEGREES 函数（返回弧度对应的角度）

语法格式：

```
DEGREES (numeric_expression )
```

numeric_expression：精确数字或近似数字数据类型类别（bit 数据类型除外）的表达式。

返回值类型：返回与 numeric_expression 相同的类型。

【例 14.28】 DEGREES 函数的使用如图 14-33 所示，这里返回了 PI/2 弧度角的度数。

7. PI 函数（返回圆周率）

语法格式：

```
PI()
```

返回值类型：float。

【例 14.29】 PI 函数的使用如图 14-34 所示，这里返回了 PI 的值。

```
SELECT 'The number of degrees in PI/2 radians is:'+
CONVERT(VARCHAR,DEGREES((PI()/2)));
GO
```

	(无列名)
1	The number of degrees in PI/2 radians is:90

图 14-33 DEGREES 函数的使用

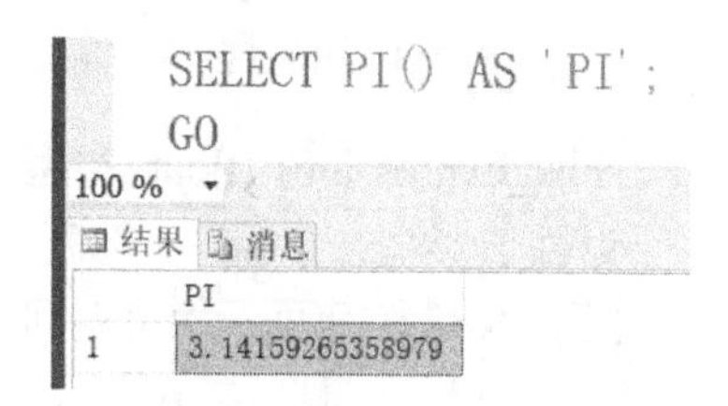

图 14-34 PI 函数的使用

8. POWER 函数（返回指定表达式的幂值）

语法格式：

```
POWER ( float_expression,y )
```

（1）float_expression：float 类型或能隐式转换为 float 类型的表达式。

（2）y：对 float_expression 进行幂运算的指数，可以是精确数值或近似数值数据类型类别（bit 数据类型除外）的表达式。

返回值类型：返回与 float_expression 相同的类型。例如，如果 decimal(2,0) 提交为 float_expression，则返回的结果为 decimal(2,0)。

【例 14.30】 使用 POWER 函数返回一个数的立方，如图 14-35 所示。

```
DECLARE @input1 FLOAT;
DECLARE @input2 FLOAT;
SET @input1=2;
SET @input2=2.5;
SELECT POWER(@input1,3) AS Result1,POWER(@input2,3) AS Result2;
GO
```

	Result1	Result2
1	8	15.625

图 14-35 使用 POWER 函数返回一个数的立方

【例 14.31】 使用 POWER 函数显示数据类型转化的结果，如图 14-36 所示。

```sql
SELECT
POWER(CAST(2.0 AS FLOAT),-100.0) AS FloatResult,
POWER(2,-100.0) AS IntegerResult,
POWER(CAST(2.0 AS INT),-100.0) AS IntegerResult,
POWER(2.0,-100.0) AS Decimal1Result,
POWER(2.00,-100.0) AS Decimal2Result,
POWER(CAST(2.0 AS DECIMAL(5,2)),-100.0) AS Decimal2Result;
GO
```

100 %

结果 消息

	FloatResult	IntegerResult	IntegerResult	Decimal1Result	Decimal2Result	Decimal2Result
1	7.88860905221012E-31	0	0	0.0	0.00	0.00

图 14-36　使用 POWER 函数显示数据类型转化的结果

（3）使用 POWER 函数返回一个数的平方。

下面示例演示一个数的平方运算，如图 14-37 所示。

9. SQUARE 函数（返回指定浮点值的平方）

语法格式：

```
SQUARE(float_expression)
```

float_expression：float 类型或能隐式转换为 float 类型的表达式。

返回值类型：float。

【例 14.32】 下面示例将返回半径为 1 英寸、高为 5 英寸的圆柱体积，如图 14-38 所示。

```sql
SELECT POWER(2,2) AS '2的平方';
GO
```

100 %

结果 消息

	2的平方
1	4

图 14-37　使用 POWER 函数返回一个数的平方

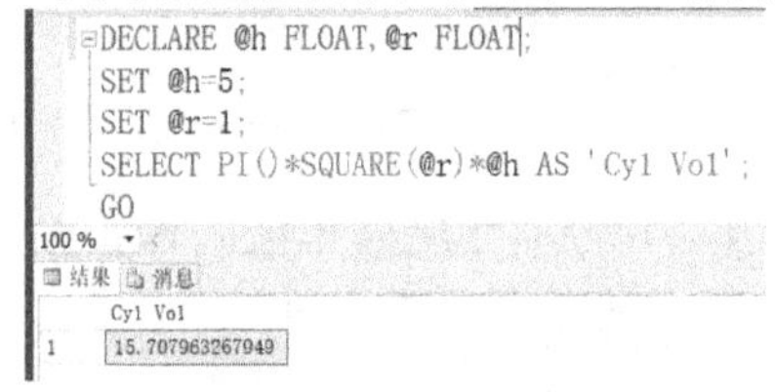

图 14-38　SQUARE 函数的使用

10. SQRT 函数（返回指定浮点值的平方根）

语法格式：

```
SQRT(float_expression)
```

float_expression：float 类型或能隐式转换为 float 类型的表达式。

返回值类型：float。

【例 14.33】 下面示例将返回 1.00～4.00 的平方根，如图 14-39 所示。

```sql
DECLARE @myvalue FLOAT;
SET @myvalue = 1.00;
WHILE @myvalue <5
    BEGIN
        SELECT SQRT(@myvalue);
        SET @myvalue=@myvalue + 1
    END;
GO
```

100 %

结果 消息

	(无列名)
1	1

	(无列名)
1	1.4142135623731

	(无列名)
1	1.73205080756888

	(无列名)
1	2

图 14-39　SQRT 函数的使用

11. EXP 函数（返回指定表达式的指数值）

语法格式：

```
EXP ( float_expression )
```

float_expression：float 类型或能隐式转换为 float 类型的表达式。

返回值类型：float。

【例 14.34】 返回一个数的指数值。下面示例声明一个变量，并返回指定变量的指数值，并附有文字说明，如图 14-40 所示。

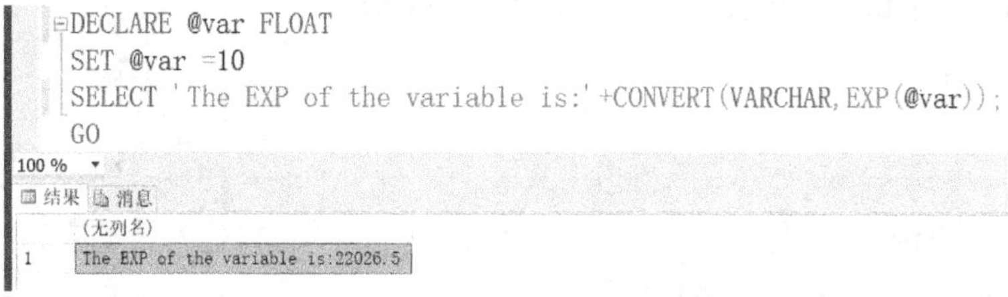

```
DECLARE @var FLOAT
SET @var =10
SELECT 'The EXP of the variable is:'+CONVERT(VARCHAR,EXP(@var));
GO
```

	(无列名)
1	The EXP of the variable is:22026.5

图 14-40 返回一个数的指数值

【例 14.35】 返回一个数的自然对数的指数值及指数的自然对数值。下面示例为返回 20 的自然对数的指数值及 20 的指数的自然对数值。由于这两个函数彼此互为反函数，所以两种情况下的返回值都是 20，如图 14-41 所示。

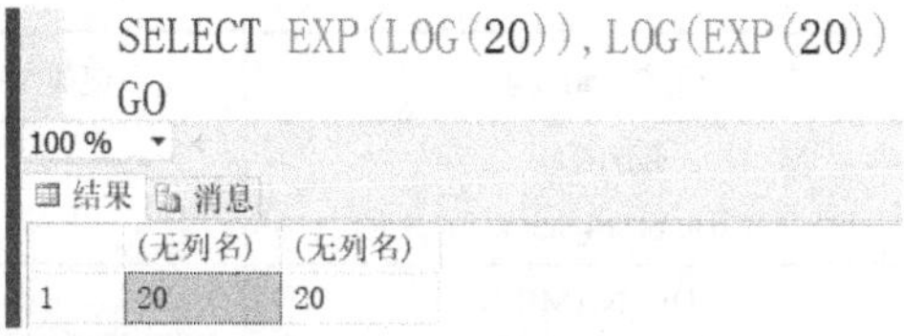

```
SELECT EXP(LOG(20)),LOG(EXP(20))
GO
```

	(无列名)	(无列名)
1	20	20

图 14-41 返回一个数的自然对数的指数值及指数的自然对数值

12. SIN 函数（以近似数字表达式返回指定角度的三角正弦）

语法格式：

```
SIN ( float_expression )
```

float_expression：float 类型或能隐式转换为 float 类型的表达式。

返回值类型：float。

【例 14.36】 计算给定角度的 SIN 值，如图 14-42 所示。

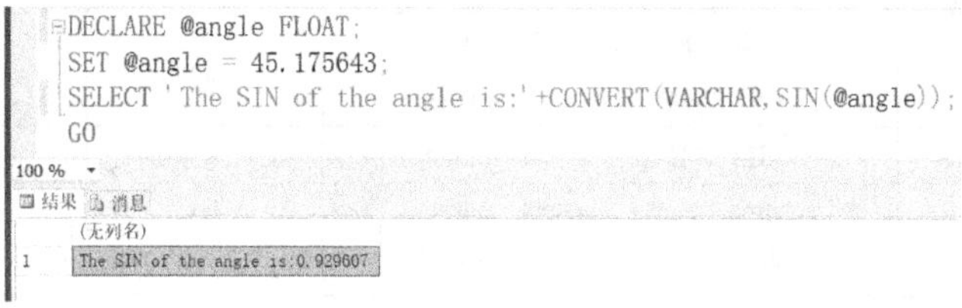

```
DECLARE @angle FLOAT;
SET @angle = 45.175643;
SELECT 'The SIN of the angle is:'+CONVERT(VARCHAR,SIN(@angle));
GO
```

	(无列名)
1	The SIN of the angle is:0.929607

图 14-42 SIN 函数的使用

13. LOG 函数（自然对数）

语法格式：

```
LOG ( float_expression [, base ] )
```

（1）float_expression：float 类型或能隐式转换为 float 类型的表达式。

（2）base：可选的整型参数，设置对数的底数。

返回值类型：float。

【例 14.37】 计算某数的对数，如图 14-43 所示。

【例 14.38】 计算某数指数的对数，如图 14-44 所示。

图 14-43 计算某数的对数

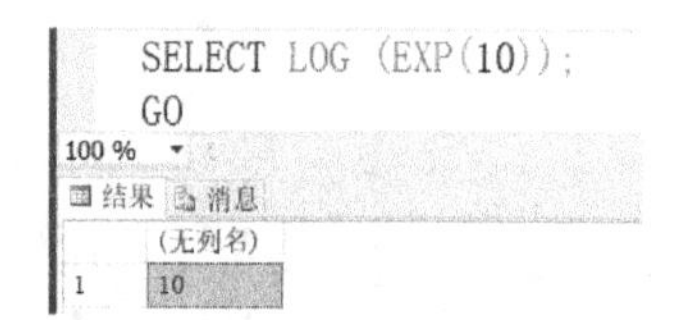

图 14-44 计算某数指数的对数

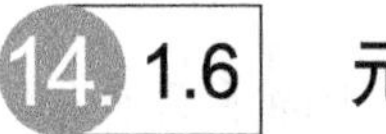

14.1.6 元数据函数

元数据函数如表 14-6 所示。

表 14-6 元数据函数

函 数 名 称	语 法 结 构	返回值类型	用 途
DB_ID	DB_ID ([‘databases_name’])	int	获取数据库标识符
DB_NAME	DB_NAME ([‘database_id’])	nvarchar(128)	获取数据库名称
DATABASEPROPERTYEX	DATABASEPROPERTYEX (database , property)	sql_variant	获取数据库属性值
FILEGROUP_ID	FILEGROUP_ID ('filegroup_name')	int	获取文件组值标识符
FILEGROUP_NAME	FILEGROUP_NAME (filegroup_id)	nvarchar(128)	获取文件组名称
FILEGROUPPROPERTY	FILEGROUPPROPERTY (filegroup_name , property)	int	获取文件组属性值
FILEGROUP_ID	FILEGROUP_ID ('filegroup_name')	int	获得文件标识符
FILE_NAME	FILE_NAME (file_id)	nvarchar(128)	获取文件名称
FILEPROPERTY	FILEGROUPPROPERTY (filegroup_name , property)	int	获取文件属性值
OBJECT_ID	OBJECT_ID ('[database_name . [schema_name] . | schema_name .] object_name' [,'object_type'])	int	获取数据库对象标识符

部分函数的使用方法如下。

1. DB_NAME（获取数据库名称）

语法格式：

```
DB_NAME ( [ database_id ] )
```

database_id：要返回数据库的标识号（ID）。它的数据类型为 int，无默认值。如果未指定 ID，则返回当前数据库名称。

返回值类型：nvarchar(128)。

【例 14.39】

（1）返回当前数据库名称，如图 14-45 所示。

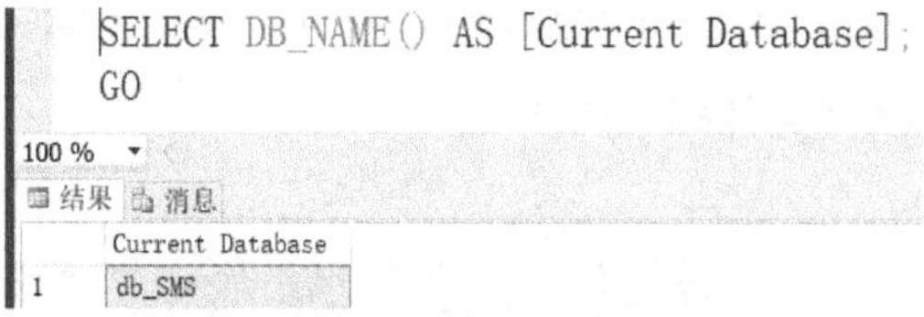

```
SELECT DB_NAME() AS [Current Database];
GO
```

	Current Database
1	db_SMS

图 14-45 返回当前数据库名称

（2）返回指定数据库 ID 的数据库名称，如图 14-46 所示。

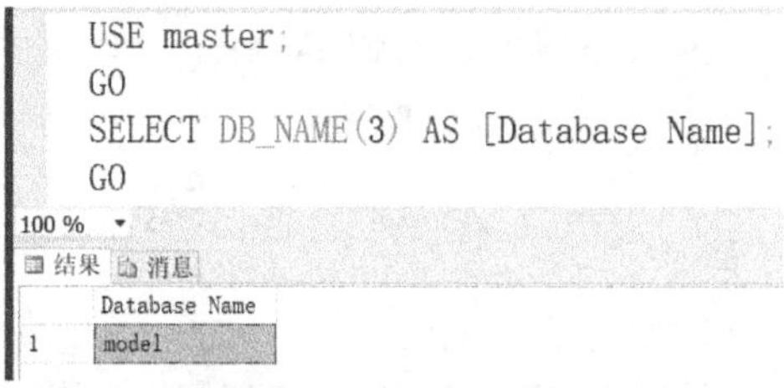

```
USE master;
GO
SELECT DB_NAME(3) AS [Database Name];
GO
```

	Database Name
1	model

图 14-46 返回指定数据库 ID 的数据库名称

2. FILEGROUP_ID 函数（获取文件组标识符）

语法格式：

```
FILEGROUP_ID ( 'filegroup_name' )
```

filegroup_name：sysname 类型的表达式，表示要为其返回文件组 ID 的文件组名称。

返回值类型：int。

【例 14.40】 将返回 AdventureWorks2014 数据库中名为 PRIMARY 的文件组 ID，如图 14-47 所示。

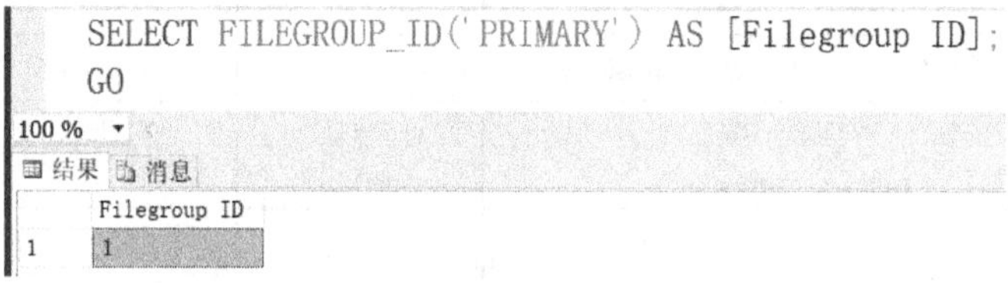

```
SELECT FILEGROUP_ID('PRIMARY') AS [Filegroup ID];
GO
```

	Filegroup ID
1	1

图 14-47 FILEGROUP_ID 函数的使用

3. FILEGROUP_NAME 函数（获取文件组名称）

语法格式：

```
FILEGROUP_NAME ( filegroup_id )
```

filegroup_id：要返回文件组名称的文件组 ID 号。filegroup_id 的数据类型为 smallint。

返回值类型：nvarchar（128）。

【例 14.41】 返回 db_SMS 数据库中 ID 号为 1 的文件组名称，如图 14-48 所示。

```
SELECT FILEGROUP_NAME(1) AS [Filegroup Name];
GO
```

	Filegroup Name
1	PRIMARY

图 14-48　FILEGROOUP_NAME 函数的使用

4. FILE_ID 函数（获得文件标识符）

语法格式：

```
FILEGROUP_ID ( 'filegroup_name' )
```

filegroup_name：sysname 类型的表达式，表示要为其返回文件组 ID 的文件组名称。

返回值类型：int。

【例 14.42】 返回 db_SMS 数据库中名为 PRIMARY 文件组的 ID，如图 14-49 所示。

```
SELECT FILEGROUP_ID('PRIMARY') AS [Filegroup ID];
GO
```

	Filegroup ID
1	1

图 14-49　FILEGROUP_ID 函数的使用

14.1.7　字符串函数

字符串函数如表 14-7 所示。

表 14-7　字符串函数

函数名称	语法格式	返回值类型	功能描述
ASCII	ASCII (character_expression)	int	获取字符的 ASCII
CHAR	CHAR (integer_expression)	char(1)	将数字转换成相应字符
UNICODE	UNICODE ('ncharacter_expression')	int	获取字符的 UNICODE 编码
NCHAR	NCHAR (integer_expression)	nchar(1)、nvarchar(2)	获取 UNICODE 编码对应的字符
PATINDEX	PATINDEX ('%pattern%' , expression)	int	获取字符串第一次出现的位置
SPACE	SPACE (integer_expression)	varchar	生成空格字符串
SUBSTRING	SUBSTRING (expression ,start , length)	vchar、nvarchar、varbinary	截取字符串

续表

函数名称	语法格式	返回值类型	功能描述
LEN	LEN (string_expression)	int	获取字符串长度
STUFF	STUFF (character_expression , start , length , replaceWith_expression)	char	替换字符串内容
CHARINDEX	CHARINDEX (expressionToFind ,expressionToSearch [, start_location])	bigint、int	指定位置搜索字符串内容
QUOTENAME	QUOTENAME ('character_string' [, 'quote_character'])	nvarchar(258)	生成带分隔符的 UNICODE 字符串
STR	STR (float_expression [, length [, decimal]])	varchar	转换浮点数字为字符串
LEFT	LEFT (character_expression , integer_expression)	varchar、nvarhcar	截取左边字符串
RIGHT	RIGHT (character_expression , integer_expression)	varchar、nvarchar	截取右边字符串
LTRIM	LTRIM (character_expression)	varchar、nvarchar	清除左边空格
RTRIM	RTRIM (character_expression)	varchar、nvarchar	清除右边空格
LOWER	LOWER (character_expression)	varchar、nvarchar	转换为小写字符串
UPPER	UPPER (character_expression)	varchar、nvarchar	转换为大写字符串
REVERSE	REVERSE (string_expression)	varchar、nvarchar	反序字符串
DATALENGTH	DATALENGTH (expression)	bigint、int	获取字符串字符数
REPLACE	REPLACE(string_expression , string_pattern , string_replacement)	varchar、nvarchar	用第三个表达式替换第一个字符串表达式中出现的所有第二个给定字符串表达式
DIFFERENCE	DIFFERENCE (character_expression , character_expression)	int	以整数返回两个字符表达式的 SOUNDEX 值之差

部分函数的使用方法如下。

1. ASCII 函数（获取字符的 ASCII）

语法格式：

```
ASCII ( character_expression )
```

character_expression：char 或 varchar 类型的表达式。

返回值类型：int。

【例 14.43】 将 Du monde entier 字符串中的每个字符假定一个 ASCII 字符集，并返回 ASCII 值及 CHAR 字符，如图 14-50 与图 14-51 所示。

2. SPACE 函数（生成空格字符串）

语法格式：

```
SPACE ( integer_expression )
```

integer_expression：指示空格个数的正整数。如果 integer_expression 为负，则返回空

字符串。

```
SET TEXTSIZE 0;
SET NOCOUNT ON;
--Create the variables for the current character string position
--and for the character string.
DECLARE @position INT,@string CHAR(15);
--Initialize the variables.
SET @position=1;
SET @string='Du monde entier';
WHILE @position<=DATALENGTH(@string)
    BEGIN
    SELECT ASCII(SUBSTRING(@string,@position,1)),
        CHAR(ASCII(SUBSTRING(@string,@position,1)))
     SET @position=@position+1
    END;
SET NOCOUNT OFF;
GO
```

图 14-50　ASCII 函数的使用

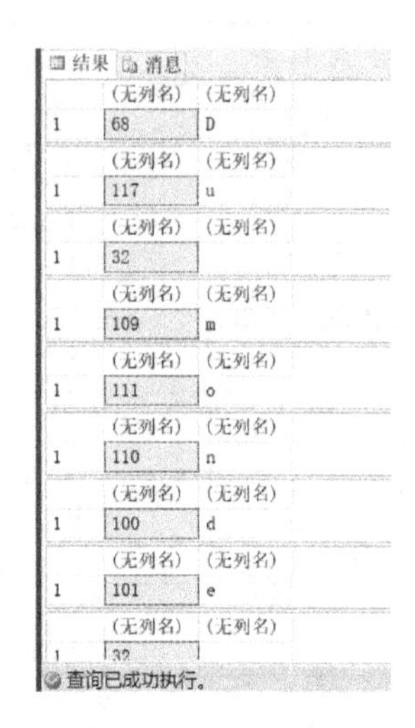

结果　消息

	(无列名)	(无列名)
1	68	D
	(无列名)	(无列名)
1	117	u
	(无列名)	(无列名)
1	32	
	(无列名)	(无列名)
1	109	m
	(无列名)	(无列名)
1	111	o
	(无列名)	(无列名)
1	110	n
	(无列名)	(无列名)
1	100	d
	(无列名)	(无列名)
1	101	e
	(无列名)	(无列名)
1	32	

查询已成功执行。

图 14-51　执行结果

返回值类型：varchar。

【例 14.44】 SPACE 函数的使用如图 14-52 所示。

```
SELECT RTRIM(UserID)+','+SPACE(2)+LTRIM(UserName)
FROM tb_User;
GO
```

100 %

结果　消息

	(无列名)
1	1, soft
2	5, 阿文
3	6, 小娄
4	7, 小胡
5	8, 小杜
6	9, 小李
7	10, 小马
8	11, 小柯
9	12, 小雯

图 14-52　SPACE 函数的使用

3. SUBSTRING 函数（截取字符串）

语法格式：

```
SUBSTRING ( expression ,start , length )
```

（1）expression：是 char、binary、text、ntext 或 image 类型的表达式。

（2）start：指定返回字符的起始位置的整数或 bigint 类型的表达式。如果 start 小于 1，则返回表达式的起始位置为 expression 中指定的第一个字符。在这种情况下，返回的字符数是 start 与 length 的和减去 1 所得的值与 0 之间的较大值。如果 start 大于表达式中的字符数，将返回一个 0 长度的表达式。

（3）length：是正整数或指定要返回的 expression 字符数的 bigint 类型的表达式。如果 length 是负数，会生成错误并终止语句。如果 start 与 length 的和大于 expression 中的字符数，则返回起始位置为 start 的整个表达式值。

返回值类型：如果 expression 是其中一个受支持的字符数据类型，则返回字符数据。如果 expression 是支持的 binary 类型中的一种数据类型，则返回二进制数据。返回的字符串类型与指定表达式的类型相同（表中显示的除外），如表 14-8 所示。

表 14-8 返回值类型

指定表达式的类型	返回值类型
char /varchar/text	varchar
nchar /nvarchar/ntext	nvarchar
binary /varbinary/image	varbinary

【例 14.45】 仅返回字符串的一部分。如图 14-53 所示，该查询在一列中返回 db_MSM 数据库 tb_User 表中的 ID，在另一列中只返回名字首字符。

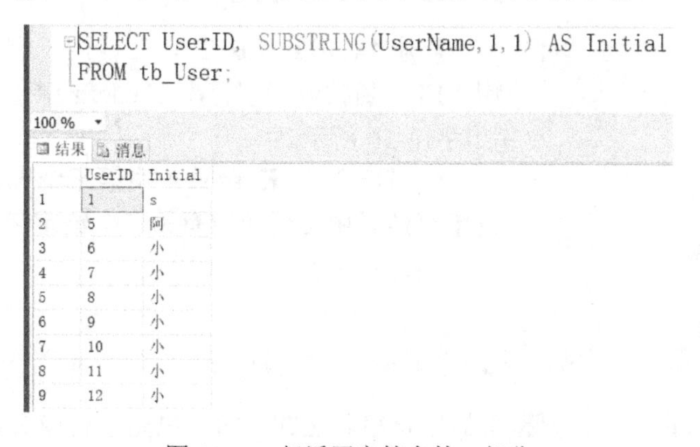

图 14-53 仅返回字符串的一部分

【例 14.46】 返回字符串常量 abcdef 中的第二个、第三个和第四个字符，如图 14-54 所示。

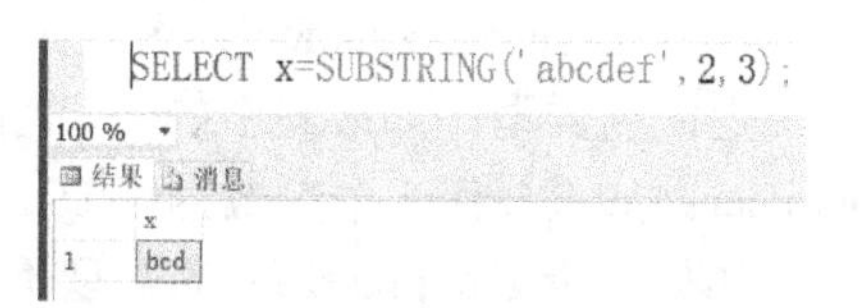

图 14-54 返回字符串中的指定字符

4. LEFT 函数（截取左边字符串）

语法格式：

```
LEFT ( character_expression，integer_expression )
```

（1）character_expression：字符或二进制数据的表达式。它可以是常量、变量或列，也可以是任何能够隐式转换为 varchar 或 nvarchar 类型的表达式。

（2）Integer_expression：正整数，指定 character_expression 将返回的字符数。如果 integer_expression 为负，则返回错误。如果 integer_expression 类型为 bigint 且包含一个较大值，character_expression 必须是大型数据类型，如 varchar(max)。integer_expression 参数将 UTF-16 代理项字符计为一个字符。

返回值类型：当 character_expression 为非 UNICODE 字符时，返回 varchar。当 character_expression 为 UNICODE 字符时，返回 nvarchar。

【例 14.47】 LEFT 函数应用于列。下面示例返回 db_SMS 的 tb_GoodsInfo 表中 GoodsName 最左边的两个字符，如图 14-55 所示。

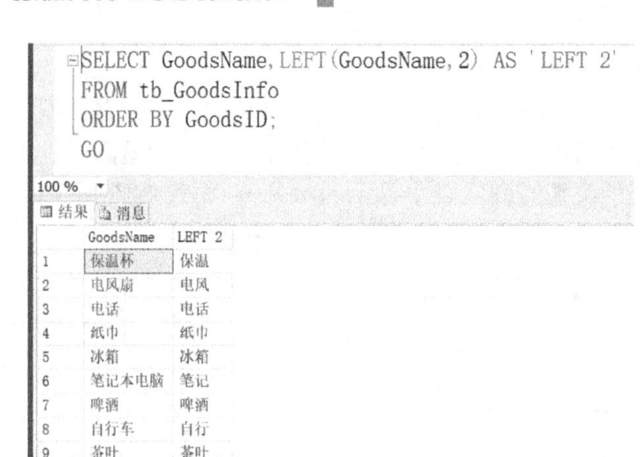

图 14-55 LEFT 函数应用于列

```
SELECT LEFT('abcdefg',2);
GO
```

	(无列名)
1	ab

图 14-56 LEFT 函数应用于字符串

【例 14.48】 LEFT 函数应用于字符串。下面示例使用 LEFT 函数返回字符串 abcdefg 中最左边的两个字符，如图 14-56 所示。

5. REPLACE 函数（用第三个表达式替换第一个字符串表达式中出现的所有第二个给定字符串表达式）

语法格式：

```
REPLACE
( string_expression , string_pattern , string_replacement )
```

（1）string_expression：要搜索的字符串表达式。它可以是字符或二进制数据类型。

（2）string_pattern：要查找的子字符串。它可以是字符或二进制数据类型，但不能为空字符串 (''), 也不能超过页容纳的最大字节数。

（3）string_replacement：替换字符串。它可以是字符或二进制数据类型。

返回值类型：如果其中的一个输入参数类型为 nvarchar，则返回 nvarchar；否则返回 varchar。如果任何一个参数为 NULL，则返回 NULL。

如果 string_expression 的类型不是 varchar(max)或 nvarchar(max)，则 REPLACE 函数将截断返回值，截断长度为 8000 字节。若要返回大于 8000 字节的值，则必须将 string_expression 显式转换为大值数据类型。

【例 14.49】 使用 xxx 替换 abcdefghi 中的字符串 cde，如图 14-57 所示。

```
SELECT REPLACE("abcdefghicde","cde","xxx");
GO
```

	(无列名)
1	abxxxfghixxx

图 14-57 REPLACE 函数的使用

【例 14.50】 REPLACE 函数与 COLLATE 函数（定义排序规则）的组合使用如图 14-58 所示。

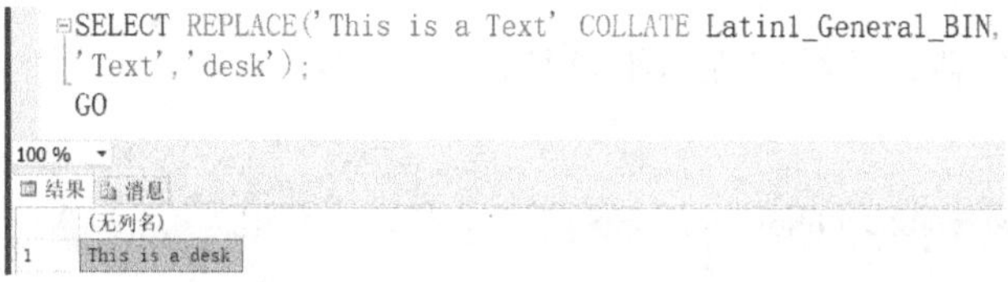

```
SELECT REPLACE('This is a Text' COLLATE Latin1_General_BIN,
'Text','desk');
GO
```

100 %
结果 消息
(无列名)
1 This is a desk

图 14-58 REPLACE 函数与 COLLATE 函数的组合使用

14.1.8 文本和图像处理函数

文本和图像函数如表 14-9 所示。

表 14-9 文本和图像函数

函数名称	语法结构	返回值类型	功能描述
PATINDEX	PATINDEX ('%pattern%' , expression)	bigint、int	查找特定字符串
TEXTPTR	TEXTPTR (column)	varbinary	获取文本指针
TEXTVALID	TEXTVALID ('table.column' ,text_ ptr)	int	检测文本指针是否有效

部分函数的使用方法如下。

1. TEXTPTR 函数（获取文本指针）

语法格式：

```
TEXTPTR ( column )
```

column：将要使用的 text、ntext 或 image 列。

返回值类型：varbinary。

说明：

（1）对于含行内文本的表，TEXTPTR 函数将为要处理的文本返回一个句柄，即使文本值为空，仍可获得有效的文本指针。

（2）不能对视图列使用 TEXTPTR 函数，只能对表列使用此函数。若要在视图列中使用 TEXTPTR 函数，必须使用 ALTER DATABASE 语句兼容级别，并将其设置为 80。如果表不含行内文本，并且 text、ntext 或 image 列尚未使用 UPDATETEXT 语句初始化，则 TEXTPTR 函数将返回一个空指针。

（3）可使用 TEXTVALID 函数来测试文本指针是否存在。如果没有有效的文本指针，则无法使用 UPDATETEXT 函数、WRITETEXT 函数或 READTEXT 函数。

相关函数或语句的说明如表 14-10 所示。

表 14-10 相关函数或语句的说明

函数或语句	说明
ATINDEX('%pattern%' , expression)	返回指定字符串在 text 或 ntext 列中的字符位置
DATALENGTH(expression)	返回 text、ntext 和 image 列中数据的长度
SET TEXTSIZE	返回对 SELECT 语句所返回的 text、ntext 或 image 数据的限制（字节）
SUBSTRING(text_column, start, length)	返回由指定的 start 偏移量和 length 指定的 varchar 字符串。字符串的长度应小于 8 KB

2. TEXTVALID 函数（检测文本指针是否有效）

语法格式：

```
TEXTVALID ( 'table.column' ,text_ ptr )
```

（1）table：要使用表的名称。

（2）column：要使用列的名称。

（3）text_ptr：要检查的文本指针。

返回值类型：int。

说明：如果指针有效则返回 1，无效则返回 0。请注意，text 列的标识符必须包含表名。在没有有效的文本指针时，不能使用 UPDATETEXT 函数、WRITETEXT 函数或 READTEXT 函数。

相关函数或语句的说明如表 14-11 所示。

表 14-11　相关函数或语句的说明

函数或语句	说　明
PATINDEX('%pattern%',expression)	返回指定字符串在 text 和 ntext 列中所处的字符位置
DATALENGTH(expression)	返回 text、ntext 和 image 列中数据的长度
SET TEXTSIZE	返回对 SELECT 语句所返回的 text、ntext 或 image 数据的限制（字节）

14.2 用户自定义函数

14.2.1 标量值函数

标量值函数区别于表值函数。表值函数一般都返回含有多个记录行的结果集中，而标量函数只返回一个值。与表值函数一样，标量值函数主要分为多语句标量值函数和内联标量值函数。其中，内联标量值函数没有函数体，而多语句标量值函数的函数体定义在 BEGIN-END 语句块中。这里不再区别这两类标量值函数，统称为标量值函数。

1. 创建实例过程

（1）建立一个数据库。

（2）打开数据库，如图 14-59 所示。

图 14-59　打开数据库

2. 标量值函数

标量值函数返回一个确定类型的标量值，其返回值类型为除了 text、ntext、image、cursor、timestamp 和 table 类型的其他数据类型。函数体语句定义在 BEGIN-END 语句内。在 RETURNS 子句中定义返回值类型，并且标量值函数的最后一条语句必须为 RETURN 语句。

创建标量值函数的语法格式：

```
CREATE FUNCTION 函数名(参数)
RETURNS 返回值类型
[with {Encryption|Schemabinding}]
 [AS]
 BEGIN
SQL 语句(必须有 RETURN 子句)
 END
```

举例：

```
CREATE FUNCTION dbo.Max
(
@a int,
@b int
)
RETURNS int AS
BEGIN
DECLARE @max int
IF @a>@b SET @max=@a
ELSE SET @max=@b
RETURN @max
END
```

调用标量值函数可以在 T-SQL 语句中允许使用标量表达式的任何位置调用返回标量值（与标量表达式的数据类型相同）的任何函数。必须使用至少由两部分组成名称的函数来调用标量值函数，即架构名.对象名，如 dbo.Max(12,34)。

创建标量值函数如图 14-60 所示。

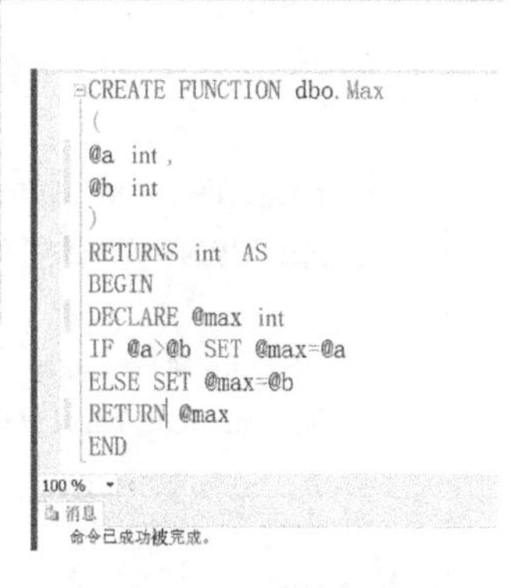

图 14-60 创建标量值函数

14.2.2 内嵌表值函数

内嵌（内联）表值函数以表的形式返回一个返回值，即它返回的是一个表。内嵌表值函数没有由 BEGIN-END 语句括起来的函数体，其返回的表是由一个位于 RETURN 子句中的 SELECT 命令从数据库中筛选出来的。内嵌表值函数功能相当于一个参数化的视图。

```
CREATE FUNCTION 函数名(参数)
RETURNS table
 [with {Encryption|Schemabinding}]
AS
RETURN(一条 SQL 语句)
```

举例：

```
CREATE FUNCTION func (@id char(8))
 RETURNS TABLE
AS
RETURN (SELECT * FROM student WHERE SID = @id)
```

调用内嵌表值函数：无须指定架构名，如 SELECT * FROM func('51300521')。

14.2.3 多语句表值函数

多语句表值函数可以看成标量值函数和内嵌表值函数的结合体。它的返回值是一个表，但它和标量值函数一样都有一个用 BEGIN-END 语句括起来的函数体，返回值的表中数据是由函数体中的语句插入的。由此可见，它可以进行多次查询，对数据进行多次筛选与合并，弥补了内嵌表值函数的不足。

```
CREATE FUNCTION 函数名(参数)
RETURNS 表变量名 (表变量字段定义)[with {Encryption|Schemabinding}]
AS
BEGIN
SQL 语句
RETURN
END
```

举例：

```
CREATE FUNCTION func(@selection int)
RETURNS @table TABLE
(
SID char(4) primary key not null,
SName nvarchar(4) null
)
 AS
BEGIN
IF @selection = 0
INSERT INTO @table (SELECT SID,SName FROM student0)
 ELSE
INSERT INTO @table (SELECT SID,SName FROM student1)
 RETURN
END
```

14.2.4 用户自定义函数的注意事项

调用多语句表值函数和调用内嵌表值函数一样，不用确定架构名。

与编程语言中的函数不同的是，用户自定义函数必须具有返回值。

说明：Schemabinding 用于将函数绑定到它引用的对象上，函数一旦绑定，则不能被删除、修改，除非删除绑定。

一个完整的简单例子：

```
if exists(select 1 from sysobjects where id=object_id('GetMax') and xtype in (N'FN', N'IF', N'TF'))
drop function [dbo].[GetMax]   --如果在系统中存在该函数，则删除该函数
create function GetMax(@x int,@y int)
returns int
```

```
--with encryption --加上这句表示加密
as
begin
declare @t int
if(@x>@y)
set @t=@x
else
set @t=@y
return @t
end
go
select dbo.GetMax(6.9,3.3) --调用时 不是直接 GetMax 而是 dbo.GetMax
sp_helptext getmax      --查看该函数的详细信息(加密后将无法查看)
drop function dbo.getmax --删除该函数
```

说明：用户自定义函数不能用于执行一系列改变数据库状态的操作。

在编写用户自定义函数时要注意以下内容。

1. 标量值函数

（1）所有函数的输入参数前都必须加@。

（2）CREATE FUNCTION 语句后的返回单词是 RETURNS，而不是 RETURN。

（3）RETURNS 语句后面跟的不是变量，而是返回值的类型，如 int、char 等。

（4）在 BEGIN/END 语句块中，是 RETURN 子句。

2. 内嵌表值函数

（1）只能返回 table，所以 RETURNS 语句后面一定是 table。

（2）AS 语句后没有 BEGIN/END 语句，只有一个 RETURN 语句来返回特定的记录。

3. 多语句表值函数

（1）RETURNS 语句后面直接定义返回的表类型，首先是定义表名，表名前面要加@，然后是关键字 table，最后是表的结构。

（2）在 BEGIN/END 语句块中，直接将要返回的结果插入 RETURNS 语句定义的表中就可以了，在最后执行 RETURN 语句时，会将结果返回。

（3）最后只要 RETURN 语句，RETURN 语句后面不跟任何变量。

疑问：用户自定义函数不能修改数据库，但它可以调用存储过程，那么在用户自定义函数中调用一个有修改数据库操作的存储过程，这个用户自定义函数能不能执行？

答：用户自定义函数只能调用扩展存储过程，但是 SQL Server 2014 的后续版本将删除该功能，不再支持扩展存储过程，所以应避免在开发中使用扩展存储过程。因此，可以得出结论：实际开发中，函数不会调用存储过程，也就无法对数据库进行修改操作了。

注意：调用函数不要和建立函数一起使用，这样就会出错。一定要先建立函数，再调用函数。

14.2.5 查看用户定义函数

（1）通过对象资源管理器查看用户自定义函数。在数据库中选择“db_SMS”→“可编程性”→“函数”→“标量值函数”选项，如图 14-61 所示。

（2）通过 SQL 语句查看函数，如图 14-62 所示。

图 14-61　查看用户自定义函数

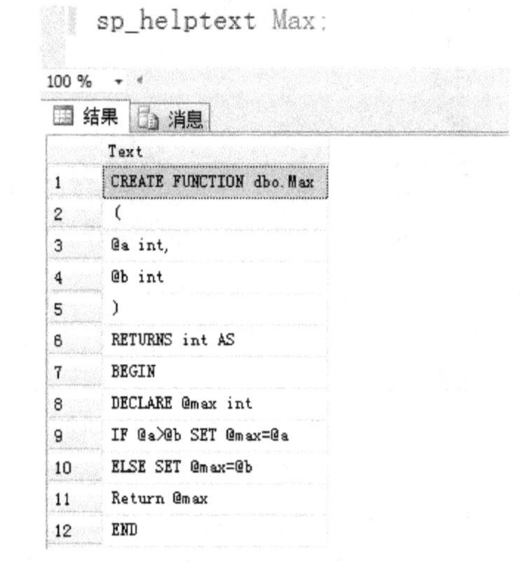

图 14-62　通过 SQL 语句查看用户自定义函数

14.2.6　删除用户定义函数

（1）通过对象资源管理器删除用户自定义函数，如图 14-63 所示。

图 14-63　删除用户自定义函数

（2）通过 SQL 语句删除用户自定义函数，如图 14-64 所示。

```
DROP FUNCTION MAX;
GO
```

消息
命令已成功被完成。

图 14-64　通过 SQL 删除用户自定义函数

14.3 小结

函数分为系统内置函数和用户自定义函数两大类。

系统内置函数可以分为聚合函数、配置函数、游标函数、日期和时间函数等。聚合函数可对一组值执行计算并返回单个值，如 AVG、CHECKSUM、CHECKSUM_AGG、COUNT、COUNT_BIG、MAX、MIN、SUM、STDEV、VAR、VARP。配置函数如@@DATEFIRST、@@LANGID、@@LANGUAGE、@@LOCK_TIMEOUT。游标函数如@@CURSOR_ROWS、@@FETCH_STATUS、CURSOR_STATUS。日期和时间函数如 DATEADD、DATEPART、DAY、GETDATE。

数学函数包括 ABS、CEILING、FLOOR、RAND、ROUND、DEGREES、PI、POWER、SQUARE、SQRT、EXP、SIN、LOG。元数据函数如 DB_NAME、FILEGROUP_ID、FILEGROUP_NAME、FILE_ID。字符串函数如 ASCII、SPACE、SUBSTRING、LEFT、REPLACE。文本和图像处理函数如 TEXTPTR、TEXTVALID。

用户自定义函数包括标量值函数、内嵌表值函数、多语句表值函数。其中，标量值函数只返回一个值，内嵌表值函数以表的形式返回一个返回值，即它返回的是一个表。

调用函数不要和建立函数一起使用，否则会出错。先建立函数，再调用函数。通过对象资源管理器查看用户自定义函数，也可通过 SQL 语句 sp_helptext 查看函数。可通过对象资源管理器删除用户自定义函数，也可通过 SQL 语句 DROP FUNCTION 删除用户自定义函数。

习题 14

14-1 简述函数的分类。

14-2 在 db_SMS 数据库中，创建用户自定义函数，并根据输入的用户编号，输出该用户的个人基本信息。

14-3 用 WHILE 循环语句输出以下图形。

14-4 创建一个用户自定义函数，该函数接收两个 int 型数值，并对两个数值进行大小比较，最后输出比较结果。

第15章 事务管理

本章将介绍事务的概念、特性和运行模式。数据库通过事务管理解决生活中产生的实际问题。多个用户同时修改或查询同一个数据库中的数据，可能会导致数据不一致的情况。为了控制此类问题的发生，SQL Server 引入了锁机制。本章还将介绍 4 种基本类型的锁、SQL Server 的 4 种隔离级别、两段封锁协议，以及封锁机制可解决的 3 类问题等内容。

15.1 事务概述

事务和存储过程类似，由一系列的 T-SQL 语句组成。事务处理是数据库的主要工作。在数据库环境中，事务是一个十分重要的概念，是数据库应用程序的基本逻辑单元。

事务是由一系列对数据库的查询操作和更新操作构成的。这些操作是一个整体，不能分割，用来保证数据的一致性，即所有的操作都得被顺利完成或不完成任何一个操作。绝对禁止只完成了部分操作，而剩余一些操作没有被完成。

事务由数据库管理系统（DBMS）中的事务管理子系统负责处理。

15.1.1 事务的概念

事务（Transaction）是并发控制的单位，是用户定义的一个操作序列。这些操作要么都被做，要么都不被做，是一个不可分割的工作单位。通过事务，SQL Server 能将逻辑相关的一组操作绑定在一起，以便服务器保持数据的完整性。

事务通常以 BEGIN TRANSACTION 语句开始，以 COMMIT 或 ROLLBACK 语句结束。

（1）COMMIT：表示提交，即提交事务的所有操作。具体地说，就是将事务中所有对数据库的更新写回到磁盘的物理数据库中去，即事务正常结束。

（2）ROLLBACK：表示回滚，即事务在执行过程中发生了某种故障，不能被继续执行了，这时 DBMS 将事务中对数据库的所有已完成的操作全部撤销，回滚到事务开始的状态。

15.1.2 事务的特性

事务的四大特性（ACID 特性）分别如下。

（1）原子性（Atomicity）。

一个事务中的所有操作是一个逻辑上不可分割的单位。

（2）一致性（Consistency）。

数据库中的数据满足各种完整性约束，事务的执行不能破坏完整性约束。具体地说，就是要在每条 SQL 语句后，捕获事务执行的返回码，判断语句是否被正常执行，如果出现问题，要及时使用 ROLLBACK 语句撤销事务，否则就会破坏数据库的一致性。

（3）隔离性（Isolation）。

为了提高事务的吞吐率（单位时间内完成的事务个数），大多数 DBMS 同时执行多个事务，并且数据库中的数据由事务共享。多个事务同时执行可能会出现事务之间相互干扰，导致错误结果。隔离性的含义就是无论同时有多少事务在执行，DBMS 会保证事务之间互不干扰，就像只有一个事务在运行一样。DBMS 的并发控制子系统采用封锁技术来满足事务的隔离性。

（4）持续性（Durability）。

持续性是指一个事务一旦被提交了，那么其对数据库中数据的改变就是永久性的，即便是在数据库系统遇到故障的情况下，也不会丢失提交事务的操作。

15.1.3 事务的运行模式

事务的运行分为 3 种模式，分别是自动提交事务、显式事务、隐式事务。各种事务之间在语法结构上存在着不同之处，以下就是各种事务的特点。

（1）自动提交事务：每条单独的语句都是一个事务。每条语句后都隐含一个 COMMIT 语句。

（2）显式事务：是用户自定义或用户指定的事务，以 BEGIN TRANSACTION 语句开始，以 COMMIT 或 ROLLBACK 语句结束。下面对完成显式事务需要的语句介绍如下。

① BEGIN TRANSACTION 语句：用于启动一个事务，它标志着事务的开始。

② COMMIT TRANSACTION 语句：用于标志一个成功的隐式事务或用户定义事务的结束。

③ COMMIT WORK 语句：用于标志事务的结束。

④ ROLLBACK TRANSACTION 语句：用于将显式事务或隐式事务回滚到事务的起点或事务的某个保存点。当执行事务的过程中发生了某种错误时，可以使用 ROLLBACK TRANSACTION 语句或 ROLLBACK WORK 语句，使数据库撤销在事务中所做的更改，并使数据恢复到事务开始之前的状态。

⑤ ROLLBACK WORK 语句：用于将用户定义的事务回滚到事务的起点。

（3）隐式事务：在前一个事务完成时，新事务隐式启动，但每个事务仍以 COMMIT 或 ROLLBACK 语句结束。SQL Server 的任何数据修改语句都是隐式事务。例如，ALTER TABLE、CREATE、DELETE、DROP、FETCH、GRANT、INSERT、OPEN、REVOKE、SELECT、UPDATE 等语句都可以作为一个隐式事务的开始。如果要结束隐式事务，就要使用 COMMIT TRANSACTION 语句或 ROLLBACK TRANSACTION 语句。

15.1.4 多事务的并发问题

一个数据库可能拥有多个访问客户端，这些客户端都可以并发方式访问数据库。数据库中的相同数据可能同时被多个事务访问，如果没有采取必要的隔离措施就会导致各种并发问题，破坏数据的完整性。这些问题可以归结为 5 类，包括 3 类数据读问题（脏读、幻象读和不可重复读）及 2 类数据更新问题（第 1 类丢失更新和第 2 类丢失更新）。下面分别通过实例讲解引发问题的场景。

1. 脏读（Dirty Read）

脏读是指 A 事务读取 B 事务尚未提交的更改数据，并在这个数据的基础上进行操作。如果恰巧 B 事务回滚，那么 A 事务读到的数据根本是不被承认的。下面来看，取款事务和转账事务并发时的脏读场景，如表 15-1 所示。

表 15-1　取款事务与转账事务并发时的脏读场景

时　间	转账事务（A 事务）	取款事务（B 事务）
T1		开始事务
T2	开始事务	
T3		查询账户余额为 1000 元
T4		取出 500 元，把余额改为 500 元
T5	查询账户余额为 500 元（脏读）	
T6		撤销事务，余额恢复为 1000 元
T7	汇入 100 元，把余额改为 600 元	
T8	提交事务	

在这个场景中，B 事务希望取款 500 元，而后又撤销了该动作，而 A 事务往相同的账户中转账 100 元。就因为 A 事务读取了 B 事务尚未提交的数据，因而造成账户白白丢失了 500 元。

2. 不可重复读（Unrepeatable Read）

不可重复读是指 A 事务读取了 B 事务提交更改数据前后的两次数据，而这两次数据不一样。假设 A 事务是在取款的过程中，B 事务是往账户转账 100 元，A 事务在转账事务前后分别读取账户的余额，而这两次余额不一样，如表 15-2 所示。

表 15-2　取款事务与转账事务并发时的不可重复读场景

时　间	取款事务（A 事务）	转账事务（B 事务）
T1		开始事务
T2	开始事务	
T3		查询账户余额为 1000 元
T4	查询账户余额为 1000 元	
T5		取出 100 元，把余额改为 900 元
T6		提交事务
T7	查询账户余额为 900 元（和 T4 读取的不一样）	

在同一个事务中，T4 时间点和 T7 时间点读取账户存款余额不一样。

3. 幻象读（Phantom Read）

当读取 B 事务提交的新增数据时，A 事务可能会出现幻象读的问题。幻象读一般发生在计算统计数据的事务中，例如，假设银行系统在同一个事务中，两次统计总存款金额，在两次统计过程中，刚好新增了一个存款账户，并存入 100 元，这时两次统计总存款金额不一样，如表 15-3 所示。

表 15-3 统计总存款金额事务与转账事务并发时的幻象读场景

时 间	统计总存款金额事务（A 事务）	转账事务（B 事务）
T1		开始事务
T2	开始事务	
T3	统计总存款金额为 10 000 元	
T4		新增一个存款账户，存款为 100 元
T5		提交事务
T6	再次统计总存款金额为 10 100 元	

如果新增数据刚好满足事务的查询条件，这个新增数据就进入了事务的视野，因而产生了两个统计结果不一致的情况。幻象读和不可重复读是两个容易混淆的概念，前者是指读到了其他已经提交事务的新增数据，而后者是指读到了已经提交事务的更改数据（更改或删除）。为了避免这两种情况，采取的对策是不同的，防止读取到更改数据，只要对操作的数据添加行级锁，阻止操作中的数据发生变化。防止读取到新增数据，则要添加表级锁——将整个表锁定，防止新增数据。

4. 第 1 类丢失更新

第 1 类丢失更新是指事务撤销时，把已经提交的 B 事务的更新数据覆盖了。这种错误可能造成很严重的问题，如表 15-4 所示，A 事务在撤销时，“不小心”将 B 事务已经转入账户的金额给抹去了。

表 15-4 取款事务与转账事务并发时的第 1 类丢失更新场景

时 间	取款事务（A 事务）	转账事务（B 事务）
T1	开始事务	
T2		开始事务
T3	查询账户余额为 1000 元	
T4		查询账户余额为 1000 元
T5		汇入 100 元，把余额改为 1100 元
T6		提交事务
T7	取出 100 元，把余额改为 900 元	
T8	撤销事务	
T9	余额恢复为 1000 元	

5. 第 2 类丢失更新

第 2 类丢失更新是指 A 事务覆盖 B 事务已经提交的数据，造成 B 事务所做操作丢失，如表 15-5 所示。

表 15-5 取款事务与转账事务并发时的第 2 类丢失更新场景

时 间	转账事务（A 事务）	取款事务（B 事务）
T1		开始事务
T2	开始事务	
T3		查询账户余额为 1000 元

续表

时　间	转账事务（A 事务）	取款事务（B 事务）
T4	查询账户余额为 1000 元	
T5		取出 100 元，把余额改为 900 元
T6		提交事务
T7	汇入 100 元	
T8	提交事务	
T9	把余额改为 1100 元	

上面的例子里，由于转账事务覆盖了取款事务对存款余额所做的更新，导致银行最后损失了 100 元，相反如果转账事务先提交，那么用户账户将损失 100 元。

15.2 事务管理与应用

数据库通过事务管理解决生活中产生的实际问题，参见下面的具体代码，可以加深读者对事务管理语法的理解。

【例 15.1】 给所有的入库商品增加其入库数量，并且设定的增加数量为 1，显示增加后的商品库存。

具体代码：

```
USE db_SMS
SELECT * FROM dbo.tb_InStore;
DECLARE @goos_add bigint
SET @goos_add=1
BEGIN TRANSACTION
UPDATE tb_InStore
SET GoodsNum = @goos_add + GoodsNum;
COMMIT TRANSACTION
SELECT * FROM dbo.tb_InStore;
```

执行结果如图 15-1 所示。

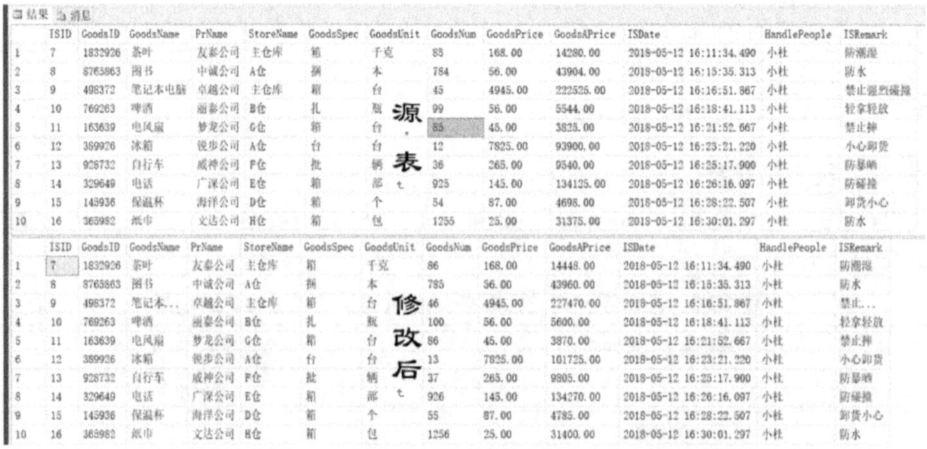

结果　消息

源表

	ISID	GoodsID	GoodsName	PrName	StoreName	GoodsSpec	GoodsUnit	GoodsNum	GoodsPrice	GoodsAPrice	ISDate	HandlePeople	ISRemark
1	7	1832926	茶叶	友泰公司	主仓库	箱	千克	85	168.00	14280.00	2018-05-12 16:11:34.490	小杜	防潮湿
2	8	8765863	图书	中诚公司	A仓	捆	本	784	56.00	43904.00	2018-05-12 16:15:35.313	小杜	防水
3	9	498372	笔记本电脑	卓越公司	主仓库	箱	台	45	4945.00	222525.00	2018-05-12 16:16:51.867	小杜	禁止强烈碰撞
4	10	769263	啤酒	丽泰公司	B仓	扎	瓶	99	56.00	5544.00	2018-05-12 16:18:41.113	小杜	轻拿轻放
5	11	163639	电风扇	梦龙公司	G仓	箱	台	85	45.00	3825.00	2018-05-12 16:21:52.667	小杜	禁止摔
6	12	389926	冰箱	锐步公司	A仓	台	台	12	7825.00	93900.00	2018-05-12 16:23:21.220	小杜	小心卸货
7	13	928732	自行车	威神公司	F仓	批	辆	36	265.00	9540.00	2018-05-12 16:25:17.900	小杜	防暴晒
8	14	329649	电话	广深公司	E仓	箱	部	925	145.00	134125.00	2018-05-12 16:26:16.097	小杜	防碰撞
9	15	145936	保温杯	海洋公司	D仓	箱	个	54	87.00	4698.00	2018-05-12 16:28:22.507	小杜	卸货小心
10	16	365982	纸巾	文达公司	H仓	箱	包	1255	25.00	31375.00	2018-05-12 16:30:01.297	小杜	防水

修改后

	ISID	GoodsID	GoodsName	PrName	StoreName	GoodsSpec	GoodsUnit	GoodsNum	GoodsPrice	GoodsAPrice	ISDate	HandlePeople	ISRemark
1	7	1832926	茶叶	友泰公司	主仓库	箱	千克	86	168.00	14448.00	2018-05-12 16:11:34.490	小杜	防潮湿
2	8	8765863	图书	中诚公司	A仓	捆	本	785	56.00	43960.00	2018-05-12 16:15:35.313	小杜	防水
3	9	498372	笔记本...	卓越公司	主仓库	箱	台	46	4945.00	227470.00	2018-05-12 16:16:51.867	小杜	禁止...
4	10	769263	啤酒	丽泰公司	B仓	扎	瓶	100	56.00	5600.00	2018-05-12 16:18:41.113	小杜	轻拿轻放
5	11	163639	电风扇	梦龙公司	G仓	箱	台	86	45.00	3870.00	2018-05-12 16:21:52.667	小杜	禁止摔
6	12	389926	冰箱	锐步公司	A仓	台	台	13	7825.00	101725.00	2018-05-12 16:23:21.220	小杜	小心卸货
7	13	928732	自行车	威神公司	F仓	批	辆	37	265.00	9805.00	2018-05-12 16:25:17.900	小杜	防暴晒
8	14	329649	电话	广深公司	E仓	箱	部	926	145.00	134270.00	2018-05-12 16:26:16.097	小杜	防碰撞
9	15	145936	保温杯	海洋公司	D仓	箱	个	55	87.00	4785.00	2018-05-12 16:28:22.507	小杜	卸货小心
10	16	365982	纸巾	文达公司	H仓	箱	包	1256	25.00	31400.00	2018-05-12 16:30:01.297	小杜	防水

图 15-1　执行结果

【例 15.2】 将 dbo.tb_User 表中小杜的用户密码修改为 654321。

具体代码：

```
DECLARE @PWD VARCHAR(10)
SET @PWD = 'UserPwd'
BEGIN TRANSACTION @PWD
USE db_SMS
UPDATE   dbo.tb_User   SET UserPwd = '654321'   WHERE   UserName = '小杜'
COMMIT TRANSACTION @PWD
```

执行结果如图 15-2 所示。

代码：

```
DECLARE @PWD VARCHAR(10)
SET @PWD='UserPwd'
BEGIN TRANSACTION @PWD
USE db_SMS
UPDATE dbo.tb_User SET UserPwd='654321' WHERE UserName='小杜'
COMMIT TRANSACTION @PWD
```

%

消息

(1 行受影响)

结果：

	UserID	UserName	UserPwd	UserRight	cs_Pname
1	1	soft	soft	超级管理员	1
2	5	小文	123456	普通用户	5
3	6	小娄	123456	普通用户	6
4	7	小胡	111111	普通用户	7
5	8	小杜	654321	普通用户	8
6	9	小李	654321	普通用户	9
7	10	小马	654321	普通用户	10
8	11	小柯	654321	普通用户	11

图 15-2　执行结果

【例 15.3】 将小文的姓名修改为“阿文”。

具体代码：

```
USE db_SMS
SELECT   *   FROM   dbo.tb_User
WHERE   UserID = '005'
BEGIN   TRANSACTION   UPDATE_INFO_USER
UPDATE   dbo.tb_User
SET   UserName = '阿文'
WHERE   UserID = '5'
COMMIT   TRANSACTION   UPDATE_INFO_USER
SELECT * FROM dbo.tb_User WHERE   UserID = '005'
```

执行结果如图 15-3 所示。

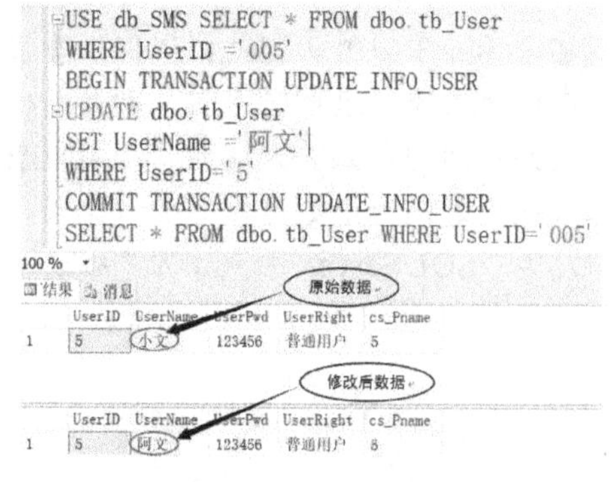

图 15-3　执行结果

【例 15.4】 将（12,'小雯','100200','普通用户')插入 dbo.tb_User。

具体代码：

```
USE db_SMS
SELECT  *  FROM  dbo.tb_User
BEGIN  TRANSACTION  INSERT_NEW_USER
SET  IDENTITY_INSERT  db_SMS.dbo.tb_User  ON
            ----允许将显式值插入表的标识列中------
INSERT  INTO  dbo.tb_User(UserID,UserName,UserPwd,UserRight)
VALUES (12,'小雯','100200','普通用户')
COMMIT TRANSACTION INSERT_NEW_USER
GO
IF @@ERROR = 0
PRINT '插入新用户成功'
GO
```

执行结果如图 15-4 所示。

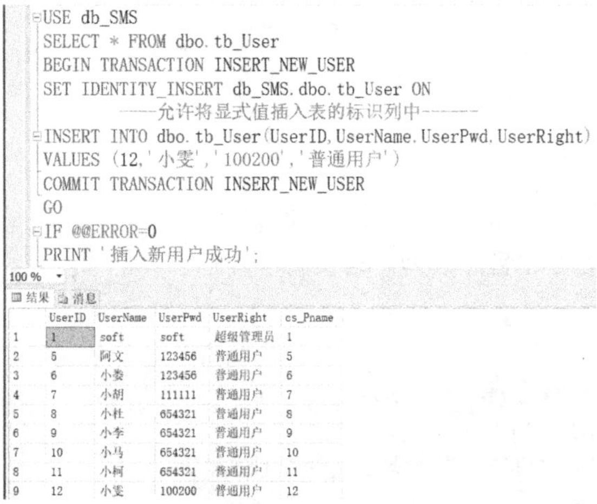

```
USE db_SMS
SELECT * FROM dbo.tb_User
BEGIN TRANSACTION INSERT_NEW_USER
SET IDENTITY_INSERT db_SMS.dbo.tb_User ON
        ----允许将显式值插入表的标识列中------
INSERT INTO dbo.tb_User(UserID,UserName,UserPwd,UserRight)
VALUES (12,'小雯','100200','普通用户')
COMMIT TRANSACTION INSERT_NEW_USER
GO
IF @@ERROR=0
PRINT '插入新用户成功';
```

100 %

结果 消息

	UserID	UserName	UserPwd	UserRight	cs_Pname
1	1	soft	soft	超级管理员	1
2	5	阿文	123456	普通用户	5
3	6	小娄	123456	普通用户	6
4	7	小胡	111111	普通用户	7
5	8	小杜	654321	普通用户	8
6	9	小李	654321	普通用户	9
7	10	小马	654321	普通用户	10
8	11	小柯	654321	普通用户	11
9	12	小雯	100200	普通用户	12

图 15-4　执行结果

15.3 锁机制

锁是一个非常重要的概念，在多个事务访问下可以保证数据库的完整性和一致性；锁是一种机制，用于防止一个过程在对象上进行操作时，同某些已经在该对象上完成的事务发生冲突。锁可以防止事务的并发问题，如丢失修改、不可重复读、读脏数据、串行执行等问题。当多个用户同时修改或查询同一个数据库中的数据时，可能会导致数据不一致的情况。为了控制此类问题的发生，SQL Server 引入了锁机制。

15.3.1 锁的简介

（1）锁的类型及介绍。

4 种基本类型的锁如表 15-6 所示。

表15-6　4种基本类型的锁

锁的类型	说　明
共享锁（S）	用于不修改数据的语句，如查询语句（SELECT）
排他锁（X）	用于进行数据修改的语句
更新锁（U）	用于更新操作。在更新过程的读取阶段，使用共享锁；在修改阶段，升级为排他锁
意向锁（I）	针对锁层次中较大粒度对象进行，用于防止不同粒度下数据完整性的问题，并在必要时升级锁的类型

① 共享锁。

共享锁又称读锁。若事务T对数据对象A加上S锁，则事务T可以读A但不能修改A，其他事务只能再对A加S锁，而不能加X锁，直到T释放A上的S锁。这就保证了其他事务可以读A，但在T释放A上的S锁之前不能对A做任何修改。

② 排他锁。

排他锁又称写锁。若事务T对数据对象A加上X锁，则只允许T读取和修改A，其他任何事务都不能再对A加任何类型的锁，直到T释放A上的锁。这就保证了其他事务在T释放A上的锁之前不能读取和修改A。

③ 更新锁。

更新锁在修改的初始阶段用来锁定要被修改的资源。它避免使用共享锁造成的死锁现象。当使用共享锁修改数据时，如果有多个事务同时对一个事务申请了共享锁，而且这些事务都将共享锁升级为排他锁，那么这些事务都不会释放共享锁，并一直等待对方释放，这样很容易造成死锁。如果一个数据在修改前直接申请更新锁并在修改数据时升级为排他锁，这样就可以避免死锁现象。

④ 意向锁。

意向锁并不真正的构成一种锁定方式，而是充当一种机制，表示SQL Server在资源的底层获得共享锁或排他锁的意向。意向锁有3种类型：共享意向锁、独占意向锁、更新意向锁。例如，某进程持有的表级共享意向锁意味着，该进程当前在该表的行或页级持有共享锁。意向锁存在防止其他事务获取与现存的行或页级锁不兼容的表级锁的企图。

不同类型锁的相容性矩阵如表15-7所示。

表15-7　不同类型锁的相容性矩阵

锁的类型	意向共享锁	共享锁	更新锁	意向排他锁	排他锁
意向共享锁	是	是	是	是	否
共享锁	是	是	是	否	否
更新锁	是	是	否	否	否
意向排他锁	是	否	否	是	否
排他锁	否	否	否	否	否

（2）其他类型的锁。

下面所介绍的锁都是不常用到的，请读者参照学习。

① 架构锁。

架构锁用于执行依赖于表结构的操作。架构锁的类型有架构修改（Sch-M）型和架构稳定（Sch-S）型。

② 大容量更新锁。

当向表中大量复制并且指定 TABLOCK 提示或在 sp_tableoption 设置 table lock on bulk 表选项时，会使用大容量更新锁。它允许进程将数据并发地大量复制到同一个表中，同时防止其他不进行大量复制数据的进程访问数据。

（3）每种锁都有其特定的用途，各种锁之间具有不同的相容性。理解锁的行为和相容性是管理锁冲突和系统吞吐量的基础。

封锁对象的大小称为封锁粒度。在实际的数据库管理系统中，封锁对象可以是逻辑单位（数据库、表、元组、属性）和物理单位（数据块、物理记录）。

不同的粒度会影响事务的并发度。封锁粒度与系统的并发度和并发控制的开销密切相关。封锁的粒度越大，数据库所能够封锁的数据单元就越少，并发度就越小，系统开销也越小；封锁的粒度越小，并发度较高，封锁表较大，但系统开销也就越大。

结论：要在封锁粒度和系统性能之间做出合理的平衡，如表 15-8 所示。

表 15-8　可被锁定的对象

对　象	说　明
行标示（RID）	行标识符，用于单独锁定表中的一行，这是最小的锁
键	用于索引中锁定某行
页	锁定 8KB 的数据页或索引页
范围	为了避免插入而锁定一组资源
区	8 个连续页面构成的集合
HoBT	堆或 B-树，用于保护数据堆结构或索引结构
表	包含所有数据和索引的整个数据表
文件	数据库文件，用于分配数据库的物理存储
分配单元	区的集合，通常用于存储行内数据或大型对象资源
数据库	整个数据库

例如，选课事务，由于事务要改变报名人数，所以要加 X 锁。如果封锁关系表，则一次只能处理一个事务，即一次只能允许一个同学选修一门课；如果对物理数据块加 X 锁，则除了报名人数被系统放在一个数据块上的课程，其他的课程可以同时报名。

15.3.2　隔离级别

DBMS 的并发控制子系统保证了事务的隔离性，尽管有很多事务在同时使用系统，但是它们互相不干扰，就像在单独使用系统一样。对于一些只读事务（仅出现 SELECT 语句），有时可以忍受读脏数据、不可重复读等问题，为了加快其执行，不用严格地按照两段封锁协议来执行。解决数据库并发读取错乱的途径之一就是使用事务进行操作，并且设置相应的事务隔离级别。在相同数据环境下，使用相同的输入，执行相同的工作，根据不同的隔离级别，可以导致不同的结果。由于不同事务隔离级别能够解决数据并发问题的能力是不同的，现在就解释一下 SQL Server 的 4 种隔离级别。

事务隔离级别对并发问题的解决情况如表 15-9 所示。

表 15-9 事务隔离级别对并发问题的解决情况

隔离级别	脏 读	不可重复读	幻 象 读	第 1 类丢失更新	第 2 类丢失更新
READ UNCOMMITED	允许	允许	允许	不允许	允许
READ COMMITTED	不允许	允许	允许	不允许	允许
REPEATABLE READ	不允许	不允许	允许	不允许	不允许
SERIALIZABLE	不允许	不允许	不允许	不允许	不允许

设置隔离级别的语法结构：

```
SET  TRANSACTION  ISOLATION  LEVEL {
READ UNCOMMITTED
|  READ COMMITTED
|  REPEATABLE READ
|  SERIALIZABLE
}
```

1. READ UNCOMMITTED（未提交读数据）

该隔离级别包含未提交数据的读。例如，在多用户环境下，用户 B 更改了某行，用户 A 在用户 B 提交更改之前读取已更改的行。如果此时用户 B 再回滚更改，则用户 A 便读取了逻辑上从未存在过的行。

（1）用户 B 的操作。

具体代码：

```
USE db_SMS
GO
BEGIN TRANSACTION
UPDATE  dbo.tb_User
SET UserPwd = '1010101'
WHERE UserName =  '小马';
```

（2）用户 A 的操作。

具体代码：

```
SET  TRANSACTION  ISOLATION  LEVEL
READ UNCOMMITTED  --此句不写即默认为 READ COMMITTED 模式
          SELECT * FROM  dbo.tb_User  --此时查到的是修改后的数据
```

执行用户 A、用户 B 操作的代码执行结果如图 15-5 所示。

（3）撤销操作。

具体代码：

```
ROLLBACK
```

撤销操作的代码执行结果如图 15-6 所示。

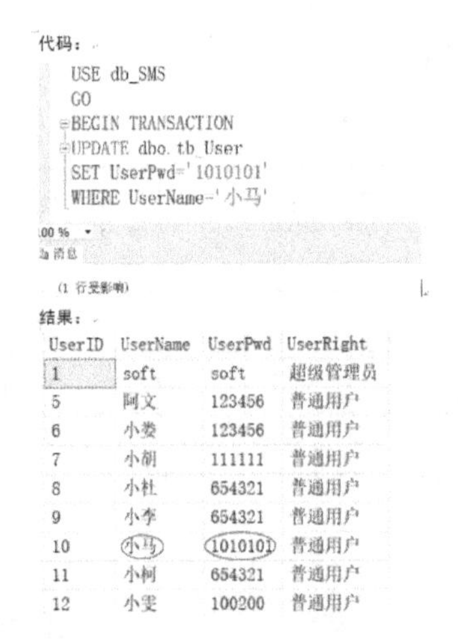
代码：

```
USE db_SMS
GO
BEGIN TRANSACTION
UPDATE dbo.tb_User
SET UserPwd='1010101'
WHERE UserName='小马'
```

(1 行受影响)

结果：

UserID	UserName	UserPwd	UserRight
1	soft	soft	超级管理员
5	阿文	123456	普通用户
6	小娄	123456	普通用户
7	小胡	111111	普通用户
8	小杜	654321	普通用户
9	小李	654321	普通用户
10	小马	1010101	普通用户
11	小柯	654321	普通用户
12	小雯	100200	普通用户

图 15-5　执行用户 A、用户 B 操作的代码执行结果

```
BEGIN TRANSACTION
SET TRANSACTION ISOLATION LEVEL READ UNCOMMITTED
SELECT * FROM dbo.tb_User
ROLLBACK
```

	UserID	UserName	UserPwd	UserRight	cs_Pname
1	1	soft	soft	超级管理员	1
2	5	阿文	123456	普通用户	5
3	6	小娄	123456	普通用户	6
4	7	小胡	111111	普通用户	7
5	8	小杜	654321	普通用户	8
6	9	小李	654321	普通用户	9
7	10	小马	1010101	普通用户	10
8	11	小柯	654321	普通用户	11
9	12	小雯	100200	普通用户	12

图 15-6　撤销操作的代码执行结果

2. READ COMMITTED（提交读）

该隔离级别指定在读取数据时控制共享锁以避免脏读。该隔离等级的主要作用是避免脏读，即执行完读操作之后立即释放 S 锁，就不会读到脏数据，但不能重复读。

3. REPEATABLE READ（重复读）

在多用户环境下，用户 A 打开了一个事务，并且先对 dbo.tb_User 表的某条记录做了查询，接着用户 B 对 dbo.tb_User 表做了更新并提交，这时 A 再去查 dbo.tb_User 表中的这条记录，两次读到的数据不一样，此操作称为重复读。

解决办法：在用户 A 的事务运行之前，先设定隔离等级为 REPEATABLE READ。

语法结构：SET TRANSACTION ISOLATION LEVEL REPEATABLE READ。

这样，用户 A 查询完之后，用户 B 将无法更新用户 A 所查询到数据集中的任何数据(但是可以更新、插入和删除用户 A 查询到数据集之外的数据)，直到用户 A 事务结束才可以进行更新，这样就可有效防止用户在同一个事务中读取到不一致的数据。

4. SERIALIZABLE（串行执行）

在多用户环境下，用户 A 开启了一个事务，并查询 dbo.tb_User 表中的所有记录，然后用户 B 在自己的事务中插入（或删除）了 dbo.tb_User 表中的一条记录并提交事务，此时用户 A 再去执行前面的查询整张表记录的操作，结果会多出（少了）一条记录，此操作称为串行执行。

解决办法：在用户 A 的事务运行之前，先设定隔离等级为 SERIALIZABLE。

语法结构：SET TRANSACTION ISOLATION　LEVEL　SERIALIZABLE。

这样，在用户 A 的事务执行过程中，别的用户都将无法对任何数据进行更新、插入和删除的操作，直到用户 A 的事务回滚或提交为止。这是 4 个隔离级别中限制最大的级别。因为并发级别较低，所以应只在必要时才使用该隔离级别。

15.3.3　查看锁和死锁

1. 查看锁

数据库可以通过可视化窗口查看数据库各种锁的执行及运行状况，在 SQL Server 2014 中，通常使用 sys.dm_tran_locks 动态管理视图查看锁的相关信息，通过这段程序代码，可以很清晰地看出锁的执行及类型，有助于即将开始的操作。

举例：

```
USE db_SMS   SELECT * FROM sys.dm_tran_locks;
```

动态管理视图查看锁的代码执行结果如图 15-7 所示。

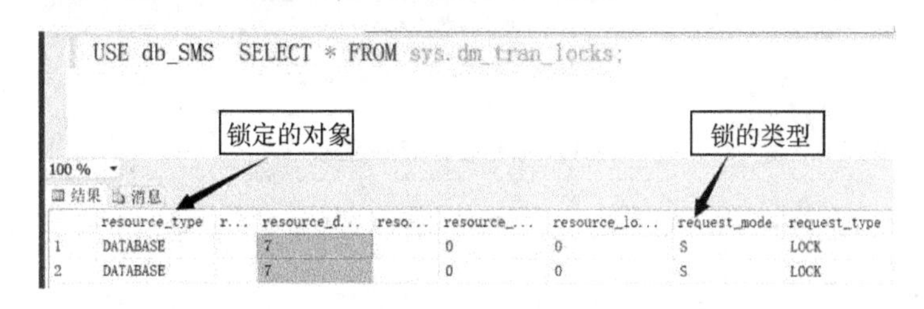

图 15-7　动态管理视图查看锁的代码执行结果

2. 补充知识：使用 T-SQL 代码进行活动监视

可以使用 T-SQL 代码获取类似的信息，具体来说 sp_locksp_who 中包含了关于锁和阻塞的许多有用信息，如图 15-8 所示，显示了 sp_who 存储过程的执行结果，它将返回有关进程信息。其中，spid 54 即为上例的进程，目前处于活跃状态，但没有执行任何具体的任务，而是等待进一步命令。

SQLQuery2.sql -...EED4QRV\HP (54))*

```
sp_who
```

100 %　结果　消息

	spid	ecid	status	loginame	hostname	blk	dbname	cmd	request_id
38	38	0	sleeping	sa		0	master	TASK MANAGER	0
39	39	0	sleeping	sa		0	master	TASK MANAGER	0
40	40	0	sleeping	sa		0	master	TASK MANAGER	0
41	41	0	sleeping	sa		0	master	TASK MANAGER	0
42	42	0	sleeping	sa		0	master	TASK MANAGER	0
43	43	0	sleeping	sa		0	master	TASK MANAGER	0
44	51	0	sleeping	LAPT...	LAPT...	0	master	AWAITING COMMAND	0
45	52	0	sleeping	LAPT...	LAPT...	0	master	AWAITING COMMAND	0
46	53	0	sleeping	LAPT...	LAPT...	0	db_SMS	AWAITING COMMAND	0
47	54	0	runnable	LAPT...	LAPT...	0	db_SMS	SELECT	0

查询已成功...　LAPTOP-BEED4QRV\MSSQLSERVER...　LAPTOP-BEED4QRV\HP (54)　db_SMS　00:00:00　47 行

图 15-8　活动信息显示

此外，可以使用 sp_lock 获取类似活动监控器所提供的锁信息，如图 15-9 所示，显示了该过程的存储结果。注意 spid 52 所拥有的锁是一个数据库的共享锁。

```
EXEC sp_lock
```

锁定的对象　　锁的类型

00 %　结果　消息

	spid	dbid	ObjId	IndId	Type	Resource	Mode	Status
1	52	7	0	0	DB		S	GRANT
2	52	1	1467152272	0	TAB		IS	GRANT
3	52	32767	-571204656	0	TAB		Sch-S	GRANT

图 15-9　获取类似活动监视器所提供的锁信息

除了 sp_lock 和 sp_who，还有一些系统视图也能提供相似的信息，不过其组织信息的方式可能各有不同。为了监控锁、用户行为及优化器行为，以下是一些特定的视图。

（1）sys.dm_exec_connections（查看链接建立），如图 15-10 所示。

```
SELECT * FROM sys.dm_exec_connections
```

100 %

结果 消息

	session_id	most_recent_session_id	connect_time	net_transport	protocol_type	protocol_version	endpoint_id
1	51	51	2019-03-21 23:40:31.390	Shared memory	TSQL	1946157060	2
2	52	52	2019-03-21 23:40:34.143	Shared memory	TSQL	1946157060	2
3	53	53	2019-03-22 00:08:00.557	Shared memory	TSQL	1946157060	2
4	54	54	2019-03-22 00:14:06.550	Shared memory	TSQL	1946157060	2

图 15-10　查看链接建立

（2）sys.dm_tran_current_transaction（查看当前的事务），如图 15-11 所示。

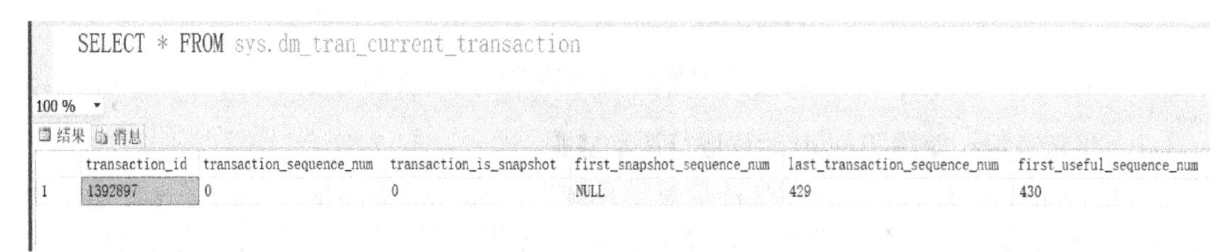

```
SELECT * FROM sys.dm_tran_current_transaction
```

100 %

结果 消息

	transaction_id	transaction_sequence_num	transaction_is_snapshot	first_snapshot_sequence_num	last_transaction_sequence_num	first_useful_sequence_num
1	1392897	0	0	NULL	429	430

图 15-11　查看当前的事务

（3）sys.dm_exec_query_stats（动态查看最消耗 I/O 的资源）。

以上是基本的系统视图，当然还有很多系统视图，为了完成相应的任务，还要读者继续学习。

3. 死锁

调度器按照两段封锁协议进行调度，可以得到一个可串行化调度，保证事务的隔离性。采用加锁手段进行调度，会产生死锁问题。例如：

如图 15-12 所示，T1 封锁了数据 R1，T2 封锁了数据 R2，T1 又请求封锁 R2，因 T2 已封锁了 R2，于是 T1 等待 T2 释放 R2 上的锁，接着 T2 又申请封锁 R1，因 T1 已封锁了 R1，T2 也只能等待 T1 释放 R1 上的锁，这样 T1 在等待 T2，而 T2 又在等待 T1，T1 和 T2 两个事务永远不能结束，形成死锁。

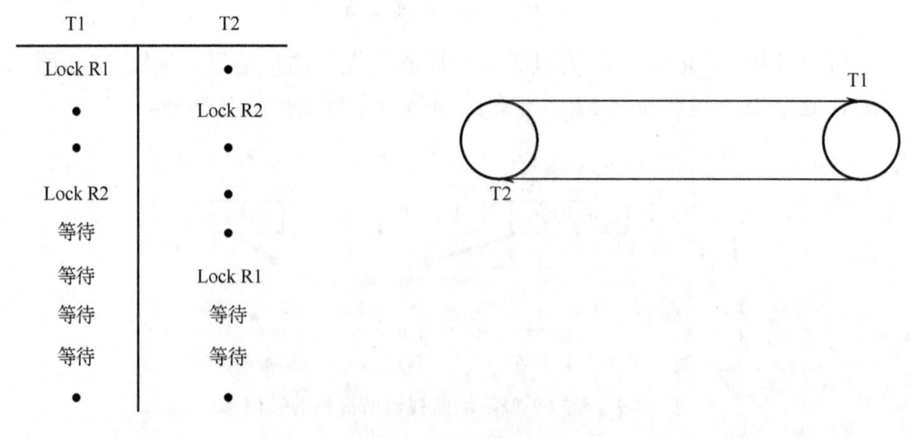

图 15-12　死锁状态

（1）预防死锁。

① 一次封锁法：要求每个事务必须一次将所有要使用的数据全部加锁，否则就不能继续执行。存在的问题：降低系统并发度，很难事先精确确定封锁对象。

② 顺序封锁法：预先对数据对象规定一个封锁顺序，所有事务都按这个顺序实行封锁。存在的问题：首先是维护成本很高，数据库系统中封锁的数据对象极多，并且在不断地变化。其次是难以实现，很难事先确定每一个事务要封锁哪些对象。

（2）死锁的诊断。

① 超时法：如果一个事务的等待时间超过了规定的时限，就认为发生了死锁。可以使用 LOCK_timeout 语句来设置程序请求锁定的最长等待时间，如果一个锁定请求等待超过了最长等待时间，那么该语句将被自动取消。LOCK_timeout 语句主要用于自定义锁超时。

语法结构：LOCK_timeout [timeout_period]。

其中，timeout_period 以 ms 为单位，值为-1（默认值）时表示没超时限（无期限等待），当锁等待超过时限时，将返回错误；值为 0 时表示根本不等待，并且一遇到锁就返回信息。如果将锁时限设置为 2000ms，则语句为 SET LOCK_timeout 2000。超时法的优点是实现简单；其缺点是有可能误判死锁，时限若设置得太长，则死锁发生后不能及时发现。

② 事务等待图法：动态反映所有事务的等待情况。事务等待图是一个有向图 G=(T,U)。其中，T 为结点的集合，每个结点表示正运行的事务；U 为边的集合，每条边表示事务等待的情况。若 T1 等待 T2，则 T1 和 T2 之间画一条有向边，从 T1 指向 T2。

如图 15-13 所示，T1 等待 T2，T2 等待 T1，产生了死锁。如图 15-14 所示，T1 等待 T2，T2 等待 T3，T3 等待 T4，T4 又等待 T1，产生了死锁，T3 可能还等待 T2，在大回路中又有小的回路。并发控制子系统会周期性地（如每隔数秒）生成事务等待图，以检测事务。如果发现事务等待图中存在回路，则表示系统中出现了死锁。

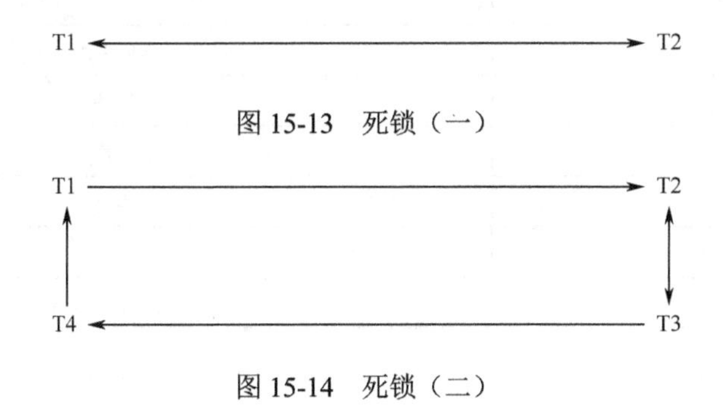

图 15-13　死锁（一）

图 15-14　死锁（二）

（3）解除死锁。

解除死锁是指选择一个处理死锁代价最小的事务，将其撤销，释放此事务持有的所有锁，使其他事务能继续运行下去。

15.3.4　封锁协议

1. 封锁协议的介绍

在运用 X 锁和 S 锁对数据对象加锁时，还要约定一些规则：何时申请 X 锁或 S 锁、锁的持锁时间、所加的各种锁何时释放等，这些规则称为封锁协议（Locking Protocol）。对封锁方式规定不同的规则，就形成了各种不同的封锁协议。

三级封锁协议分别在不同程度上解决了对并发操作的不正确调度可能会带来丢失修改、不可重复读和脏读数据等不一致性的问题，为并发操作的正确调度提供一定的保证，不同级别的封锁协议达到的系统一致性级别是不同的。

2. 两段封锁协议

两段锁的含义：事务分为两个阶段，即第一阶段是获得封锁，又称扩展阶段，事务可以申请获得任何数据项上的任何类型的锁，但是不能释放任何锁。第二阶段是释放封锁，又称收缩阶段，事务可以释放任何数据项上的任何类型的锁，但是不能再申请任何锁。

两段封锁协议的大体内容如下。

（1）在事务 T 的 R(A)操作之前，先对 A 加 S 锁，如果加锁成功，则执行操作 R(A)，否则将 R(A)加入 A 的等待队列。

（2）在事务 T 的 W(A)操作之前，先对 A 加 X 锁，如果加锁成功，则执行操作 W(A)，否则将 W(A)加入 A 的等待队列。

（3）在收到事务的 Abort 或 Commit 请求后，释放 T 在每个数据上所加的锁，如果在数据 A 的等待队列中不空，即有其他的事务等待对 A 进行操作，则从队列中取出第 1 个操作完成加锁，然后再执行该操作。

（4）执行 Abort 和 Commit 请求后，不再接收该事务的读/写操作。

3. 使用封锁机制解决各类问题，封锁机制可以解决以下 3 类问题

（1）解决丢失修改，如表 15-10 所示。

表 15-10　解决丢失修改

T1	T2
① Xlock A	
② R(A)=16	
	Xlock A
③ A←A-1	等待
W(A)=15	等待
Commit	等待
Unlock A	等待
④	获得 Xlock A
	R(A)=15
	A←A-1
⑤	W(A)=14
	Commit
	Unlock A

事务 T1 在读 A 进行修改之前先对 A 加 X 锁，当 T2 再请求对 A 加 X 锁时被拒绝；T2 只能等待 T1 释放 A 上的锁后获得对 A 的 X 锁，这时 T2 读到的 A 已经是 T1 更新过的值 15，T2 按此新的 A 值进行运算，并将结果值（A=14）送回到磁盘。避免了丢失 T1 更

新的值。

（2）解决不可重复读，如表 15-11 所示。

表 15-11　解决不可重复读

T1	T2
① Slock A	
Slock B	
R(A)=50	
R(B)=100	
求和=150	
②	Xlock B
	等待
	等待
③ R(A)=50	等待
R(B)=100	等待
求和=150	等待
Commit	等待
Unlock A	等待
Unlock B	等待
④	获得 XlockB
	R(B)=100
	B←B*2
⑤	W(B)=200
	Commit
	Unlock B

事务 T1 在读 A、B 之前，先对 A、B 加 S 锁，其他事务只能再对 A、B 加 S 锁，而不能加 X 锁，即其他事务只能读 A、B，而不能修改 A、B。当 T2 为修改 B 而申请对 B 的 X 锁时被拒绝，只能等待 T1 释放 B 上的锁；T1 为验算再读 A、B，这时读出的 B 仍是 100，求和结果仍为 150，即可重复读。只有 T1 结束释放 A、B 上的 S 锁，T2 才能对 B 加 X 锁。

（3）解决脏读数据，如图 15-12 所示。

表 15-12　解决脏读数据

T1	T2
① Xlock C	
R(C)=100	
C←C*2	
W(C)=200	
②	Slock C

续表

T1	T2
	等待
③ ROLLBACK	等待
(C 恢复为 100)	等待
Unlock C	等待
④	获得 Slock C
	R(C)=100
⑤	Commit C
	Unlock C

事务 T1 在对 C 进行修改之前，先对 C 加 X 锁，修改其值后写回磁盘。T2 请求在 C 上加 S 锁，因 T1 已在 C 上加了 X 锁，T2 只能等待。T1 因某种原因被撤销，C 恢复为原值 100，T1 释放 C 上的 X 锁后，T2 获得 C 上的 S 锁，读 C=100，避免了 T2 脏读数据。

事务遵守两段封锁协议是可串行化调度的充分条件，而不是必要条件。若并发事务都遵守两段封锁协议，则对这些事务的任何并发调度策略都是可串行化的，若并发事务的一个调度是可串行化的，不一定所有事务都符合两段封锁协议。

15.4 小结

事务由 T-SQL 语句组成的，它由一系列的对数据库的查询操作和更新操作构成，要么所有的操作都顺利完成，要么不完成任何一个操作。绝对禁止只完成了部分操作，而剩余一些操作没有完成。事务的四大特性一般简称为 ACID 特性，即原子性、一致性、隔离性和持续性。事务的运行分为 3 种模式，分别是自动提交事务、显式事务、隐式事务。

当多个用户同时修改或查询同一个数据库中的数据时，可能会导致数据不一致的情况。为了控制此类问题的发生，SQL Server 引入了锁机制。在多个事务访问下可以保证数据库的完整性和一致性；锁是一种机制，用于防止一个过程在对象上进行操作时，同某些已经在该对象上完成的事务发生冲突。这 4 种基本类型的锁是共享锁（读锁）、排他锁（写锁）、更新锁、意向锁。封锁对象的大小称为封锁粒度，封锁对象可以是逻辑单位、数据库、表、元组、属性、物理单位、数据块、物理记录等。SQL Server 的 4 种隔离级别是 READ UNCOMMITTED、READ COMMITTED、REPEATABLE READ、SERIALIZABLE。通常使用 sys.dm_tran_locks 动态管理视图查看锁的相关信息。sp_lock 和 sp_who 中包含了关于锁和阻塞的许多有用的信息。预防死锁的方法是：一次封锁法和顺序封锁法。死锁的诊断有两种方法：超时法和事务等待图法。使用封锁机制可解决以下 3 类问题：丢失修改、不可重复读、脏读数据。

习题 15

15-1 简述事务的概念及事务的 4 个特征。恢复技术能保证事务的哪些特征？

15-2 简述在程序中使用事务的重要性。

15-3 为什么事务非正常结束时会影响数据库的正确性？请举例说明。

15-4 如何在事务中设置保存点？保存点有什么用途？

15-5 在 db_SMS 数据库中创建一个事务，将表 tb_InStore 中所有商品的数量加 5 并提交。

第16章 数据库安全管理

本章将介绍 SQL Server 的安全机制，创建、管理登录名和数据库用户，管理角色，以及管理权限。

16.1 SQL Server 的安全机制

SQL Server 是通过验证登录名和口令的方式来保证其安全性。登录名和口令又称账号和密码。

Windows 操作系统和 SQL Server 都是微软的产品，它们具有很高的集成度，其中包括了 SQL Server 安全机制与 Windows 操作系统安全机制的集成，这使得 SQL Server 的身份验证可以由 Windows 操作系统来完成。

16.1.1 身份验证模式

SQL Server 提供了两种不同的身份验证模式，即 Windows 身份验证模式、SQL Server 和 Windows 身份验证模式。

1. Windows 身份验证模式

在这种模式下，SQL Server 允许 Windows 用户连接到 SQL Server 服务器。如果使用 Windows 身份验证模式，则用户必须先登录 Windows 操作系统，然后通过登录 Windows 操作系统用的账号和密码进一步登录 SQL Server 服务器。当 Windows 用户试图连接 SQL Server 服务器时，SQL Server 服务器将请求 Windows 操作系统对登录用户的账号和密码进行验证。由于 Windows 操作系统中保存了登录用户的所有信息，所以进行对比即可发现该用户是否为 Windows 用户，以决定该用户是否可以连接到 SQL Server 服务器而成为数据库用户。

2. SQL Server 和 Windows 身份验证模式

在这种模式下，其验证过程可以归纳为：对于一个试图登录 SQL Server 服务器的用户，SQL Server 首先将该用户的账号和密码与 SQL Server 数据库中存储的账号和密码进行对比，如果匹配则登录成功；如果不匹配，则登录失败。

16.1.2 更改身份验证模式

在 SQL Server 2014 中，更改身份验证模式的方法如下。

（1）启动 SSMS，在对象资源管理器中右击树形目录的根节点，然后在弹出的菜单中选择“属性”选项，如图 16-1 所示。

图 16-1　选择“属性”选项

（2）选择“属性”选项后，出现“服务器属性”对话框，如图 16-2 所示。在此对话框中可以设置服务器的各项属性。

（3）在“服务器属性”对话框左边选择“安全性”选项。在“服务器身份验证”下有两个选项“Windows 身份验证模式”和“SQL Server 和 Windows 身份验证模式”。如果选择前一项，则表示将服务器设置为 Windows 身份验证模式；如果选择后一项，则表示将服务器设置为 SQL Server 和 Windows 身份验证模式。

（4）在选定一个身份验证模式之后，单击“确定”按钮，这时会弹出一个提示框，提示用户在重新启动 SQL Server 后更改才生效。

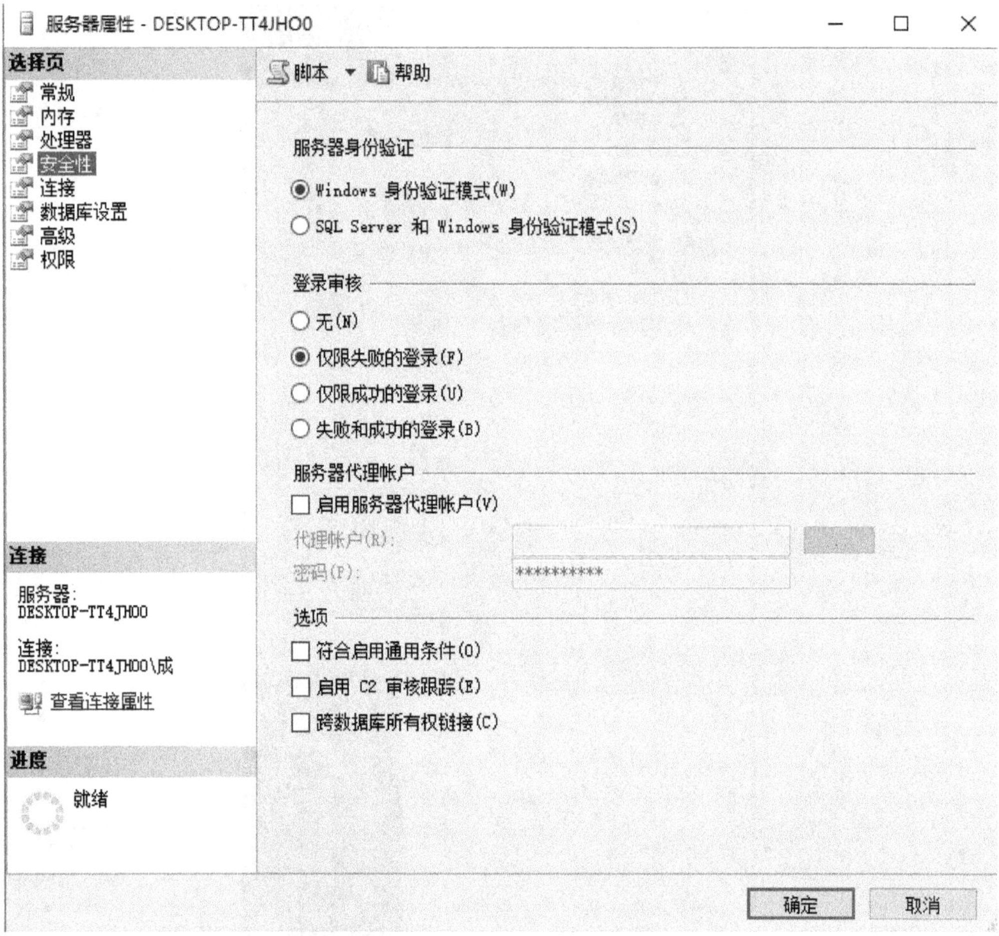

图 16-2 “服务器属性”对话框

16.2 创建、管理登录名和数据库用户

16.2.1 创建登录名

在 Windows 验证模式下并不需要登录 SQL Server 服务器的账号和密码，但在 SQL Server 和 Windows 身份验证模式下则必须提供有效的登录 SQL Server 的账号和密码才能连接到 SQL Server 服务器。登录 SQL Server 服务器的账号又称登录名，下面就介绍创建登录名的方法。

（1）启动 SSMS，在“对象资源管理器”中展开树形目录，选择“安全性”→“登录名”选项，弹出如图 16-3 所示“登录名”快捷菜单。

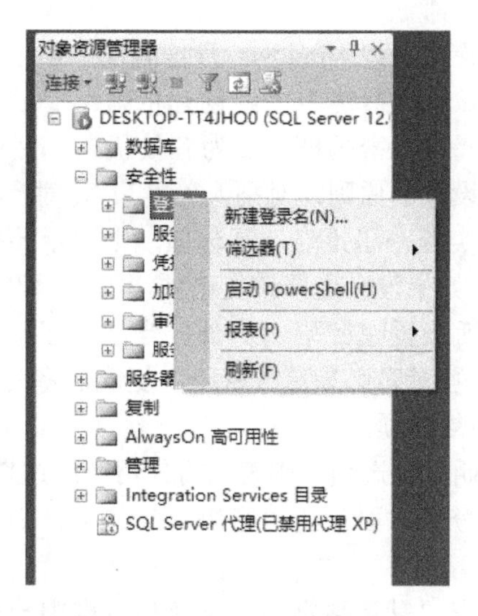

图 16-3　“登录名”快捷菜单

（2）在“登录名”快捷菜单中，选择“新建登录名”→“常规”选项（默认），这时在对话框的右半部分可以设置登录名、身份验证方式等项目。本案列将登录名设置为“MyLogin”，采取“SQL Server 和 Windows 身份验证”模式，密码设置为“123456”，默认数据库选择“db_SMS”选项，如图 16-4 所示。

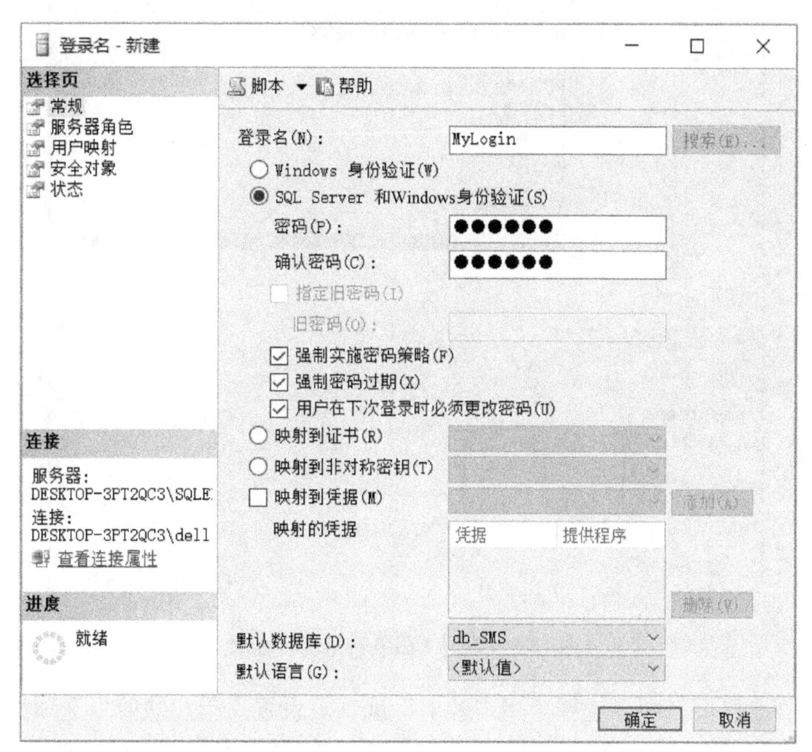

图 16-4　设置“常规”选项

在“常规”选项中，可以设置的项目如下。

① 登录名：要创建的登录账号，本案例中输入“MyLogin”。

② 身份验证模式：如果选择“Windows 身份验证”选项，则在“登录名”文本框中输入的登录名必须是 Windows 系统中已经创建的账号。在此，选择“SQL Server 和 Windows 身份验证”选项，这时密码框会变为有效状态，然后在密码框中设置相应的密码，如“xy_12Log”（密码设置的原则：对别人“复杂”，对自己“简单”）。

③ 如果选择了“强制实施密码策略”复选项，则表示要按照一定策略来检查设置的密码，确保密码的安全性；如果没有选择该复选项，则表示设置的密码不受任何约束，密码位数可以是任意的，包括设置空密码。另外，当选择了该复选项之后，“强制密码过期”复选框和“用户在下次登录时必须更改密码”复选框将变为有效状态，可以对它们进行设置。在此，没有选择该复选项。

④ 选择“强制密码过期”复选项，则表示将使用密码过期策略来检查设置的密码。

⑤ 选择“用户在下次登录时必须更改密码”复选项，则表示每次使用该登录名登录时都必须更改密码。

⑥ 设置默认数据库：在“默认数据库”下拉列表框中选择相应的数据库作为登录名的默认工作数据库。默认数据库是系统数据库 Master。

（3）在“选择页”中，选择“服务器角色”选项，如图 16-5 所示，角色实际上是某些操作服务器的权限的集合，本案例选择服务器角色为“sysadmin”项。

图 16-5　设置“服务器角色”选项

（4）在“选择页”中，选择“用户映射”选项。设置“用户映射”选项如图 16-6 所示，表示了账户 MyLogin 对应数据库“db_SMS”的登录名为“MyLogin”，该用户具有“public”角色所拥有的一切权限。

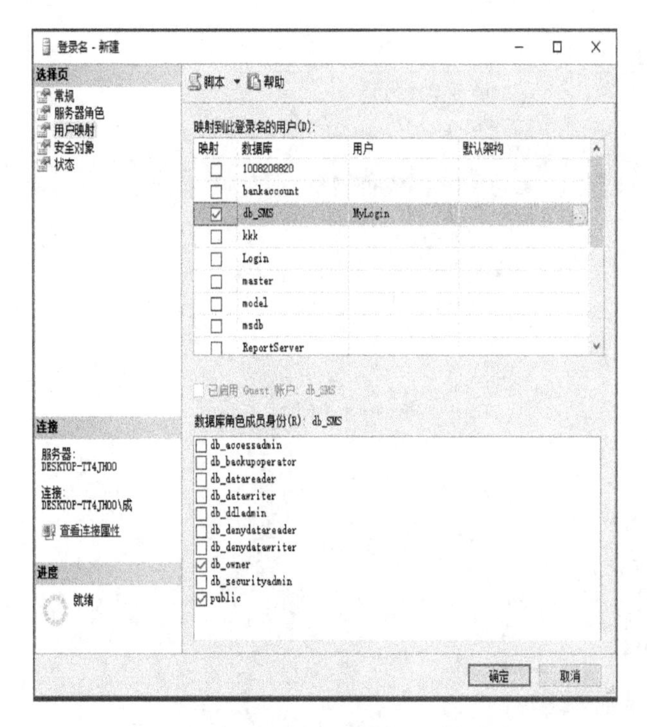

图 16-6 设置“用户映射”选项

（5）在“选择页”中，选择“安全对象”选项，这时可以设置一些对象的权限，本案例采取系统默认设置，如图 16-7 所示。

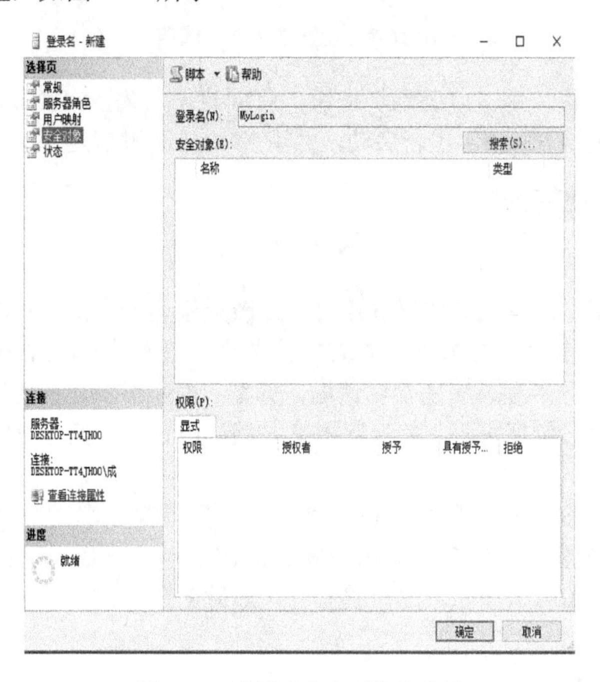

图 16-7 设置“安全对象”选项

（6）在“选择页”中，选择“状态”选项，这时出现的界面中可以设置是否允许登录名连接到数据库引擎，以及是否启用登录名等。本案例采取系统默认设置，如图 16-8 所示。

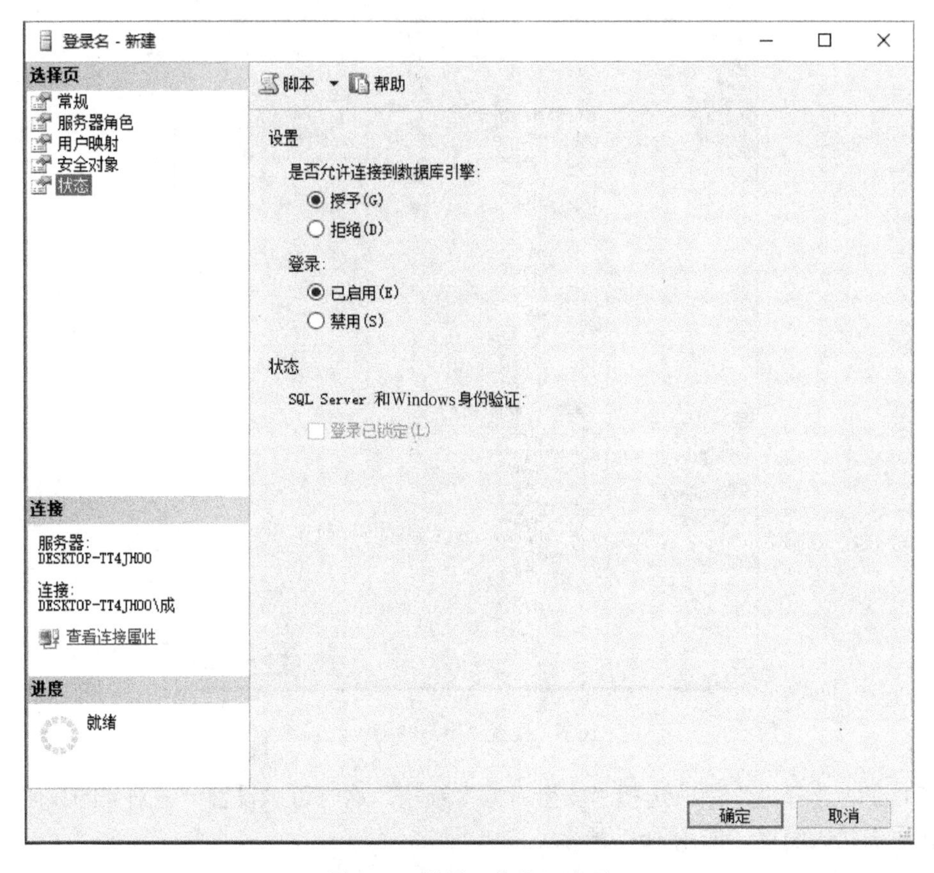

图 16-8　设置“状态”选项

（7）经过上述设置，单击“确定”按钮，就创建了名为“MyLogin”的登录名。登录名被创建完之后，关闭 SSMS，重新启动，并用 MyLogin 测试是否能够成功连接服务器。

16.2.2　管理登录名

1. 修改登录名

修改登录名是指修改登录名的属性信息。修改登录名的方法是：在“对象资源管理”中找到要修改的登录名对应的节点，并右击该节点，然后在弹出的快捷菜单中选择“属性”选项，这时将打开“登录属性”对话框，如图 16-9 所示。在此对话框中可以修改登录名的许多属性信息，包括密码、默认数据库、默认语言等，但身份验证模式不能更改。

2. 删除登录名

当确信一个登录名不再使用时可以将其删除。删除登录名的方法是：在“对象资源管理”中找到要删除登录名对应的节点，并右击该节点，然后在弹出的快捷菜单中选择“删除”选项，如图 16-10 所示，这时将打开“删除对象”对话框，如果确认要删除则单击“确认”按钮即可。

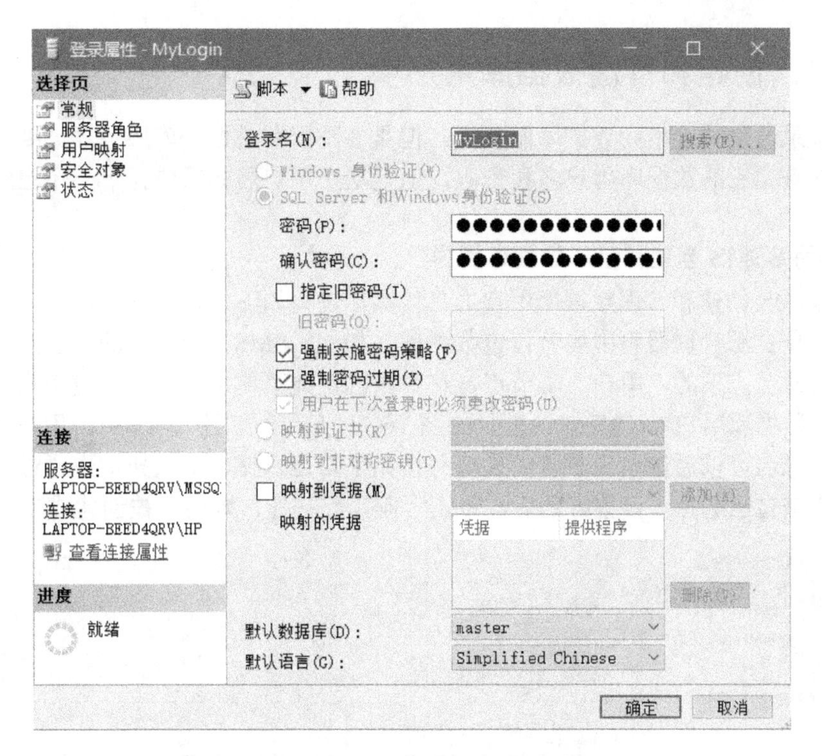

图 16-9 “登录属性”对话框

图 16-10　选择“删除”选项

16.2.3 创建和管理数据库用户

一个登录名只能连接到数据库服务器，但是并不能登录数据库服务器。要登录一个数据库必须具有相应的数据库用户名和密码，但是这个用户名必须依托于一个已经存在的登录名。

1. 使用 SSMS 创建和管理数据库用户

使用 SSMS 创建和管理数据库用户的具体操作过程如下。

在“对象资源管理器”中展开指定数据库（如 db_SMS）节点中的“安全性”节点，找到并右击此节点下的“用户”子节点，在弹出的快捷菜单中选择“新建用户”选项，这时将打开“数据库用户-新建”对话框，如图 16-11 所示。在图 16-11 中，用户名可由自己来定义，登录名可以通过单击右方的省略号按钮来自己选择，默认架构也通过单击右方的省略号按钮来自己选择。设置好之后，单击“确定”按钮，则用户被创建成功。

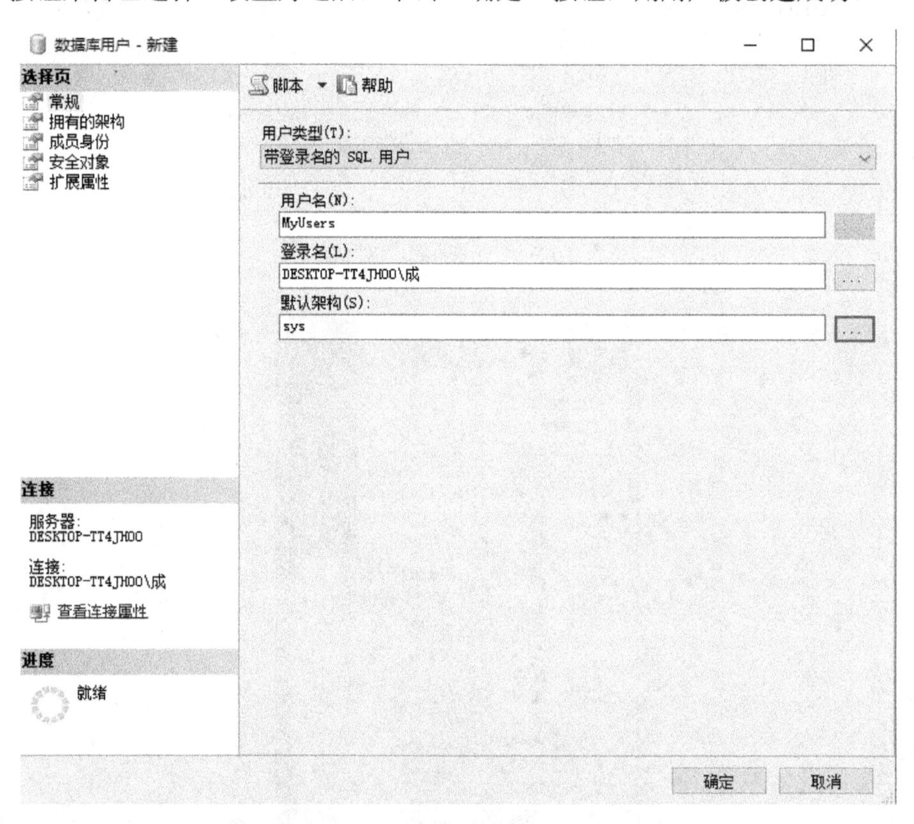

图 16-11 “数据库-新建”对话框

在 SSMS 中，对于数据库用户的修改，只要打开其“属性”对话框，然后对相应项目进行设置即可；对于数据库用户的删除，其方法与删除角色的方法相同。

2. 使用 T-SQL 语句创建和管理数据库用户

语法格式：

```
CREATE USER user_name[{FOR|FROM}
{
LOGIN login_name
```

```
|CERTIFICATE cert_name
|ASYMMETRIC KEY asym_key_name
}|WITHOUT LOGIN
]
[WITH DEFAULT_SCHEMA=schema_name]
```

（1）user_name：指定数据库用户的名称。

（2）login_name：指定数据库用户所依赖的登录名，该登录名是服务器中有效的登录名。

（3）cert_name：指定要创建数据库用户的证书。

（4）asym_key_name：指定要创建数据库用户的非对称秘钥。

（5）schema_name：指定数据库用户所代表的默认架构。

（6）WITHOUT LOGIN：如果选择了该选项，则不能将用户映射到现有的登录名。

【例 16.1】 先创建名为“MyLogintest”的登录名，然后在当前数据库 db_SMS 中创建名为“MyUsertest”的用户，该用户依赖于登录名“MyLogintest”，其默认架构为 sys。

具体代码：

```
CREATE LOGIN MyLogintest WITH PASSWORD='1111111', DEFAULT_DATABASE=db_SMS
CREATE USER MyUsertest   FOR LOGIN MyLogintest   WITH DEFAULT_SCHEMA=sys;
GO
```

16.3 管理角色

角色是一种权限管理策略，可以理解为若干操作权限的集合。当一个用户被赋予一个角色时，该用户将拥有这个角色所包含的全部权限；一个角色可以赋给多个用户，一个用户也可以拥有多个角色；角色包含的权限变了，相关用户所拥有的权限也会跟着发生改变。

角色的引入可以实现权限的集中管理并可以有效提高权限的管理效率。例如，一个系统可能有多种类型的用户，每种类型的用户拥有多种相同的权限。如果同一种用户都逐个被授权，则这种授权效率是很低的。但是可以将每种类型的用户所拥有的权限做成一个角色，然后将该角色赋给同类型中的每个用户，这样就可以极大地简化授权过程。此外，由于有多种不同类型的用户，如果单独对每种用户授权，就不能对权限进行集中管理，使得管理变得非常烦琐。所以，从这种角度看，角色是对权限的集中管理机制。

16.3.1 角色的种类

在 SQL Server 中，通过角色可以将用户分为不同的类，对相同类用户（相同角色的成员）进行统一管理，赋予相同的操作权限。SQL Server 给用户提供了预定义的服务器角色和数据库角色。它们都是 SQL Server 内置的，不能被添加、修改和删除。

1. 服务器角色

服务器角色是对服务器进行操作的若干权限的集合。服务器角色权限对应的操作属于服务器级的，如连接服务器、关闭服务器等，而不是针对数据对象的操作。服务器角色是系统预先定义好的、系统内置的，常称为固定服务器角色。它们只能被使用，不能被创建。

固定服务器角色如表 16-1 所示。

表 16-1 固定服务器角色

角色名称	权限描述
bulkadmin	包含执行 BULK INSERT 语句的权限，用于实现大容量数据的插入操作
dbcreator	包含创建、更改、删除和还原任何数据库的权限
diskadmin	包含管理磁盘文件的权限
processadmin	包含终止 SQL Server 实例中运行进程的权限
securityadmin	包含管理登录名及其属性的权限
serveradmin	包含更改服务器范围的配置选项及关闭服务器的权限
setupadmin	包含添加和删除连接服务器的权限，并且可以执行某些系统存储过程的权限
sysadmin	包含所有操作服务器的权限，拥有其他服务器角色的全部权限

2. 数据库角色

数据库角色是对数据库对象进行操作的权限集合。它可以分为系统数据库角色和应用程序角色。前者是系统内置的，后者是用户创建形成的。

固定数据库角色如表 16-2 所示。

表 16-2 固定数据库角色

角色名称	权限描述
db_accessadmin	包含 Windows 登录账户、组和 SQL Server 登录账户添加删除权限
db_backupoperator	包含备份数据库的权限
db_datareader	包含读取所有用户表中所有数据的权限
db_datawriter	包含对所有用户表进行数据添加、删除或更改的权限
db_ddladmin	包含在数据库中执行任何数据定义语言的权限
db_denydatareader	禁止读取数据库内用户表中的任何数据
db_denydatawriter	禁止向数据库内任何用户表中写入数据或更改其中的数据
db_owner	包含执行数据库的所有配置和维护活动的权限
db_securityadmin	包含修改和管理角色成员身份的权限
public	公共的数据库角色

16.3.2 管理服务器角色

可以根据实际需要，将服务器角色赋给登录名，使该登录名具有对服务器操作的相应权限。以之前创建的“MyLogin”登录名为例，介绍将服务器角色赋给登录名的一般方法。

在“对象资源管理器”中展开树形目录，在“安全性”节点下面找到“服务器角色”节点，进一步展开此节点后将列出系统所有服务器角色，如图 16-12 所示。

右击要赋给登录名的服务器角色所对应的节点，并在弹出的快捷菜单中选择“属性”选项，这时将打开“服务器角色属性”对话框，如图 16-13 所示。

图 16-12 展开“服务器角色”节点

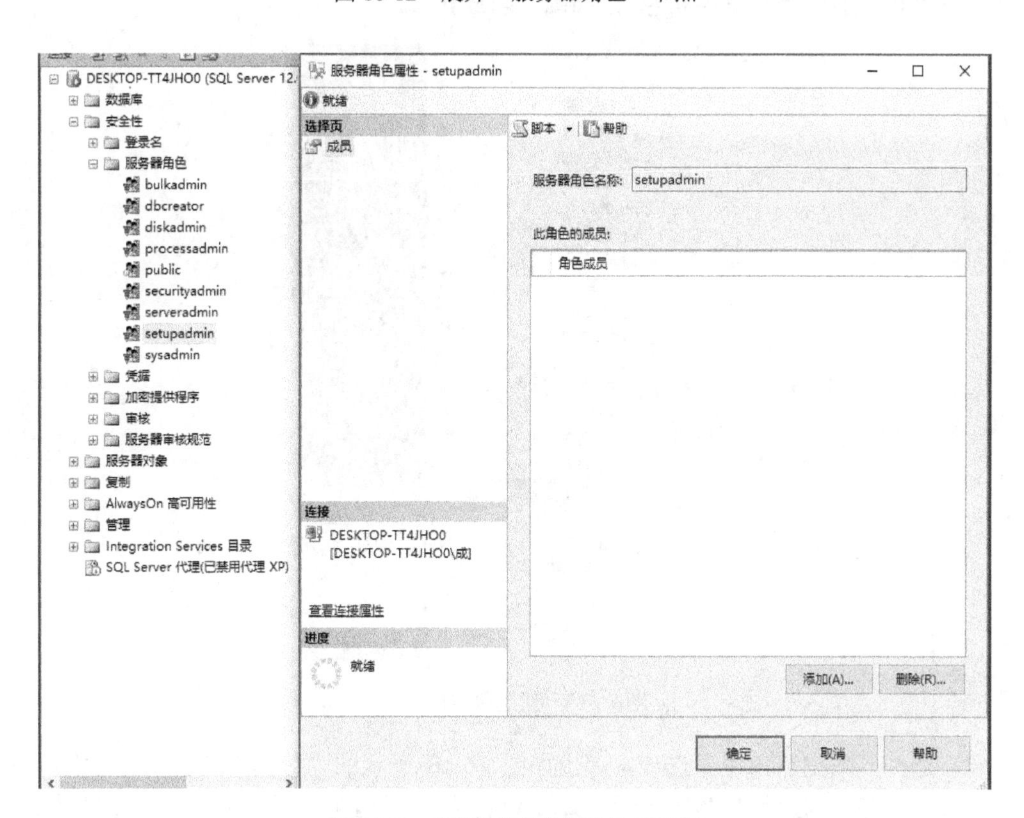

图 16-13 “服务器角色属性”对话框

单击“添加”按钮，出现如图 16-14 所示的内容，在“查找对象”对话框中选择“[MyLogin]”登录名，则“MyLogin”登录名被赋予了新角色 setupadmin。

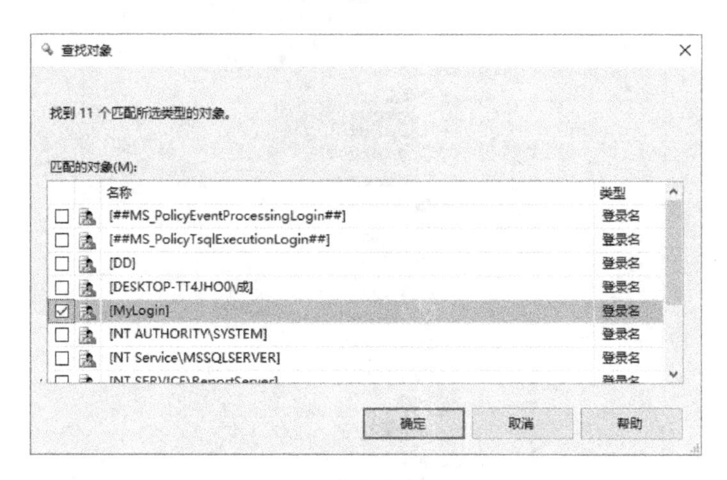

图 16-14 “查找对象”对话框

16.3.3 管理数据库角色

1. 使用 SSMS 创建与删除数据库角色

（1）打开 SSMS，在“对象资源管理器”中，选择“数据库”→“db_SMS”→“安全性”→“角色”→“数据库角色”，如图 16-15 所示。

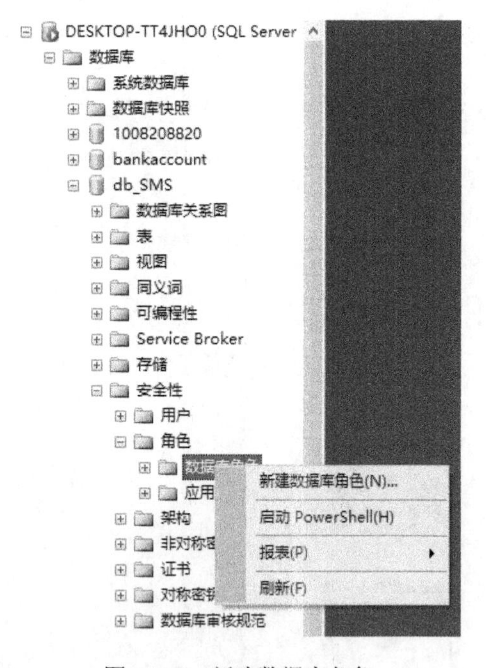

图 16-15 新建数据库角色

（2）选择“数据库角色”选项，弹出如图 16-16 所示的“数据库角色”对话框。在该对话框中，所有者选择“MyLogin”，此角色拥有的架构可以被自由选择，但最好别选“dbo”复选项，然后单击“添加”按钮，将角色成员选择为“MyRole5”。

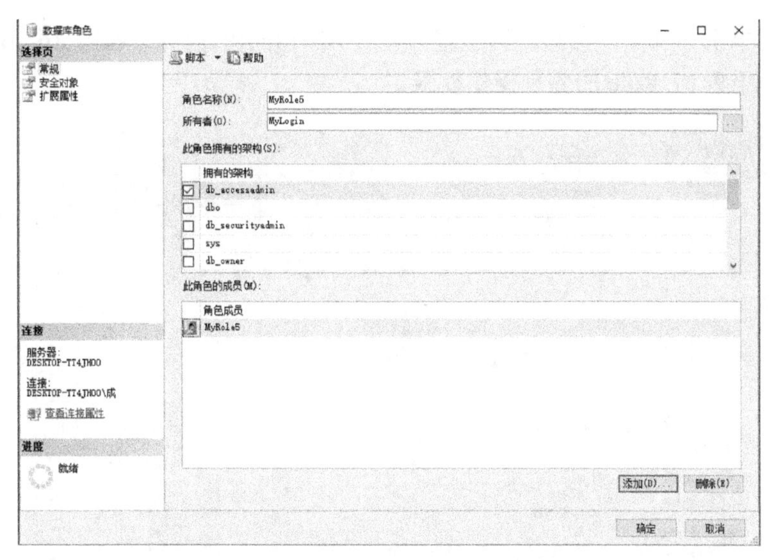

图 16-16 “数据库角色”对话框

（3）在“选择页”中，选择“安全对象”，单击“搜索”按钮，在打开的“添加对象”对话框中，选择“特定对象”选项，如图 16-17 所示。然后单击“确定”按钮，这时打开“选择对象类型”对话框，选择“表”复选框，如图 16-18 所示。再单击“确定”按钮，在打开的“查找对象”对话框中，则出现匹配的表，在“匹配的对象”中可以设置对每个具体对象的访问权限，如图 16-19 所示。

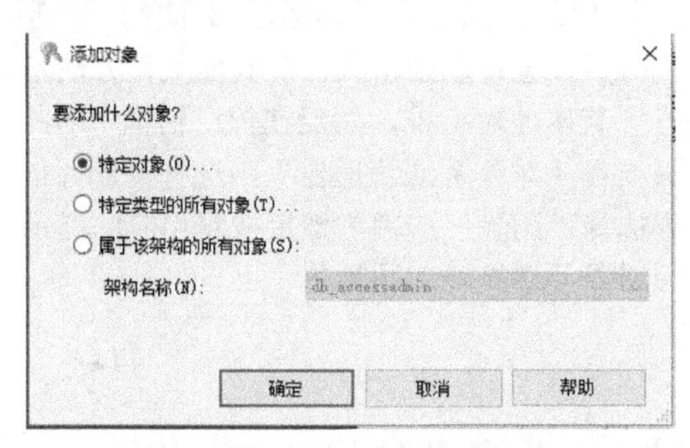

图 16-17 “添加对象”对话框

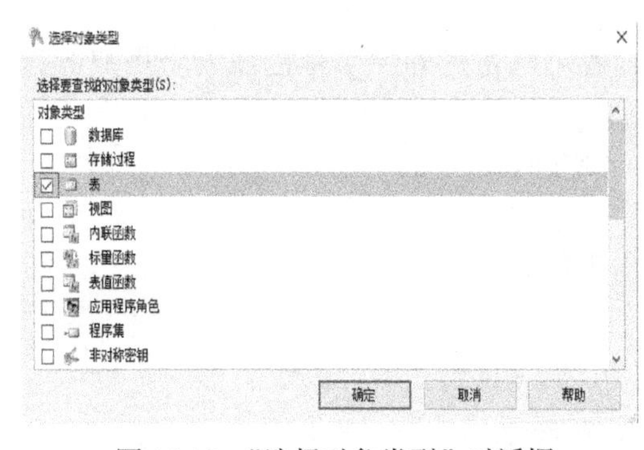

图 16-18 “选择对象类型”对话框

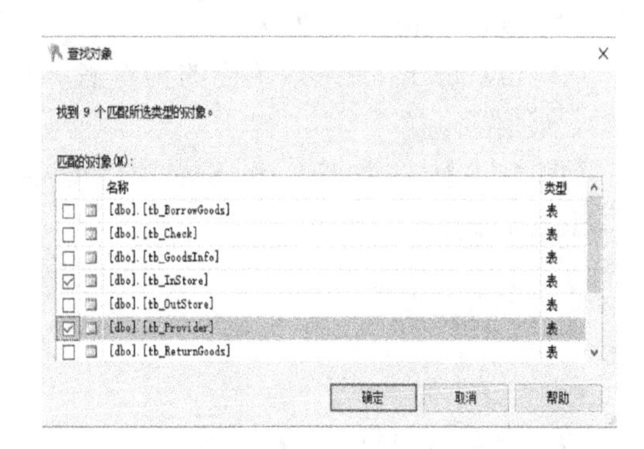

图 16-19 “查找对象”对话框

（4）之后单击“确定”按钮，则出现如图 16-20 所示的内容。在图 16-20 中，可以赋予新建数据库角色 MyRole 的各种操作权限。

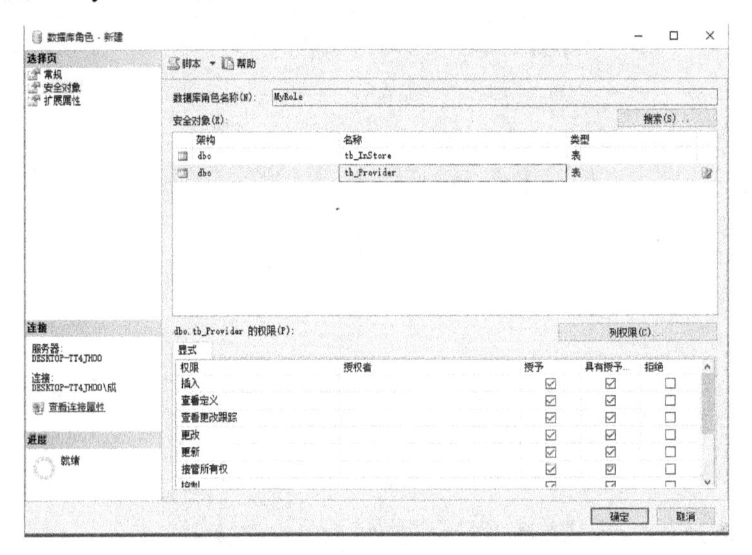

图 16-20　数据库新建角色“安全对象”选项

（5）设置完毕之后，单击“确定”按钮，名为“MyRole”的角色创建完毕。

在自定义数据库角色中，还有一种特殊的角色就是应用程序角色。这种角色的特点是没有角色成员，只有运用应用程序的用户才能激活该角色，激活时需要角色的口令。所以，在创建该类型的角色时要设置角色的密码，而其他操作方法基本相同。

角色的修改则是先打开其属性对话框，然后在该对话框中对相应的项目进行重新设置即可。删除一个角色，只要在“对象资源管理器”中选择待删除的角色图标，右击角色图标并在弹出的快捷菜单中选择“删除”选项，然后按照相应的提示进行操作即可。

2. 使用 T-SQL 语句创建与删除数据库角色

1）创建数据库角色

语法格式：

```
CREATE ROLE role_name[AUTHORIZATION owner_name]
```

（1）role_name：角色名。

（2）owner_name：该角色的拥有者。拥有者可以是另外一个角色或一个用户等，但必须已经存在。

【例 16.2】 在数据库 db_SMS 中创建名为“MyRole1”的角色。

具体代码：

```
USE db_SMS
CREATE ROLE MyRole1
GO
```

以上创建的角色是空的，没有包含对任何对象的操作权限。为此，还必须为创建的角色添加角色成员或权限。

2）为数据库角色添加成员

语法格式：

```
sp_addrolemember[@rolename]'role',[@memebername=]'security_account'
```

（1）role：角色名。

（2）security_account：要添加的成员名称。

一个数据库角色所拥有的成员可以是数据库用户、数据库角色、Windows 登录或 Windows 组，它们必须是已经存在的数据库对象。

【例 16.3】 先创建一个密码为 pwd 的 MyLogins 登录名，然后将其添加到当前数据库 db_SMS 中，生成相应的用户名 MyLoginUser，然后再创建一个数据库角色 MyRole2，并将用户 MyLoginUser 设置为该角色的成员。

具体代码：

```
EXEC sp_addlogin 'MyLogins','pwd','db_SMS'
USE db_SMS
GO
CREATE ROLE MyRole2;
EXEC sp_grantdbaccess 'MyLogins','MyLoginUser';
EXEC sp_addrolemember 'MyRole2', 'MyLoginUser';
GO
```

3）删除数据库角色

【例 16.4】 在数据库“db_SMS”中删除“MyRole1”的角色

具体代码：

```
USE db_SMS
GO
DROP ROLE MyRole1
```

16.4 管理权限

16.4.1 权限的种类

在 SQL Server 2014 中，权限可以分为 3 种类型，即数据对象权限、语句权限和隐含权限。

1. 数据对象权限

数据对象权限简称对象权限，是指用户对数据的操作权限。这些权限主要是指数据操作语言（DML）的语句权限，这些语句包括 SELECT、UPDATE、DELETE、INSERT、EXECUTE 等。

2. 语句权限

语句权限是指用户对某个语句执行的权限。它决定用户是否有权执行某个语句。这些语句主要是数据定义的语言，包括 CREATE DATABASE、TABLE、VIEW、RULE、DEFAULT、PROCEDURE 等，其共同特点是属于一些具有管理性的操作。

3. 隐含权限

隐含权限是指 SQL Server 2014 内置的或在创建对象时自动生成的权限，主要包含在固定服务器角色和固定数据库角色中。对于数据库和数据对象，其拥有者所默认拥有的权限也是隐含权限。隐含权限是根据权限生成的方式来分类的，可以分为数据对象权限和语句权限。对权限的管理操作主要分为以下 3 类。

（1）授予：对用户角色授予某种权限。

（2）收回：对用户角色等收回已经授予的权限。

（3）禁用：禁止用户角色等拥有某种权限。

16.4.2 授予权限

对数据对象（包含角色）分配权限的语法格式：

```
GRANT {ALL[PRIVILEGES]}
|perssion[(column[,…n])][,…n]
[ON [class::]securable]TO principal[,…n]
[WITH GRANT OPTION][AS principal]
```

（1）ALL：如果选择关键字 ALL，则表示授予全部可能的权限，包括 BACKUP DATABASE、BACKUP LOG、CREATE DATABASE、CREATE DEFAULT、CREATE FUNCTION、CREATE PROCEDURE、CREATE RULE、CREATE TABLE 和 CREATE VIEW。对不同的表，ALL 所代表的权限分布如下。

① 标量值函数："ALL"表示 EXECUTE 和 REFERENCES。

② 表值函数："ALL"表示 DELETE、INSERT、REFERENCE、SELECT 和 UPDATE。

③ 存储过程："ALL"表示 DELETE、EXECUTE、INSERT、SELECT 和 UPDATE。

④ 数据表："ALL"表示 DELETE、INSERT、REFERENCE、SELECT 和 UPDATE。

⑤ 视图："ALL"表示 DELETE、INSERT、REFERENCE、SELECT 和 UPDATE。

（2）PRIVILEGES：自选关键字，包含此参数以符合 SQL-92 标准。

（3）permission：权限的名称。

（4）column：指定表中将授予其权限的列，要使用括号"()"。

（5）class：指定将授予其权限的安全对象的类，需要范围限定符"::"。

（6）securable：指定将授予其权限的安全对象。

（7）TO principal：主体的名称。

（8）GRANT OPTION：指示被授权者在获得指定权限的同时，还可以将指定权限授予其他主体。

【例 16.5】 在 db_SMS 中，对角色 MyRole2 赋予对表 tb_Provider 进行删除和修改操作的权限。

具体代码：

```
USE db_SMS
GO
GRANT DELETE,INSERT ON tb_Provider TO MyRole2
```

授予权限的代码执行结果如图 16-21 所示。

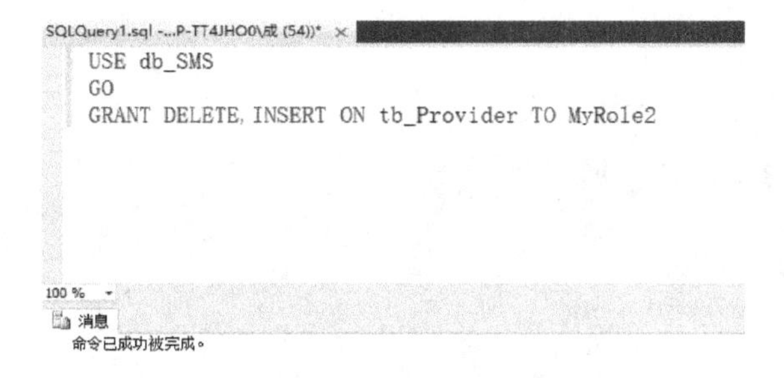

图 16-21　授予权限的代码执行结果

【例 16.6】 对角色 MyRole2 赋予对表 tb_Provider 中的 PrPeople 和 PrPhone 字段的修改权限。

具体代码：

```
USE db_SMS
GO
GRANT UPDATE(PrPeople, PrPhone)ON tb_Provider TO MyRole2
```

授予修改权限的代码执行结果如图 16-22 所示。

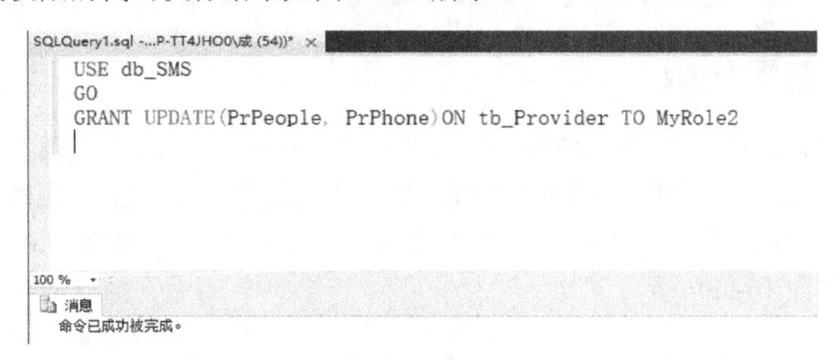

图 16-22　授予修改权限的代码执行结果

16.4.3　禁止与撤销权限

1. 对角色禁用权限

对数据对象（包含角色）禁用权限的语法格式：

```
DENY{ALL [PRIVILEGES]}
|perssion[(column[,…])][,…n]
[ON [class::]securable]TO principle[,…n]
[CASCADE][AS principal]
```

其中，除了 CASCADE，其他参数与 GRANT 语句中的参数意义相同。CASCADE 表示拒绝授予指定主体该权限时，被该指定主体授予了该权限的所有其他主体也被拒绝授予该权限。当主体具有 GRANT OPTION 的权限时，CASCADE 为必选项。

【例 16.7】 对角色 MyRole2 禁用对表 tb_Provider 的 UPDATE 和 DELETE 权限。

具体代码：

```
DENY UPDATE,DELETE ON tb_Provider TO MyRole2 CASCADE;
```

2. 对角色撤销权限

对数据对象收回权限的语法格式：

```
REVOKE [GRANT OPTION FOR]
{
[ALL [PRIVILEGES]]
|perssion[(column[,…])][,…n]
}
[ON [class::]securable]TO principle[,…n]
[CASCADE][AS principal]
```

其参数同 GRANT 语句的参数意义相同。

【例 16.8】 取消对角色 MyRole2 授予的对表 tb_Provider 中的列 PrPeople 和 PrPhone 字段的修改权限。

具体代码：

```
USE db_SMS
GO
REVOKE UPDATE(PrPeople,PrPhone)ON tb_Provider FROM MyRole2
```

16.4.4 查看权限

已经讲述了权限的授予与回收等问题，下面将介绍权限的查看，其具体操作步骤如下。

（1）在 SSMS 中，展开“对象资源管理器”中的树形目录，找到相应的数据表节点，右击，在弹出的快捷菜单中选择“属性”选项，这时打开“表属性”对话框，选择表 tb_Provider，如图 16-23 所示。

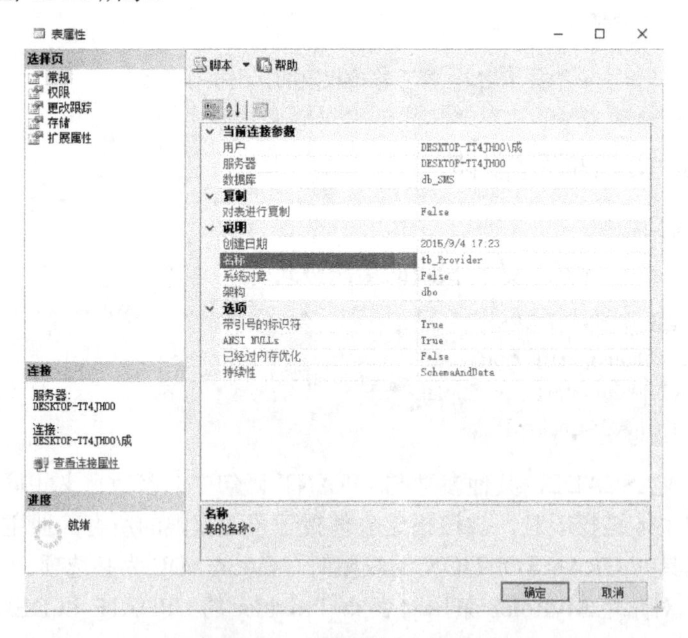

图 16-23 “表属性”对话框

（2）在“表属性”对话框中，选择“权限”选项，可以查看用户或角色对表的权限，如图 16-24 所示。

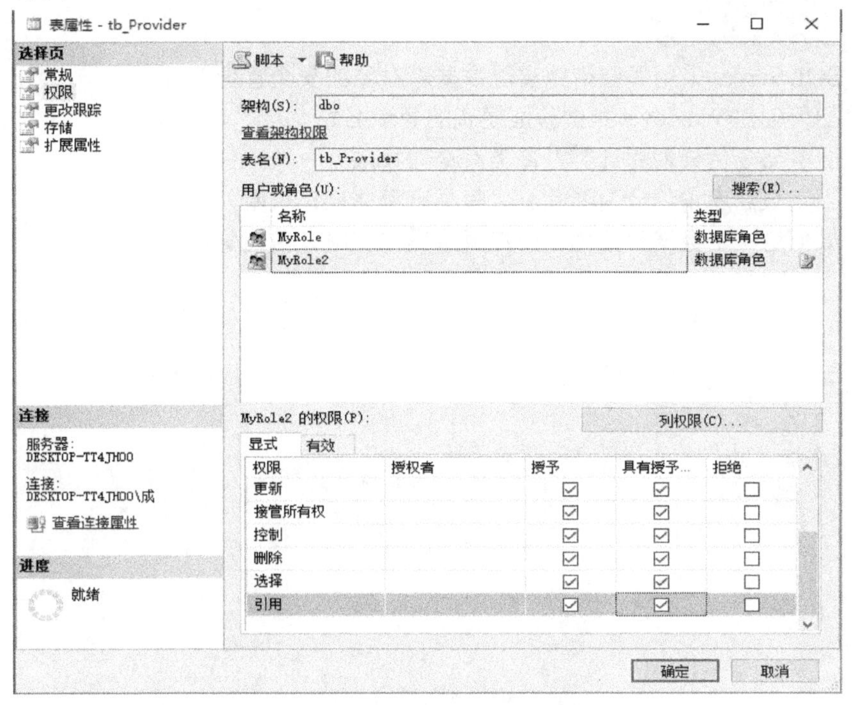

图 16-24　用户或角色对表的权限

16.5 小结

服务器级的安全性是通过验证服务器登录名和口令的方式来保证的。通过两种身份验证来判断账号和密码的有效性：Windows 身份验证模式、SQL Server 和 Windows 身份验证模式。可使用 SSMS 和 T-SQL 语句两种方式创建和管理数据库用户。

角色可以被理解为若干操作权限的集合。角色的引入可以实现权限的集中管理并可以有效提高权限的管理效率。服务器角色是对服务器进行操作的若干权限的集合。将服务器角色赋给登录名，使该登录名具有对服务器操作的相应权限。数据库角色是对数据库对象进行操作的权限的集合。它也可以分为系统数据库角色和应用程序角色。前者是系统内置的，后者是由用户创建而形成的。可使用 SSMS 和 T-SQL 语句两种方式创建与删除数据库角色。

权限可以分为 3 种类型，即数据对象权限、语句权限和隐含权限。对权限的管理操作主要分为 3 类：授予权限即对数据对象（包含角色）分配权限、对数据对象（包含角色）禁用权限、对数据对象收回权限。在 SSMS 中，可以展开“对象资源管理器”中的树形目录来查看权限。

习题 16

16-1 SQL Server 采用哪些措施实现数据库对象的安全管理？

16-2 如何创建 Windows 身份验证模式的登录名？

16-3 服务器角色分为哪几类？每类有哪些权限？

16-4 固定数据库角色分为哪几类，每类有哪些操作权限？

16-5 如何给一个数据库角色、用户赋予操作权限？请用具体实例说明。

第 17 章 数据库备份与恢复

本章将介绍 3 种常用的备份类型，用 SSMS 和 T-SQL 语句两种方式创建、查看、删除备份设备，以及数据库备份操作。本章还将介绍数据库的 3 种恢复模式，可还原数据库、还原文件和文件组、事务日志，以及使用 SSMS 和 T-SQL 语句两种方式的还原操作。

17.1 数据库备份

17.1.1 数据库备份概述

1. 备份和恢复的重要性（举例子）

数据库在实际运行中，不可避免地会出现各种软/硬件的故障、用户的误操作，以及病毒和恶意破坏等问题，从而导致数据不同程度的损坏。为了解决上述问题，用户可制作数据库结构、对象和数据副本，这些副本可以在数据损坏时有效保护和恢复数据。备份就是把数据库的结构、对象和数据制成副本。

2. 备份类型

在 SQL Server 中，备份的作用不仅是将数据库文件复制到另外一个安全位置，更是当系统发生故障时，可以利用备份生成数据的副本来还原和恢复数据。SQL Server 提供了 3 种常用的备份类型：完整备份、差异备份、事物日志备份。

1）完整备份

完整备份包含数据库中的所有数据。对于可以快速备份的小数据库而言，此法为最佳方法。但是随着数据库的不断增大，完整备份要花费更多的时间才能完成，并且需要更大的存储空间。

2）差异备份

差异备份只记录上次完整备份数据库后更改的数据，此备份称为“差异基准”。差异备份比完整备份需要的时间更少、需要的存储空间更小。差异备份可缩短备份时间，但也会增加备份复杂程度。对于大型数据库，差异备份可以比完整备份的间隔更短，这会降低丢失以前做的工作的风险。如果数据库的某个子集比该数据库的其余部分修改地更为频繁，则差异备份特别有用。当使用差异备份时，建议遵循以下原则。

（1）在每次完整备份后，应定期安排差异备份。

（2）在确保差异备份使用的存储空间不会太大的情况下，可定期安排新的完整备份。

3）事务日志备份

在完整恢复模式或大容量日志恢复模式下，要定期进行事务日志备份。每个事务日志备份都包括创建备份时处于活动状态的部分事务日志，以及先前事务日志备份中未备份的所有事务日志记录。在创建第一个事务日志备份前，必须先创建一个完整备份。若要限制要还原的事务日志备份数量，必须定期备份数据。例如，可以制订这样一个计划：每周进行一次完整备份，每天进行若干次差异备份。

17.1.2 创建和管理备份设备

在 SQL Server 中，数据库副本被存储在备份设备中。用于数据库备份的设备有很多，有些设备的存储速度快，但成本较高；有些设备的存储速度稍慢，但可靠性较高。通常，在选择备份设备时主要考虑的因素是容量、可靠性、可扩展性、存储速度和成本等，常用的备份设备有磁盘和磁带。

1. 创建备份设备

1）使用 SSMS 图形化界面创建备份设备

（1）打开 SQL Server 程序，并与服务器建立连接。

（2）在“对象资源管理器”中展开“服务器对象”节点。

（3）右击“备份设备”，在弹出的快捷菜单中选择“新建备份设备”选项，如图 17-1 所示。

图 17-1 选择“新建备份设备”选项

（4）在打开的“备份设备”对话框的“设备名称”文本框中输入设备名称，如图 17-2 所示。若要确定目标位置，则选择“文件”单选项并确定该文件的完整路径；用户也可以保持系统设置的默认值不变。这里需要注意的是，用户所选择的硬盘上必须有足够的可用空间。

（5）单击“确定”按钮，即可完成备份设备的创建。

2）使用 T-SQL 语句创建备份设备

在 SQL Server 中，可以利用系统的存储过程 sp_addumpdevice 创建备份设备。

语法格式：

```
sp_addumpdevice [@devtype = ] 'device_type'
      ,[@logicalname = ] 'logical_name'
      ,[@physicalname = ] 'physical_name'
```

（1）devtype：指定备份设备类型。device_type 的数据类型为 varchar（20），无默认值，一般为 disk（磁盘文件）或 tape（磁带设备）。

（2）logicalname：备份设备的逻辑名称。logical_name 数据类型为 sysname，无默认值，且不能为 NULL。

（3）physicalname：备份设备的物理名称。物理名称必须遵循操作系统文件名的命名规则或网络设备通用的命名约定，并且必须包含完整路径。physical_name 数据类型为 nvarchar（260），无默认值，不为 NULL。

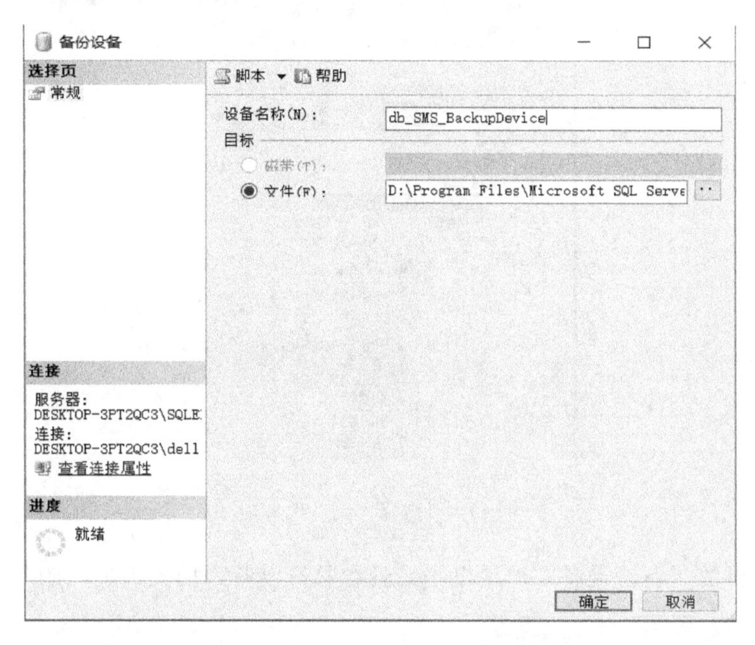

图 17-2 “备份设备”对话框

【例 17.1】 在本地磁盘创建一个备份设备，类型为磁盘，逻辑名称为 db_SMS_BackupDevice，物理名为 c:\db_SMS.bak。

单击“新建查询”按钮，在代码编辑器中输入的代码：

```
use master
go
exec  sp_addumpdevice 'disk','db_SMS_BackupDevice','c:\db_SMS.bak'
```

单击“执行”按钮，然后刷新“对象资源管理器”，则创建备份设备的代码执行结果如图 17-3 所示。

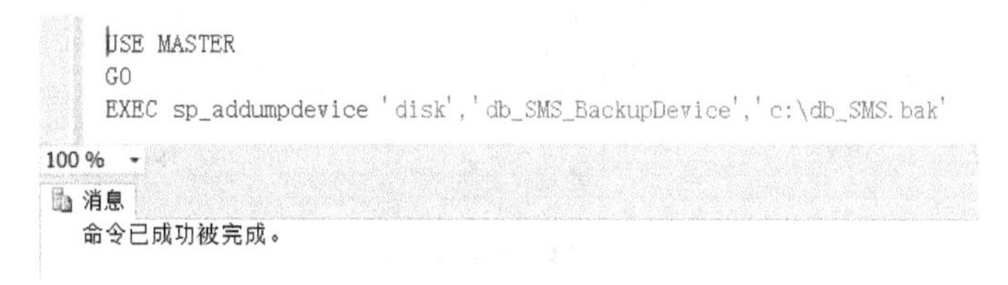

图 17-3 创建备份设备的代码执行结果

2. 查看备份设备

1）利用 SSMS 图形化界面操作查看备份设备

（1）打开 SQL Server 程序，并与服务器建立连接。

（2）在“对象资源管理器”中展开“服务器对象”节点。

（3）展开“备份设备”节点，右击要查看的备份设备名称，在弹出的快捷菜单中选择“属性”选项，如图 17-4 所示。

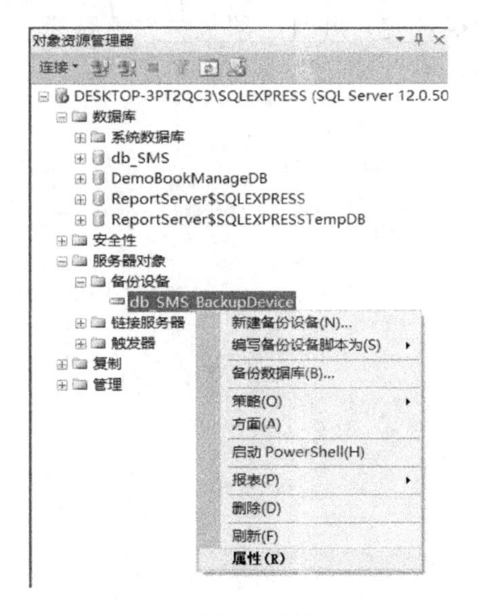

图 17-4　选择“属性”选项

（4）在打开的“备份设备”对话框中，查看备份设备的相关信息，如图 17-5 所示。

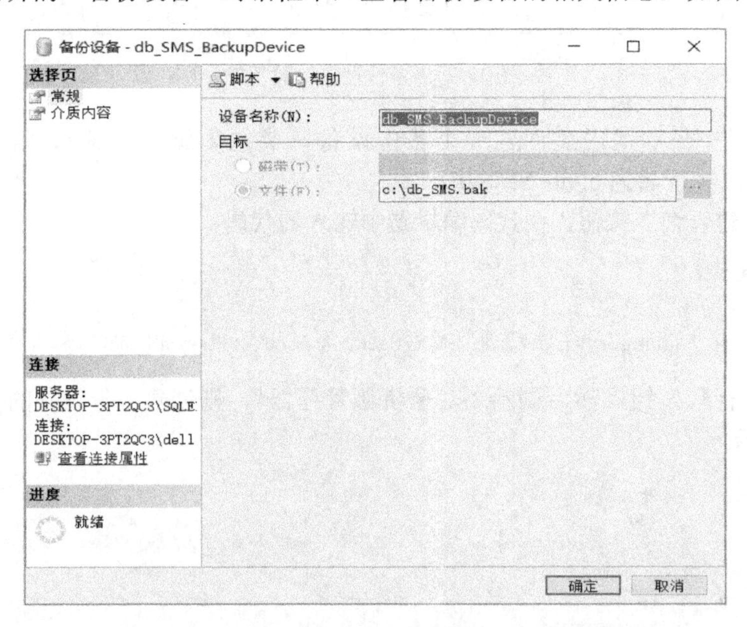

图 17-5　“备份设备”对话框

（5）单击“确定”按钮，关闭“备份设备”对话框。

2）利用系统的存储过程查看备份设备

用户可以利用系统的存储过程 sp_helpdevice 查看备份设备信息。

语法格式：

```
sp_helpdevice [[@devname= ]'name']
@devname 为备份设备名称。
```

【例 17.2】 查看 db_SMS_BackupDevice 的信息。

在代码编辑器输入的代码：

```
use master
go
sp_helpdevice db_SMS_BackupDevice
```

利用系统的存储过程查看备份设备的代码执行结果如图 17-6 所示。

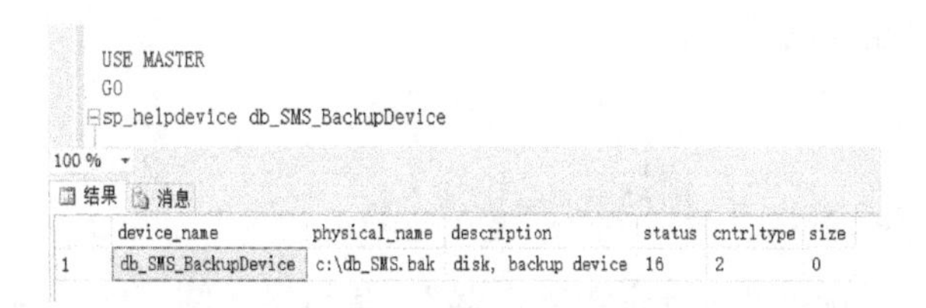

图 17-6　利用系统的存储过程查看备份设备的代码执行结果

3. 删除备份设备

1）利用 SSMS 图形化界面操作删除备份设备

（1）打开 SQL Server 程序，并与服务器建立连接。

（2）在“对象资源管理器”中展开“服务器对象”节点。

（3）展开“备份设备”节点，右击要删除的备份设备，在弹出的快捷菜单中选择“删除”选项，如图 17-7 所示。

（4）在打开的“删除对象”对话框中，单击“确定”按钮，完成备份设备的删除，如图 17-8 所示。

图 17-7　选择“删除”选项

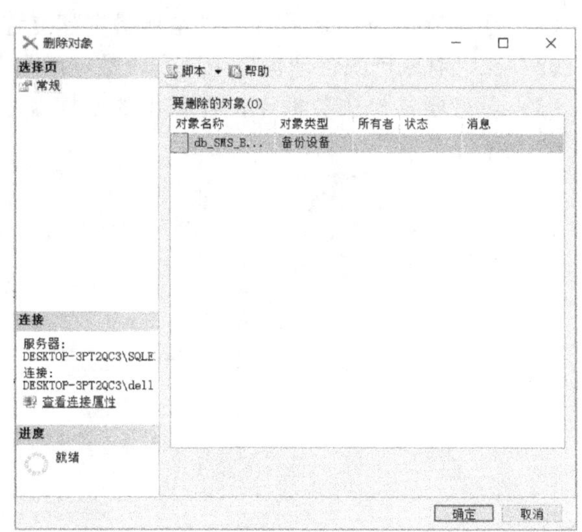

图 17-8　删除备份设备

2）使用存储过程删除设备

在 SQL Server 中，可以使用存储过程 sp_dropdevice 删除设备。

语法格式：

```
sp_dropdevice[@logicalname = ] 'logical_name'
        [,[@delfile = ] 'delfile']
```

（1）@logicalname：备份设备的逻辑名称。

（2）@delfile：指定物理设备是否应被删除。

（3）delfile：指定数据类型为 varchar(7)。如果指定为 delfile，则删除物理备份磁盘文件。

【例 17.3】 删除备份设备 db_SMS_BackupDevice。

在代码编辑器中输入的代码：

```
use master
go
sp_dropdevice db_SMS_BackupDevice
```

执行以上代码后，刷新“对象资源管理器”，其结果如图 17-9 所示。

图 17-9 使用存储过程删除设备的代码执行结果

17.1.3 备份数据库操作

1. 使用 SSMS 图形化界面备份数据库操作

（1）打开 SQL Server 程序，并与服务器建立连接。

（2）在“对象资源管理器”中展开“数据库”节点。

（3）右击要备份的数据库，在弹出的快捷菜单中选择“任务”→“备份”选项，如图 17-10 所示。

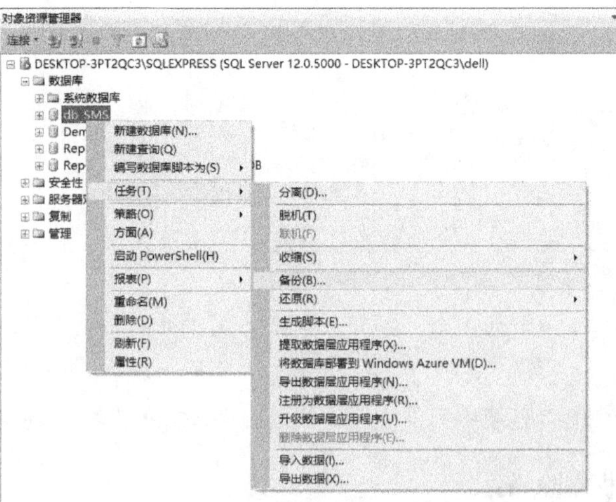

图 17-10 选择“备份”选项

（4）这时打开“备份数据库”对话框，如图 17-11 所示。

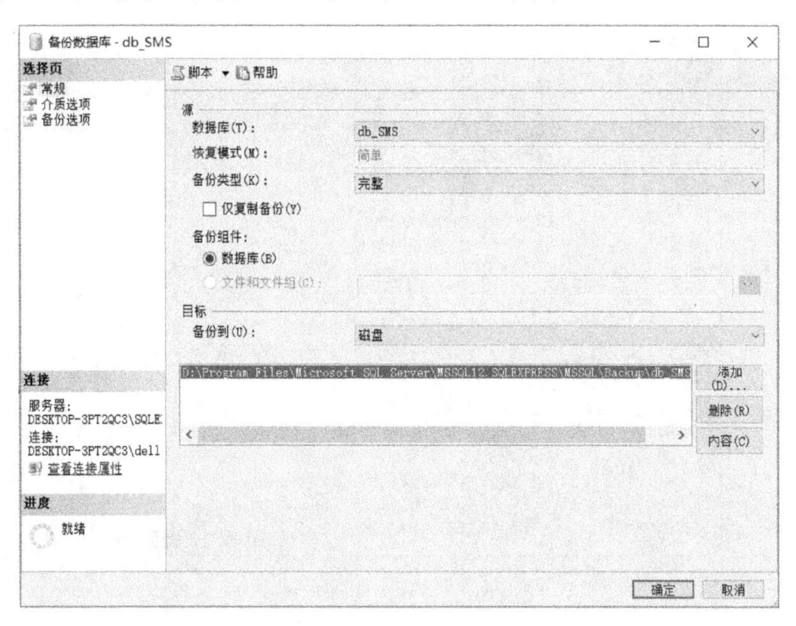

图 17-11　“备份数据库”对话框

（5）在“数据库”中输入要验证的数据库名称，也可以从其下拉列表中选择其他数据库。

（6）在“备份类型”下拉列表中选择所需类型，此处选择“完整”选项，如图 17-12 所示。

说明：“事务日志”选项要配置“恢复模式”后才可见，详见 17.2.2 节配置恢复模式。

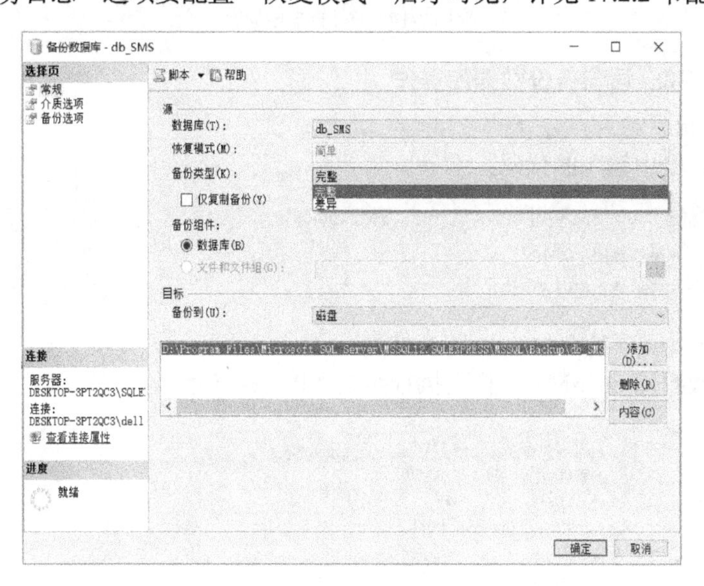

图 17-12　选择备份类型

（7）在“备份组件”中选中“数据库”单选项，如图 17-12 所示。

（8）若要查看或选择其他选项，则在“选择页”中选择“介质选项”和“备份选项”。

“介质选项”界面如图 17-13 所示。

图 17-13 “介质选项”界面

（9）单击“确定”按钮，弹出系统提示，如图 17-14 所示。

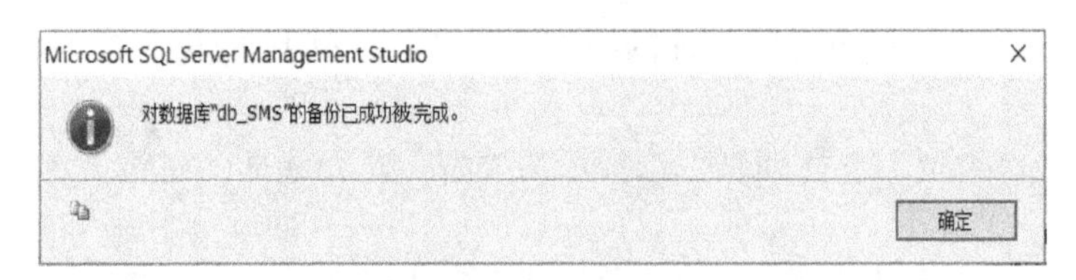

图 17-14 备份结果提示

2. 使用 T-SQL 语句备份数据库操作

1）完整备份

在代码编辑器中输入的代码：

```
/* 完整备份 db_SMS 到 c:\backup\db_SMS.bak */
backup database db_SMS
to disk = 'c:\backup\db_SMS.bak
```

说明：c 盘下应有名为 backup 的文件夹。

完整备份数据库 db_SMS 的代码执行结果如图 17-15 所示。

```
/*完整备份db_SMS到c:\backup\db_SMS.bak*/
BACKUP DATABASE db_SMS
TO DISK='c:\backup\db_SMS.bak'
```

```
已为数据库 'db_SMS'，文件 'db_SMS' (位于文件 1 上)处理了 384 页。
已为数据库 'db_SMS'，文件 'db_SMS_log' (位于文件 1 上)处理了 2 页。
BACKUP DATABASE 成功处理了 386 页，花费 0.590s(5.111MB/s )。
```

图 17-15 完整备份数据库 db_SMS 的代码执行结果

2）差异化备份

在代码编辑器中输入的代码：

```
/*差异化备份 db_SMS 到 c:\backup\db_SMS.bak*/
backup database db_SMS
        to disk = 'c:\backup\db_SMS.bak' with DIFFERENTIAL
```

差异化备份数据库 db_SMS 的代码执行结果如图 17-16 所示。

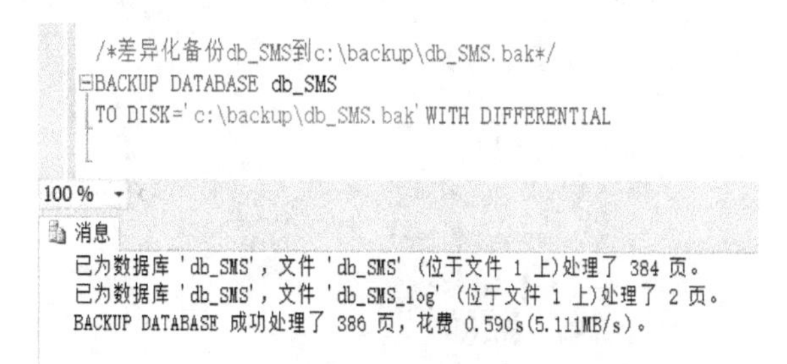

图 17-16　差异化备份数据库 db_SMS 的代码执行结果

3. 使用事务日志备份数据库操作

使用事务日志备份数据库时，必须先设置数据库的属性，右击选择的数据库，在弹出的快捷菜单中选择“属性”选项，在打开的“数据库属性”对话框中，选择“选项”，如图 17-17 所示。

图 17-17　“数据库属性”对话框

在“选项”界面的“恢复模式”的下拉列表中选择“大容量日志”选项，然后单击“确定”按钮，如图 17-18 所示。

图 17-18　修改数据库属性

说明：在创建第一个事务日志备份前，必须先创建一个完整备份。

在代码编辑器中输入的代码：

```
/*使用事务日志备份 db_SMS 到 c:\backup\db_SMS_log.dat*/
backup log db_SMS
    to disk = 'c:\backup\db_SMS_log.dat'
```

使用事务日志备份 db_SMS 数据库的代码执行结果如图 17-19 所示。

```
/*使用事务日志备份db_SMS到c:\backup\db_SMS_log.dat*/
BACKUP LOG db_SMS
TO DISK='c:\backup\db_SMS_log.dat'

100 %
消息
已为数据库 'db_SMS'，文件 'db_SMS_log' (位于文件 2 上)处理了 1 页。
BACKUP LOG 成功处理了 1 页，花费 0.438s(0.017MB/s)。
```

图 17-19　使用事务日志备份 db_SMS 数据库的代码执行结果

17.2 数据库恢复

备份数据库为保护存储在 SQL Server 数据库中的关键数据提供了重要的安全保障。通过数据库备份，可以从多种故障中恢复数据。

17.2.1 数据库的恢复模式

在 SQL Server 中，数据库的恢复模式控制着数据库备份和还原的基本操作行为。用户可以根据数据库系统的实际应用需要，选择满足数据可用性和恢复需求的恢复模式。

在 SQL Server 中包括 3 种恢复模式：简单恢复模式、完整恢复模式和大容量日志恢复模式。3 种恢复模式的比较如表 17-1 所示。

表 17-1　3 种恢复模式的比较

类　　型	特　　点	风　　险	能否恢复到时点
简单恢复模式	无事务日志备份。自动回收事务日志存储空间，以减少对存储空间需求，实际上不再要管理事物日志存储空间	最新备份之后的更改信息不受保护。在发生灾难时，必须重做这些更改	只能恢复到备份的结尾
完整恢复模式	需要事务日志备份。数据文件丢失或损坏不会导致丢失以前做的工作	正常情况下没有风险。如果事务日志尾部损坏，则必须重做自最新事务日志备份之后所做的更改	如果备份在接近特定的时点完成，则可以恢复到该时点
大容量日志恢复模式	需要事务日志备份。它是完整恢复模式的附加模式，允许执行高性能的大容量复制操作。通过使用最小方式记录大多数大容量操作，减少事务日志存储空间的使用量	如果在最新事务日志备份后发生事务日志损坏或执行大容量日志记录操作，则必须重做自上次备份之后所做的更改，否则会丢失全部以前做的工作	可以恢复到任何备份的结尾，不支持时点恢复

1. 简单恢复模式

简单恢复模式是最简单的数据库备份和还原形式。该恢复模式同时支持数据库备份和文件备份，但不支持事务日志备份。事务日志数据仅与关联的用户数据一起被备份，缺少事务日志备份可简化备份和还原的管理。但是，数据库只能还原到最近备份的末尾。

通常，对于用户数据库，简单恢复模式用于测试和开发数据库，或者用于主要包含只读数据库的数据库（如数据仓库）。简单恢复模式并不适合生产系统，这是因为对生产系统而言，丢失最新的更改信息是无法被接受的，在这种情况下，建议使用完整恢复模式。

2. 完整恢复模式

完整恢复模式通过使用事务日志备份，在最大范围内防止出现丢失数据的故障。这种模式需要备份和还原事务日志（日志备份）。使用事务日志备份的优点是允许用户将数据库还原到事务日志备份中包含的任意时点（时点恢复）。可以使用一系列事务日志备份将数据库前滚到其中一个事务日志备份中包含的任意时点。请注意，为了最大限度地缩短还原时间，可以对相同数据进行一系列差异化备份以补充每个完整备份。

3. 大容量日志恢复模式

大容量日志恢复是一种特殊用途的恢复模式，只是偶尔用于提高某些大规模容量操作（如大量数据的大容量导入）的性能。完整恢复模式下对备份的许多说明也适用于大容量日志恢复模式。

在大容量日志恢复模式下，如果事务日志备份覆盖了任何大容量操作，则事务日志备份包含由大容量操作所更改的日志记录和数据页，这对于捕获大容量日志操作的结果至关重要。合并的数据区可使事务日志备份变得非常庞大。此外，事务日志备份要访问大容量日志的数据文件。如果无法访问任何受影响的数据库文件，则将无法备份事务日志，并且在此事务日志中提交的所有操作都会被丢失。

17.2.2 配置恢复模式

不同的数据库可以设置不同的恢复模式。在 SQL Server 的默认情况下，Master、Msdb 和 Temppdb 数据库采用简单恢复模式，Model 数据库则采用完整恢复模式。用户通过 SSMS 图形化界面设置数据库的恢复模式的步骤如下。

（1）打开 SQL Server 程序，并与服务器建立连接。

（2）在“对象资源管理器”中展开“数据库”节点。

（3）右击要设置的数据库节点，在弹出的快捷菜单中选择“属性”选项，如图 17-20 所示。

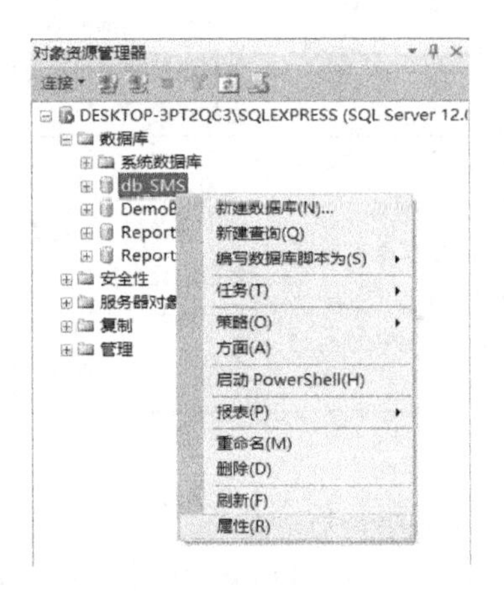

图 17-20　选择“属性”选项

（4）这时打开“数据库属性”对话框，在左侧的“选择页”中选择“选项”，在相应的“选项”界面中设置“恢复模式”选项，单击“确定”按钮完成，如图 17-21 所示。

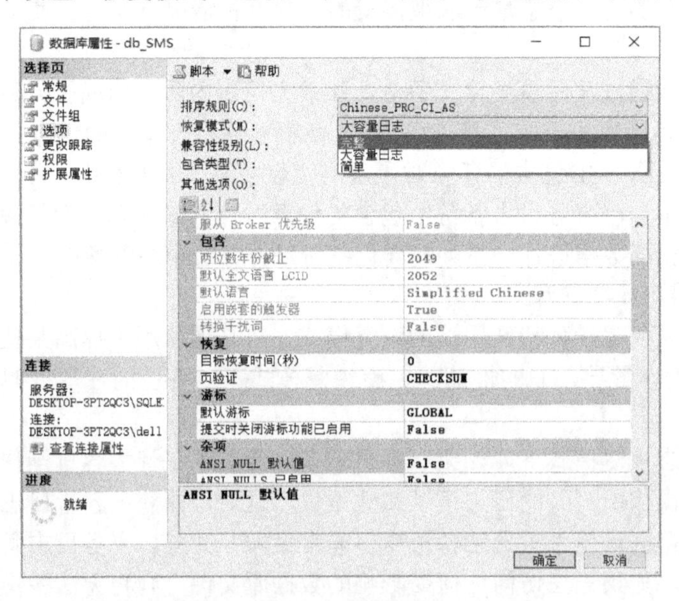

图 17-21　设置“恢复模式”选项

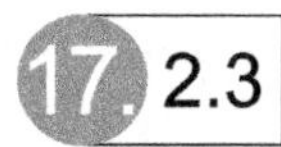

17.2.3 恢复数据库操作

1. 还原数据库

数据库必须在不被使用的情况下才能被还原。选择要还原的数据库，右击，在弹出的快捷菜单中选择“任务”→“还原”→“数据库”选项，如下图 17-22 所示。

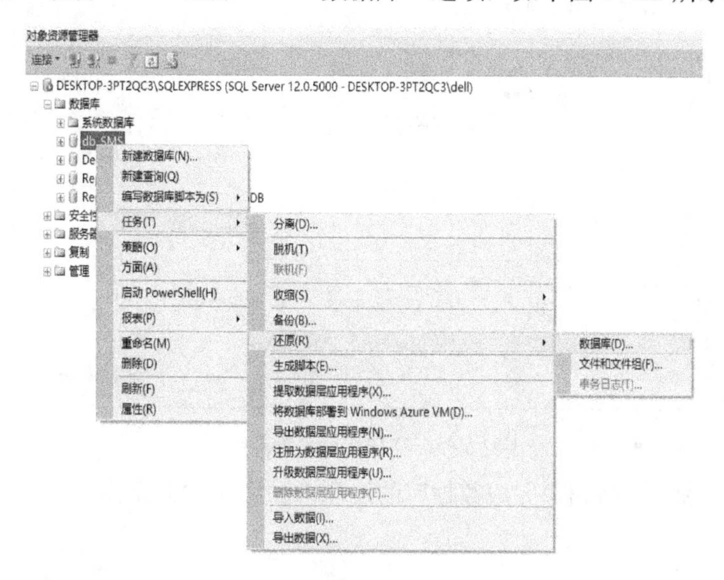

图 17-22　选择“数据库”选项

（1）打开“还原数据库”对话框，选择要还原的备份集，如图 17-23 所示。

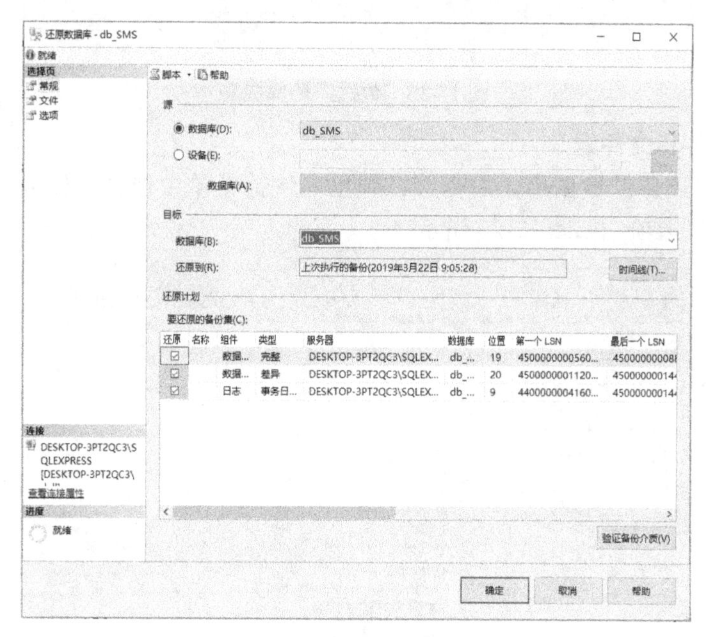

图 17-23　选择要还原的备份集

（2）在左侧的“选择页”中，选择“选项”，然后勾选如图 17-24 所示的选项。

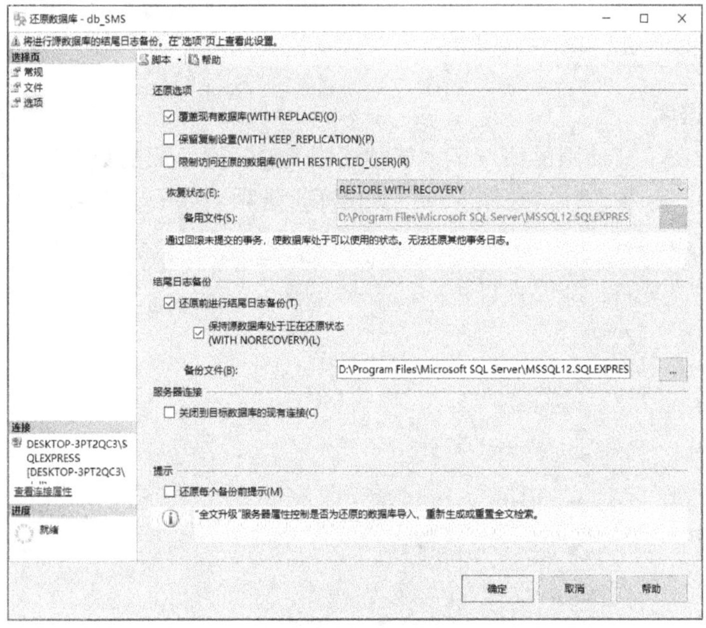

图 17-24　选择还原数据库选项

（3）单击“确认”按钮，完成数据库的还原，如图 17-25 所示。

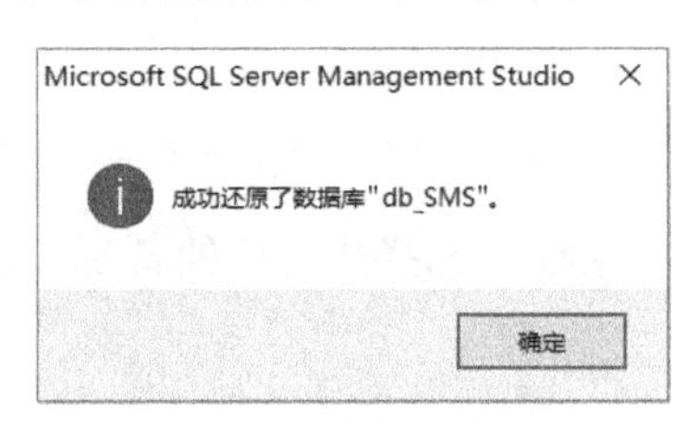

图 17-25　数据库还原成功

2. 还原文件和文件组

（1）选择要还原的数据库，右击，在弹出的快捷菜单中选择“任务”→“还原”→“文件和文件组”选项，如图 17-26 所示。

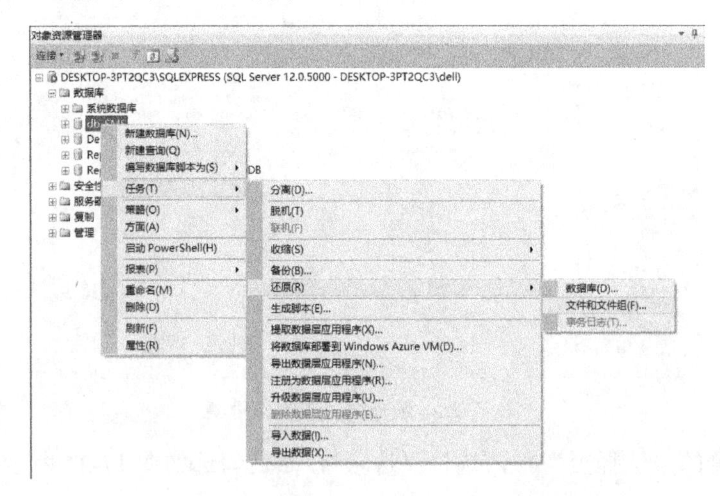

图 17-26　选择“文件和文件组”选项

（2）在打开的“还原文件和文件组”对话框中，选择用于还原的备份集，如图 17-27 所示。

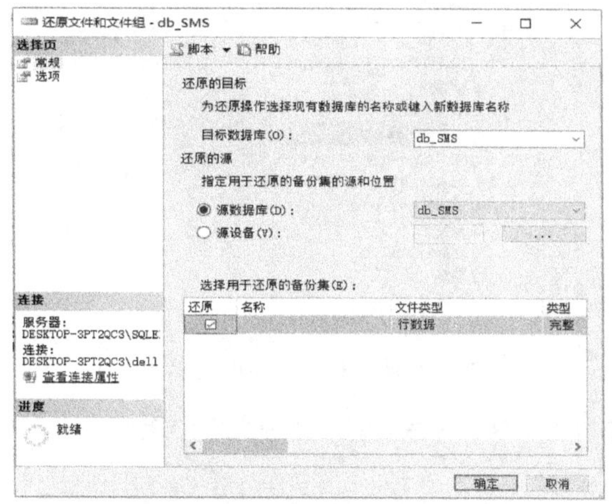

图 17-27　选择用于还原的备份集

（3）单击“确认”按钮，完成数据库的还原，如图 17-28 所示。

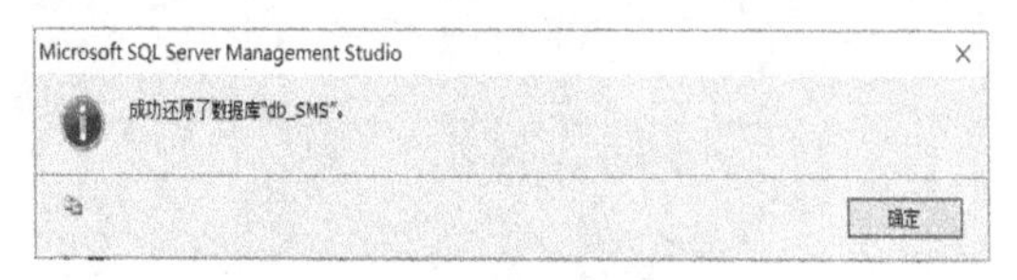

图 17-28　成功还原数据库

3. 还原事务日志

只能对处于“正在还原”或“备用/只读”状态的数据库进行事务日志的还原。

（1）进行还原事务日志操作时，在“还原数据库”对话框的“选择页”中选择“选项”，在“恢复状态”的下拉列表中选择“RESTORE WITH NORECOVERY”选项，如图 17-29 所示。

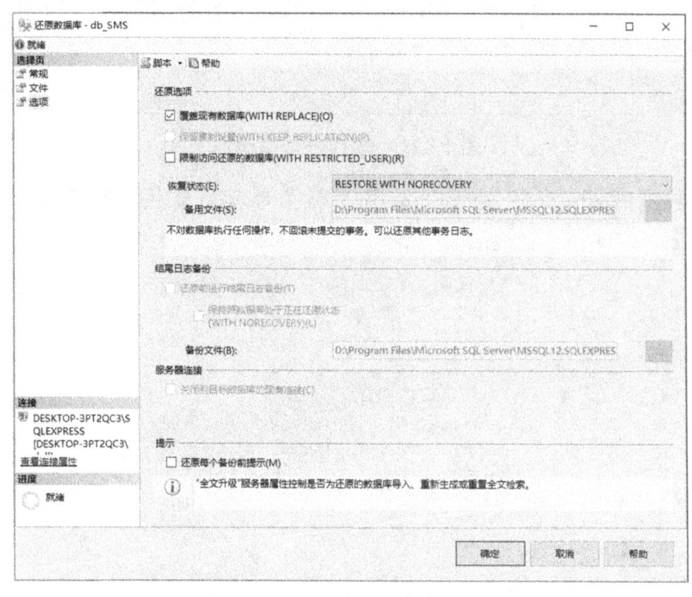

图 17-29　“还原数据库”对话框

（2）此时，数据库 db_SMS 正处于恢复状态，如图 17-30 所示。

图 17-30　数据库 db_SMS 正处于恢复状态

（3）在“还原文件和文件组”对话框的“选择页”中选择“选项”选项，选中如图 17-31 所示的单选项。

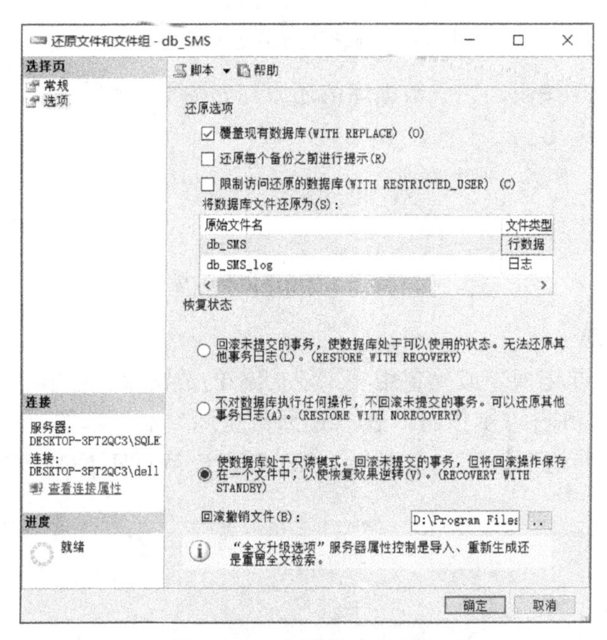

图 17-31　选择数据库属性

（4）此时，数据库 db_SMS 处于“备用/只读”状态，如图 17-32 所示。

图 17-32　数据库 db_SMS 处于“备用/只读”状态

（5）当数据库处于“正在还原”或“备用/只读”状态时，就可选择事务日志的还原操作，如图 17-33 所示。

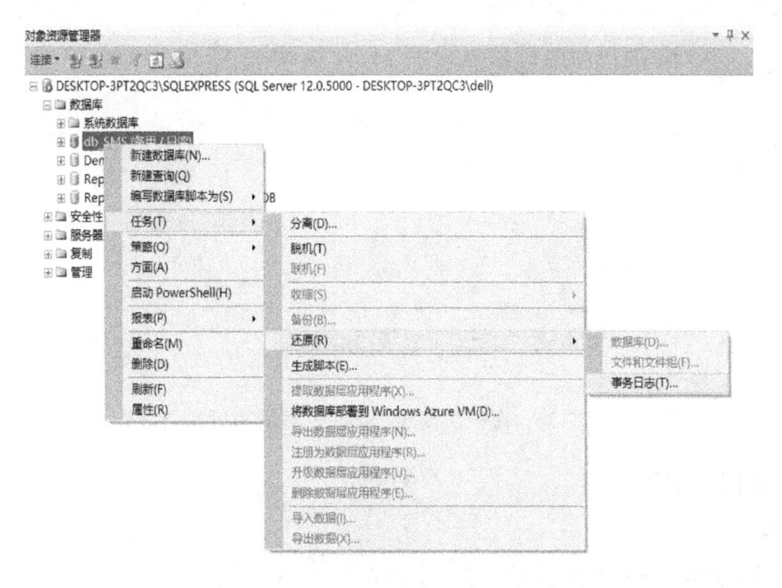

图 17-33　选择事务日志的还原操作

（6）确认完成事务日志的还原，如图 17-34 所示。

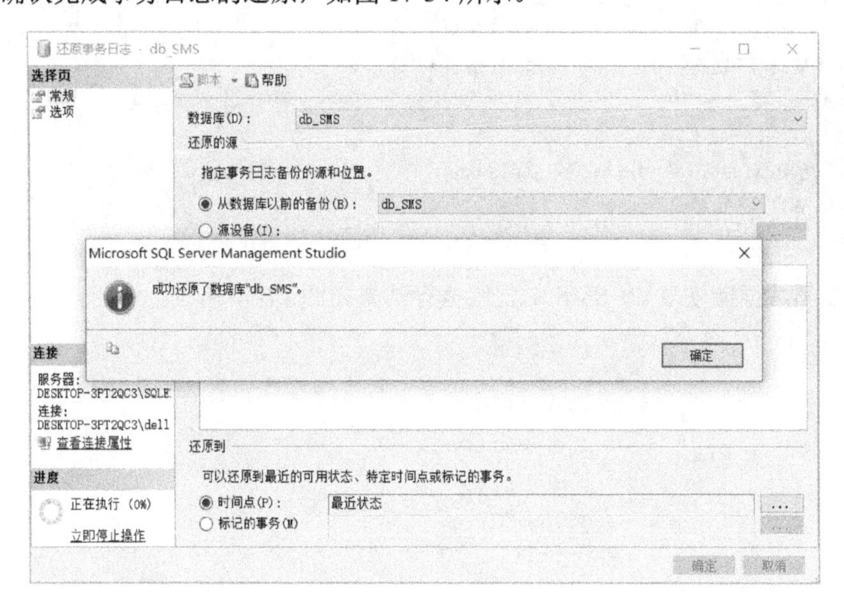

图 17-34　成功还原事务日志

4. 使用 T-SQL 语句进行还原操作

1）完整恢复

具体代码：

```
/*从 c:\backup\db_SMS.bak 完整恢复 db_SMS*/
USE MASTER
```

```
GO
RESTORE DATABASE db_SMS
FROM DISK='c:\backup\db_SMS.bak'WITH replace
```

完整恢复 db_SMS 的代码执行结果如图 17-35 所示。

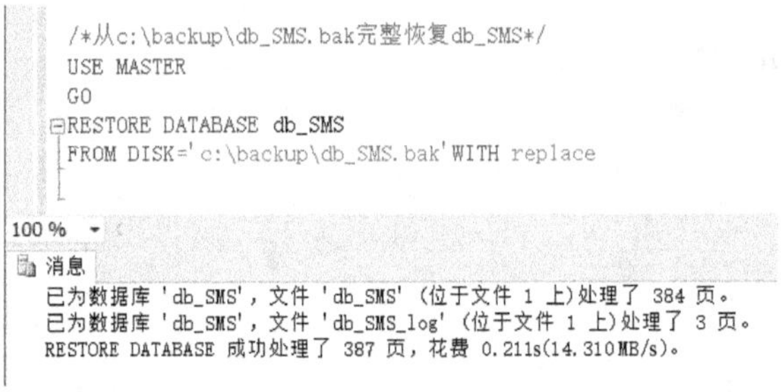

```
/*从c:\backup\db_SMS.bak完整恢复db_SMS*/
USE MASTER
GO
RESTORE DATABASE db_SMS
FROM DISK='c:\backup\db_SMS.bak'WITH replace
```

```
100 %
消息
已为数据库 'db_SMS'，文件 'db_SMS' (位于文件 1 上)处理了 384 页。
已为数据库 'db_SMS'，文件 'db_SMS_log' (位于文件 1 上)处理了 3 页。
RESTORE DATABASE 成功处理了 387 页，花费 0.211s(14.310MB/s)。
```

图 17-35　完整恢复 db_SMS 的代码执行结果

2）差异数据库恢复

具体代码：

```
/*使用差异数据库恢复 db_SMS*/
USE MASTER
GO
RESTORE DATABASE db_SMS
    FROM DISK='c:\backup\db_SMS.bak'
    WITH FILE =1,NORECOVERY,replace
GO
RESTORE DATABASE db_SMS
    FROM DISK='c:\backup\db_SMS.bak'
    WITH FILE=2,replace
GO
```

使用差异数据库恢复 db_SMS 的代码执行结果如图 17-36 所示。

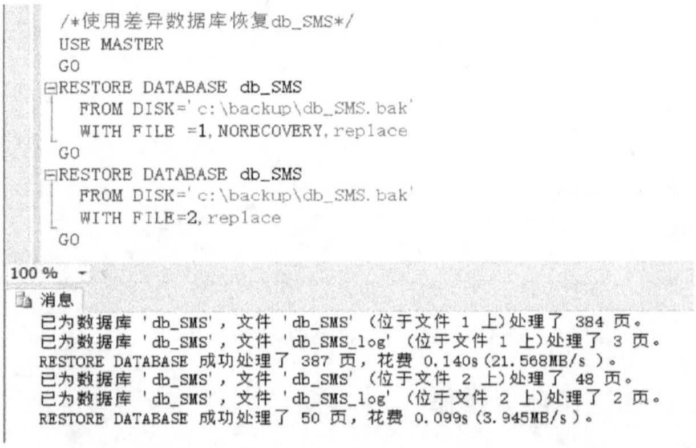

```
/*使用差异数据库恢复db_SMS*/
USE MASTER
GO
RESTORE DATABASE db_SMS
  FROM DISK='c:\backup\db_SMS.bak'
  WITH FILE =1,NORECOVERY,replace
GO
RESTORE DATABASE db_SMS
  FROM DISK='c:\backup\db_SMS.bak'
  WITH FILE=2,replace
GO
```

```
100 %
消息
已为数据库 'db_SMS'，文件 'db_SMS' (位于文件 1 上)处理了 384 页。
已为数据库 'db_SMS'，文件 'db_SMS_log' (位于文件 1 上)处理了 3 页。
RESTORE DATABASE 成功处理了 387 页，花费 0.140s(21.568MB/s )。
已为数据库 'db_SMS'，文件 'db_SMS' (位于文件 2 上)处理了 48 页。
已为数据库 'db_SMS'，文件 'db_SMS_log' (位于文件 2 上)处理了 2 页。
RESTORE DATABASE 成功处理了 50 页，花费 0.099s(3.945MB/s )。
```

图 17-36　使用差异数据库恢复 db_SMS 的代码执行结果

3）事务日志恢复

具体代码：

```
/*恢复 db_SM 事务日志备份*/
USE MASTER
GO
RESTORE DATABASE db_SMS
    FROM DISK='c:\backup\db_SMS.bak'
    WITH FILE =1,NORECOVERY,replace
GO
RESTORE DATABASE db_SMS
    FROM DISK='c:\backup\db_SMS.bak'
    WITH FILE=2,NORECOVERY,replace
GO
RESTORE log db_SMS
    FROM DISK='c:\backup\db_SMS_log.dat'
    WITH FILE=1,replace
GO
```

恢复 db_SM 事务日志的代码执行结果如图 17-37 所示。

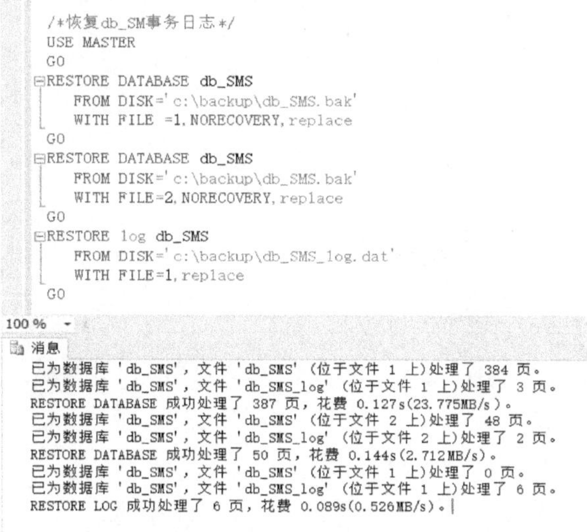

```
/*恢复db_SM事务日志*/
USE MASTER
GO
RESTORE DATABASE db_SMS
    FROM DISK='c:\backup\db_SMS.bak'
    WITH FILE =1,NORECOVERY,replace
GO
RESTORE DATABASE db_SMS
    FROM DISK='c:\backup\db_SMS.bak'
    WITH FILE=2,NORECOVERY,replace
GO
RESTORE log db_SMS
    FROM DISK='c:\backup\db_SMS_log.dat'
    WITH FILE=1,replace
GO
100 %
消息
已为数据库 'db_SMS'，文件 'db_SMS' (位于文件 1 上)处理了 384 页。
已为数据库 'db_SMS'，文件 'db_SMS_log' (位于文件 1 上)处理了 3 页。
RESTORE DATABASE 成功处理了 387 页，花费 0.127s(23.775MB/s)。
已为数据库 'db_SMS'，文件 'db_SMS' (位于文件 2 上)处理了 48 页。
已为数据库 'db_SMS'，文件 'db_SMS_log' (位于文件 2 上)处理了 2 页。
RESTORE DATABASE 成功处理了 50 页，花费 0.144s(2.712MB/s)。
已为数据库 'db_SMS'，文件 'db_SMS' (位于文件 1 上)处理了 0 页。
已为数据库 'db_SMS'，文件 'db_SMS_log' (位于文件 1 上)处理了 6 页。
RESTORE LOG 成功处理了 6 页，花费 0.089s(0.526MB/s)。
```

图 17-37　恢复 db_SM 事务日志的代码执行结果

17.3 小结

数据库在实际运行中，常会出现各种软/硬件故障、用户误操作，以及病毒和恶意的破坏等问题，从而导致数据不同程度的损坏。为了解决上述问题，用户可以制作数据库结构、对象和数据的副本，即备份。常用的备份类型有 3 种：完整备份、差异备份、事物日志备份。常用的备份设备有磁盘和磁带。使用图形化界面或 T-SQL 语句可以创建备份设备、查看备份设备、删除备份设备，进行数据库备份操作。

通过数据库备份，可以从多种故障中恢复数据。数据库的恢复模式包括简单恢复模式、完整恢复模式和大容量日志恢复模式。用户通过图形化界面设置数据库的恢复模式。

数据库必须在不被使用的情况下才能被还原。只能对处于“正在还原”或“备用/只读”状态的数据库进行事务日志的还原。

习题 17

17-1 SQL server 有几种数据库的备份类型？它们各有什么特点？

17-2 制订数据库备份计划时，应该考虑哪些因素？

17-3 发生介质故障的原因有哪些？应如何处理？

17-4 数据库常见的故障类型有哪些？应如何解决？

17-5 新建一个数据库 Test，创建一个备份设备 back_test，写出将数据库 Test 进行完整备份和差异备份的程序代码。

第18章 数据库的导入和导出

本章将介绍数据库的导入和导出概念，以及在“对象资源管理器”中导入和导出数据的详细步骤。

18.1 导入和导出概述

导入和导出是数据库的一种专用命令，这里专指对数据库数据的导入与导出。不同的数据库对于导入和导出的要求不同。它们涉及不同的操作系统，如 Windows、Linux、macOS，以及不同的数据库软件，如莲花软件等。

微软公司的 Access 数据库，具有傻瓜式的导入和导出方式。同样，微软公司其他办公软件也拥有相同的功能，直接把数据导入新建的文件就可以了。导入和导出字段的多少不受限制。

莲花软件则是要求比较严格的数据库。只有把字段一一对应，才可以使莲花软件的导入和导出操作成功。

SQL Server 2014 的导入和导出可以实现不同类型的数据库系统的数据转换。为了让用户可以更直观地使用导入和导出服务，微软公司提供了导入和导出向导。该向导提供了一种从源向目标复制数据的最简便方法，可以在多种常用数据格式之间转换数据，还可以创建目标数据库和插入表。

可以向下列源中复制数据或从其中复制数据：SQL Server、文本文件、Access、Excel、其他 OLE DB 访问接口。

这些数据源既可用作源，又可用作目标，还可将 ADO.NET 访问接口用作源。指定源和目标后，便可选择要导入或导出的数据。 可以根据源和目标类型，设置不同的向导选项。例如，如果在 SQL Server 数据库之间复制数据，则指定要从中复制数据的表或提供用来选择数据的 SQL 语句。导入和导出涉及的领域很广，使用者经常要使用软件的导入和导出这个基本功能。本章节主要以 SQL Server 2014 数据库为例，详细介绍数据是如何被导入和导出的。

18.2 导入数据

打开 SSMS，在“对象资源管理器”中，右击“db_SMS”节点，在弹出的快捷菜单中选择“任务”→“导入数据”选项，如图 18-1 所示。这时出现“欢迎使用 SQL Server 导入和导出向导”界面，如图 18-2 所示。

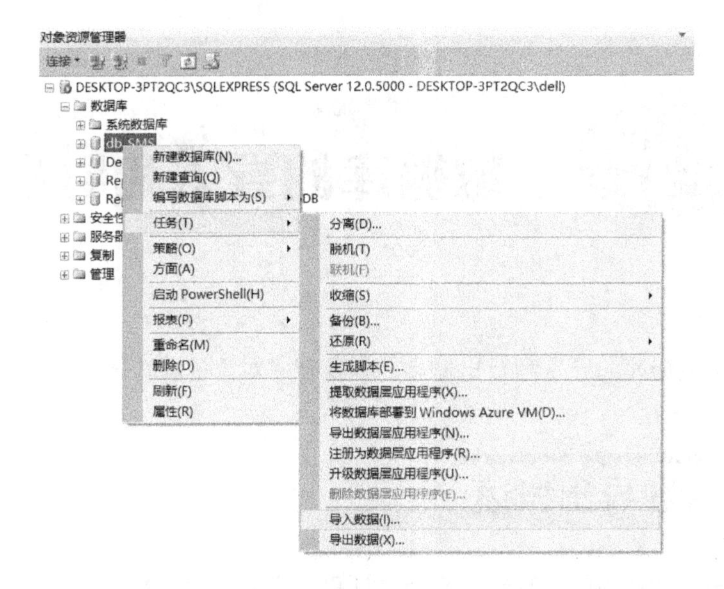

图 18-1　选择“导入数据”选项

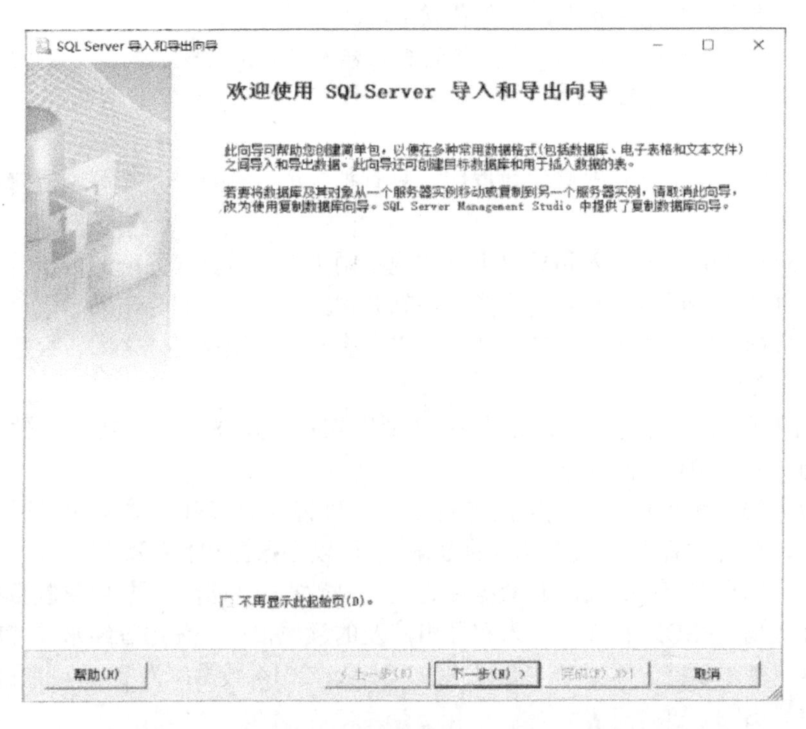

图 18-2 “欢迎使用 SQL Server 导入和导出向导”界面

单击“下一步”按钮，选择要从中复制数据的源，也就是设置源头数据，如从 A 复制到 B，这里就是设置 A，如图 18-3 所示。

图 18-3 “选择数据源”界面

单击“下一步”按钮，进入“选择目标”界面，如图 18-4 所示。

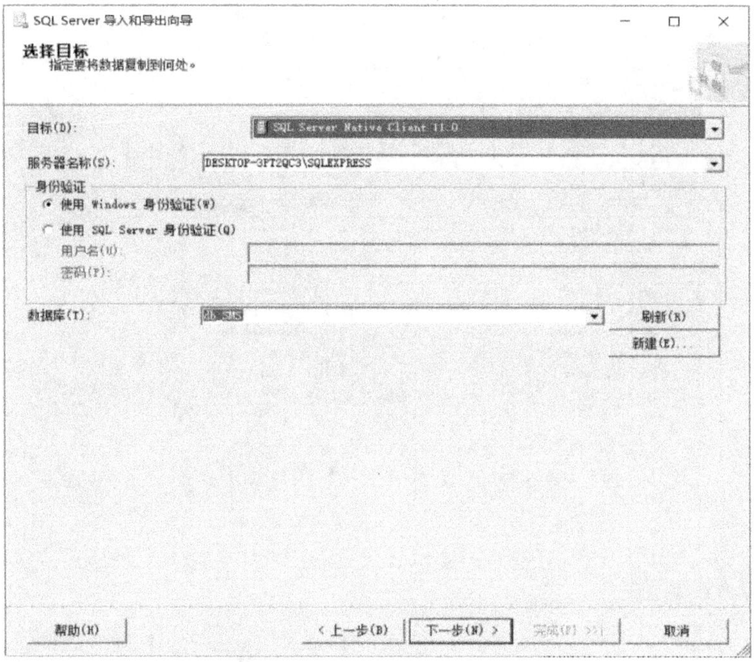

图 18-4 “选择目标”界面

单击“下一步”按钮，会出现如图 18-5 所示界面，向导中提供了两种方式来选择复制的数据源，如果 A 跟 B 是一样的结构，那么选择第一种方式即可，另一种方式则是个性化选择复制的数据源。

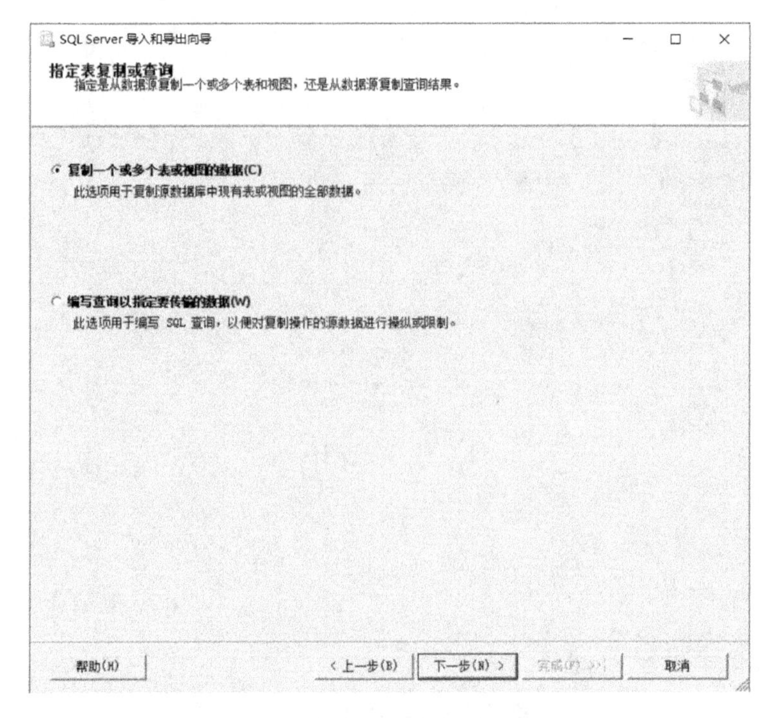

图 18-5 “指定表复制或查询”界面

因为 db_SMS 数据库（上面说的 A）中有 9 张表，所以图 18-6 显示了 9 张表，勾选要复制的表即可。

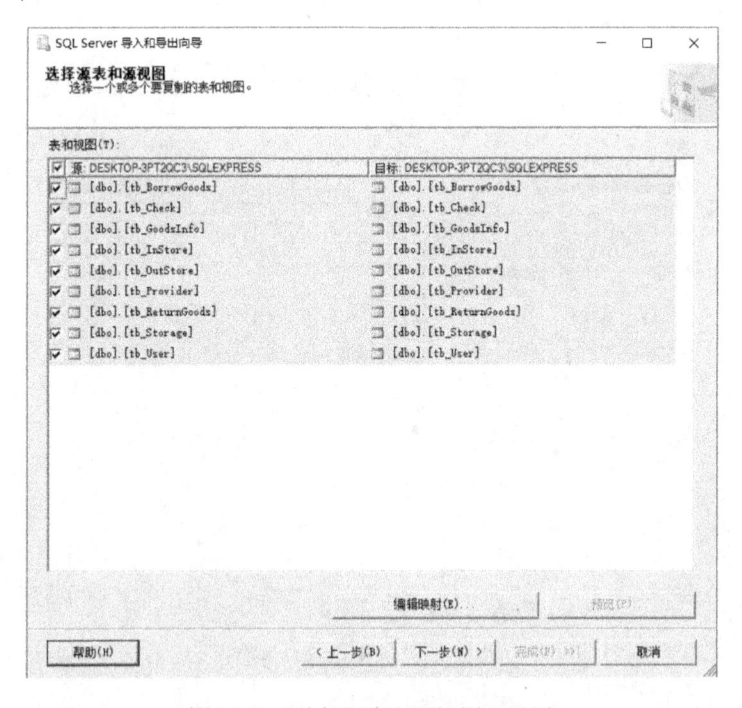

图 18-6 “选择源表和源视图”界面

单击“下一步”按钮，然后导入和导出向导开始执行导入操作，如图 18-7 所示。

图 18-7 “完成该向导”界面

说明：这里面需要说明的是，如果 A 里面表使用的主键是自增长方式，那么就要把 B 里面表的自增长方式先去掉。因为从 A 复制到 B 是所有字段的复制，包括自增长的 ID 也一样要复制。等复制完数据之后，再改回 B 里面的表为自增长方式。

18.3 导出数据

打开 SSMS，在“对象资源管理器”中，右击“db_SMS”节点，在弹出的快捷菜单中选择“任务”→“导出数据”选项，如图 18-8 所示。这时出现“欢迎使用 SQL Server 导入和导出向导”界面，如图 18-9 所示。

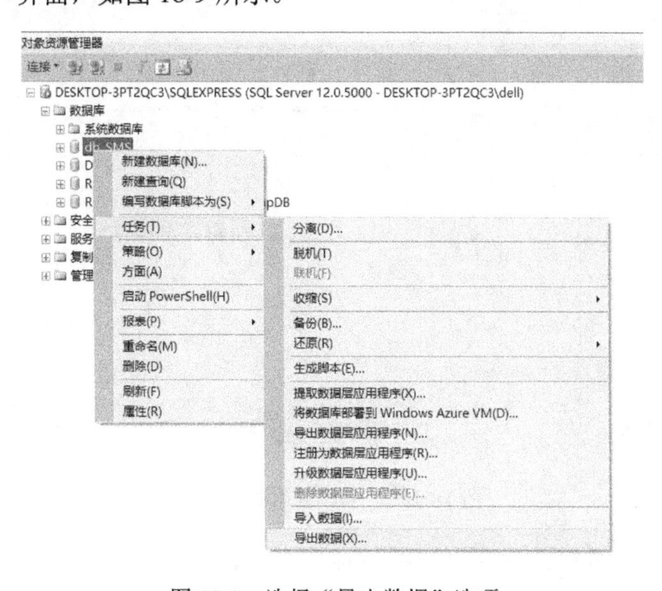

图 18-8 选择“导出数据”选项

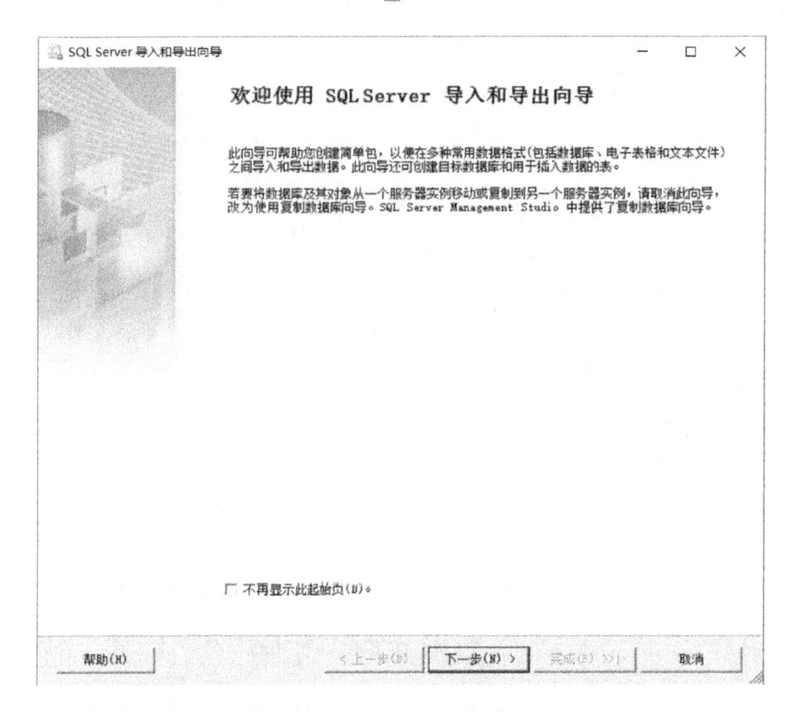

图 18-9 “欢迎使用 SQL Server 导入和导出向导”界面

单击“下一步”按钮，进“选择数据源”界面，如图 18-10 所示，在“选择数据源”界面中设置相关选项。

图 18-10 “选择数据源”界面

单击“下一步”按钮，进入“选择目标”界面，配置目标数据库信息，如图 18-11 所示。

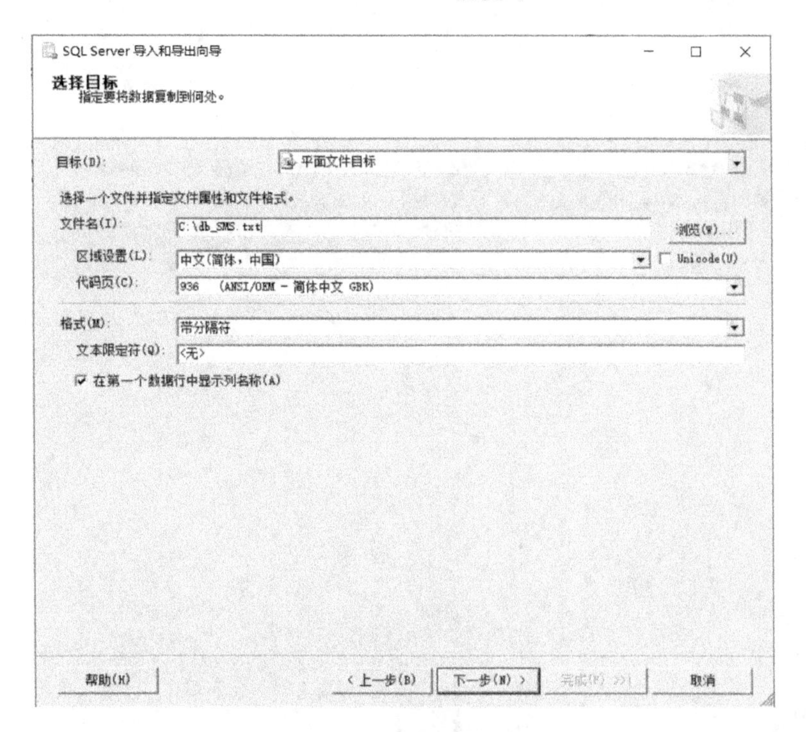

图 18-11　“选择目标”界面

单击“下一步”按钮，出现“指定表复制或查询”界面，在该界面中选中“复制一个或多个表或视图的数据”单选项，如图 18-12 所示。

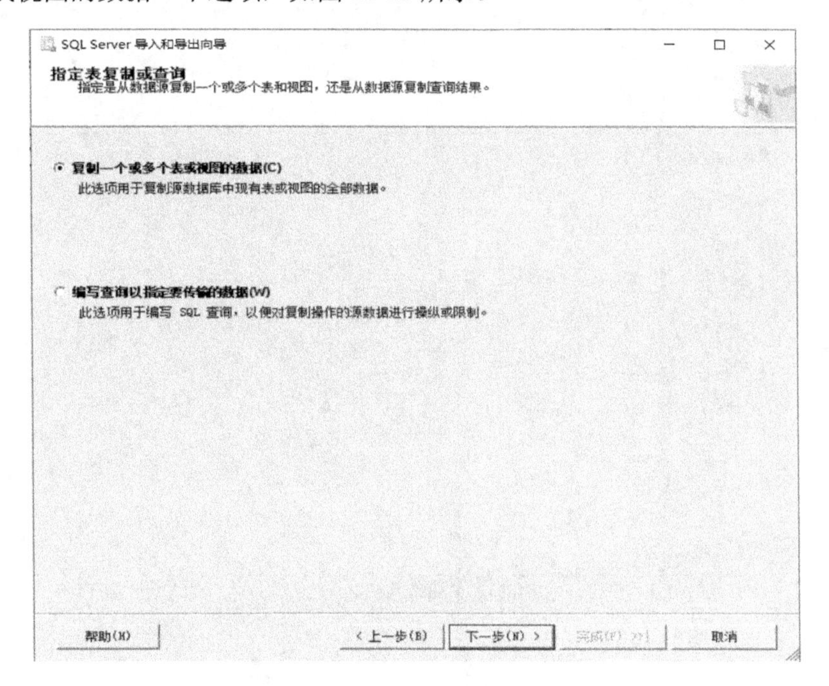

图 18-12　“指定表复制或查询”界面

单击“下一步”按钮，出现“配置平面文件目标”界面，在“源表或源视图”的下拉列表中选择数据库表进行配置，如图 18-13 所示。

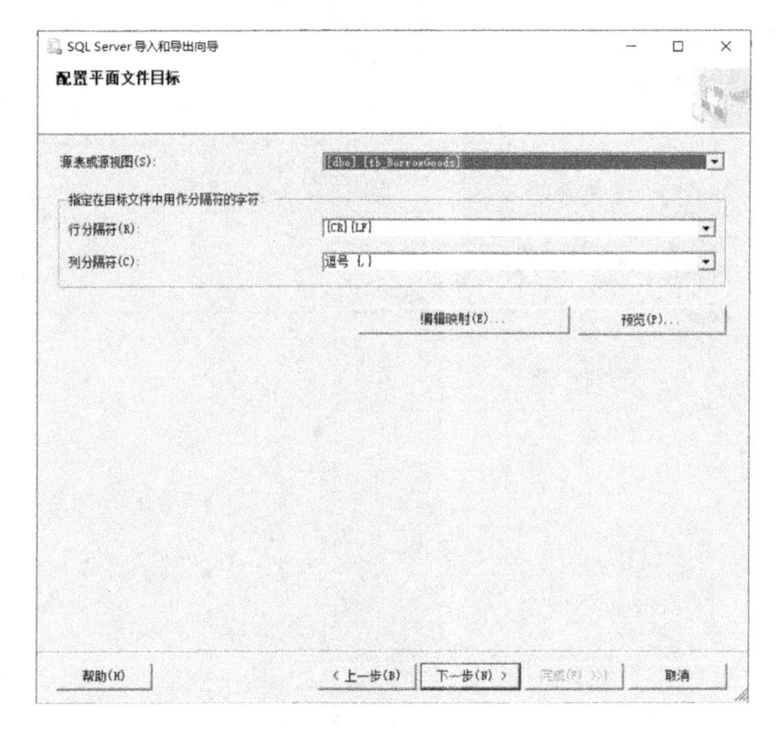

图 18-13 “配置平面文件目标”界面

单击“下一步”按钮。在“运行包”界面中勾选“立即运行”项，如图 18-14 所示，然后单击“下一步”按钮。

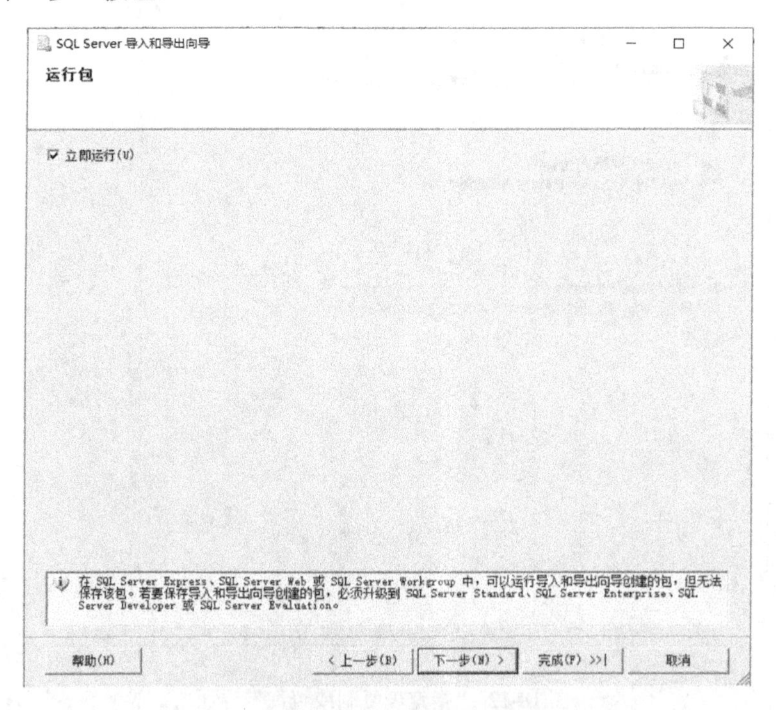

图 18-14 “运行包”界面

在如图 18-15 所示的界面中单击“完成”按钮，出现“执行成功”界面，单击“关闭”按钮，如图 18-16 所示。

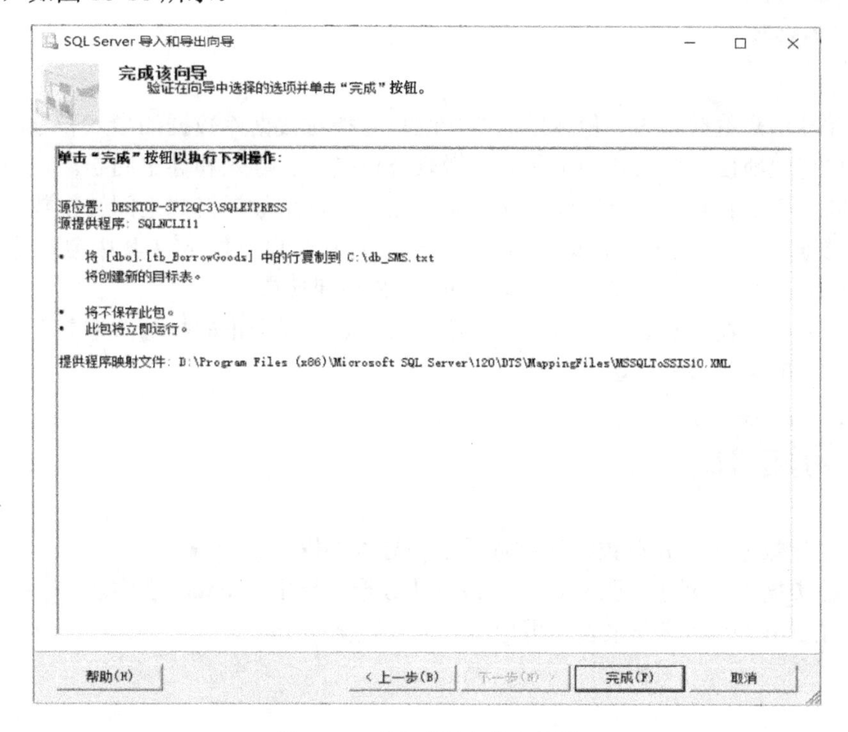

图 18-15 “完成该向导”界面

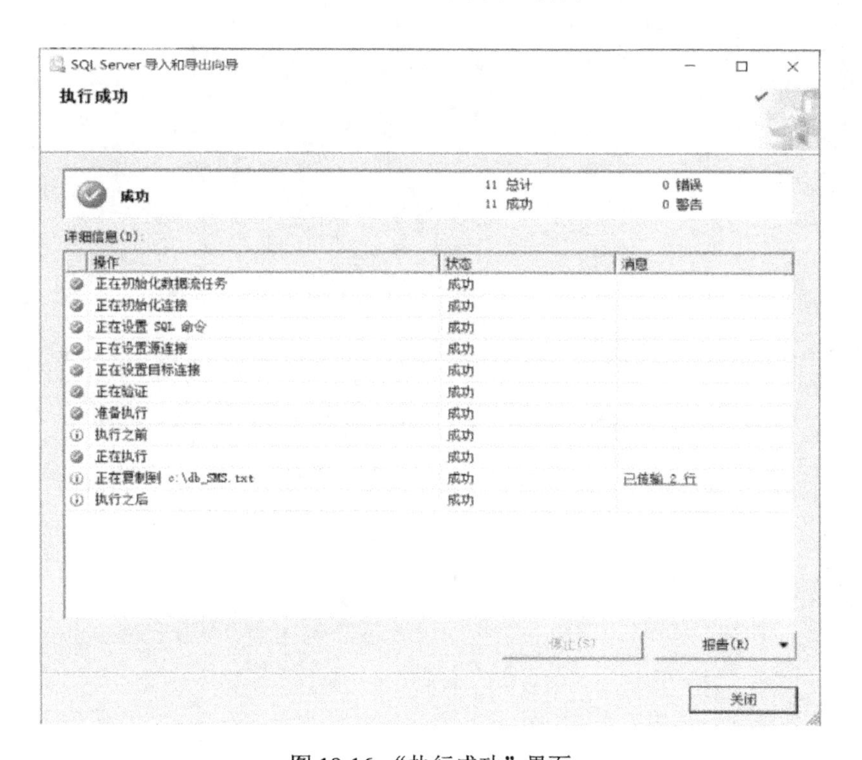

图 18-16 “执行成功”界面

在“Windows 资源管理器”中打开 C:\db_SMS.txt 文件，可验证导出的结果。

18.4 小结

导入和导出是数据库的一种专用命令，这里专指对数据库数据的导入和导出。为了让用户可以更直观地使用导入和导出服务，微软公司提供了导入和导出向导。该向导提供了一种从源向目标复制数据的最简便方法，可以在多种常用数据格式之间转换数据，还可以创建目标数据库和插入表。同时，可以向下列源中复制数据或从其中复制数据：SQL Server、文本文件、Access、Excel、其他 OLE DB 访问接口。

打开 SSMS，在“对象资源管理器”中，进入导入和导出向导的欢迎界面，然后按要求操作就可实现导入和导出功能。

习题 18

18-1 创建数据库，并对数据库进行导出和导入的操作。

18-2 在数据库中创建一张表，再把该表从数据库导出至 Excel 表中。

18-3 在 Excel 中创建一张表，再把该表导入数据库中。

第19章 数据库应用系统的设计与开发

本章将介绍数据库设计的6个阶段，并将讲述采用ADO.NET组件访问SQL Server数据库的方法、连接式访问数据库的步骤。本章将通过某物流仓储管理系统开发案例来介绍数据库设计的步骤。需求分析包括功能需求分析、可行性分析。系统分析包括组织结构与功能分析、业务流程分析、系统功能分析、数据流程分析。系统设计包括设计目标、系统及运行环境、数据库设计、系统物理配置方案设计、程序结构设计。系统实施就是具体实现新系统在系统设计阶段所设计的物理模型。

19.1 数据库设计的基本步骤

数据库设计是指对于一个给定的应用环境，构造（设计）优化的数据库逻辑模式和物理结构，并据此建立数据库及其应用系统，使之能够有效地存储和管理数据，满足各种用户的应用需求，包括信息管理要求和数据操作要求。

信息管理要求是指在数据库中应该存储和管理哪些数据对象；数据操作要求是指对数据对象要进行哪些操作，如查询、增加、删除、修改、统计等。

数据库设计的目标是为用户和各种应用系统提供一个信息基础设施和高效率的运行环境。高效率的运行环境包括数据库的存取效率、数据存储空间的利用率、数据库系统运行管理的效率等。

按照规范设计的方法，考虑数据库及其应用系统开发全过程，将数据库设计分为以下6个阶段，如图19-1所示。

1. 需求分析

进行数据库设计首先必须准确了解与分析用户需求（包括数据与处理）。需求分析是整个设计过程的基础，是最困难、最耗时间的一步。需求分析是否能够做得充分与准确，决定了在其上构建数据“大厦”的速度与质量。需求分析做得不好，将会导致整个数据库设计返工、重做。

2. 概念结构设计

概念结构设计是整个数据库设计的关键，它通过对用户需求进行综合、归纳与抽象，形成一个独立于具体DBMS的概念模型。

3. 逻辑结构设计

逻辑结构设计是将概念结构转换为某个数据库管理系统（DBMS）所支持的数据模型，并对其进行优化。

4. 物理结构设计

物理结构设计是为逻辑数据模型选取一个最适合应用环境的物理模型（包括存储结构

和存取方法)。

5. 数据库实施

在数据库实施阶段，设计人员运用 DBMS 提供的数据库语言（如 SQL）及其宿主语言，根据逻辑结构设计和物理结构设计的结果建立数据库，编制与调试应用程序，组织数据入库，并进行试运行。

6. 数据库运行和维护

数据库应用系统经过试运行后即可投入正式运行。在数据库系统运行过程中必须不断地对其进行评价、调整与修改。

设计一个完善的数据库应用系统是不可能一蹴而就的，它往往是上述 6 个阶段的不断反复。

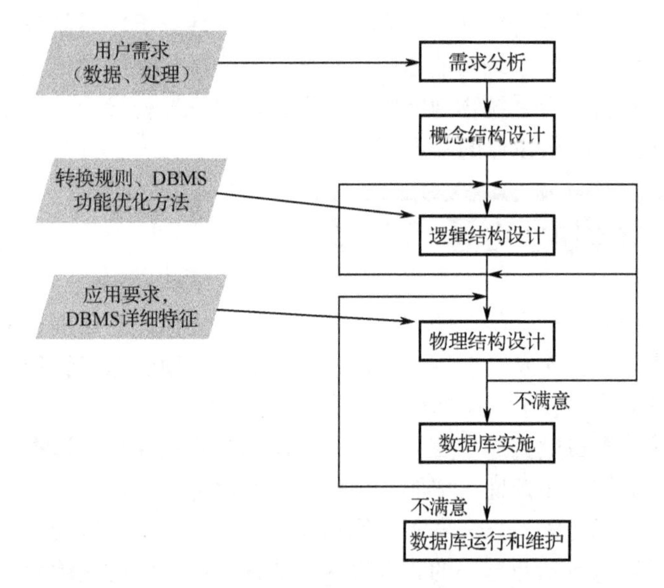

图 19-1　数据库设计的 6 个阶段

19.2 采用 ADO.NET 组件访问 SQL Server

19.2.1 ADO.NET 组件简介

数据库由数据库管理系统（DBMS）创建和维护。通过程序可以访问数据库。通常任何开发语言都会有相关的访问数据的技术，如 ADO.NET 组件可以进行访问和操作数据库。ADO.NET 组件，对于程序编写来说就是一套类、一些方法，可以通过系统提供的这些访问类或方法进行连接数据库、获得数据库数据、修改数据库数据等操作。

应用程序、ADO.NET 组件与数据库之间的关系如图 19-2 所示。

图 19-2　应用程序、ADO.NET 组件与数据库之间的关系

可以看出，应用程序通过调用 ADO.NET 组件可以完成数据库的访问。应用程序和 ADO.NET 组件之间是调用或使用的关系，ADO.NET 组件和数据库之间是操作的关系。也就是数据库操作的详细细节都已经被封装在 ADO.NET 组件里面，对于用户来讲不必了解操作数据库的细节就可以轻松地操作数据库。因此通过 ADO.NET 组件里的类或方法就可以操作任何数据库，如 SQL Server 数据库。

19.2.2　连接式访问数据库

在连接式访问数据库的方式中，数据库就好比一个水池，要取用水池里的水就必须先建立一条管道，连接就相当于通向数据库的管道。在操作时，连接不可以被断开，一旦连接被断开，将造成数据访问的严重错误。真正的水池能建立的管道必定是有限的，对于数据库也是一样的，同一个数据库能在同一时间接受的连接也是有限的。正因如此，连接式访问数据库变得越来越不适用于有很多并发连接的 Web 程序。但是连接式访问数据库也有其优点，它可以快速高效地操作数据库，所以对于非 Web 应用来说，还是较理想的访问数据库方案。

连接式访问数据库组件在之前介绍过，主要由 ADO.NET 中的.NET Framework 数据提供给程序，主要包括 Connection、Command、DataReader 3 个对象，这 3 个对象联合使用将完成数据库的连接式访问。

1. 使用 Connection 对象连接数据库

（1）添加命名空间 System.Data.SqlClient（初学者经常会忘记这一点）。

（2）定义连接字符串，连接 SQL Server 数据库。

语法格式：

```
String connectionString = "server=ZL\\SQLEXPRESS; datdbase=master; uid = sa;
 pwd = 123";
```

① server：后面接数据库服务器名称。

② ZL：表示本机（ZL 是本机的机器名），表示本机的方法还有“.”“(local)”“127.0.0.1”等。如果不是本机可以写对方数据库服务器名称的 IP 或服务器名称。例如，“.\\SQLEXPRESS”或“192.168.0.1\\SQLEXPRESS”都是有效的数据库服务器名称。

③ database：要访问的数据库名称。

④ master：SQL Server 自带的一个系统数据库。

⑤ uid：登录数据库账户的名称。

⑥ pwd：登录数据库账户的密码，密码为空时 pwd 不能被省略，密码为空时可以写成“uid=sa; pwd=”。

要建立数据库连接就必须先构造数据库连接字符串，要注意构造数据库连接字符串后，要先用里面对应的账户和密码在 SQL Server 里登录数据库，看看能不能登录成功，只有在 SQL Server 里面登录成功后，才能在程序里使用该账户。有了数据库连接字符串就可以直接建立数据库连接对象了。

（3）创建 Connection 对象。

```
SqlConnection connection=new SqlConnection(connectionString);
```

（4）打开数据库。

```
connection.Open();
```

（5）对数据库操作完毕后，关闭数据连接。

```
Connection.Close();
```

2. 使用 Command 对象连接数据库

（1）Command 对象可以用来对数据库发出具体的操作指令，如查询、增加、修改、删除。

（2）创建 Command 对象，并设置它的属性：

```
SqlCommand command    = new SqlCommand();
Command.Connection = connection;
Command.CommanddText = sqlQuery;       // sqlQuery 为 SQL 语句
```

（3）使用 Command 对象的主要方法如下。

① ExecuteNonQuery：执行后不返回任何行，对于 UPDATE 语句、INSERT 语句、DELETE 语句，返回影响的行数；对于其他类型的语句，则返回-1。

② ExecuteReader：执行查询语句，返回 DataReader 对象。

③ ExecuteScalar：执行查询，并返回查询结果的第一行、第一列，忽略其他列或行。

④ ExecuteXmlreader：将 CommandText 发送到 Connection 对象并生成一个 XmlReader。

3. 使用 DataReader 对象连接数据库

（1）DataReader 对象可以从数据库中以只读的方式查询数据，每次操作只有一个记录保存在内存中。

（2）使用 DataReader 对象的主要方法。

① Read：读取下一条数据。

② Close：关闭 DataReader 对象。

（3）使用 DataReader 对象提取数据的步骤。

① 建立与数据库的连接并打开。

② 创建一个 Command 对象。

③ 从 Command 对象中创建 DataReader 对象。

④ 使用 DataReader 对象读取并显示。

可以使用一个循环并利用 Read 方法遍历数据库中行的信息，如果要获取该行中某列的值，只要使用“["和"]”运算符就可以了。

⑤ 分别关闭 DataReader 对象和数据库的连接。

19.3 采用 JDBC 访问 SQL Server

19.3.1 JDBC 简介

JDBC 是一种可用于执行 SQL 语句的 Java API，它由一些 Java 语言编写的类、界面组成，JDBC 给数据库应用开发人员、数据库前台工具开发人员，提供了一种标准的应用程序设计接口，使开发人员可以用纯 Java 语言编写完整的数据库应用程序。

通过使用 JDBC，开发人员可以方便地将 SQL 语句传递给任何一种数据库。

也就是说，开发人员可以不必编写一个程序用于访问 Oracle，再编写一个程序用于访问 MySQL，另外再编写一个程序访问 SQL Server。用 JDBC 写的程序能够自动将 SQL 语句传给相应的数据库管理系统，不但如此，使用 Java 编写的应用程序可以在任何支持 Java 的平台上运行，不必在不同的平台上编写不同的应用程序。Java 和 JDBC 的结合可以让开发人员在开发数据库应用时真正实现“一次编译，处处运行”。

简单地说，JDBC 能够完成以下三件事。

（1）与一个数据库建立连接。

（2）向数据库发送 SQL 语句。

（3）处理数据库返回的结果。

19.3.2　JDBC 连接 SQL Server 数据库的步骤

1. 加载 JDBC 驱动程序

在连接数据之前，先要加载想要连接的数据库驱动程序到 JVM（Java 虚拟机），这要通过 java.lang.Class 类的静态方法 forName（String className）实现。成功加载该驱动程序后，会将 Driver 类的实例注册到 DriverManager 类中。

2. 提供 JDBC 连接的 URL

JDBC 连接的 URL 定义了连接数据库时的协议、子协议、数据源标识。

语法格式：

```
协议: 子协议: 数据源标识
```

（1）协议：在 JDBC 中总是以 jdbc 开始。

（2）子协议：连接的驱动程序或数据库管理系统名称。

（3）数据源标识：标记找到数据库来源的地址与连接端口。

3. 创建数据库的连接

如果要连接数据库，就要向 java.sql.DriverManager 请求并获得 Connection 对象，该对象就代表一个数据库的连接。

使用 DriverManager 的 getConnection（String url、String username、String password）方法，传入指定的数据库路径、数据库用户名和密码。

4. 创建一个 Statement

要执行 SQL 语句，必须获得 java.sql.Statement 实例，Statement 实例分为以下 3 种类型。

（1）执行静态 SQL 语句：通常通过 Statement 实例实现。

（2）执行动态 SQL 语句：通常通过 PreparedStatement 实例实现。

（3）执行数据库存储过程：通常通过 CallableStatement 实例实现。

语法格式：

```
Statement   state = con.createStatement();
PreparedStatement   prestate = con.prepareStatement();
CallableStatement callstate = con.prepareStatement("");
```

5. 执行 SQL 语句

Statement 接口提供了 3 种执行 SQL 语句的方法：executeQuery()、executeUpdate()和 execute()。

（1）executeQuery()：执行查询数据库的 SQL 语句，返回一个结果集（ResultSet）对象。

（2）executeUpdate()：用于执行 INSERT 语句、UPDATE 语句、DELETE 语句及 SQL DDL 语句（如 CREATE TABLE 和 DROP TABLE 等）。

（3）execute()：用于执行返回多个结果集、多个更新计数或多个结果集和更新计数组合的语句。

语法格式：

```
ResultSet res = prestmt.executeQuery();
Int rows = presate.executeUpdate();
boolean flasg = prestate.execute();
```

执行更新返回的结果是本次操作影响到的记录数；执行查询返回的结果是一个 ResultSet 对象。

ResultSet 包含 SQL 语句中符合条件的所有行，并且它通过一套 get 方法提供了对这些行中数据的访问。

使用结果集（ResultSet）对象的访问方法获取数据:

```
While(res.next()){
    String   name = res.getString("name");
    String pass = res.getString(1);
}
```

6. 关闭 JDBC 对象

操作完成后，要把所有使用的 JDBC 对象全都关闭，以释放 JDBC 资源。其关闭顺序和声明顺序相反。

（1）关闭记录集。

（2）关闭声明。

（3）关闭连接对象。

【例 19.1】 Java 语言连接数据。

具体代码：

```
package com.accp.jdbc;
import java.sql.Connection;
import java.sql.DriverManager;
import java.sql.PreparedStatement;
import java.sql.ResultSet;
import java.sql.SQLException;
import org.apache.log4j.Logger;
public class BaseDao {
    // 使用 log4j 记录日志
    private static Logger logger = Logger.getLogger(BaseDao.class);
    // 连接驱动程序
```

```
private static final String DRIVER = "com.microsoft.sqlserver.jdbc.SQLServerDriver";
// 连接路径
private static final String URL = "jdbc:sqlserver://localhost:1433;databaseName=MySchool";
// 用户名
private static final String USERNAME = "sa";
// 密码
private static final String PASSWORD = "sa";
//静态代码块
static {
    try {
        // 加载驱动程序
        Class.forName(DRIVER);
    } catch (ClassNotFoundException e) {
        e.printStackTrace();
    }
}
/*
 * 获取数据库连接
 */
public Connection getConnection() {
    Connection conn = null;
    logger.debug("开始连接数据库");
    try{
    conn=DriverManager.getConnection(URL, USERNAME, PASSWORD);
    }catch(SQLException e){
        e.printStackTrace();
        logger.error("数据库连接失败");
    }
    logger.debug("数据库连接成功");
    return conn;
}
/*
 * 关闭数据库连接，注意关闭的顺序
 */
public void close(ResultSet rs, PreparedStatement ps, Connection conn) {
    if(rs!=null){
        try{
            rs.close();
            rs=null;
        }catch(SQLException e){
            e.printStackTrace();
        logger.error("关闭 ResultSet 失败");
        }
    }
    if(ps!=null){
        try{
            ps.close();
```

```
                ps=null;
            }catch(SQLException e){
                e.printStackTrace();
            logger.error("关闭 PreparedStatement 失败");
            }
        }
        if(conn!=null){
            try{
                conn.close();
                conn=null;
            }catch(SQLException e){
                e.printStackTrace();
            logger.error("关闭 Connection 失败");
            }
        }
    }
}
```

19.4 某物流仓储管理系统开发案例

19.4.1 需求分析

仓储管理系统是生产、计划和控制的基础。仓储管理系统主要通过对入库、出库、库存的管理，及时反映物资的仓储状态、流向情况，为生产管理和成本核算提供依据，并通过库存分析，为管理及决策人员提供库存资金占用情况和货物短缺情况等数据。同时，为计划及决策人员提供实时准确的存货信息，以便及时调整库存，保证企业的各项生产经营活动顺利进行。通过仓储信息系统，可以全面监控企业货物的入库、出库和库存等各种状况，满足现代企业的仓储管理需要。

1. 功能需求分析

为了实现系统目标，系统必须具备一定功能。在开发信息系统之前，先要对信息系统的功能需求进行分析，包括深入描述软件的功能、确定软件的其他有效性功能。系统功能分析是在系统开发总体任务的基础上完成的。

通过对系统的终端用户、供应商和仓储公司的实际调查并分析，要求仓储管理系统具有以下功能。

（1）良好的人机界面，方便用户操作。

（2）多级别的权限管理，提高系统的安全性。

（3）便捷的数据查询。

（4）批量填写货物的入库单及出库单。

（5）多种图表形式显示货物的出库、入库情况。

（6）按照权限划分数据的删除操作，并记录。

（7）数据计算自动完成，尽量减少人工干预。

（8）能随时更新报表。

2. 可行性分析

可行性分析是指在每个项目投资前，都要对项目建设的必要性和可能性进行研究，预测项目完成后可能取得的技术、经济和社会效益，为开发、建设新项目提供正确的决策依据，以避免盲目投资、减少不必要的损失。可行性分析主要包括管理可行性、经济可行性和技术可行性。为了提高物流仓储管理的效率和科学管理水平，企业计划投入一定资金开发新的物流仓储管理系统，来解决传统仓储管理操作可拓展性差、同其他部门交互只能通过纸质报表数据多次重复转录导致数据不一致等问题。

1）管理可行性

目前，仓储信息系统已经在大型的物流仓储企业中得到了广泛的应用。仓储管理需要现代化和信息化，只有合理科学地运用信息化管理，才能在市场竞争中立于不败之地。仓储信息系统不仅能够增加经营者的利益，而且能够随时掌握库存的动向，为经营者提供必要的库存信息。这样既解决了经营者最需要解决的迫切问题，又合理节约了成本的投入。

仓储信息系统的运用使仓库操作各个环节可以更好地与客户进行沟通，实现客户仓库之间的实时互动，从而使客户可以参与操作流程的各个环节。随着以客户满意度为核心的物流仓储理念的兴起，物流企业的仓储经营也逐步转向客户化仓储。客户化仓储具有下列优点。

（1）减少了所需的库存空间。

（2）减少了库存增加对仓库的压力。

（3）减少了储存单元的重组。

（4）改善了陈旧和周转缓慢的库存水平。

（5）增加库存周转次数。

2）经济可行性

一个优秀的管理信息系统，经济预算与核算是极为关键的。在开发之前，必须对系统开发的经济实力（组织对于系统开发所需资金的支持能力）和经济效益（系统开发是否给组织带来经济效益或提高工作效率）进行分析研究。仓储管理系统的成本投入，能够提高仓库工作效率和减少工作人员数量，从而减少人力资本的投入。下面从成本费用、效益两个方面进行分析。

（1）成本费用。

开发人员费用。本系统开发期为 3 个月，需要开发人员为 4 人；试运行期为 1 个月，需要 1 个工人，工资平均每人按 3000 元/月计算，因此，人员费用为（3×4+1×1）×0.3=3.9（万元）。

硬件设备费用。由于企业主流配置的计算机、打印机、网络设备等均已具备，无须额外开支。

耗材费。所需消耗材料费用估计为 0.3 万元。

调研和差旅费。本系统调研和差旅费估计为 0.5 万元。

系统维护费。假定本系统运行期为 5 年，一年需要的维护费用为 0.1 万元。

综上，系统开发和运行成本费用合计为 1.04 万元/年。

（2）效益。

仓储管理系统获得的经济收益如下：

提高工作效率，减少工作人员。

本系统投入运行可以提高物流仓储管理工作效率达 1 倍，甚至更多，可以减少现有

40%的工作人员，仓库管理处现有人员 10 人，可以减少 4 人，每人每月工资按 2000 元计算，节约员工工资 4×0.2×12=9.6（万元/年）。

通过对成本费用和效益两个方面的分析，从经济上考虑，系统有必要开发。

3）技术可行性

硬件：主流配置的计算机。

软件：操作系统——中文 Windows7。

系统开发语言——C#。

系统本身对硬件和软件的要求都不高且系统兼容性强，平台的移植性能也很好，因此无论在系统的硬件及软件上都能满足开发的需求。

本系统涉及的技术因素：使用生命周期开发方法开发软件系统，本系统在开发技术上是完全可行的。

通过管理、经济、技术等方面的可行性分析，仓储管理系统管理科学、经济合理、技术可行、符合现有的各项政策法规，可以进行仓储管理信息系统的开发。

19.4.2 系统分析

1. 组织结构与其功能分析

1）组织结构分析

组织结构调查包括对原系统的组织机构、领导关系和人员构成情况的调查，同时还要了解各部门的职责、业务范围，相应的规章制度，工作人员的分工情况及每位人员的业务、职责等情况。组织结构图是一张反映组织内部之间隶属关系的树形结构图。

系统调查组织结构之前，系统分析人员要充分地了解组织的内部结构，以及组织内各结构业务的依赖关系。在对组织结构进行分析的时候，先要来了解组织的整体结构，然后再详细研究要开发系统所在组织部门机构的构成，并对该组织隶属关系以外的且发生信息交换关系的组织也要予以关注。

从行政管理和职能分工角度来看，仓储管理系统通常在企业单位管理层下设立采购部、企划部、财务部、销售部、物资部和运营部，如图 19-3 所示。

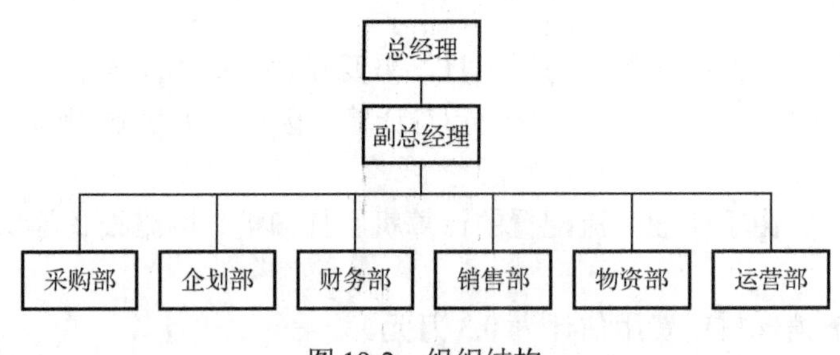

图 19-3　组织结构

2）组织结构的功能分析

为了实现目标，组织结构必须具备一定功能。功能是指做某项工作的能力。功能要以组织结构为背景来识别和调查，二者不一定完全一致。要按部门与业务的层次关系进行功能调查，然后用归纳法找出其功能，并将其描述出来。通过对系统内部各级组织结构的了解，系统分析人员可以进一步明确被调查对象在组织中完成的所有功能。

通过详细调查某物流公司仓储业务，可得到仓储管理的组织结构功能如表 19-1 所示。

表 19-1　仓储管理的组织结构功能

部门（人员）	功　能
总经理	对仓储企业单位进行投资与经营战略决策
副总经理	管理本单位运行事务，实现本单位目标
采购部	制订采购计划，对供应商进行管理，向市场采购本单位所需各项物资
企划部	负责本单位项目企划工作，包括市场调研、信息搜集，组织、参与、指导企划及活动方案的制订
财务部	管理本单位资金来源与资金运用，支持各部门工作
销售部	管理本单位的销售工作
物资部	从事本单位生产与服务所需物资入库、储存、发放，实现物品仓库管理
运营部	建立本单位现场行为规范管理，落实场内有关的商品管理、人员管理、售后服务等各项运营活动
仓管员	发放物品并记录

2. 业务流程分析

业务流程分析是利用系统调查的资料，将业务处理过程中的每个步骤用一个完整的图将其串起来。通过在绘制业务流程图的过程中发现问题、分析不足，可以优化业务处理过程。

仓储管理系统的业务流程：由档案管理人员负责对货物入库登记单、出库登记单对照着供应商信息登记单、仓库信息登记单进行查询审核，检查入库登记单和出库登记单填写形式是否符合要求，货物实际入库数量和金额与入库登记单上填写数据是否一致（出库登记单上填写的出库数量是否大于产品实际库存量等）。同时按照登记单的要求，将货物进行出入库操作。不合格的登记单返回客户，合格的登记单转给出入库管理员登记出入库。出入库管理员依据合格的入库登记单和出库登记单进行货物出入库盘点，记录每笔出入库操作，形成盘点文件和日志文件。出入库统计员根据库存盘点定期统计分析各种货物每月、每年出入库货物数量等综合数据信息，也可进行出入库数据、库存数据的随机查询等。最后，对出入库的货物按组合条件进行汇总形成报表。

仓储管理系统的业务流程如图 19-4 所示。

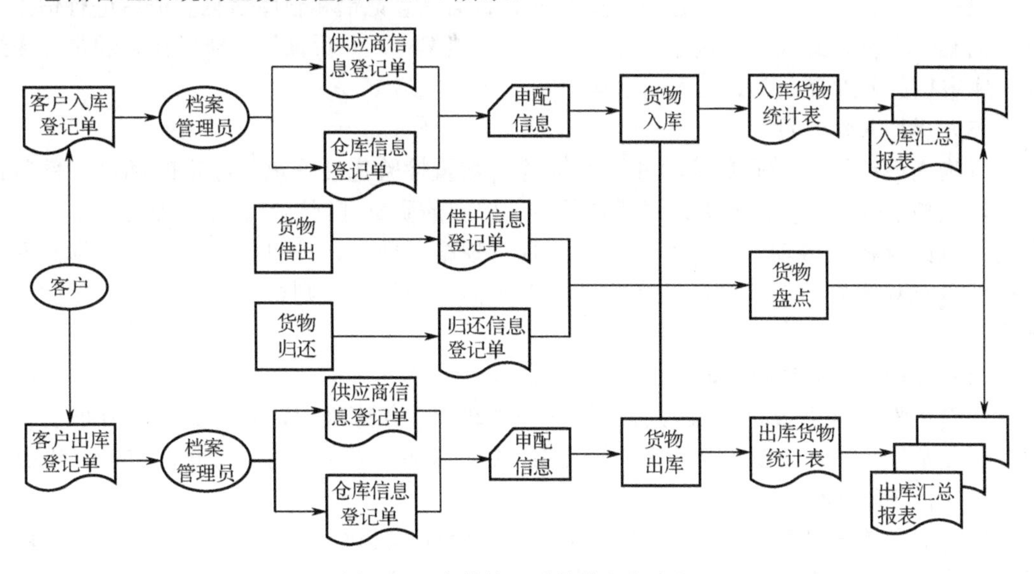

图 19-4　仓储管理系统的业务流程

1）入库管理业务流程

货物入库阶段是根据入库登记单和货物入库计划进行作业的。在接收货物入库时，要进行一系列的作业活动，如货物的接运、验收、办理入库等。入库管理业务流程如图 19-5 所示。

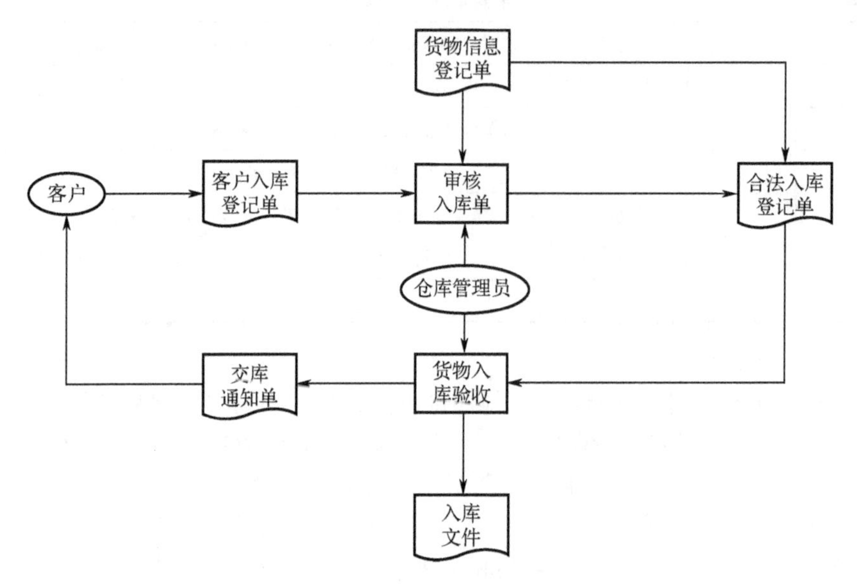

图 19-5　入库管理业务流程

（1）货物入库准备。

应根据入库登记单或入库计划，及时进行库场准备，以便货物能按时入库，保证入库过程顺利进行。仓库的入库准备要由仓库的业务部门、仓库管理部门和设备作业部门分工合作。

（2）货物入库信息的审核。

根据入库登记单，由档案管理员查询供应商信息登记单和仓库信息登记单进行信息登记，档案管理员将此入库审核通过的结果记录在档案中，并反馈给系统操作管理员。未通过入库审核的入库登记单，则返回给客户。

（3）货物入库检验。

货物入库检验包括质量检验和数量检验。数量检验包括毛重、净重的确定，件数计算、体积测量等。质量检验则是对货物外表、内容的质量进行判定。在一般情况下，或者合同没有约定检验事项时，仅对货物的品种、规格、数量、外包状况，以及无须开箱、拆捆就可直观辨别质量的情况进行检验。对于内容的检验，则根据合同约定、作业特性来确定。

（4）货物入库交接和登记。

入库货物经过点数、查验之后，可以安排卸货、入库堆码，并与交货人办理交接手续、建立库存台账。交接内容包括接收货物、接收文件、签署单证、登账、立卡、建档。

2）出库管理业务流程

货物出库是根据客户开具的出库登记单，为使货物准确、及时、安全地发放出去所进行的一系列作业活动，如备货、复核、装车等，如图 19-6 所示。

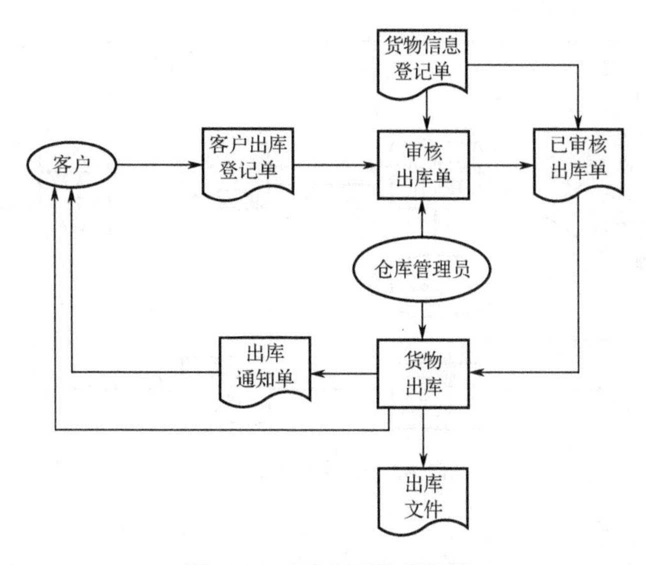

图 19-6 出库管理业务流程

（1）货物出库信息的审核。

根据出库登记单，由档案管理员查询入库信息登记单和仓库信息登记单进行信息匹配，档案管理员将此出库审核通过的结果录入档案中，并将这些信息反馈给系统操作管理员和仓库管理员。未通过出库审核的出库登记单，则返回给客户。

（2）备货。

仓库相关部门接到提货通知时，应及时进行备货工作，以保证提货人可以按时完整提取货物。备货的主要工作有包装整理与标志重刷、零星货物组装、根据要求将托盘或成组货物转运到备货区备运等。

（3）出库交接。

在提货时，仓库业务部门根据提货人的提货凭证办理提货手续，并签发出库单，指示仓库保管部门交货。若提货人到库提货，仓库管理员和提货人应共同查验货物、逐件清点，或者检验重量、货物状态。若仓库相关部门负责装车送货，在装车完毕后仓库管理员还应和提货人签署出库单证、运输单证，交付随货单证和资料，办理货物交接。

3）库存管理业务流程

库存管理主要是指货物在库期间的日常管理、清查盘点、保管养护、存储时间和货物质量保质期检查。其中，库存管理的主要功能是货物的清查盘点。库存管理业务流程如图 19-7 所示。

（1）日常清查：系统管理员根据入库文件和出库文件的信息进行库存文件信息的更新，形成新的库存文件。统计人员将库存文件整理汇总后，进行编制统计报表，最终得到库存报表，并交给审核部门审核通过。

（2）货物在库过户：支持货物在仓库中的货权转移相关业务处理。例如，一个货物清单上的货物部分过户给一个存货人，一个货物清单上的全部货物过户给一个存货人，一个货物清单上的货物全部过户给几个存货人，这样就存在货物借出管理和归还管理。

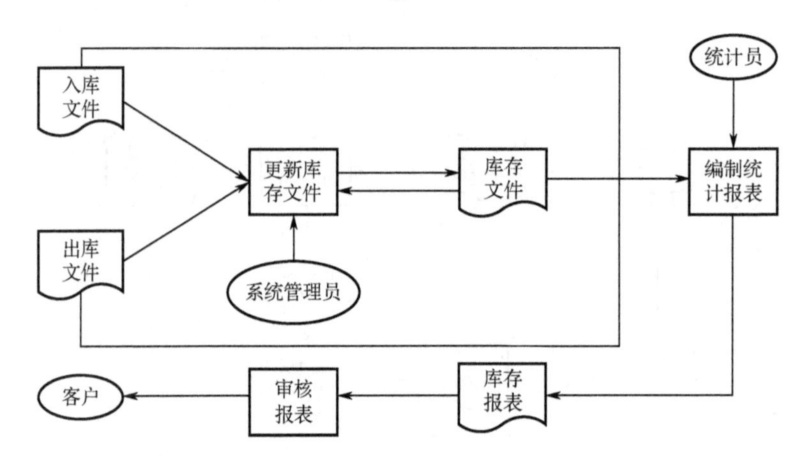

图 19-7 库存管理业务流程

3. 系统功能分析

功能是指完成某项工作的能力。为了实现系统目标，系统必须具有各种功能。各子系统功能的完成，又依赖于其下具体工作的完成。管理功能的调查就是要确定系统的这种功能结构。

仓储管理系统主要由基本档案、货物管理、查询统计、系统维护、报表打印和帮助等模块组成，其功能结构介绍如下。

1）基本档案模块

基本档案模块主要用于实现货物档案设置、供应商设置和仓库设置等功能。该模块对仓储管理系统中涉及货物、供应商和仓库进行信息资料的录入与管理，是物流仓储企业数据库最原始的数据源，同时也是整个系统的资料管理核心。

2）货物管理模块

货物管理模块主要用于实现货物的入库管理、出库管理、借货管理、还货管理和盘点管理等功能。入库管理是根据入库登记单对入库信息进行预录入，经过审核确认后进行库位的分配，从而完成实际入库操作。入库管理可根据客户、物品的型号规格进行同类物品的自动归类，增加入库操作的审核，确保数据的准确。出库管理是根据客户的实际要求和客户实际库存情况，提前做好出库准备，一旦确定出库后，以最快的速度完成出库处理。盘点管理是在入库和出库操作后对在库货物进行盘点操作。

3）查询统计模块

查询统计模块主要用于实现货物的库存查询、入库查询、出库查询、借出查询、归还查询、警戒查询和出入库货物的年统计、月统计等功能。该模块随时对任意时段、任何客户的入库和出库的数据进行统计，可以随时掌握目前的库存动态，还可以实现对客户的评测。

4）系统维护模块

系统维护模块主要用于实现数据备份、还原和压缩功能。仓储管理对信息系统的依赖性高，系统维护中的数据维护作为信息系统的核心担当着重要的角色。尤其在对数据可靠性要求高的物流仓储企业，如果发生意外停机或数据丢失，其损失就会十分惨重。为此系统管理员应针对具体的业务要求确定详细的数据库备份和数据还原策略，只有这样才能保证数据的高可用性。

5）报表打印模块

报表打印模块主要用于实现对出库、入库的货物及时报表汇总、打印等功能。通过报表打印模块，根据入库和出库的数量和频繁程度，实现对重点客户的跟踪，以及对业务增长型的客户进行挖掘。

6）帮助模块

帮助模块主要用于实现用户管理、更改密码、权限设置、关于本系统、重新登录和退出系统等功能。

仓储管理系统功能结构如图 19-8 所示。

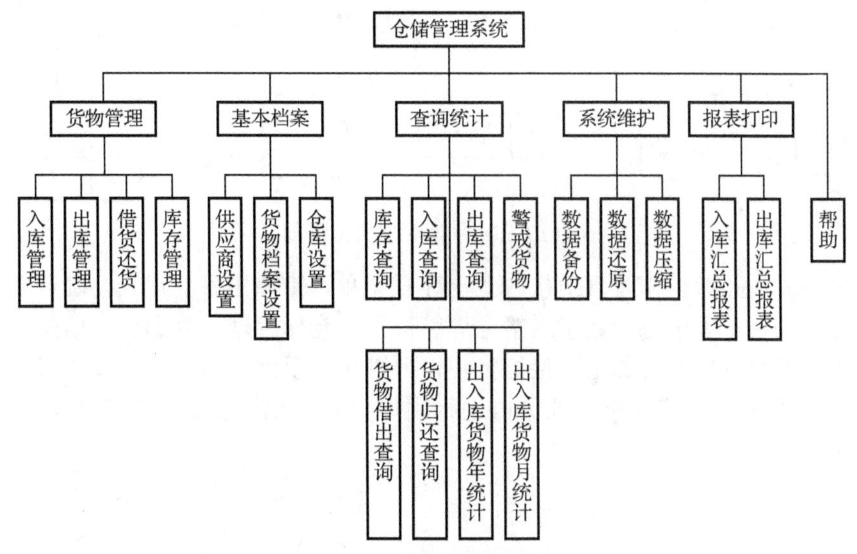

图 19-8　仓储管理系统功能结构

4. 数据流程分析

数据流程就是用几种简单的符号综合描述信息在系统中的流动、存储、加工和流出的具体情况。数据流程分析是把数据在组织或原系统内部的流动情况抽象地独立出来，舍去具体组织机构、信息载体、处理工作、物资、材料等，仅从数据流动过程考察实际的数据处理模式。它主要包括对信息的流动、传递、处理与存储的分析。数据流程图是一种能全面描述信息系统逻辑模型的主要工具，可以用几种特殊表示符号综合地反映信息在系统中的流动、处理和储存情况。

将入库信息和出库信息作为顶层数据，将客户作为外部实体，然后进行入库处理和出库处理、库存查询、统计报表等操作，可得到顶层数据流程，如图 19-9 所示。

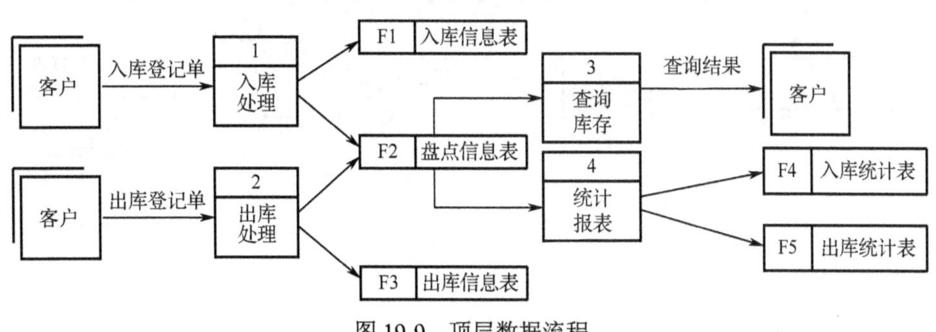

图 19-9　顶层数据流程

货物入库数据流程：系统操作管理员接收到入库登记单后，查询库存清单进行信息匹配，并核实仓库中是否存在该货物，查询可用仓库信息；之后，系统操作管理员将记录该货物的入库信息，将此货物确认状态设置为未存。当客户带货物找到仓库管理员时，仓库管理员通过该管理系统查寻该客户货物的入库信息，确认货物与系统操作管理员记录是一致的，进行该次入库处理，通过该管理系统对该处理进行确认；然后，系统操作管理员接收到该信息，并进行入库信息表记录更新。入库管理数据流程如图 19-10 所示。

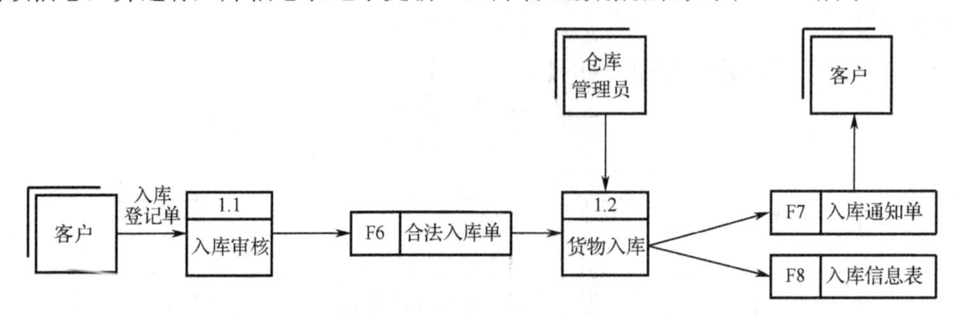

图 19-10　入库管理数据流程

货物出库时，系统操作管理员接收到出库登记单，审核出库登记表，确认仓库中货物的存在状态，并将出库信息一起发送给仓库管理员。仓库管理员接到出库信息，按出库信息查找货物，将货物安全可靠地交接给客户，办理出库手续，再将已出库的货物信息反馈给系统操作管理员，系统操作管理员再进行出库信息表记录更新。出库管理数据流程如图 19-11 所示。

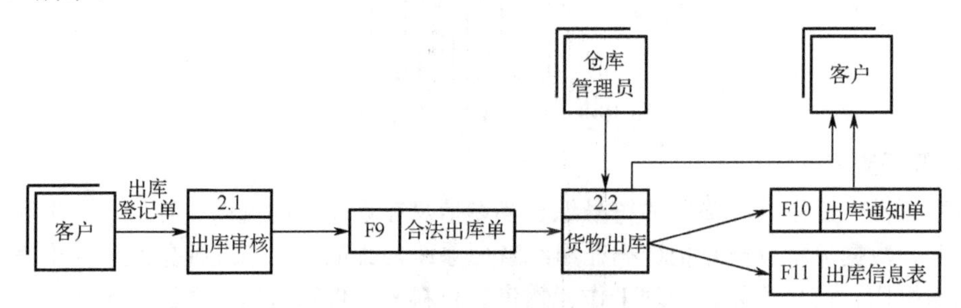

图 19-11　出库管理数据流程

在既定的时期内，系统操作管理员根据入库信息表和出库信息表进行货物盘点，将最终的盘点货物信息录入盘点信息表，然后将货物盘点信息按月、按年的条件进行统计，形成出入库统计表，最后形成报表打印出来。库存管理数据流程如图 19-12 所示。

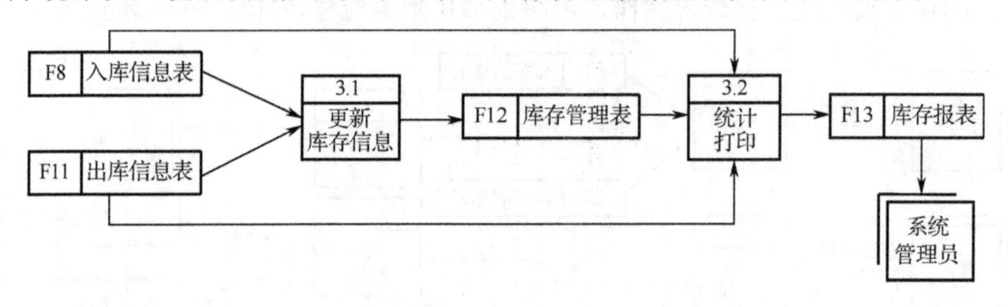

图 19-12　库存管理数据流程

 4.3 系统设计

系统设计又称物理设计，这个阶段的工作是根据新系统的逻辑模型来建立新系统的物理模型。形象地说，系统分析要解决新系统要做什么的问题，而系统设计是解决系统如何做的问题，也就是如何实现新系统的逻辑模型。

1. 设计目标

本项目系统属于典型的数据库管理系统，可以对中、小型企业仓储进行有效管理。系统应达到以下目标。

（1）能够灵活地批量录入数据，使信息传递更快捷。

（2）采用人机交互方式，其界面要美观、友好，信息查询要灵活、方便，数据存储要安全可靠。

（3）具有后台仓储监控、预警功能。

（4）实现仓储货物出入库数据分析。

（5）实现各种查询，如定位查询、模糊查询等。

（6）实现货物入库分析与统计、货物出库明细记录等功能。

（7）系统对用户输入的数据进行严格检验，尽可能避免人为错误。

（8）最大限度地实现系统的易安装性、易维护性和易操作性。

2. 系统及运行环境

系统开发平台：Microsoft Visual Studio 2008。

系统开发语言：C#。

数据库系统：SQL Server 2014。

3. 数据库设计

数据库设计主要是进行数据库的逻辑设计，即将数据按一定的分类、分组系统和逻辑层次组织起来，分析各个数据之间的关系，按照 DBMS 提供的功能和描述工具，设计出规范适当、正确反映数据关系、数据冗余小、存取效率高、能满足多种查询要求的数据模型。

本项目的系统采用 SQL Server 2014 创建的数据库，其数据库名称为 db_SMS，包含了 9 张数据表，如表 19-2 所示，下面分别进行介绍。

表 19-2 数据表说明

数据表名称	数据表描述	数据表名称	数据表描述
tb_BorrowGoods	借出货物表	tb_Check	盘点货物表
tb_GoodsInfo	货物信息表	tb_InStore	货物入库表
tb_OutStore	货物出库表	tb_Provider	供应商信息表
tb_ReturnGoods	归还货物表	tb_Storage	仓库信息表
tb_User	用户信息表		

1）数据表概要说明

该系统的数据表一共有 9 张，分别是借出货物表、货物信息表、货物出库表、归还货物表、盘点货物表、货物入库表、供应商信息表、仓库信息表和用户信息表。

2）系统 E-R 图

在需求分析的基础上，从用户的角度出发，进行实体、实体属性和实体之间关系的分

析，建立概念数据模型，如图 19-13 所示。

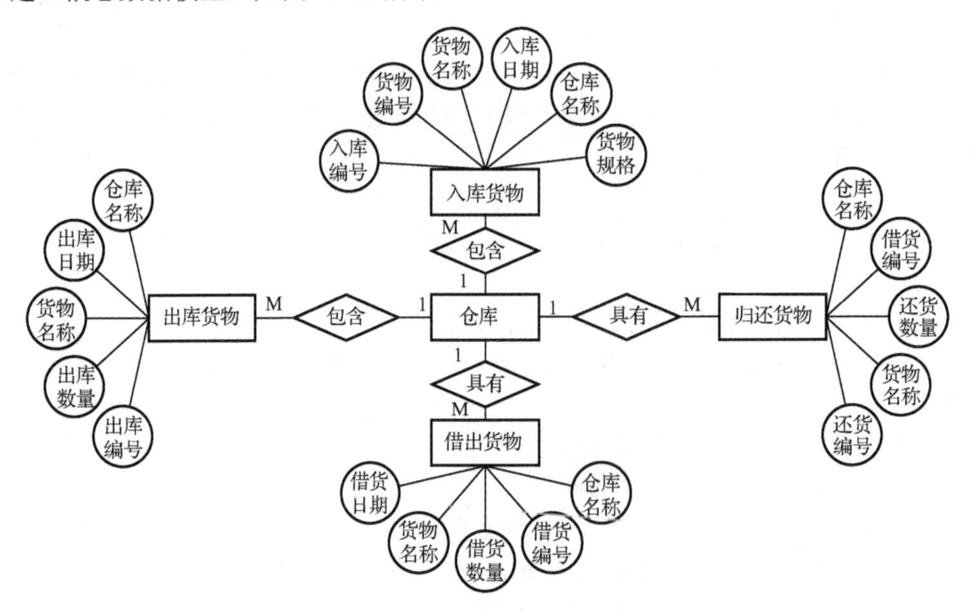

图 19-13　仓储管理系统 E-R 图

仓库货物是仓储管理系统中非常重要的实体。由它可以衍生出入库货物、出库货物、借出货物和归还货物。它的属性包括货物编号、货物名称、货物规格、货物数量、货物出/入库价格、仓库名称等，如图 19-14 所示。

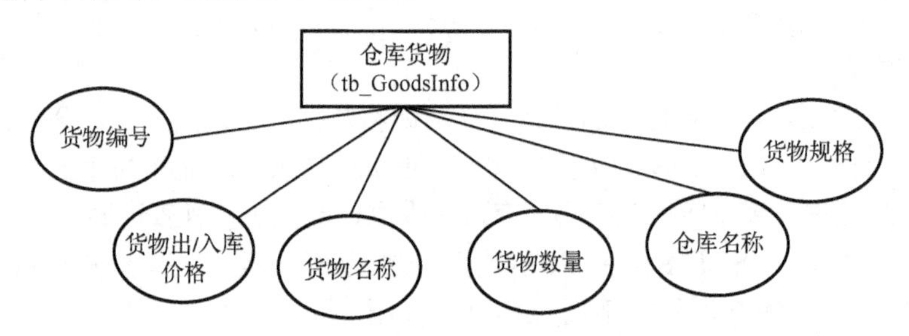

图 19-14　仓库货物实体 E-R 图

3）主要数据表结构图

（1）用户信息表（tb_User）。

用户信息表主要描述整个系统操作员和管理员的信息（如表 19-3 所示），包含用户编号、用户名称、用户密码和用户权限。

表 19-3　用户信息表

字 段 名	数 据 类 型	长度/字节	是否为主键	描　述
UserID	bigint	8	是	用户编号
UserName	varchar	20	否	用户名称
UserPwd	varchar	20	否	用户密码
UserRight	char	10	否	用户权限

（2）货物入库表（tb-InStore）。

货物入库是仓储管理的一个重要环节。货物入库表主要描述客户要入库的货物信息（如表 19-4 所示），主要涉及入库编号、货物编号、货物名称、供应商名称、仓库名称、货物规格、计量单位、入库数量、入库价格、入库总金额、入库日期、经手人和备注。

表 19-4　货物入库表

字段名	数据类型	长度/字节	是否为主键	描述
ISID	bigint	8	是	入库编号
GoodsID	nchar	8	否	货物编号
GoodsName	varchar	50	否	货物名称
PrName	varchar	100	否	供应商名称
StoreName	varchar	100	否	仓库名称
GoodsSpec	varchar	50	否	货物规格
GoodsUnit	char	8	否	计量单位
GoodsNum	bigint	8	否	入库数量
GoodsPrice	money	8	否	入库价格
GoodsAPrice	money	8	否	入库总金额
ISDate	datetime	8	否	入库日期
HandlePeople	varchar	20	否	经手人
ISRemark	varchar	1000	否	备注

（3）货物出库表（tb-OutStore）。

货物出库表主要描述客户要出库的货物信息（如表 19-5 所示），主要有以下字段：出库编号、仓库名称、货物名称、货物规格、计量单位、出库数量、出库价格、出库总金额、出库日期、提货单位、提货人、经手人和备注。

表 19-5　货物出库表

字段	数据类型	长度/字节	是否为主键	描述
OSID	bigint	8	是	出库编号
StoreName	varchar	100	否	仓库名称
GoodsName	varchar	50	否	货物名称
GoodsSpec	varchar	50	否	货物规格
GoodsUnit	char	8	否	计量单位
GoodsNum	bigint	8	否	出库数量
GoodsPrice	money	8	否	出库价格
GoodsAPrice	money	8	否	出库总金额
OSDate	datetime	8	否	出库日期
PGProvider	varchar	100	否	提货单位
PGPeople	varchar	20	否	提货人

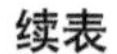

续表

字　段	数据类型	长度/字节	是否为主键	描　述
HandlePeople	varchar	20	否	经手人
OSRemark	varchar	1000	否	备注

（4）借出货物表（tb-BorrowGoods）。

借出货物是仓储管理系统中库存管理的一项关键操作。借出货物表主要描述客户要借出的货物信息（如表 19-6 所示），主要涉及借货编号、货物名称、仓库名称、货物规格、借货数量、借货日期、经手人、借货人、借货单位和备注。

表 19-6　借出货物表

字　段	数据类型	长度/字节	是否为主键	描　述
BGID	bigint	8	是	借货编号
GoodsName	varchar	50	否	货物名称
StoreName	varchar	100	否	仓库名称
GoodsSpec	varchar	50	否	货物规格
GoodsNum	bigint	8	否	借货数量
BGDate	datetime	8	否	借货日期
HandlePeople	varchar	20	否	经手人
BGPeople	varchar	20	否	借货人
BGUnit	varchar	100	否	借货单位
BGRemark	varchar	1000	否	备注

（5）归还货物表（tb-ReturnGoods）。

归还货物表主要描述客户要归还的货物信息（如表 19-7 所示），主要涉及还货编号、借货编号、仓库名称、货物名称、货物规格、归还数量、未归还数量、归还日期、经手人、还货人、备注、记录修改人和修改日期。

表 19-7　归还货物表

字　段	数据类型	长度/字节	是否为主键	描　述
RGID	bigint	8	是	还货编号
BGID	bigint	8	是	借货编号
StoreName	varchar	100	否	仓库名称
GoodsName	varchar	50	否	货物名称
GoodsSpec	varchar	50	否	货物规格
RGNum	bigint	8	否	归还数量
NRGNum	bigint	8	否	未归还数量
RGDate	datetime	8	否	归还日期
HandlePeople	varchar	20	否	经手人
RGPeople	varchar	20	否	还货人
RGRemark	varchar	1000	否	备注

续表

字　段	数 据 类 型	长度/字节	是否为主键	描　述
Editer	varchar	20	否	记录修改人
EditDate	datetime	8	否	修改日期

（6）货物信息表（tb-GoodsInfo）。

货物信息属于仓储管理系统中基本档案管理的管理事项之一。货物信息表主要描述货物的一般信息，不包含仓库编码（如表 19-8 所示），主要涉及货物编号、货物名称、仓库名称、货物规格、计量单位、货物数量、货物入库价格、货物出库价格、货物底线存储、货物顶线存储、记录修改人和修改日期。

表 19-8　货物信息表

字　段	数 据 类 型	长度/字节	是否为主键	描　述
GoodsID	bigint	8	是	货物编号
GoodsName	varchar	50	否	货物名称
StoreName	varchar	100	否	仓库名称
GoodsSpec	varchar	50	否	货物规格
GoodsUnit	char	8	否	计量单位
GoodsNum	int	4	否	货物数量
GoodsInPrice	money	8	否	货物入库价格
GoodsOutPrice	money	8	否	货物出库价格
GoodsLeast	bigint	8	否	货物底线存储
GoodsMost	bigint	8	否	货物顶线存储
Editer	varchar	20	否	记录修改人
EditDate	datetime	8	否	修改日期

（7）盘点货物表（tb-Check）。

盘点货物是整个仓储管理系统中货物出/入库整理的过程。盘点货物表主要描述盘点的货物信息，是盘点文件的主要内容（如表 19-9 所示），主要涉及盘点编号、货物编号、仓库名称、货物名称、计量单位、盘点数量、账存数量、盘点日期、盘点人、备注、记录修改人和修改日期。

表 19-9　盘点货物表

字　段	数 据 类 型	长度/字节	是否为主键	描　述
CheckID	bigint	8	是	盘点编号
GoodsID	bigint	8	否	货物编号
StoreName	varchar	100	否	仓库名称
GoodsName	varchar	50	否	货物名称
GoodsUnit	char	8	否	计量单位
CheckNum	bigint	8	否	盘点数量
PALNum	bigint	8	否	账存数量

续表

字　段	数 据 类 型	长度/字节	是否为主键	描　述
CheckDate	datetime	8	否	盘点日期
CheckPeople	varchar	20	否	盘点人
CheckRemark	varchar	1000	否	备注
Editer	varchar	20	否	记录修改人
EditDate	datetime	8	否	修改日期

（8）供应商信息表（tb-Provider）。

供应商信息是仓储管理系统中客户管理的重要来源。供应商信息表主要描述系统的货物供应商信息（如表 19-10 所示），主要涉及供应商编号、供应商名称、供应商代表人、供应商电话、供应商传真、备注、记录修改人和修改日期。

表 19-10　供应商信息表

字　段	数 据 类 型	长度/字节	是否为主键	描　述
PrID	bigint	8	是	供应商编号
PrName	varchar	100	否	供应商名称
PrPeople	varchar	20	否	供应商代表人
PrPhone	varchar	20	否	供应商电话
PrFax	varchar	20	否	供应商传真
PrRemark	varchar	1000	否	备注
Editer	varchar	20	否	记录修改人
EditDate	datetime	8	否	修改日期

（9）仓库信息表（tb-Storage）。

仓库信息是整个仓储管理系统的基础和出/入库货物存放的空间位置。仓库信息表主要描述整个仓储范围空间的仓区信息（如表 19-11 所示），主要涉及仓库编号、仓库名称、仓库管理员、仓库电话、仓库单位、仓库日期、备注、记录修改人和修改日期。

表 19-11　仓库信息表

字　段	数 据 类 型	长度/字节	是否为主键	描　述
StoreID	bigint	8	是	仓库编号
StoreName	varchar	100	是	仓库名称
StorePeople	varchar	20	否	仓库管理员
StorePhone	varchar	20	否	仓库电话
StoreUnit	varchar	100	否	仓库单位
StoreDate	datetime	8	否	仓库日期
StoreRemark	varchar	1000	否	备注
Editer	varchar	20	否	记录修改人
EditDate	datetime	8	否	修改日期

4. 系统物理配置方案设计

系统物理配置方案设计是指对信息系统运行和维护平台的设计。一般来说，在系统开发中期，应建立系统的物理环境，并尽快从软件开发部门的开发平台转到用户的平台，边开发边测试，以降低系统开发的风险。

本系统采用的体系结构是 C/S 结构。在 C/S（Client/Server 或客户/服务器）结构下，服务器通常采用高性能的 PC、工作站或小型机，数据库管理系统采用 Oracle、Sybase、SQL Server 等，所有的数据处理在服务器端进行，客户端要安装客户端软件。仓储管理的仓库是分散的，工作在各个仓库的计算机也是分散的，采用 C/S 结构，使系统的功能合理分布，均衡负荷，从而在不断增加系统资源的情况下提高系统的整体性能。在 C/S 结构下，系统体系结构模式如图 19-15 所示。

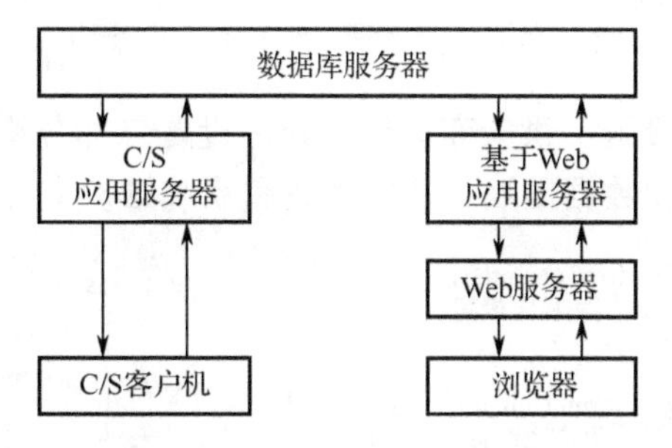

图 19-15　系统体系结构模式

5. 程序文件设计

程序文件设计就是根据程序文件的开发要求、处理方式、存储量、数据的活动性，以及硬件设备的条件等，合理地确定程序文件的类别，决定程序文件的组织方式和存取方法。从系统登录 frmLogin.cs 界面进入系统主界面，然后通过菜单栏进入其他程序文件，如图 19-16 所示。

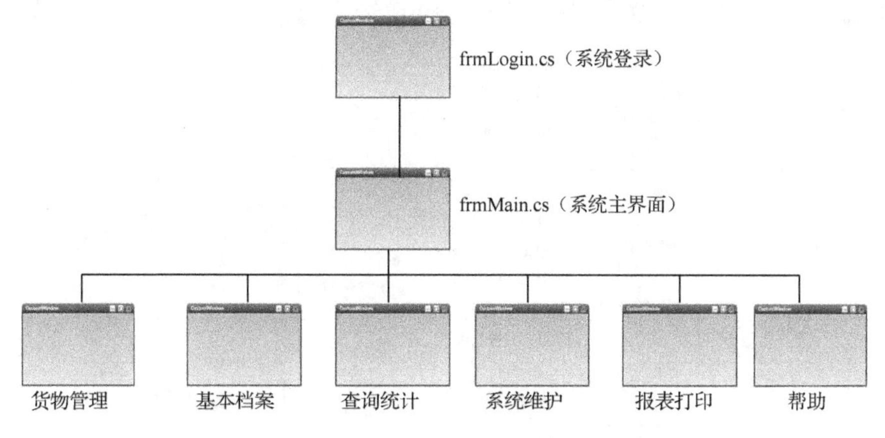

图 19-16　主文件架构

货物管理主要有入库管理、出库管理、借货管理、还货管理和盘点管理，帮助文件架构主要有更改密码、权限设置、用户设置和关于本系统。货物管理和帮助文件架构如图 19-17 所示。

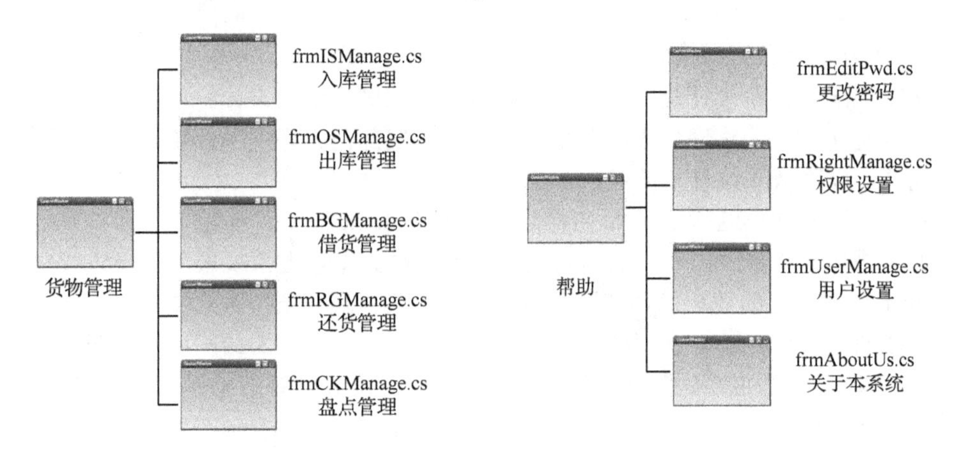

图 19-17　货物管理和帮助文件架构

基本档案由货物档案设置、供应商设置和仓库设置三部分构成。系统维护文件架构主要有数据备份、数据还原和数据压缩。基本档案和系统维护文件架构如图 19-18 所示。

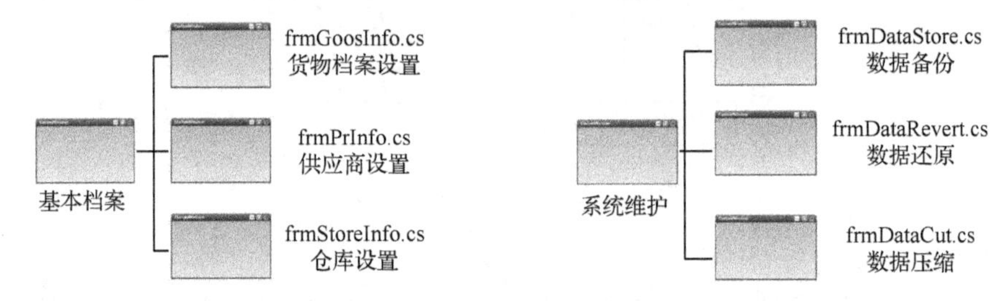

图 19-18　基本档案和系统维护文件架构

查询统计文件架构包括库存查询、入库查询、出库查询、货物借出查询、货物归还查询、警戒查询和出/入库货物年/月统计。报表打印文件架构包括入库汇总报表和出库汇总报表。查询统计和报表打印文件架构如图 19-19 所示。

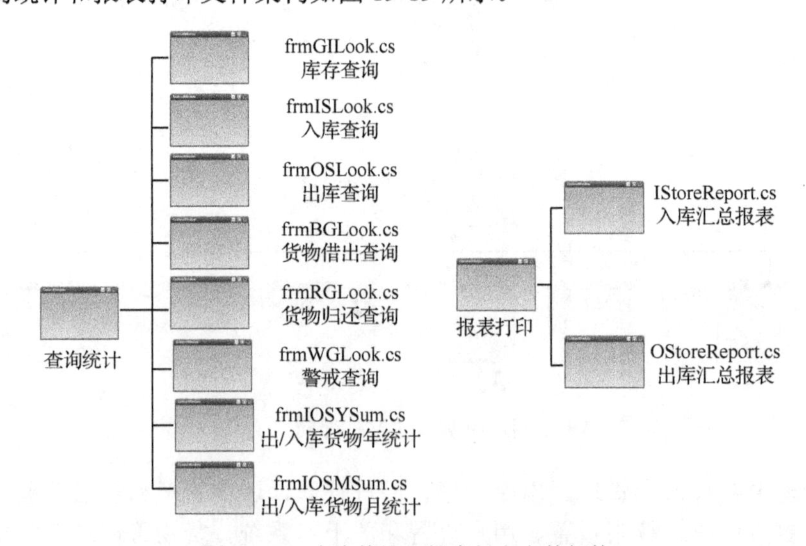

图 19-19　查询统计和报表打印文件架构

19.4.4 主要功能模块实现

系统实施就是具体实现新系统在系统设计阶段所设计的物理模型。

1. 系统主界面

主界面采用类 XP 任务栏收缩式菜单，将货物管理、基本档案、查询统计、系统维护、打印报表和帮助等功能依次排列在左边。这样的菜单导航既友好又简便。在整个主界面的右边是 LOGO 区域，右下角有个展示栏可进行动态展示仓储的信息图片。在底部还布局了一个包含系统日期等的用户信息区，如图 19-20 所示。

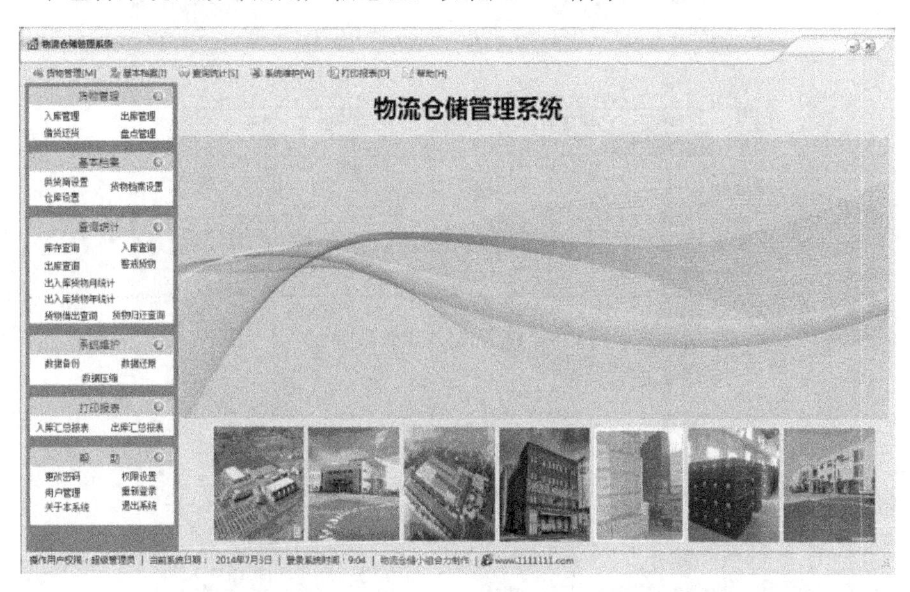

图 19-20　系统主界面

2. 入库管理与出库管理

入库管理是仓储管理的核心内容之一，通过货物入库准备、货物入库信息的审核、货物入库检验、货物入库交接和登记 4 个过程步骤，对入库的货物信息进行记录操作，包括入库添加和删除等操作。仓库部门的系统操作管理员根据客户的入库通知指令即入库登记单，在系统中录入入库信息资料。入库资料的录入分为明细和数据表两个部分，一份完整的入库资料必须维护这两部分。入库资料明细部分通过手动输入货物编号、货物名称、入库数量等信息，单击“入库”按钮，即可完成入库。在下面的数据表中将会更新刚进行入库的信息资料，同时，选中对应的入库信息资料的记录，单击“删除”按钮，也会删除相对应的入库信息资料。入库信息的确定为入库流程的结束环节，也是仓储管理中一个最重要的环节。在系统处理上，入库信息的确定标志着整个入库过程的结束。这样保证了入库货物的安全到位，也提高了作业人员的入库管理活动。货物入库管理界面如图 19-21 所示。

仓储管理系统中的出库管理，主要负责企业各类物资的货物出库及流程优化，保证货物出库工作的及时和准确。将客户的出库登记单传递到物流仓储公司，可能是以订单的方式，也可能是以传真、邮件或电子数据等方式。这样在进行出库时要重新录入出库资料。出库资料包含仓库名称、货品名称、出库数量、经手人等，单击“出库”按钮，则该货物审核通过并可转接给客户，而选中记录，单击“删除”按钮，将删除该货物出库信息，如图 19-22 所示。

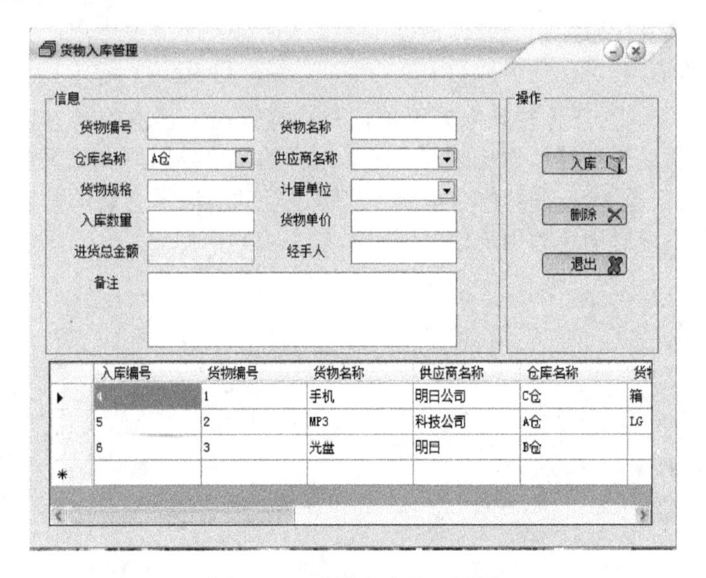

图 19-21　货物入库管理界面

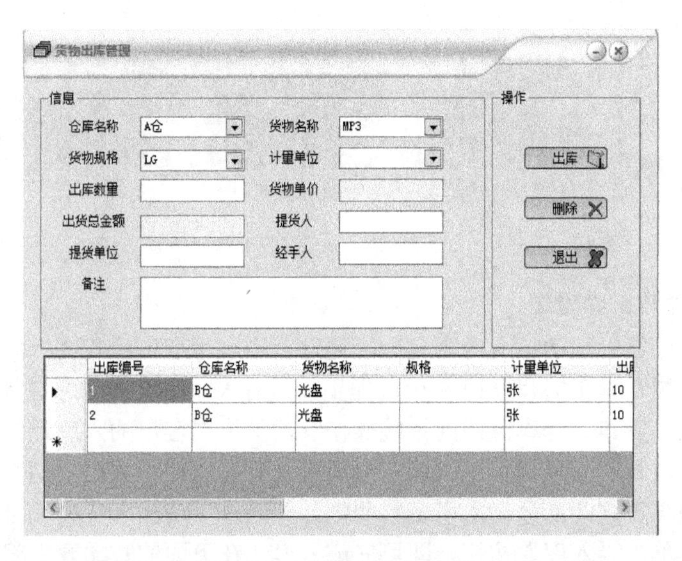

图 19-22　货物出库管理界面

3. 库存管理

库存管理可以使存货管理工作规范化，保证仓库和库存物资的安全完整，更好地为物流仓储公司经营管理服务。库存管理包括货物在库期间的日常管理、清查盘点、存储时间检查等模块，这里只介绍盘点管理。盘点管理是对库存中的货物信息进行盘点，然后将盘点结果保存到相应表中，用户还可以对盘点结果进行修改和删除等操作。同出/入库管理一样，盘点管理也分为明细信息和数据表。在明细信息中，可手动输入，单击“盘点”按钮进行在库货物盘点。在数据表中，选中盘点记录，单击“修改”按钮或“删除”按钮，就可修改或删除盘点记录。盘点管理界面如图 19-23 所示。

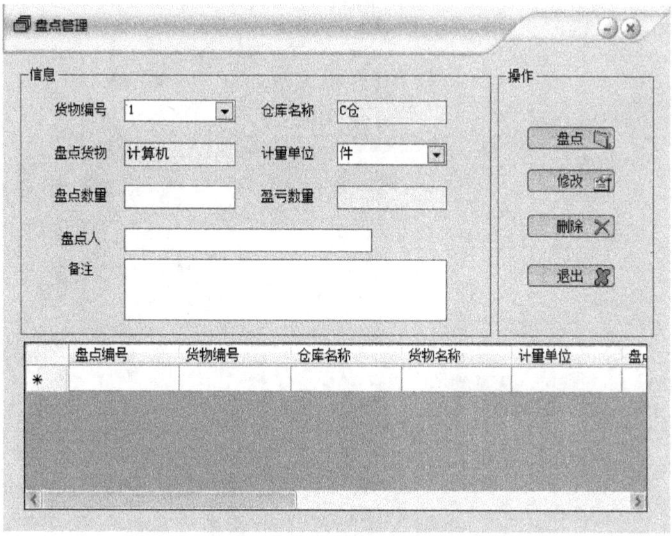

图 19-23 盘点管理界面

4. 基本档案管理

仓储管理系统的基本档案管理分成供应商管理、仓库管理和货物档案管理三大部分，可对供货商信息、仓库信息和货物档案信息进行添加、修改和删除等操作。供应商管理是仓储管理系统中客户管理重要资料的来源，是客户资料的储存地。仓库管理是仓储管理系统的货物对象存放空间，可按它进行高效方便的货物查询管理。货物档案管理是对仓储管理系统的货物档案信息进行管理。在明细信息里，手动输入供应商名称、联系人、联系电话、传真等信息，单击“添加”按钮，可添加对应的供应商信息。选中供应商信息记录，单击“修改”按钮或“删除”按钮，就可修改或删除相应的供应商信息记录。在添加供货商信息时，传真号码的输入格式为“86-000-00000”。在修改仓库信息时，为了不让仓库名称重复，所以不能修改仓库名称，如图 19-24 和图 19-25 所示。

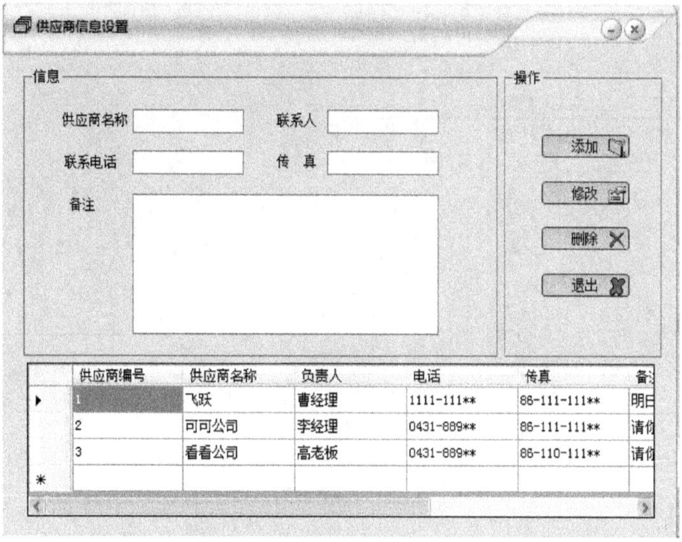

图 19-24 供应商信息设置界面

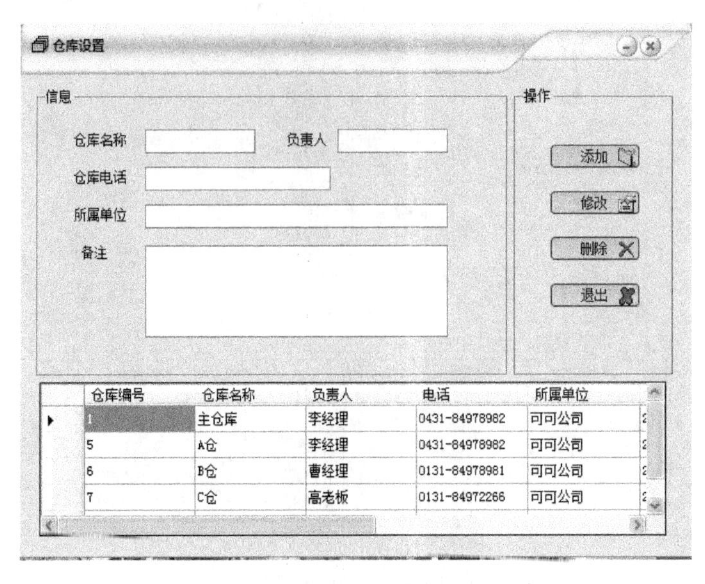

图 19-25　仓库设置界面

5. 查询统计

查询功能主要对库存货物、已入库货物、出库货物、借出货物、超过库存上线或下线的货物和归还货物进行查询操作。整个查询都可以按照货物编号等查询条件或输入查询关键字单击“查询”按钮进行查询，如图 19-26 所示。

查询统计模块还可以对某年某月的出入库货物进行查询、统计操作。当把右边统计操作栏按统计类型、仓库设置、年份和月份要求输入完毕，单击“统计”按钮，即可对当前年月的货物进行统计。在查询时有按日期查询条件的，其格式为“2014 年 04 月”或“2014/04/”，如图 19-27 所示。

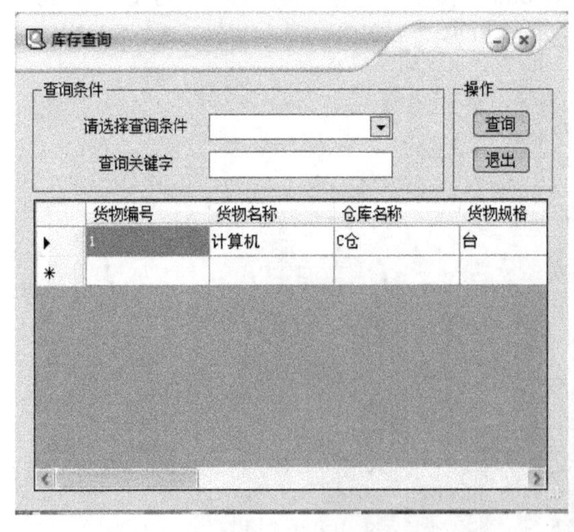

图 19-26　库存查询界面

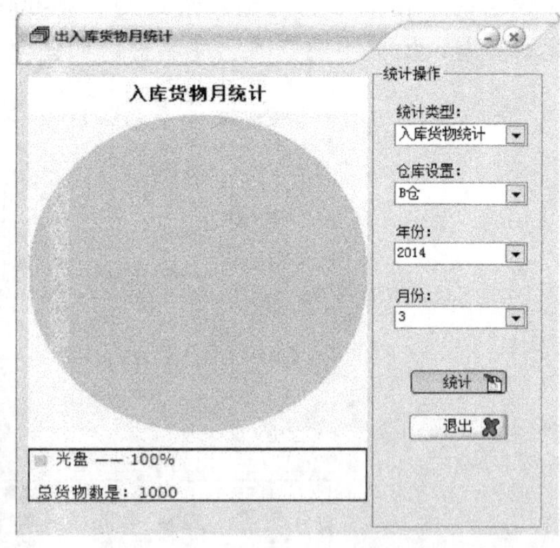

图 19-27　出入库货物月统计界面

6. 报表打印

报表的生成是仓储管理系统实现自动化管理的标志。报表可以随时查询库存现量记录。系统提供多种查询报表，可按商品、仓库及商品类别排列库存现量明细。报表打印是指对入库、出库的货物进行汇总，然后以报表的效果输出打印。在查询条件栏输入查询条件，包括开始日期、结束日期、货物名称和仓库名称，单击“查询”按钮，可以在右边的报表栏中对该条件的报表进行生成，还可以进行条件组合式查询和货物数量合计，以及百分比的计算。入库汇总报表和出库汇总报表界面分别如图 19-28 和图 19-29 所示。

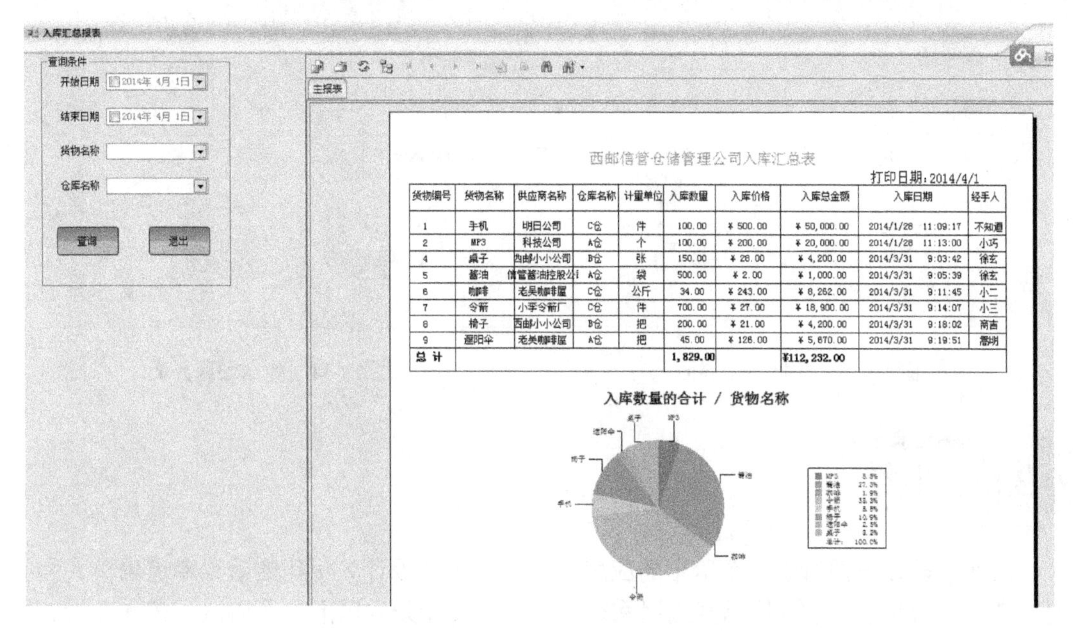

西邮信管仓储管理公司入库汇总表

打印日期：2014/4/1

货物编号	货物名称	供应商名称	仓库名称	计量单位	入库数量	入库价格	入库总金额	入库日期	经手人
1	手机	明日公司	C仓	件	100.00	¥ 500.00	¥ 50,000.00	2014/1/28 11:09:17	不知道
2	MP3	科技公司	A仓	个	100.00	¥ 200.00	¥ 20,000.00	2014/1/28 11:13:00	小巧
4	桌子	西邮小小公司	B仓	张	150.00	¥ 28.00	¥ 4,200.00	2014/3/31 9:03:42	徐玄
5	酱油	信管酱油控股公	A仓	袋	500.00	¥ 2.00	¥ 1,000.00	2014/3/31 9:05:39	徐玄
6	咖啡	老吴咖啡屋	C仓	公斤	34.00	¥ 243.00	¥ 8,262.00	2014/3/31 9:11:45	小二
7	令箭	小李令箭厂	C仓	件	700.00	¥ 27.00	¥ 18,900.00	2014/3/31 9:14:07	小三
8	椅子	西邮小小公司	B仓	把	200.00	¥ 21.00	¥ 4,200.00	2014/3/31 9:18:02	商吉
9	遮阳伞	老吴咖啡屋	A仓	把	45.00	¥ 126.00	¥ 5,670.00	2014/3/31 9:19:51	潘明
总 计					1,829.00		¥112,232.00		

图 19-28　入库汇总报表界面

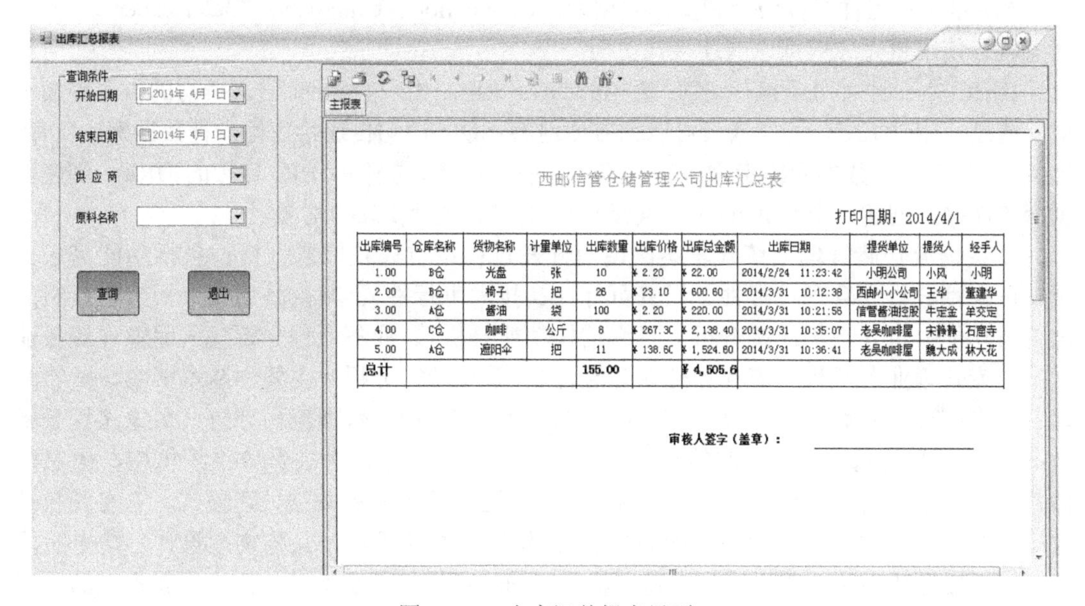

西邮信管仓储管理公司出库汇总表

打印日期：2014/4/1

出库编号	仓库名称	货物名称	计量单位	出库数量	出库价格	出库总金额	出库日期	提货单位	提货人	经手人
1.00	B仓	光盘	张	10	¥ 2.20	¥ 22.00	2014/2/24 11:23:42	小明公司	小风	小明
2.00	B仓	椅子	把	26	¥ 23.10	¥ 600.60	2014/3/31 10:12:38	西邮小小公司	王华	董建华
3.00	A仓	酱油	袋	100	¥ 2.20	¥ 220.00	2014/3/31 10:21:56	信管酱油控股	牛定金	单交定
4.00	C仓	咖啡	公斤	8	¥ 267.3C	¥ 2,138.40	2014/3/31 10:35:07	老吴咖啡屋	宋静静	石磨寺
5.00	A仓	遮阳伞	把	11	¥ 138.6C	¥ 1,524.60	2014/3/31 10:36:41	老吴咖啡屋	魏大成	林大花
总计				155.00		¥ 4,505.6				

审核人签字（盖章）：

图 19-29　出库汇总报表界面

7. 系统维护

系统维护是仓储管理系统为防止系统出现操作失误或系统故障导致数据丢失的一个重要的功能。为了保障出/入库管理和库存管理正常运行，系统应当采取先进、有效的措施，对数据进行备份，防患于未然。系统维护主要包含数据备份操作、数据压缩操作和数据还原操作 3 部分。首先在文件路径输入框里选择好文件路径，单击“数据备份”按钮可对系统数据进行备份。数据还原和数据压缩也是数据备份操作。另外，用户还可以对选择的文件进行压缩操作，如图 19-30 和图 19-31 所示。

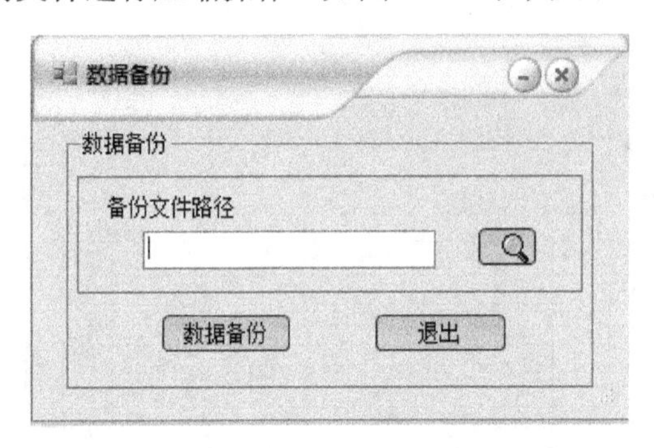

图 19-30　数据备份界面

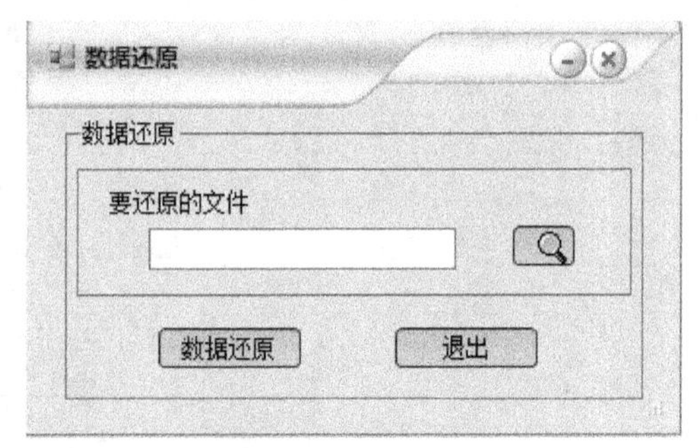

图 19-31　数据还原界面

19.5 小结

数据库设计是指对于一个给定的应用环境，构造（设计）优化的数据库逻辑模式和物理结构，并据此建立数据库及其应用系统。数据库设计分为以下 6 个阶段：需求分析、概念结构设计、逻辑结构设计、物理结构设计、数据库实施、数据库运行和维护。

ADO.NET 组件可以访问和操作数据库。Connection、Command、DataReader 这 3 个对象联合使用将完成数据库的连接式访问。

JDBC 是一种可用于执行 SQL 语句的 Java API，由一些 Java 语言编写的类、界面组成。通过使用 JDBC，开发人员可以很方便地将 SQL 语句传递给任何一种数据库。JDBC 连接 SQL Server 数据库的步骤：加载 JDBC 驱动程序、提供 JDBC 连接的 URL、创建数据库的连接、创建一个 Statement、执行 SQL 语句、关闭 JDBC 对象。

以某物流仓储管理系统开发案例说明开发过程：首先是需求分析，包括功能需求分析、可行性分析（管理可行性、经济可行性、技术可行性）；其次是系统分析，包括组织结构与功能分析（组织结构分析、组织结构功能分析）、业务流程分析（入库管理业务流程、出库管理业务流程、库存管理业务流程）、系统功能分析（主要由基本档案、货物管理、查询统计、系统维护、报表打印和帮助等模块组成）、数据流程分析（数据流程分析是把数据在组织或原系统内部的流动情况抽象地独立出来，舍去具体组织机构、信息载体、处理工作、物资、材料等，仅从数据流动过程考察实际的数据处理模式。它主要包括对信息的流动、传递、处理与存储的分析）；然后是系统设计，又称物理设计，这个阶段的工作是根据新系统的逻辑模型来建立新系统的物理模型，也就是如何实现新系统的逻辑模型、设计目标、系统及运行环境、数据库设计（数据表概要说明、系统 E-R 图、主要数据表结构图）、系统物理配置方案设计（指信息系统运行和维护平台的设计，系统采用的体系结构是 C/S 结构）、程序结构设计（合理地确定程序文件的类别、决定程序文件的组织方式和存取方法）；最后是系统实施，具体实现新系统在系统设计阶段所设计的物理模型。

习题 19

19-1 数据库设计的目标是什么？数据库设计的基本步骤有哪些？

19-2 数据库设计的需求分析阶段是如何实现的？其任务是什么？

19-3 概念设计的具体步骤是什么？

19-4 逻辑设计的目的是什么？试述逻辑设计过程的输入和输出环境。

19-5 什么是数据库结构的物理设计？主要包含哪些方面的内容？

19-6 在数据库实施阶段主要做哪几件事情？

参考文献

[1] 张海潘．软件工程导论[M]．5 版．北京：清华大学出版社，2013．

[2] 王珊，陈红．数据库系统原理教程[M]．北京：清华大学出版社，2012．

[3] 刘金玲．数据库原理及应用[M]．北京：清华大学出版社，2009．

[4] 苗雪兰．数据库系统原理及应用教程[M]．北京：机械工业出版社，2012．

[5] 吴忠．信息系统分析与设计[M]．北京：清华大学出版社，2011．

[6] 许昌勇．SQL Server 监控和诊断[M]．北京：机械工业出版社，2016．

[7] 张利峰．数据库技术与应用教程[M]．北京：中国铁道出版社，2007．

[8] Christian Bolton．SQL Server 深入解析与性能优化[M]．北京：清华大学出版社，2012．

[9]（德）厄兹叙，（德）Valduriez. P．分布式数据库系统原理[M]．3 版．北京：清华大学出版社，2014．

[10] 陆慧娟，高波涌，何灵敏．数据库系统原理[M]．2 版．北京：中国电力出版社，2011．

[11] 壮志剑．数据库原理与 SQL Server[M]．北京：高等教育出版社，2008．

[12] 雷景生．数据库原理及应用[M]．北京：清华大学出版社，2012．

[13] Joe Celko．SQL 解惑[M]．北京：人民邮电出版社，2008．

[14] 钱雪忠．数据库原理及应用[M]．2 版．北京：北京邮电大学出版社，2007．

[15] 梁昌勇，余本功，靳鹏，顾东晓．信息系统分析、设计与开发方法[M]．北京：清华大学出版社，2010．

[16] Ben Forta．SQL 必知必会[M]．4 版．北京：人民邮电出版社，2013．

[17] [美]Bill Karwin. SQL 反模式[M]．北京：人民邮电出版社，2011．

[18] 何玉洁，梁琦．数据库原理与应用[M]．2 版．北京：机械工业出版社，2011．

[19] 斯蒂芬森，晋劳，琼斯．SQL 入门经典[M]．5 版．北京：人民邮电出版社，2011．

[20]（美）罗布．数据库系统设计、实现与管理[M]．8 版．北京：清华大学出版社，2012．

[21] Michael j.Hernandez.自己动手设计数据库[M]．北京：电子工业出版社，2015．

[22] 李楠楠．数据库原理及应用[M]．北京：科学出版社，2011．

[23] 王晓敏，邝孔武．信息系统分析与设计[M]．4 版．北京：清华大学出版社，2013．

[24] 汤承林，吴文庆．SQL Server 数据库应用基础[M]．2 版．北京：电子工业出版社，2011．

[25] 魏祖宽．数据库系统及应用[M]．2 版．北京：电子工业出版社，2012．

[26] 刘金岭，冯万利，周泓．数据库系统及应用实验与课程设计指导——SQL Server 2008[M]．北京：清华大学出版社，2013．

[27] 刘仲英．管理信息系统[M]．北京：高等教育出版社，2012．

[28] 梁爽，田丹，李海玲．SQL Server 2008 数据库应用技术（项目教学版）[M]．北京：清华大学出版社，2013．
[29] Tapio Lahdenmaki．数据库索引设计与优化[M]．北京：电子工业出版社，2015．
[30] 胡选子，高丽彬，曹文梁，江务学，董崇杰，王超英，汪嘉．SQL Server 数据库技术及应用[M]．北京：清华大学出版社，2013．
[31] 王红，陈功平，张兴元，黄存东，张寿安，张志刚，李家兵，曹维祥，胡君，金先好，胡琼，金宗安．数据库开发案例教材（SQL Server 2008+Visual Studio 2010）[M]．北京：清华大学出版社，2013．
[32] 钱冬云，周雅静，赵喜清．SQL Server 2008 数据库应用技术[M]．北京：清华大学出版社，2013．
[33] https://wenku.baidu.com/view/79f317cf02d276a201292e0b.html?from=search．
[34] 于本海．管理信息系统[M]．北京：高等教育出版社，2009．
[35] 尹志宇，郭晴，解春燕，张林伟，于富强．数据库原理与应用教程——SQL Server 2008[M]．北京：清华大学出版社，2013．
[36] 刘瑞新，张兵义．SQL Server 数据库技术及应用教程[M]．北京：电子工业出版社，2012．
[37] 顾韵华，李含光．数据库基础教程（SQL Server 平台）[M]．2 版．北京：电子工业出版社，2012．
[38] 李伟，张佳杰，黄海端，张宝银．SQL Server 数据库管理及应用教程[M]．北京：清华大学出版社，2013．
[39] 贾铁军．数据库原理及应用学习与实践指导（SQL Server 2012）[M]．北京：电子工业出版社，2013．
[40] 薛华成．管理信息系统[M]．6 版．北京：清华大学出版社，2012．
[41] 夏火松．物流管理信息系统[M]．北京：科学出版社，2012．
[42] 加西亚-莫利纳．数据库系统的实现[M]．2 版．北京：机械工业出版社，2010．
[43]（美）厄尔曼．数据库系统基础教程[M]．北京：机械工业出版社，2009．
[44] 刘升，曹红苹．数据库系统原理与应用[M]．北京：清华大学出版社，2012．
[45] 张传玉．物流信息管理[M]．北京：北京大学出版社，2007．
[46] 白丽君，彭扬．物流信息系统分析与设计[M]．北京：中国物资出版社，2009．
[47] 侯玉梅，许良．物流工程[M]．北京：清华大学出版社，2011．